Die Wiener evolutionäre Erkenntnistheorie
von ihren Anfängen bis zur Gegenwart

Europäische Hochschulschriften
Publications Universitaires Européennes
European University Studies

Reihe XX
Philosophie

Série XX Series XX
Philosophie
Philosophy

Bd./Vol. 671

PETER LANG
Frankfurt am Main · Berlin · Bern · Bruxelles · New York · Oxford · Wien

Wolfgang Senz

Die Wiener evolutionäre Erkenntnistheorie von ihren Anfängen bis zur Gegenwart

Eine kritische Würdigung

PETER LANG
Europäischer Verlag der Wissenschaften

Bibliografische Information Der Deutschen Bibliothek
Die Deutsche Bibliothek verzeichnet diese Publikation in der Deutschen Nationalbibliografie; detaillierte bibliografische Daten sind im Internet über <http://dnb.ddb.de> abrufbar.

Gedruckt mit Unterstützung
des Bundesministeriums für Bildung,
Wissenschaft und Kultur in Wien.

ISSN 0721-3417
ISBN 3-631-51384-4

www.peterlang.de

Vorwort und Danksagung

Die Evolutionstheorie ist eine beeindruckende und zugleich leicht in die Irre führende Theorie. Sie hat es nämlich an sich, alle Aspekte des Lebendigen als auseinander ableitbar begreifen zu können und insofern auch all jenes, das den Menschen auszeichnet, ihn von den Tieren unterscheidet bzw. unterscheiden soll; was es letztlich konkret auch immer sein mag, das den Menschen zum Menschen macht, es scheint notwendig als etwas phylogenetisch Entstandenes zu bedenken zu sein bzw. dieser Denkansatz jegliches Bedenken auszuschließen, das wie auch immer um eine Beachtung der Transzendentalität bemüht ist. Auch das Bedenken-können von Evolution – der eigenen evolutiven Verwurzeltheit – scheint also phylogenetisch eruierbar zu sein. Gerade hier führt die Evolutionstheorie aber in die Irre bzw. in eine Falle, da die dieserart festgelegte Denkfigur alleine aus einer Ausblendung der eigentlichen Problematik zu Lösungen gelangt. Das eigentliche Problem, was mit besagtem Bedenkenkönnen tatsächlich ausgesagt ist, wird von dem evolutionären Denken erst gar nicht vergegenwärtigt; dieses Denken verharmlost die Problematik und gibt sich mit dementsprechend einfachen Lösungen zufrieden.

In dem vorliegenden Buch wird dargelegt, inwiefern die evolutionäre Erkenntnistheorie – wie sie in Wien zur Ausbildung gelangt ist – ein Denken in besagter Falle ist, wie auch, inwiefern bei angemessener Beachtung der Problematik, die evolutionäre Erkenntnistheorie aus dieser Falle zu befreien ist. Hierbei wird sich zeigen, daß die evolutionäre Erkenntnistheorie, ist sie aus der Falle befreit und wird sie an eine angemessene Betrachtung der Problematik angeglichen, nicht mehr sie selbst bleiben kann. Dasjenige in ihr, das nun noch der Beachtung verdient, das es also zu kultivieren gilt, wird sich als Neuroepistemologie erweisen.

Die Arbeit an dem vorliegenden Text ist von dem Magistrat der Stadt Wien – MA 7 „Kultur, Wissenschafts- und Forschungsförderung" – finanziert worden, wofür ich hiermit meinen Dank ausspreche.

Wien, Pfingsten 2003 Wolfgang Senz

Inhaltsverzeichnis

1 Einleitung

Wiederholt wird von Vertretern der „Wiener“ evolutionären Erkenntnistheorie die mehrmalige Entwicklung dieser Theorie in Wien angemerkt, womit ein dementsprechend besonderes geistiges Klima in dieser Stadt zum Ausdruck gebracht sein soll. Dies ist freilich als ein nicht all zu ernst zu nehmendes Bild zu verstehen, das nicht dazu verleiten darf, den internationalen Charakter wissenschaftlicher Bemühungen zu übersehen – schon der Name „Evolutionäre Erkenntnistheorie“ ist keine „Wiener“ Wortschöpfung. Im Lichte hiervon ist es aber immerhin möglich, insofern von einer „Wiener“ Evolutionäre Erkenntnistheorie zu sprechen, als Wissenschafter und Denker der Universität Wien, wie sie sich – in Altenberg - um Konrad Lorenz gesammelt haben, ganz wesentlich zur Etablierung eines evolutionär-erkenntnistheoretischen Denkens in Wien beigetragen haben; Konrad Lorenz, einer der so genannten „Wiener“ Konstrukteure der evolutionären Erkenntnistheorie, hat seine diesbezüglich grundlegenden Arbeiten jedoch in Königsberg und – in russischer Kriegsgefangenschaft – in der Nähe von Eriwan geschrieben. Wenn in dem vorliegenden Buch also von der „Wiener“ evolutionären Erkenntnistheorie die Rede ist, so ist damit insbesondere von diesem Kreis um und in Anschluß an Konrad Lorenz die Rede. Zudem seien die Positionen von Ernst Mach und Ludwig Boltzmann beachtet, auf die sich auch einige Vertreter aus dem Kreis um Konrad Lorenz beziehen. Damit sind die geschichtlichen Wurzeln des Konstruktes „Wiener Evolutionäre Erkenntnistheorie“ bis in den Bereich des ausgehenden 19. Jahrhunderts vorverlegt.

Betont sei, daß Karl Poppers Position, sie wird in der Literatur mehrfach mit der evolutionären Erkenntnistheorie in enge Beziehung gebracht, in diesem Buch nicht zur Besprechung gelangt; damit wird Poppers eigener Beurteilung, kein Vertreter der Evolutionären Erkenntnistheorie zu sein, entsprochen.

Zunächst ist es das Ziel dieses Buches, den Leser grundsätzlich mit der evolutionären Erkenntnistheorie, wie sie in Wien vertreten ist, vertraut zu machen. Hierzu dient der erste Teil des Buches; dieser versucht in größt möglicher Nähe zu den interessierenden Texten ein Bild der Wiener evolutionären Erkenntnistheorie zu zeichnen. Der zweite Teil des Buches gibt eine philosophische Interpretation des Dargelegten, um willen davon, die Bedeutung der evolutionären Erkenntnistheorie freilegen zu können.

1. Teil
Darstellung der Wiener evolutionären Erkenntnistheorie (= EE)

2 Einleitung

Riedl vermerkt, daß die evolutionäre Erkenntnistheorie in Wien sechsmal entdeckt worden ist: „Eine weitere Merkwürdigkeit der Entwicklung der Theorie [Evolutionäre Erkenntnistheorie] liegt, ..., in der Tatsache, daß sie allein in Wien sechsmal unabhängig voneinander entstanden ist. Bei Mach und Boltzmann finden wir ihre Ansätze aus der Erkenntnislehre, dann bei Popper aus der Philosophie entwickelt, bei Lorenz aus der Ethologie, bei mir aus der Evolutionstheorie und bei Oeser aus der Wissenschaftstheorie. Natürlich haben die Jüngeren die Namen der Älteren und Vorausgehenden gekannt. Aber die Ansätze zu den Theorien gehen nicht aufeinander zurück“[1]. Lorenz seinerseits meint: „Die ganze evolutionäre Erkenntnistheorie kommt von ihm [Karl Bühler], er hat sie zwar noch nirgendwo formuliert, aber sie steht überall zwischen den Zeilen“[2]. Markl führt zu dem Thema aus: „Bühler wiederum muß Machs evolutionäre Erkenntnistheorie gekannt haben; er war von Machs Forschungsmethode beeindruckt, auch wenn er seine sensualistische Elementenpsychologie ablehnte (Stadler 1982, S. 77-78). Der Einfluß Machs auf den Wiener Kreis war groß (Stadler 1982). Popper selbst, der einmal JM Baldwin, CL Morgan und HS Jennings als die ersten evolutionären Erkenntnistheoretiker anführt (Popper 1979, S.81-85), zitiert in seinem ersten Buch ausdrücklich Mach, Heinrich Gomperz und Jennings (Popper 1979: S.23-25)“[3].

In diesem ersten Teil des Buches soll – unter Ausklammerung der Position von Popper (vgl. Einleitung zu dem Buch) – diese Mehrfachentdeckung porträtiert werden und eine Skizze dessen gegeben werden, das gegenwärtig unter der Bezeichnung „Evolutionäre Erkenntnistheorie“ figuriert.

In gewisser Hinsicht wird der Autor den Leser mit den Aussagen der Vertreter der EE alleine lassen; der Leser soll sich dieserart weitgehend selbst ein Bild von der EE – freilich anhand ausgewählter Texte – fertigen können. In dem Abschlußkapitel des ersten Teiles wird der Autor *sein* Resümee zu dem Angeführten geben. Es dient als Ausgangsbasis der kritischen Würdigung der EE, wie sie der zweite Teil des Buches zum Inhalt hat.

---

[1] Riedl R 1987a: S.47

[2] Lorenz K 1983: S.88

[3] Markl P 1987: S.42

3 Die Anfänge der „Wiener" evolutionären Erkenntnistheorie - Ende des 19. und Beginn des 20. Jahrhunderts

3.1 Einleitung

Die Aufgabe dieser Einleitung ist es, in ganz groben Zügen jenes geistige Milieu in Erinnerung zu rufen, in das das Denken von Ernst Mach und Ludwig Boltzmann eingebettet ist.

1926 hat Scheler[4] die Formen menschlicher Selbstinterpretation mittels folgender Typisierung gegliedert: „Mensch als Geschöpf Gottes" (religiöse Anthropologie), „homo sapiens", „homo faber", „Anthropologie der Lebensphilosophie" und „postulatorischer Atheismus" (letztere beiden Typen interessieren hier weiter nicht).; diese Typen stehen auch - wiewohl nicht primär – in einer geschichtlichen Abfolge zueinander. Dem Typ der religiösen Anthropologie weist Scheler weiter keine Bedeutung für eine eigenständige Philosophie und Wissenschaft zu. Der zweite Typ, eine Erfindung des antik-griechischen Stadtbürgertums, basiert auf einem Verständnis von Vernunft (*logos*, *ratio*), die das Prinzip der Welt und ihrer Ordnung ist, und an der der Mensch Teil hat, was ihn gegenüber der übrigen Natur auszeichnet. Demgegenüber anerkennt der dritte Typ – „homo faber" – nur *graduelle Unterschiede* zwischen Mensch und Tier; die menschliche Intelligenz wird als Fortsetzung naturhaft-psychischer Fähigkeiten angesehen. Dieser dritte Typ ist dementsprechend naturalistisch-positivistisch konnotiert – Scheler sieht seine Wurzeln in der heterodoxen Tradition Demokrits -. Es ist zugleich jener Typ, der mittlerweile, so Scheler, den größten Zuspruch genießt, was einstmals für den Typ „homo sapiens" gegolten hat.

Angesichts hiervon sei aus Schnädelbachs *Philosophie in Deutschland 1831-1933*[5] gelesen: „Die Loslösung des philosophischen Bewußtseins vom absoluten Idealismus im Zeichen der *Geschichte* und der *Wissenschaft* mußte als Abschied von der Metaphysik auch den Abschied von jener Anthropologie des *animal rationale* im traditionellen Sinne bedeuten. Was eintritt, ist zunächst auch hier eine Hinwendung zur *Empirie*: die Wirklichkeit des Menschen, seiner Lebensbedingungen, wie sie uns die »wirkliche« Geschichte und sich am naturwissenschaftlichen Beispiel orientierenden Forschungsdisziplinen vor Augen führen, zeigt uns, wer wir sind, und nicht die metaphysische Spekulation"[6]. Schnädelbach beschreibt hiermit die Situation im Anschluß an Hegel, das Ringen der Geschichts- und Naturwissenschaften um die Position der Leitwissenschaft thematisierend. In Folge hält Schnädelbach fest: die Naturalisierung des Bildes vom Menschen „am Leitfaden der Naturwissenschaft ist erst das Werk der Materialismusbewegung der Jahrhundertmitte"[7]. Hierbei zeichnet sich rasch der Führungsanspruch der Biologie ab – zum Beispiel bei Moleschott -; ein Vorgang der mit dem Werk Darwins seinen Zenit erreicht: „Naturalisierung heißt dann wesentlich Biologisierung der Anthropologie"[8].

Derartigen Entwicklungen steht als großes Kontrastprogramm jenes Denken entgegen, das die Identität des Menschen aus der Beachtung der Geschichte ableitet – vgl. zum Beispiel Dilthey: „was der Mensch sei, sagt ihm nur die Geschichte" -. Hierin liegt, so Schnädelbach:

[4] Scheler M 1926
[5] Schnädelbach H 1983
[6] Schnädelbach H 1983: S.274
[7] Schnädelbach H 1983: S.275
[8] Schnädelbach H 1983: S.275

„Um die Geschichte der Natur so radikal entgegensetzen zu können, wie es im Historismus, aber auch bei Marx und Engels geschieht, muß Geschichte als der bereich dessen aufgefaßt sein, was der Mensch in *Freiheit* aus sich selbst macht. Diese Ontologie des Geschichtlichen, die Droysen[9] in dem Satz zusammenfaßt »Der Lebenspuls der geschichtlichen Bewegung ist die Freiheit«, ist die Grundlage der Geschichtsphilosophie der Historischen Schule, auf der sie gegen Naturalismus, Materialismus, naturwissenschaftliche Methoden, ja gegen Theoriebildung in der Geschichtswissenschaft in der Geschichtswissenschaft jahrzehntelang polemisiert"[10].

Schnädelbach skizziert nun das Schicksal beider Denkrichtungen wie folgt: „Die philosophische Anthropologie der zweiten Jahrhunderthälfte, aber auch die Philosophische Anthropologie unseres Jahrhunderts sind wesentlich bestimmt durch das Zusammenfließen der durch die entstehenden Humanwissenschaften mächtig verstärkten *naturalistischen* Anthropologie mit der Metaphysik des *Irrationalen*. Das traditionelle rationalistische Selbstporträt des Menschen gilt nicht mehr bloß als flach oder oberflächlich, sondern schlicht als *unwissenschaftlich*. Schelers Typen »*homo faber*« und der »dionysische Mensch« ergreifen die anthropologische Vorherrschaft; Lebensphilosophie und Evolutionstheorie ordnen die Gattung »*homo sapiens*« nun mit vereinten Kräften in das Kontinuum alles Lebendigen ein. Erstaunlich ist es zu sehen, wie sich diese antihistoristische Tendenz im Zentrum des Historismus selbst durchsetzt: bei Dilthey"[11]; „Die Anthropologie des Übermenschen ist zugleich eine Lehre vom Menschen als »Übergang«, als etwas zu Überwindendem, und dieser Gedanke wir dann unter dem Einfluß empirischer humanbiologischer Untersuchungen in das Theorem vom Menschen als »*Mängelwesen*« umgedeutet, das die gesamte neuere Philosophische Anthropologie bestimmt. Der Mensch erscheint hier als ein Wesen, das seine natürlichen Mängel im Bereich der Organ- und Instinktausstattung *handelnd* kompensieren muß und nur dadurch als Gattung überleben kann. Bewußtsein, Sprache, Vernunft, Geist – das alles wird dann *funktionalistisch* umgedeutet. Hier schließt sich der Kreis, der in der antirationalistischen Anthropologie der romantik seinen Ausgang nahm – der Ausdruck »Mängelwesen« findet sich bereits bei Herder – und den Abschied vom rationalistischen Selbstbild des Menschen *endgültig*, weil mit der Autorität der *Wissenschaftlichkeit* versehen, zu vollstrecken scheint"[12].

Von Interesse ist hier auch, was Schnädelbach unter der Überschrift „Über nachanthropologisches Philosophieren" anmerkt. Zunächst verweist er mit Plessner auf das „Veraltern" des Gegensatzes von naturalistischem und historischem Bewußtsein des Menschen von sich: „Die um das *telos* verkürzte Geschichte des späten Historismus und die durch die Evolutionstheorie dynamisierte Natur des Lebendigen gleichen sich so aneinander an, daß die Konturen verschwimmen: was *unterscheidet* das ziellose Nacheinander der Ereignisse in beiden Ereignisreihen noch voneinander, wenn die Humanwissenschaften die historische Ideologie der Freiheit erst einmal *aufgelöst* hat?"[13]. Ist dem aber so, dann muß mit der Krise des Historismus und besagtem „Veraltern" auch die Philosophische Anthropologie „veraltern". Walter Schultz – so Schnädelbach – spricht auch genau hiervon[14], bzw. von der „Vergleichgültigung der Grundbestimmungen der philosophischen Anthropologie". Schnädelbach verdeutlicht dies für Heidegger: „Dieses Phänomen zeigt sich bereits gegen Ende der hier betrachteten Epoche. *Heideggers* Satz »Das Wesen des Daseins liegt in seiner Existenz« ist kein anthropologischer

9 Droysen G 1974
10 Schnädelbach H 1983: S.276
11 Schnädelbach H 1983: S.277
12 Schnädelbach H 1983: S.278
13 Schnädelbach H 1983: S.279
14 Schulz W 1972

Satz im engeren Sinne mehr, weil er vom Wesen des Menschen nichts weiter als dessen Existenz aussagt und deren Bestimmungen dann in Gestalt von Existenzialien expliziert, die nicht mehr den *konkreten* Menschen, sondern nur den als Dasein *existierenden* Menschen betreffen sollen"[15].

Betrachtet man im Lichte dieser Ausführungen die Naturwissenschaften des ausgehenden 19. und beginnenden 20. Jahrhunderts, so ist man mit einer naturwissenschaftlichen „Revolution" konfrontiert – es ist die Zeit von Curie, Rutherford, Planck, Mach, Boltzmann, Einstein und so weiter -. Die mit diesen Namen zu verbindende „Revolution" steht in Zusammenhang mit der Evolutionstheorie Darwins und der Psychoanalyse Freuds. Stadler[16] spricht von diesen beiden Denkrichtungen als „zwei weiteren narzißtischen Kränkungen", denen zu folge das depersonalisierte Ich nunmehr weder psychisch noch physisch im Mittelpunkt steht.

Angesichts hiervon sei nun der Blick konkreter auf Österreich gerichtet. Hier findet man – freilich unter anderem – eine neusachliche Philosophie, zum Beispiel im Rahmen des (noch in der Monarchie gebildeten) szientifischen Monistenbundes, die den Boden für, wie Stadler[17] schreibt, „wissenschaftliches Denken, positivistische Ethik und pragmatische Gesellschaftstechnik" ebnet. Stadler verweist auch auf Parallelen hierzu in der Kunst, an Jugendstil, Sezessionisten, aber auch die konstruktivistische neue Zwölftonmusik von Arnold Schönberg, Alban Berg und Anton Webern erinnernd. Hiermit verbunden ist eine Polarisierung zwischen wissenschaftlicher und metaphysischer Philosophie.

Mit dieser ganz allgemeinen Feststellung soll es hier belassen bleiben[18], wie auch nicht näher auf die Frage eingegangen werden soll, inwieweit das hier Betrachtete dazu berechtigt, von einer typisch österreichischen Philosophie zu sprechen[19]. Im Sinne der dieserart zu übenden Zurückhaltung – um willen der Konzentration auf eine Einstimmung auf das eigentlich Interessierende – soll mit Stadler folgende Skizzierung des ausgehenden 19. Jahrhunderts und der Zeit bis zum ersten Weltkrieg in Österreich gegeben werden: Die Zeit ist geprägt von einem defensiven Hegelianismus, einer antiidealistischen, sprachlogischen Philosophie im Anschluß an Leibniz, Herbart, Bolzano, die sich an Einzelwissenschaften orientiert (diese geistige Strömung umfaßt weltanschaulich katholische bis zu sozial-liberal [spät-]aufklärerischen Tendenzen); dieser Denkrichtung steht eine vielgestaltige Opposition gegenüber, die Philosophie fortgesetzt als Königswissenschaft versteht, in Distanz zum empirischen Forschungsbetrieb.

Von besonderer Bedeutung für die österreichische Philosophie, insbesondere im ausgehenden 19. Jahrhundert, ist sicherlich Brentano, an den hiermit explizit erinnert sei. Eigentlich interessant, ohne dies hier genauer ausführen zu brauchen, ist Brentano, da er trotz seiner scholastisch-metaphysischen Fundierung, eine Annäherung der Philosophie an die Naturwissenschaften einfordert; so führt er in seiner Habilitation[20] aus, daß die eigentliche Methode der Philosophie jene der Naturwissenschaften ist, wohingegen theologische Wahrheiten der Philosophie lediglich „Fingerzeige" sein können; 1874 vertritt Brentano[21], daß die Lehrmeisterin der Philosophie die Erfahrung ist; auch sei hier an Brentanos Evidenzlehre erinnert, wie sie sich – in Nähe zu Leibniz – gegen Kant (und den Platonismus) richtet.

---

[15] Schnädelbach H 1983: S.279

[16] Stadler F 1997

[17] Stadler F 1997

[18] Für detailliertere Darstellungen der hier thematisierten Epoche siehe zum Beispiel Stadler F 1997 und Haller R 1979

[19] Vgl. zum Beispiel: Haller R 1979 und Heintel E 1981

[20] Brentano F: „Habilitationsthese" – In: Brentano F 1968

[21] Brentano F 1874

3.2 Ernst Mach & Ludwig Boltzmann

Ernst Mach

„Ich [E. Mach] habe es stets als ein besonderes Glück empfunden, daß mir sehr früh (in einem Alter von 15 Jahren etwa) in der Bibliothek meines Vaters Kants »Prolegomena zu einer jeden künftigen Metaphysik« in die Hand fielen. Diese Schrift hat damals einen gewaltigen unauslöschlichen Eindruck auf mich gemacht, den ich in gleicher Weise bei späterer philosophischer Lektüre nie mehr gefühlt habe. Etwa zwei oder drei Jahre später empfand ich plötzlich die müßige Rolle, welche das »Ding an sich« spielt. An einem heitern Sommertage im Freien erschien mir einmal die Welt samt meinem Ich als eine zusammenhängende Masse von Empfindungen, nur im Ich stärker zusammenhängend"[22]. Schon sehr früh in seinem Leben also, so die Erinnerung Machs, wendet er sich gegen eine metaphysische Philosophie, die ihm letztlich ebenso untauglich erscheint, wie eine mechanistische Naturwissenschaft. Daher auch wendet er sich 1872 in *Die Geschichte und die Wurzeln des Satzes der Erhaltung der Arbeit*[23] gegen aprioristisch-synthetische Kategorien der absoluten Bewegung, Raum und Zeit. Hierin kündigt sich ein Denken an, das – anhand der Texte *Die Mechanik in ihrer Entwicklung*[24] und *Erkenntnis und Irrtum*[25] betrachtet – von einer antimetaphysisch und antiessentialistischen Methodologie geprägt ist bzw. eine sprachanalytisch-fallibalistische Erkenntnislehre vorbereitet, in der Überzeugung davon, daß Wissenschaft Erfahrung ersetzen soll, wobei sie aber immer im Erfahrungshorizont verbleibt, wiewohl diesem vorauseilend bzw. immer im Bereich von Bestätigung und Widerlegung verbleibend, gemäß der Unvollständigkeit der Erfahrung.

Wissenschaft muß sich also auf das Tatsächliche beschränken, wie Mach bereits in seiner *Analyse der Empfindungen* festhält. In *Die Mechanik in ihrer Entwicklung* äußert sich Mach wie folgt zu den Phasen der Ausbildung einer Erfahrungswissenschaft: „Sind einmal alle wichtigen Tatsachen eine Naturwissenschaft durch Beobachtung festgestellt, so beginnt für diese Wissenschaft eine neue Phase, die deduktive ... Es gelingt dann, die Tatsachen in Gedanken nachzubilden, ohne die Beobachtung fortwährend zu Hilfe zu rufen. Wir bilden allgemeinere und kompliziertere Tatsachen nach, indem wir uns dieselben aus einfacheren, durch die Beobachtung gegebenen wohlbekannten Elementen zusammengesetzt denken. Allein wenn wir auch aus dem Ausdruck für die elementarsten Teilchen (den Prinzipien) den Ausdruck für häufiger vorkommende kompliziertere Tatsachen (Sätze) abgeleitet und überall dieselben Elemente erschaut haben, ist der Entwicklungsprozeß noch nicht abgeschlossen. Es folgt der deduktiven die formelle Entwicklung. Es handelt sich dann darum, die vorkommenden und nachzubildenden Tatsachen in eine übersichtliche Ordnung, in ein System zu bringen, so daß jede einzelne mit dem geringsten Aufwand gefunden und nachgebildet werden kann"[26].

Wovon dies berichtet, das bezeichnet Flamm als „sensualistischen Positivismus": „Er [Mach] wollte die Naturwissenschaften von allen Vorstellungen säubern, die nicht in unmittelbarem Zusammenhang mit experimentellen Größen und damit zu Sinnesempfindungen

---

[22] Mach E 1900: S.24
[23] Mach E 1872
[24] Mach E 1883
[25] Mach E 1905
[26] Mach E 1883: S.409

stehen"[27]. Krauth wiederum bezeichnet den Empiriokritizismus Machs als „Immanenzpositivismus": „Für Mach sind nur noch die Sinnesdaten selbst gegeben und unmittelbar beobachtbar. Alle Aussagen, gleich welcher Art, können danach grundsätzlich in Aussagen über Sinnesdaten und Sinnesdaten-Komplexe umgeformt werden. Ausdrücke für »Dinge« mögen deshalb allenfalls einen praktischen Nützlichkeitswert im täglichen Leben haben, aber sie bezeichnen nichts, was über die Sinneseindrücke hinausginge. In der Sprache Kants ausgedrückt, könnte man sagen: bei Mach verschwindet das »Noumenon« und das »Phänomenon« wird auf den bloßen Sinneseindruck reduziert. Dies kann man als Immanenzpositivismus bezeichnen. Metaphysik ist darin unmöglich: Wenn sich die Erkenntnis nicht mehr auf eine in sich bestehende Wirklichkeit richtet und alle Erfahrung letztlich nichts anderes ist das je wechselnde und kontingente Sinnesdatum, so kann es freilich keine »absoluten« Wahrheiten oder wahren Sätze »a priori« geben. Es kann auch nicht mehr die Rede davon sein, daß eine Art von Beobachtung haben sich lediglich dem jeweils anderen Kontext anzupassen, in dem sie auftreten"[28].

Seine prägnante Formulierung erhält dieses positivistische Denken in Machs Prinzip der Denkökonomie: „Die Ökonomie des Denkens, die ökonomische Darstellung des tatsächlichen habe ich zuerst 1871, 1872 in aller Kürze als die wesentliche Aufgabe der Wissenschaft bezeichnet. ... Die eben bezeichnete Ansicht erhält sofort eine breite Grundlage und wird von neuen Seiten aufgeklärt, wenn man, den Anregungen der Darwinschen Theorie folgend, das ganze psychische Leben – die Wissenschaft eingeschlossen – als biologische Erscheinung auffaßt, die Darwinsche Vorstellung vom Kampf ums Dasein, von der Entwicklung und Auslese auf dieselbe anwendet"[29].

Mit diesem Zitat ist zugleich jener Bezug auf die Evolutionstheorie gegeben, der Mach insbesondere für den vorliegenden Text interessant macht – bzw. als einen der Begründer der EE erscheinen läßt (vgl. Einleitung) -. Das Ökonomieprinzip ist bei Mach nämlich innig verbunden mit einer historisch-kritischen Methode auf evolutionärer Basis, der gemäß es für Mach feststeht, daß die Aufgabe der Wissenschaft in der Anpassung der Gedanken an die Tatsachen sowie der Gedanken aneinander besteht. Im Sinne hiervon, wie auch seines Relativismus, der keine absolute Wahrheit kennt, ist es auch zu verstehen, wenn Mach Wissenschaft als „Organismus" begreift: „Das Ziel der Naturwissenschaft ist der Zusammenhang der Erscheinungen. Die Theorien aber sind wie dürre Blätter, welche abfallen, wenn sie den Organismus der Wissenschaft eine Zeit lang in Atem gehalten haben"[30].

Dieser „Organismus" Wissenschaft basiert auf Ideen und Beobachtungen – „Ideen allein verflüchtigen sich zu unfruchtbaren Spekulationen, Beobachtungen allein liefern kein organisches Wissen"[31] -, wobei die hieraus erwachsenden wissenschaftlichen Gedanken „sich umformen, auf weitere Gebiete sich ausbreiten, mit konkurrierenden kämpfen und über weniger leistungsfähige den Sieg davontragen"[32]. Für Mach ist Wissenschaft dieserart linear aus einem allgemeinen natürlichen Entwicklungsprozeß heraus zu verstehen: „Die Wissenschaft steht also mitten in dem natürlichen Entwicklungsprozeß, den sie zweckmäßig zu leiten und zu fördern, aber nicht zu ersetzen vermag"[33]. Insbesondere ist an dem hier aus Machs Werk Dargelegten die darin bezüglich „Rückwirkung" enthaltenen Aussagen zu beachten, worauf

[27] Flamm D 1987: S.26
[28] Krauth L 1970
[29] Mach E 1900: S.39
[30] Mach E 1872: S.46
[31] Mach E 1911: S.390
[32] Mach E 1911: S.282
[33] Mach E 1911: S.387

mit Oeser hingewiesen sei: „Den letzten Schritt zu einer anschaulichen Modellvorstellung die-ses sich ständig wiederholenden und in dieser Wiederholung sich inhaltlich und strukturell verbessernden erfahrungswissenschaftlichen Erkenntnisprozesses haben dann schließlich P. Volkmann, E. Mach [vgl. *Die Mechanik in ihrer Entwicklung*] und W. Ostwald vollzogen, wenn sie diesen »selbstregulierenden« Prozeß als »Zirkulation« oder »Kreislauf« mit »rückwirkender Verfestigung« charakterisiert haben. Das Prinzip der »Rückwirkung« bedeu-tet in diesem Zusammenhang nicht eine ergebnislose Rückkehr zum Ausgangspunkt wie bei einer gewöhnlichen zirkulären Argumentation, die logisch unzulässig ist, sondern Rückwir-kung bedeutet die Rückkehr auf einer höheren Ebene, auf der die Ausgangsbedingungen kontrolliert und je nach dem Ausgang der Kontrolle entweder verfestigt oder verändert wer-den“[34].

Im Lichte hiervon ist es angebracht, Machs Ausführungen zum Ich zu beleuchten: „Das Ich ist unrettbar. Teils diese Einsicht, teils die Furcht vor derselben führen zu den absonderlichsten pessimistischen und optimistischen religiösen und philosophischen Verkehrtheiten. Der einfachen Wahrheit, welche sich aus der psychologischen Analyse ergibt, wird man sich auf die Dauer nicht verschließen können. Man wird dann auf das Ich, welches schon während des individuellen Lebens vielfach variiert, ja im Schlaf und bei Versunkenheit in eine Anschauung, in einen Gedanken, gerade in den glücklichsten Augenblicken, teilweise oder ganz fehlen kann, nicht mehr den hohen Wert legen“[35]. Dies entspricht der eingangs zur Betrachtung von Mach zitierten Aussage bezüglich der „zusammenhängenden Massen“, die im „Ich“ lediglich stärker verknüpft seien. In diesem Kontext ist sogleich von Interesse: „Die scheinbare Beständigkeit des Ich besteht vorzüglich nur in der Kontinuität, in der langsamen Änderung. Die vielen Gedanken und Pläne von gestern, welche heute fortgesetzt werden, an welche die Umgebung im Wachen fortwährend erinnert (...), die kleinen Gewohnheiten, die sich unbewusst und unwillkürlich längere Zeit erhalten, machen den Grundstock des Ich aus“[36]. Zudem erfährt man: „Die Zusammenfassung der mit Schmerz und Lust am nächsten zusammenhängenden Elemente in einer ideellen denkökonomischen Einheit, dem Ich, hat die höchste Bedeutung für den im Dienste des schmerzmeidenden und lustsuchenden Willens stehenden Intellekts. Die Abgrenzung des Ich stellt sich daher instinktiv her, wird geläufig und befestigt sich vielleicht sogar durch Vererbung. Durch ihre hohe praktische Bedeutung nicht nur für das Individuum, sondern für die ganze Art machen sich die Zusammenfassungen »Ich« und »Körper« instinktiv geltend und treten mit elementarer Gewalt auf. In besonderen Fällen aber, in welchen es sich nicht um praktische Zwecke handelt, sondern die Erkenntnis Selbstzweck wird, kann sich diese Abgrenzung als ungenügend, hinderlich, unhaltbar erweisen“[37].

Mach grenzt sich dieserart strikt von einem metaphysischen „Ich“-Begriff ab, im Sinne seiner Theorie festhaltend: „Das Ich ist nicht scharf abgegrenzt, die Grenze ist ziemlich unbestimmt und willkürlich verschiebbar. Nur indem man dies verkennt, die Grenze unbewußt enger und zugleich auch weiter zieht, entstehen im Widerstreit der Standpunkte die metaphysischen Schwierigkeiten“[38]. Im Sinne hiervon erweist sich für Mach das Reden über „Ich“ als ein vorläufiges Benennen, in dem zum Ausdruck kommt, daß man das Thematisierte noch nicht fertig analysiert hat, so daß man besagter Hilfskonstruktion bedarf.

---

[34] Oeser E 1979 [Band 1]: S.24
[35] Mach 1900: S.17
[36] Mach E 1900: S.3f
[37] Mach E 1900: S.18
[38] Mach E 1900: S.10

Dies läßt auch einsehen, wieso Mach zu der Aussage gelangt, daß sich aus Empfindungen das Subjekt aufbaut, welches seinerseits wieder auf Empfindungen reagiert, womit in gewisser Hinsicht eine Rückkoppelung anvisiert ist, wie sie allerdings auf der Nicht-Abgrenzbarkeit des Ich bzw. der Annahme basiert, dergemäß das Ich lediglich *ein weiterer* Körper ist. In Zusammenhang hiermit ist Machs „Haut“-Theorie und seine Elementenlehre von Bedeutung, zu denen hier zitiert sei: „Die Erscheinungen lassen sich in Elemente zerlegen, die wir, insofern sie als mit bestimmten Vorgängen des Körper (Leibes) verbunden und durch dieselben bedingt angesehen werden können, Empfindungen nennen“[39]. Wahrnehmung, Vorstellung, Wille und Gefühle – kurz die gesamte äußere und innere Welt – setzen sich nach Mach aus einer geringen Anzahl von Elementen zusammen: „Man nennt diese Elemente gewöhnlich Empfindungen. Da aber in diesem Namen eine einseitige Theorie liegt, so ziehen wir vor, kurzweg von Elementen zu sprechen, wie wir schon getan haben. Alle Forschung geht auf die Ermittlung der Verknüpfung dieser Elemente aus“[40]. Woran Mach hier denkt, das erhält seine Abrundung in der Annahme, daß ein Element, wenn es „die Haut passiert“, aus „dem Gebiet der Physik in jenes der Physiologie oder Psychologie gelangt“[41].

Ludwig Boltzmann

Zunächst gilt es, einiges zu dem Physiker Boltzmann vorweg zu schicken, wozu einleitend aus einer Schrift von Kanitscheider zitiert sei: „Begriffliche Schwierigkeiten traten auf, als Boltzmann im Sinne eines einheitlichen deterministischen Weltbildes versuchte, das Entropiewachstum atomistisch zu verstehen, und zwar als das Ergebnis vieler elementarer Stoßprozesse zwischen den Molekülen. Damit wurde dem Zufall eine zentrale Rolle in der Naturbeschreibung zugewiesen. An die Stelle des Verfolgens der einzelnen mechanischen Stöße treten Größen, die das mittlere Verhalten vieler Moleküle wiedergeben. Eine entscheidende Bedeutung kommt hier der Verteilungsfunktion zu. Wenn man die Annahme macht, daß die Kollision der Moleküle zufällig erfolgt und daß die Ordnung und Geschwindigkeiten der Teilchen vor dem Stoß unkorreliert sind, dann geht jede beliebige Anfangsverteilung der Geschwindigkeit der Moleküle in jene Verteilungsfunktion über, die nach Maxwell und Boltzmann ihren Namen hat, sie ist für ein Gas im Gleichgewicht die wahrscheinlichste. ... Wichtig ist: eine mechanische Erklärung der irreversiblen Vorgänge ist nur unter dieser Vorgabe des Stoßzahlansatzes bzw. der molekularen Unordnung möglich. ... Boltzmanns Ziel war es, den 2. Hauptsatz der Thermodynamik, als das Entropiegesetz, mechanisch zu begründen. ... Er wollte auch die gerichteten Vorgänge der Welt aus bestimmten statistischen Annahmen über Atomzusammenstöße ableiten. ... 1872 fand er eine Funktion H, die von den Lagen und Geschwindigkeiten der Atome abhängt und die immer mit der Zeit abnimmt oder höchstens gleich bleibt. ... Durch die Identifikation von H mit dem negativen Wert der Entropie glaubte er nun ein mechanisches Verständnis aller irreversiblen Prozesse gewonnen zu haben“[42].

Oeser[43] wiederum hält zur statistischen Mechanik Boltzmanns fest: „Obwohl Boltzmann ein überzeugter Anhänger der Atomistik gewesen ist, hat er nicht die statistische Analyse der Elemente eines Systems zur Grundlage seiner Überlegungen gemacht, sondern er hat vielmehr einen systemtheoretischen Standpunkt im heutigen Sinn eingenommen, was erkenntnis-

---

[39] Mach E 1900: S.13
[40] Mach E 1900: S.17f
[41] Mach E 1900: S.16
[42] Kanitscheider B 1993: S.34-36.
[43] Oeser E 1976 [Band 2]

theoretisch dadurch zur Geltung kommt, daß er die Vorrangigkeit der Theorie gegenüber der empirischen experimentellen Erfahrung betont. Die dynamische Funktion der Theorie im wissenschaftlichen Erkenntnisprozeß wird von ihm dadurch hervorgehoben, daß er die Theorie als den Leitstern aller Erfahrungserkenntnis und zugleich als deren Vollendung sieht. ... Diese neue Auffassung der Mechanik ist, wie Schrödinger auf Grund der Boltzmannschen Überlegungen ausgeführt hat, dem biologischen Systembegriff keineswegs fremd. ... Die alte Mechanik der starren Körper und Massenpunkte hat nur Systeme als zeitlose, in sich zurückkehrende Kreisprozesse beschreiben können. ... Die Irreversibilität der Zustandsveränderungen, die in der neuen, statistischen Mechanik berechnet werden, ergibt dagegen auch die Möglichkeit, physikalische und biologische Systeme wieder unter einem einheitlichen dynamischen Aspekt zu betrachten"[44]. Im Anschluß hieran resümiert Oeser: „Bedeutete die statistischen Mechanik bereits einen ersten Schritt hin zur Aufhebung des Systembegriffs als eines starren, zeitlosen Strukturzusammenhangs, der auf Zustandsveränderungen im Sinne von geschichtlicher Entwicklung nicht anwendbar ist, so wurde die eigentliche Neuformulierung des Systembegriffs vor allem in der Biologie getroffen: Bertalanffy"[45].

Im Sinne hiervon ist auch Boltzmanns folgende Kritik an Kants Erhebung unserer Anschauungsformen zum Apriori zu verstehen: „Man kann diese Denkgesetze aprioristisch nennen, weil sie durch die vieltausendjährige Erfahrung der Gattung dem Individuum angeboren sind. Jedoch es scheint nur ein logischer Schnitzer von Kant zu sein, daß er daraus auch auf ihre Unfehlbarkeit in allen Fällen schließt"[46]. Allgemein hält Boltzmann zur Philosophie fest: „Dies ist keineswegs die einzige Gelegenheit, wo das philosophische Denken sich in Widersprüchen verwickelt, vielmehr begegnet man solchen Schritt für Schritt. ... Wohl ist es sicher, daß wir keine Erfahrung machen könnten, wenn uns nicht gewisse Formen des Verknüpfens der Wahrnehmung, also des Denkens, angeboren wären. Wenn wir diese Denk-Gesetze nennen wollen, so sind sie insofern freilich aprioristisch, als sie vor jeder Erfahrung in unserer Seele, oder wenn wir lieber wollen, in unserem Gehirn vorhanden sind. Allein, nichts scheint mir weniger motiviert, als ein Schluß von Apriorität in diesem Sinn auf absolute Sicherheit, auf Unfehlbarkeit. Es kann uns daher nicht wunder nehmen, daß die zur Gewohnheit gewordenen Denkformen den abstrakten, dem Praktischen so fernliegenden Problemen der Philosophie nicht ganz angepasst sind und sich seit Thales´ Zeiten noch nicht angepasst haben. Daher scheint dem Philosophen das einfachste am rätselhaftesten. Und er findet überall Widersprüche. Diese aber sind nichts anderes als unzweckmäßige, verfehlte Nachbildungen des uns Gegebenen durch unsere Gedanken"[47].

Dieserart wendet sich Boltzmann, als erklärter Realist, gegen die Annahme apriorisch wahren Wissens im transzendentalphilosophischen Sinn: „In der Naturwissenschaft gibt es keine absolute Wahrheit. Trotz aller glänzenden Siege ziemt uns immer mehr weitgehendste Vorsicht und äußerste Bescheidenheit"[48]. „Mach hat selbst in so geistreicher Weise ausgeführt, daß keine Theorie absolut wahr, aber auch kaum eine absolut falsch ist, daß vielmehr jede Theorie allmählich vervollkommnet werden muß, wie die Organismen nach der Lehre Darwins. Dadurch daß sie heftig bekämpft wird, fällt das Unzweckmäßige allmählich von ihr ab, während das Zweckmäßige bleibt".

Wovon Boltzmann hier berichtet, das ist wesentlich evolutionär zu verstehen: „Diese Denkgesetze haben sich nach den gleichen Gesetzen der Evolution gebildet, wie der optische

---

44 Oeser E 1976 [Band 2]: S.41-44
45 Oeser E 1976 [Band 2]: S.44
46 Boltzmann L 1905: S.308
47 Boltzmann L 1905: S.352
48 Boltzmann L 1905: S.338

Apparat des Auges, der akustische des Ohres, ..."[49]. Genauerhin ist hierzu bei Boltzmann zu lesen: „Es bedarf nur einer quantitativen Steigerung unter stetiger Anwendung desselben Prinzips, um durch das ganze Pflanzen- und Tierreich zur Menschheit mit all ihrem Denken und Empfinden, Wollen und Handeln, ihrer Lust und ihrem Schmerze, ihrem künstlerischen Schaffen und wissenschaftlichem Forschen, ihrem Edelmut und ihren Lastern zu gelangen"[50].

Daher stehen nach Boltzmann am Anfang der Menschheit auch noch keine großen Einsichten: „Wir hoffen aber – das ist das Um und Auf aller Naturwissenschaft – damit die Naturvorgänge selbst beschrieben zu haben. *Ist das richtig*? Decken sich diese auf bloßen Erscheinungen beruhenden Gedankengebildet mit der Außenwelt? Bei einem Kind gewiß nicht, ebenso wenig wie bei einem tiefstehenden Volk. Man denke an den krassen Aberglauben der Neger"[51].

Folgendermaßen wird hiermit der Fortschrittsgedanke verknüpft: „Jedes Lebewesen will gut leben, gut nicht im gewöhnlichen, trivialen Sinne des Wortes, sondern gut im Sinne, wie es das Gedeihen und Wachstum der ganzen Art bedingt. Wo ein solcher Art-Egoismus, ein solcher Stamm-Egoismus, nicht vorhanden, ist die Spezies längst ausgestorben. Man benützt mit Vorliebe das Wort Machs »biologisches Interesse«. Dieses biologische Interesse muß nun die Erkenntnisschwelle aller denkenden Wesen immer günstiger gestalten"[52].

Im Sinne hiervon bedeutet „erklären" für Boltzmann: „Die Naturwissenschaften, auch die Physik habe zu erforschen, wie die Erscheinungen aufeinander folgen müssen. Die Philosophie, und speziell die Logik, haben zu erforschen, wie unsere Ideen aufeinander folgen müssen. ... Da letzterer Denkzwang durch vieltausendjährige Erfahrung immer wieder korrigiert wurde, muß er sich mit dem Ablauf der Außenerscheinungen decken. ... Erklären heißt aber nichts anderes, als Denkungewohntes auf Denkgewohntes zurückzuführen, oder umgekehrt aus Denkgewohntem Denkungewohntes folgern. Diese Beschreibung ist eine Nachbildung der Erscheinungen in Gedanken. Kirchhoff stellt die Forderung, daß diese Beschreibung möglichst sparsam sei. Jedes unserer sog. Naturgesetze liefert ein Beispiel für eine solche Ökonomie des Denkens"[53].

-

Hier seien einige Zeilen angemerkt, die nicht bereits Interpretation des Gebrachten sein sollen, sondern gleichsam auf etwas in dem Denken Machs und Boltzmanns aufmerksam machen sollen, das auch für alle noch zu beleuchtenden Vertreter der EE von zentraler Bedeutung sein wird. Das Denken Machs und Boltzmanns ist von einer Bedachtnahme auf „Rückwirkung" geprägt, wie es – im Lichte der Evolutionstheorie – die Bezugnahme auf Apriorizität im transzendentalphilosophischen Sinne erübrigen lassen soll. Ganz wesentlich ist hiermit eine Denkfigur verknüpft, dergemäß besagte transzendentalphilosophische Konstruktion auch das Ergebnis einer Überbewertung von „Ich" ist, die es also zu überwinden gilt. Dies entspricht durchaus jenem, das in 3.1 als den Zeitgeist – inwiefern er sich gegen die Philosophia perennis wendet – mitbestimmend anzuführen war.

---

[49] Boltzmann L 1905: S.323

[50] Boltzmann L 1905: S.386

[51] Aus einem Vortrag von Boltzmann L 1903/04 (vgl. Flamm D 1983); zitiert nach Flamm D 1987: S.25f

[52] Aus einem Vortrag von Boltzmann L 1903/04 (vgl. Flamm D 1983); zitiert nach Flamm D 1987: S.26

[53] Aus einem Vortrag von Boltzmann L 1903/04 (vgl. Flamm D 1983); zitiert nach Flamm D 1987: S.27

4 Die „Wiener“ evolutionäre Erkenntnistheorie in der Mitte des 20. Jahrhunderts: Konrad Lorenz

4.1 Einleitung: Zu den Anfängen Lorenzscher Forschung

Irrgang[54], der in seiner Darstellung der EE auf Mach und Boltzmann keinen bezug nimmt, meint, daß die EE – und Evolutionäre Ethik – mit Konrad Lorenz beginnt[55]. Flamm[56] wiederum stellt fest, daß Lorenz zwar „freimütig die Urheberschaft von Mach und Boltzmann“ bezüglich einer evolutionären Erkenntnistheorie feststellt, jedoch erst im Nachhinein – durch Schriften von Engelbert Broda – auf die entsprechenden Arbeiten dieser beiden Forscher hingewiesen worden ist.

Beide Aussagen legen nahe, den Versuch zu unterlassen, das Lorenzsche Werk nicht aus den Einsichten von Mach und Boltzmann abzuleiten. Um so mehr interessiert, was eigentlich die Wurzeln des Lorenzschen Denkens sind, was also jene Probleme sind, denen sich der Biologie Lorenz anfänglich gewidmet hat und deren – vermeintliche oder tatsächliche – Lösung ihn zum „Urheber“ – im Irrgangschen Sinne – der EE hat werden lassen.

Zur Bewältigung der somit gestellten Aufgabe sollen insbesondere drei Arbeiten von Lorenz konsultiert werden[57], die einheitlich seinem Frühwerk zuzuordnen sind, bzw. allesamt vor seinem bekannten und 1941 erschienen Aufsatz „Kants Lehre vom Apriorischen im Lichte gegenwärtiger Biologie“ veröffentlicht worden sind. Anhand einiger Aussagen aus einem Aufsatz aus dem Jahre 1961[58] soll sodann verdeutlicht werden, wieweit Lorenz selbst seine Anfänge als ein Ringen um Antworten erlebt hat.

Zunächst kann mit Lorenzschen Erinnerungen an seine Kindheit begonnen werden – ähnlich wie bei Mach -: „Und dann habe ich plötzlich die Antwort auf meine Frage in einer Schrift von Wilhelm Bölsche, in einem Kosmosbändchen mit dem Titel »Schöpfungstage« gefunden. Da war der Archäopteryx abgebildet, der Urvogel. ... Und dort stand zu lesen, daß das der Übergang vom Reptil zum Vogel ist. Und da erinnere ich mich an einen Spaziergang mit meinem Vater. ... Ich bin mit meinem Vater den Weg zur Kaiser-Jubiläums-Warte hinaufgegangen und habe ihm das erzählt. Und mein Vater hat mir merkwürdig wohlwollend zugehört. ... und ich habe ihm das Ganze erzählt. Von der Evolution von Darwin – und er hat mir

---

[54] Irrgang B 1993

[55] Irrgang B 1993: S.14: „Selbstverständlich kann die Frage nach dem Ursprung der Evolutionären Erkenntnistheorie und der Evolutionären Ethik verschieden beantwortet werden. Man könnte Herbert Spencer, Ernst Haeckel, Friedrich Nietzsche oder gar Charles Darwin selbst in Erwägung ziehen. Jeder von ihnen dachte auf seine Weise Erkennen evolutionär. Aber mit ihren Konzepten und Entwürfen war noch nicht jener spezifische Theorie-Anspruch verbunden, mit empirischen Modellen, Hypothesen und Theorien philosophische Probleme lösen zu können. Diesen Anspruch, der Evolutionären Erkenntnistheorie m.E. konstituiert, scheint erstmals Konrad Lorenz in einem Aufsatz erhoben zu haben, der (1941 publiziert) trotz der Kriegswirren unter Naturwissenschaftlern erhebliches Aufsehen erregte“. Vaihinger H (1911) wiederum meint, daß man das Konzept der Evolutionären Erkenntnistheorie bereits dem Machschen Opus entnehmen könne.

[56] Flamm D 1987

[57] Lorenz K 1932, 1935, 1937

[58] Lorenz K 1961

also wohlwollend zugehört und gelächelt, und plötzlich wurde mir klar: Der weiß das ja schon! Und ich erinnere mich, daß ich ein tiefes Ressentiment gegen meinen Vater empfunden habe, daß er etwas so Wichtiges weiß und es nicht der Mühe wert gefunden hat, es mir mitzuteilen. | Und da wollte ich dann Paläontologe werden. Da habe ich gesagt, Evolution ist ja alles. ... Das glaube ich heute auch noch. Ich weiß, daß ich da noch nicht im Gymnasium war, also unter zehn. ... Aber mein Vater, ..., hat darauf bestanden, daß ich Medizin studiere. |... Aber der unmittelbare, entscheidende Vorteil war, daß ich im Anatomischen Institut mit Ferdinand Hochstetter in Berührung gekommen bin. Und der war nicht nur vergleichender Anatom, sondern – was mehr ist – vergleichender Embryologe. Ich habe damals, da war ich 18, schon viele Tiere gehabt und so viel vom tierischen Verhalten gewußt, hauptsächlich von Fischen und Enten, aber primär von Fischen. Ich hätte sehr viel dümmer sein müssen, als ich war, um mir nicht sofort klar darüber zu sein, daß die Methode, mit der Hochstetter aus Ähnlichkeit und Unähnlichkeit lebender Tierformen ihre Stammesgeschichte, ihr Gewordensein rekonstruierte, unmittelbar, ohne jede methodologische Änderung, anwendbar ist auf das Verhalten der Tiere“[59]. Die Bedeutung Hochstetters für Lorenz geht auch aus folgender Aussage Lorenz' hervor: „Das besondere Glück in meinem eigenen Forscherleben war es, daß ich als junger Anatom, von meinem Lehrer Ferdinand Hochstetter gründlich in Fragestellung und Methodik vergleichend-morphologischer Untersuchungsweisen geschult, in nahen persönlichen Kontakt mit Oskar Heinroth kam, der zu meinem zweiten großen Lehrer wurde. Seine klassische Schrift *Beiträge zu Biologie, insbesondere Psychologie und Ethologie der Anatiden* wurde bestimmend für meinen ferneren Lebensweg“[60]. An anderem Ort schreibt Lorenz bezüglich Heinroth: „Die erste große Entdeckung, die man gewissermaßen als den Geburtsakt der vergleichenden Verhaltensforschung bezeichnen kann, ist zweifellos das Auffinden einer echten, stammesgeschichtlichen Homologie zwischen angeborenen, arteigenen Bewegungsweisen verwandter Tierformen. C.O. Whitman und O. Heinroth waren beide geschulte und ungemein kenntnisreiche vergleichende Morphologen und besaßen in einem glücklichen, aber durchaus nicht zufälligen Zusammentreffen auch jene breiteste Massenkenntnis von Verhaltensweisen einer Verwandtschaftsgruppe von Tieren, die Voraussetzung phylogenetischen Vergleichens ist. So machten sie zunächst – und zwar unabhängig voneinander – die schlichte, aber folgenschwere Entdeckung, daß es formkonstante, ... Bewegungsfolgen gibt, die bezeichnende Merkmale nicht nur für die einzelne Art, sondern, ganz wie viele »konservative« morphologische Merkmale, häufig auch für weitere und weiteste Verwandtschaftsgruppen sind. Mit anderen Worten, sie entdeckten Bewegungsweisen, deren Verbreitung und Verteilung im Tierreiche aufs vollkommenste derjenigen von Organen gleicht und von denen man somit unzweifelhaft annehmen kann, daß sich ihr Entwicklungsgang im Artenwandel durchaus wie derjenige von Organen und Organmerkmalen abgespielt hat“[61].

Damit ist explizit die Verbindung mit der Evolutionstheorie – und somit wieder zu Darwin – gegeben: „Damit wird das Verhalten einer Tierart denselben Methoden und Fragestellungen zugänglich, mit denen die Biologie seit langer Zeit, nämlich seitdem sie sich die Erkenntnis Charles Darwins zu eigen gemacht hat, an die Untersuchung des Baues und der Leistungen aller Lebewesen herantritt“[62].

Neben Heinroth und Hochstetter bezeichnet Lorenz auch Karl Bühler als einen seiner „Lehrer“[63] – insbesondere in Zusammenhang mit Bühlers Lehre von der „Du-Evidenz“ -. Zu-

[59] Lorenz K 1981b: S.22-24
[60] Lorenz K 1974: S.10
[61] Lorenz K 1950 [zitiert nach Lorenz K 1983a:] S.132
[62] Lorenz K 1974: S.10
[63] Lorenz K 1963

dem sind Lorenz' Kontakte zu Niko Tinbergen und Wallace Craig hervorzuheben. Die Zusammenarbeit mit Niko Tinbergen führte unter anderem zu den bekannten Untersuchungen über die Eiroll-Bewegung der Graugänse[64], während Lorenz' Arbeit „Über die Bildung des Instinktbegriffes"[65] auf einem Briefwechsel mit Wallace Craig beruht[66], dessen Einsichten in das Appetenzverhalten Lorenz an vielen Stellen seiner Schriften – wiewohl nicht unkritisch – würdigt (vgl. unten).

Damit sind zentrale Element für den Beginn der Entwicklung des Lorenzschen Denkens angeführt – einer davon: Lorenz' Bezugnahme auf die Evolutionstheorie, ist ein wenig deutlicher hervorgehoben worden –, und es gilt nun zu skizzieren, welche inhaltlichen Gegebenheiten mit dem Angeführten verbunden sind[67]. Hierzu sei zunächst – wie bereits angemerkt – Lorenz Studie *Betrachtungen über das Erkennen der arteigenen Triebhandlungen der Vögel* aus dem Jahre 1932 konsultiert. Zunächst bringt Lorenz die Zieglersche[68] Definition von Triebhandlung ein: „Der Sinn, in welchem ich das Wort Triebhandlung anwende, deckt sich mit der Definition, die Ziegler von der Instinkthandlung gibt, wenn er sagt: »Ich habe den Unterschied der instinktiven und der verstandesmäßigen Handlungen in folgender Weise definiert: die ersteren beruhen auf *ererbten Bahnen*, die letzteren auf *individuell erworbenen Bahnen*. So tritt an die Stelle der psychologischen Definition eine *histologische Begriffsbestimmung*«"[69]. Sogleich verweist Lorenz auf aus dieser Definition erwachsende Probleme: „In dem bestreben, sich von allen subjektiven Merkmalen möglichst freizuhalten, bezeichnet Ziegler alle irgend individuell veränderlichen Verhaltensweisen als Verstandeshandlungen, ohne sie wiederum in einsichtige Handlungen und Dressuren zu teilen und nur die ersteren als verstandesmäßig zu bezeichnen, was ich, dem Beispiel Köhlers folgend, hier unbedingt tun möchte"[70]; hierauf folgt: „Wenn man aus eigener Anschauung weiß, welch ungeheuer große Rolle die Selbstdressur in der Biologie auch geistig recht tiefstehender Tiere spielen, und vor allem eindringlich genug erfahren hat, wie ungemein reflexähnlich diese »erworbenen Automatismen« (Alverdes) ablaufen, wird man weniger geneigt sein, sie gerade mit den Verstandeshandlungen in einen Topf zu werfen. Alverdes weist mit Recht darauf hin, daß auch beim Menschen solche Dressurhandlungen sogar *weniger* an das Bewußtsein gebunden zu sein pflegen als selbst die Instinkthandlungen"[71].

Die hier thematisierte Verschränkung von Trieb und Selbstdressur bzw. einsichtigem Verhalten ist für Lorenz' Argumentation von zentraler Bedeutung: „Wenn eine Art nämlich die Fähigkeit besitzt, irgendein Problem einsichtig oder auch nur durch Selbstdressur zu lösen, so *braucht* sie eben keine diesbezügliche Triebhandlung zu haben, da die Verhaltensweise ja doch meist die im Sinne der Arterhaltung günstigere sein dürfte. Wir sehen auch recht häufig Handlungsabläufe, die nicht in ihrer Vollständigkeit vererbt werden, sondern sozusagen Lücken besitzen, die durch Selbstdressur oder Einsicht, meist wohl durch ersteres,

---

[64] Lorenz K 1938
[65] Lorenz K 1937
[66] vgl. Lorenz K 1974
[67] Hier sei betont, daß die folgenden Ausführungen keine abgerundete Darstellung der Lorenzschen ethologischen Position darstellen, sondern lediglich insoweit auf Lorenz ethologische Überlegungen eingehen, wie es nötig ist, um die Zielsetzungen der Einleitung zu erreichen.
[68] Ziegler H 1920
[69] Lorenz K 1932 [zitiert nach Lorenz K 1974:] S.70
[70] Lorenz K 1932 [1974:] S.70
[71] Lorenz K 1932 [1974:] S.70f

erst im Laufe der individuellen Entwicklung des Tieres in passender Weise ausgefüllt werden“[72].

Für die hieraus sich ergebende Lehre von der Erbtrieb-Dressurverschränkung führt Lorenz als Beispiel das Nestbauverhalten der Kolkraben aus: „Ich möchte aber noch einmal darauf hinweisen, wie *wenig* Plastisches, Veränderliches dem Nestbau dieses Vogels anhaftet, obwohl er doch geistig so hoch über allen andern einheimischen Vögeln steht, daß er ganz aus deren Rahmen herauszufallen scheint. Auch möchte ich betonen, daß dieses Veränderliche seinerseits nur als Eigendressur- und nicht als Verstandeshandlung zu werten ist“[73]. Explizit verweist Lorenz nun auf die Starrheit der Triebhandlung und die Reflexähnlichkeit erworbener Automatismen: „Da die Eigendressurhandlungen der Vögel als erworbene Automatismen ungeheuer reflexähnlich verlaufen und eigentlich überhaupt nur in ihrer Entwicklung zu erkennen sind, so werden sie naturgemäß sehr leicht übersehen, wenn sie, wie früher beschrieben, als variable Glieder in eine Kette von Triebhandlungen eingeschaltet auftreten“ [74]. Es wird daher auch eine gar nicht existente Variabilität der Triebhandlung vorgetäuscht. In diesem Sinne ist die Triebhandlung sehr wohl als „starres Gebilde“ zu verstehen, dem nichts „Verstandesmäßiges anhaftet“; wo sie eine Veränderlichkeit aufweist, so ist diese das Resultat der „Verschiedenheit der auslösenden Reize“.

Im Lichte hiervon diskutiert Lorenz Aussagen von Alverdes, der, anders als Lorenz, unter Instinkthandlung die ganze Triebhandlung versteht, also auch deren variablen Glieder, womit diese Handlung *insgesamt* als variabel verstanden werden muß: „Damit, daß ich also die Triebhandlung an sich als ein absolut starres Ganzes auffasse, befinde ich mich im Gegensatz zu der Instinktdefinition von Alverdes, der offenbar unter Instinkthandlungen immer die ganzen Abläufe versteht, auch wenn variable Glieder mit dabei sind, was bei höheren Tieren häufig ist, aber durchaus nicht immer der Fall sein muß. | Alverdes sagt: »Manche Autoren sprechen von Instinkthandlungen bei Mensch und Tier, als ob es sich um grundsätzlich Verschiedenes handele. Demgegenüber ist festzustellen, daß in jede Verstandestätigkeit eine reichliche Portion Instinkthaftes, Triebmäßiges sich einmischt; andrerseits verläuft keine einzige Instinkthandlung völlig automatenhaft, sondern stets enthält sie außer der starren, unabänderlichen Komponente auch einen variablen, mehr oder minder situationsgemäßen Anteil. Jede Tätigkeit (Aktion, A) ist also die Funktion gleichzeitig einer Konstanten (K) und einer Variablen (V); in Formelsprache ausgedrückt: A = f (K, V)«“[75]. Lorenz unterzieht diese Aussage Alverdes’ folgender Kritik: „Daß an jeder Verstandeshandlung Instinktmäßiges beteiligt ist, und zwar auch an den Verstandeshandlungen des Menschen, soll ganz und gar nicht geleugnet werden, insofern nämlich, als die primitiven Koordinationen des Blickens, Schreitens, Greifens usw., aus denen sich natürlich auch jede noch so verstandesmäßige Handlung letzten Endes zusammensetzt, vererbtes Gut sind. Daß aber an *jeder* Triebhandlung eine variable Komponente beteiligt ist, die über die durch die Verschiedenheiten der Reize bedingte Veränderlichkeit hinausgeht, glaube ich nicht, zumindest habe ich solche Veränderlichkeiten weder an von mir beobachteten Triebhandlungen wahrnehmen können, noch sichere Beobachtungen darüber in der Literatur gefunden“[76], und: „Daß von einer Variabilität der Triebhandlungen nur insoweit gesprochen werden kann, als sie durch Verschiedenheit der auslösenden Momente bedingt ist, wurde schön erörtert. Der Fehler der Formel A = f (K, V) liegt ganz offensichtlich darin, daß das V bei Instinkthandlungen dem V bei wahren Intelligenz-

[72] Lorenz K 1932 [1974:] S.73
[73] Lorenz K 1932 [1974:] S.78
[74] Lorenz K 1932 [1974:] S.79
[75] Lorenz K 1932 [1974:] S.80
[76] Lorenz K 1932 [1974:] S.80

handlungen gleichgesetzt wird, denn da letzteres ja sicher auf Einsicht in die inneren Zusammenhänge der Handlung beruht, so führt diese Gleichsetzung der Variablen beim Durchdenken aller Konsequenzen zwangsläufig zur Annahme von Zweckvorstellungen bei den Instinkttätigkeiten der Tiere. Selbst wenn man annehmen *wollte*, daß Übung, Erfahrung, Tradition etc. auch auf die wahren Triebhandlungen des Tieres irgendwie modifizierend einwirken können, so dürfte die dadurch bedingte Variabilität nicht mit jener gleichgesetzt werden, die Einsicht in Ziele bei erlerntem Verhalten bewirkt“[77].

Als Schlussresümee seiner Arbeit führt Lorenz aus: „Wenn ich auch im obigen sicher nur eine höchst unvollständige Übersicht über die Kennzeichen gegeben habe, an denen man die Erbtriebe eines Vogels erkennen kann, hoffe ich doch, gezeigt zu haben, daß die Erbtriebe der Vögel bis zu einem gewissen Grade wissenschaftlich erfaßbar sind, zumal wir ja in keinem konkreten Falle nur auf ein einziges der besprochenen Merkmale angewiesen sind“[78].

Angesichts dieses Verweises auf mögliche Wissenschaftlichkeit sei kurz auf einen jüngeren Text von Lorenz verwiesen: „Es waren Charles Otis Whitman und Oskar Heinroth, die unabhängig voneinander entdeckten, daß bestimmte Verhaltensweisen ebenso konstante und kennzeichnende Merkmale von Arten, Gattungen und noch größeren Einheiten des zoologischen Systems sind, wie nur irgendwelche körperlichen Merkmale, etwa die Formen von Knochen, Zähnen usw.“[79]. Hierdurch wird das verhalten, so Lorenz, eben jenen Methoden und Fragestellungen zugänglich, die seit Darwin die biologische Vorgehensweise bei der Untersuchung des Baues und der Leistungen aller Lebewesen bestimmen.

Lorenz’ Verweis auf Wissenschaftlichkeit thematisiert also das zuvor dargelegte Feld von Überlegungen zum Organhaften des Verhaltens, das eben hierdurch einer evolutionären wissenschaftlichen Biologie zugänglich wird.

Von derartigen Überlegungen ist auch jene Arbeit Lorenz’ aus dem Jahre 1935 geprägt, die nun konsultiert werden soll: „Es ist eine unter Biologen weitverbreitete Anschauung, daß instinktmäßiges Verhalten sozusagen ein phylogenetischer Vorläufer jener variableren Verhaltensweisen sei, die wir als »erlernt« oder als »einsichtig« bezeichnen (W. Köhler)“[80]; eine der zentralen Autoritäten für diese Ansicht ist für Lorenz Lloyd Morgan[81]. In folge wendet sich Lorenz gegen besagte Position – also gegen die in ihr liegende Verwendung der Phylogenese -, wie auch gegen eine mechanistische bahntheoretische Erklärung der Reflexe, also gegen die Zieglersche Position: „Ich vertrete die Anschauung, daß die Instinkthandlung etwas fundamental anderes sei als alle anderen tierischen Verhaltensweisen, mögen diese nun einfache bedingte Reflexe, verwickelte Dressurhandlungen oder höchste, auf Einsicht beruhende Intelligenzleistungen sein“[82]. Im Sinne hiervon hält Lorenz fest, keine Trennungslinie zwischen reinen Instinkthandlungen und aus unbedingten Reflexen aufgebauten Reflexketten erkennen zu können, wie auch, eine strikt mechanistisch-bahntheoretische Erklärung des reinen Reflexes nicht akzeptieren zu können: „Ich betrachte die Instinkthandlung als *unhomolog* zu allen erworbenen oder einsichtigen Verhaltensweisen, mag die funktionelle Analogie in einzelnen Fällen noch so weit gehen. Ich glaube auch nicht an die Existenz genetischer Übergänge zwischen beiden Verhaltenstypen“[83].

[77] Lorenz K 1932 [1974:] S.82
[78] Lorenz K 1932 [1974:] S.114
[79] Lorenz K 1974: S.9f
[80] Lorenz K. 1935 [zitiert nach Lorenz K 1974:] S.131
[81] Morgan L 1913
[82] Lorenz K 1935 [1974:] S.131
[83] Lorenz K 1935 [1974:] S.131

Seine Position bringt Lorenz nun in Beziehung zu dem geringen Wissensstand seiner Zeit: „Ich bin mir vollkommen bewußt, daß diese vorläufig nur als Arbeitshypothese aufgestellten Behauptungen beim heutigen Stande unseres Wissens nicht bewiesen werden können“[84].

In Folge kommt Lorenz wieder auf sein Triebhandlung-Dressurverschränkung-Modell zu sprechen, wozu er festhält: „Zweifellos enthalten die Triebhandlungsketten geistig tiefstehender Tiere im allgemeinen weniger erworbene Glieder als diejenigen höherstehender Organismen. Wenn wir überhaupt die Frage aufwerfen sollen, in welcher Weise man sich das Verhalten beider im Laufe der Phylogenese vorzustellen hat, so möchte ich folgende Hypothese aufstellen: Instinktives Verhalten auf der einen, erlerntes und einsichtiges Verhalten auf der anderen Seite sind weder ontogenetisch noch phylogenetisch aufeinanderfolgende Stufen, sondern entsprechen zwei divergenten Entwicklungsrichtungen. Wo immer einer der beiden Verhaltenstypen eine besonders hohe Spezialisation erfahren hat, verdrängt er den anderen sehr weitgehend“[85].

Gegen Ende seines Textes führt Lorenz Vor- und Nachteile von Aussagen anderer Ethologen zum Instinktproblem an. Hiervon sei beachtet: „Eine Instinktdefinition von Driesch stimmt mit dieser meiner Auffassung überein. Sie besagt, daß die Instinkthandlung eine Reaktion sei, »die von Anfang an vollendet ist«. Sie vernachlässigt allerdings die ... Möglichkeit von Reifungsvorgängen, die erst ablaufen, während die Handlung schon in Benützung steht“[86]. „Zieglers bahntheoretische Instinktdefinition vermag den weitgehenden Regulationsvorgängen nicht gerecht zu werden, die von Bethe und seiner Schule nachgewiesen wurden. Bethe bezeichnet alle Regulationsmöglichkeiten als Plastizität der Instinkthandlung. Gegen diesen Ausdruck ist an sich nichts einzuwenden, aber andere Autoren haben gerade darunter die Möglichkeit adaptiver Modifikation durch Erfahrung verstanden (Alverdes), die ich leugne und die gerade durch Bethes Versuche eher unwahrscheinlicher als wahrscheinlicher geworden ist“[87]. „William McDougall lehrt, daß bestimmten instinktiven Verhaltensweisen bestimmte *Affekte* als subjektive Korrelate zugeordnet seien. (...) Im jahrelangen unmittelbaren Umgang mit Tieren bekommt man zwingend den Eindruck, daß die Instinkthandlungen mit subjektiven Erscheinungen einhergehen, die Gefühlen und Affekten entsprechen. Kein wirklicher Tierkenner kann die Homologien übersehen, die zwischen Mensch und Tier bestehen ... Daher sind sämtliche wirklichen Tierkenner Parteigänger McDougalls“[88]. „Verwey schreibt: »Wo Reflexe und Instinkte sich überhaupt unterscheiden lassen, verläuft der Reflex mechanisch, während Instinkthandlungen von subjektiven Erscheinungen begleitet werden«. Eine etwas kühne Instinktdefinition, die ich aber durchaus unterschreiben möchte! Heinroth pflegt im Scherze sehr treffend auf den gänzlich ungerechtfertigten Vorwurf zu antworten, daß er Tiere als Reflexmaschinen behandle. Er sagt dann: »Tiere sind Gefühlsmenschen mit äußerst wenig Verstand«. Wie man sieht, steht die Ansicht dieser allerbesten Tierkenner und –versteher in vollkommenem Einklang mit der Lehre McDougalls. Auch ich habe mich zu derselben Meinung bekannt, nur erachte ich es für nicht gut möglich, bei Tieren mit den verhältnismäßig wenigen und eben doch auf den Menschen zugeschnittenen Instinktkategorien McDougalls auszukommen“[89].

---

[84] Lorenz K 1935: S.132
[85] Lorenz K 1935 [1974:] S.135
[86] Lorenz K 1935 [1974:] S.274
[87] Lorenz K 1935 [1974:] S.275
[88] Lorenz K 1935 [1974:] S.275f
[89] Lorenz K 1935 [1974:] S.276

In der nun zu beachtenden Arbeit Lorenz' aus dem Jahre 1937 wird eine den bisher betrachteten Argumentationen sehr ähnliche Darstellung gegeben, wobei sogleich hervorgekehrt sei, daß Lorenz 1937 die Position der Behavioristen ‚im engeren Sinne' nicht als der weiteren Erwähnung wert findet: „Die »Instinktlehre« der Behavioristen im engeren Sinne, als deren Hauptvertreter wir Watson anführen wollen, brauche ich nur hier in der Einleitung zu streifen. Es bedarf der vollkommenen Unkenntnis tierischen Verhaltens, an der so viele amerikanische Laboratoriumsforscher kranken, um den Versuch zu rechtfertigen, schlechterdings alles tierische Verhalten als eine Zusammensetzung bedingter Reflexe zu erklären"[90].

Zu der Position von Morgan und Spencer – aber auch Alverdes, Tolman, Russell und (zum Teil) Craig und Whitman – hält Lorenz kritisch fest: „Im wesentlichen will ich hier meine Kritik auf die beiden obenerwähnten Grundsätze der Spencer-Lloyd-Morganschen Anschauung beschränken, also erstens auf den Satz von der Beeinflussbarkeit der Instinkthandlung durch die individuelle Erfahrung, zweitens auf den schon zitierten Satz von dem fließenden Übergang, der angeblich von den am höchsten differenzierten Instinkthandlungen zum erlernten und verstandesmäßigen Handeln überleiten soll"[91]. Soweit es die Kettenreflextheorie betrifft, diskutiert sie Lorenz zunächst im Kontext der Mechanismus-Debatte: „Ich möchte aber auf die interessante und durchaus nicht selbstverständliche Tatsache hinweisen, daß sich die Auffassung der Instinkthandlung als Kettenreflex so gut wie ausschließlich bei radikal mechanistisch eingestellten Autoren findet. Nichtmechanistische Biologen pflegen mit einer gewissen Affektbetontheit gegen die Annahme aufzutreten, daß die Instinkthandlungen vielleicht als reflektorische Vorgänge erklärbar seien. Besonders McDougall argumentiert gegen die Reflextheorie der Instinkthandlung stets so, als ob ihre Annahme gleichbedeutend mit einer Gleichsetzung von Organismus und Maschine wäre"[92]. Diese Ansicht McDougalls wird zurückgewiesen: „Diese Einstellung ist dadurch zu erklären, daß die Autoren, gegen die sich McDougall mit Recht wendet, diese Gleichsetzung in höchst dogmatischer Weise durchzuführen versuchen. Da die Instinkthandlung ganz sicher nur einen *Teil* der tierischen Verhaltensweisen darstellt, wird das Tier in Wirklichkeit sicher nicht zur einer Maschine »herabgewürdigt«, wenn es uns gelingen sollte, die instinktmäßigen Abläufe reflexphysiologisch zu erklären"[93]. Das Tier, so Lorenz weiter, würde hierdurch ebenso wenig als Maschine verstanden, wie die Aussage, daß das Ellenbogengelenk des Menschen mechanisch erklärbar ist, bedeutet, den Menschen als Maschine zu verstehen.

Lorenz widmet sich nun genauer der Reflextheorie, wie sie also insbesondere von Ziegler grundgelegt worden ist, und hält – in gewisser Abkehr von seinen Ausführungen 1935 – unter anderem fest, daß sie von den Untersuchungen von Bethe zu Regulationserscheinungen nicht widerlegt werden kann: „Schließlich möchte ich feststellen, daß ein absolut zwingendes Argument gegen die *Möglichkeit* einer bahntheoretischen Erklärung der Instinkthandlung in den besprochenen Regulationserscheinungen *nicht* gegeben ist"[94]. Im Lichte hiervon bekennt sich Lorenz als „Anhänger" Zieglers: „Wenn ich hier die Reflextheorie der Instinkthandlung verteidige und mich sogar, mit gewissen Vorbehalten, als ihr Anhänger bekenne, so soll das nicht besagen, daß ich sie als Arbeitshypothese besonders hoch einschätze"[95]. Lorenz' Argumentation läuft darauf hinaus, Zieglers Theorie in ein größeres Ganzes einbetten zu müssen, das erst tatsächlich erklärendes Potential besitzt: „Die wichtigste Eigenheit des instinkt-

[90] Lorenz K 1937 [zitiert nach Lorenz K 1974:] S.285
[91] Lorenz K 1937 [1974:] S.286
[92] Lorenz K 1937 [1974:] S.328
[93] Lorenz K 1937 [1974:] S.328f
[94] Lorenz K 1937 [1974:] S.331
[95] Lorenz K 1937 [1974:] S.332

mäßigen Bewegungsablaufes, die ebenfalls im Reizreaktionsschema des Reflexes ihre Erklärung nicht finden kann, liegt in seinem *Angestrebtwerden* durch jene Verhaltensweisen, die wir als *zweckgerichtetes* oder *Appetenzverhalten* bereits ausführlich besprochen haben. Die Tatsache, daß der Ablauf der Instinkthandlung den Zweck des zweckgerichteten Verhaltens darstellt, spricht an sich *nicht* gegen die Kettenreflexnatur ihrer Bewegungskoordinationen. Nur ist es zunächst noch gänzlich unklar, wieso es kommt, daß das Tier den Ablauf dieser Kettenreflexe anstrebt, was es ja durchaus nicht *allen* seinen Reflexen gegenüber tut"[96]. Konkret bedeutet dies: „Zweifellos sind es zwei Faktoren, die das Tier unmittelbar veranlassen, die den instinktmäßigen Ablauf auslösenden Reizsituation anzustreben. Der erste ist das, was wir eben als »Trieb« bezeichneten[97], den zweiten stellen, nach vorangegangener Erfahrung, jene Lustgefühle dar, die den Ablauf der Instinkthandlung begleiten. So wenig es gelingen kann, für diese subjektiven Erscheinungen eine kausale Erklärung zu geben, so nahe liegt es, ihnen eine – natürlich nur im Sinne der Arterhaltung – finale Deutung zu unterlegen. Das Tier wird zum Ablaufenlassen der für die Arterhaltung notwendigen Bewegungskoordinationen »getrieben und gelockt«. Über die Art und Weise, wie bei der Erwerbung der Instinkt-Dressurverschränkungen die Funktionslust als Köder wirkt, der das Subjekt zum Beschreiten des von der Arterhaltung vorgeschriebenen Weges veranlaßt, haben wir schon gesprochen. Ohne diese doppelte Motivierung alles Appetenzverhaltens wäre ein genügendes Ausmaß der Ausübung instinktmäßiger Abläufe nicht genügend gesichert ... | Die Definition der Instinkthandlung als »angestrebter Reflexablauf« bedeutet eine schärfere Präzisierung jener Fassung des Instinktbegriffes, die Verwey gibt, indem er sagt: »Wo sich Reflexe und Instinkte überhaupt unterscheiden lassen, verläuft der Reflex mechanisch, während die Instinkthandlung von subjektiven Erscheinungen begleitet wird«. So wertvoll es uns sein muß, den Zweck in der Terminologie und von dem Standpunkt objektiver Verhaltenslehre definieren zu können, so glaube ich doch, es hieße an etwas Wesentlichem absichtlich vorbeisehen zu wollen, wenn wir die Feststellung unterließen, daß gerade die *subjektiven* Begleiterscheinungen des Instinktablaufes den *unmittelbaren* Zweck des Appetenzverhaltens darstellen"[98]. Hier ist also wieder ganz vehement von jener Zweiheit die Rede, von der Lorenz bereits 1935 berichtet hat![99]

---

[96] Lorenz K 1937 [1974:] S.337

[97] Lorenz K 1937[1974:] S.337f: „Jenes In-Unruhe-Versetzen des Tieres, jener Ansporn zu gerichtetem oder ungerichtetem Suchen nach einer ganz bestimmten Reizsituation, in welcher dann erst das angeborene Auslöseschema der angestrebten Reaktion zum Ansprechen gebracht wird, ist dasjenige, was ich mit dem Worte Trieb bezeichnen möchte".

[98] Lorenz K 1937 [1974:] S.338f

[99] Hier ist auch Lorenz Bezugnahme auf das Denken eines seiner „Lehrer" (vgl. oben), nämlich Karl Bühler, von Bedeutung: „Damit soll nun keineswegs gesagt sein, daß der Analogieschluß jeglicher Tragfähigkeit entbehre. Selbstverständlich berechtigt die physiologisch-psychologische Parallelität oder »Isomorphie« der Vorgänge, die ich objektiv und subjektiv beobachte, zu dem Schluß, daß der Mitmensch, dessen physiologische Funktionen den meinen analog sind, bei dem gleichen physiologischen Geschehen auch Analoges erlebt wie ich. Auf Tiere angewandt, wird der Analogieschluß schon weniger tragfähig. Je unähnlicher die Struktur von Sinnesorganen und Nervensystemen derjenigen meiner eigenen ist, desto unähnlicher werden ihre Funktionen sein, und wie das Erleben sein mag, das mit ihnen einhergeht, ist mir grundsätzlich verschlossen und bleibt es, selbst wenn die Du-Evidenz mich zwingt, meinem Hund ein irgendwie geartetes Erleben zuzuschreiben" (Lorenz K 1963 [zitiert nach Lorenz K 1981a:] S.360f).

Überblickt man die Ausführungen zu den drei Frühwerken Lorenz', so fällt zunächst auf, daß Lorenz um eine wissenschaftliche Fundierung der Verhaltensforschung bemüht ist, wobei der Evolutionstheorie eine erstaunlich geringe Bedeutung zukommt – zumindest angesichts dessen, das zu Beginn dieser Einleitung zu ihr festzuhalten war. Nicht die evolutionäre Betrachtung steht im Vordergrund, sondern der Versuch Wissenschaftlichkeit in der Analyse des Verhaltens von Tieren zu etablieren, was aber nicht in eine mechanistische Falle führen soll, bzw. dies vitalistisch vermeiden soll. Im Lichte hiervon sei weiter aus der zuletzt betrachteten Arbeit gelesen: „Ich bin mir bewußt, daß die Definition der Instinkthandlung als angestrebter Reflexablauf nicht ganz ohne philosophische Schwierigkeiten ist. Die Zusammenstellung des Strebens, eines trotz seiner objektiven Erfaßbarkeit doch essentiell seelischen Vorganges, mit dem physiologischen Begriff des Reflexes hat etwas von der Naivität der Descarteschen Anschauung, daß die Zirbeldrüse der Angriffspunkt psychischer Einflüsse auf körperliche Vorgänge sei. Gerade das aber bezeichnet gut die philosophisch schwierige, aber eben deshalb wichtige und vielleicht auch aufschlußreiche Stellung des instinktmäßigen Bewegungsablaufes in der Theorie der tierischen und menschlichen Handlung; vielleicht wird dadurch eine Frage in schärferer Weise gefaßt, die der Naturphilosoph an den Biologen zu stellen hat“[100]. Am Schluß dieses Textes ist zu lesen: „Eines aber hoffe und glaube ich in überzeugender Weise dargetan zu haben: daß die Erforschung der Instinkthandlung kein Feld für großangelegte geisteswissenschaftliche Spekulationen ist, sondern ein Gebiet, auf dem, wenigstens vorläufig, die experimentelle Einzelforschung allein das Wort hat“[101].

Diese Einleitung soll nun im Lichte von Ausführungen Lorenz' beendet werden, die sich kritisch – unter anderem - auf seine eigenen Anfänge beziehen: „Zweitens aber kann man den Vorwurf, ..., auch den alten Ethologen nicht ersparen: Sie haben kaum darüber nachgedacht, welche phylogenetisch entstandenen Mechanismen es seien, die das Lernen stets in Bahnen von Verhaltensweisen mit positivem Arterhaltungswert lenken; sie nahmen diese Tatsache ebenso wie die Behavioristen als selbstverständlich hin. ... Ich selbst habe mir jedenfalls die »Verschränkung« zwischen phyletischer Anpassung und Lernen viel zu mosaikhaft und viel zu wenig als Wechselwirkung vorgestellt: ein ausgesprochen atomistischer Denkfehler“[102]. Weiter unten ist in derselben Arbeit zu lesen: „Atomistisches Denken ist den älteren Ethologen insofern vorzuwerfen, als sie sich – wenn auch in Antithese zu den Behavioristen – nur für phylogenetisch angepasstes Verhalten interessieren und den Begriff des »erlernten« und »einsichtigen« Verhaltens als Sammeltopf für unanalysierte Restbestände verwendeten. ... | Solcher Atomismus richtete nur deshalb verhältnismäßig wenig Schaden an, weil das herausgegliederte Element, die Instinktbewegung oder Erbkoordination, ein weitgehend ganzheitsunabhängiger Baustein[103] des Verhaltens ist, der von der Ganzheit des Systems her weit weniger beeinflußt wird, als er sie seinerseits beeinflußt[104]. Heuristisch war meines Erachtens selbst die naivste Gegenüberstellung von »angeboren« und »erworben« weniger schädlich, als es die Annahme diffuser Mischbarkeit phylogenetischer und erlernter Verhaltensanpassung ist“[105].

Dieser selbstkritische Umgang Lorenz' mit den eigenen Anfängen kann als Ausdruck des Lorenzschen Ringens um ein adäquates Verstehen des Verhaltens der Tiere genommen werden, wobei Mechanismus, Vitalismus und Behaviorismus jene Extremen sind, die ver-

---

[100] Lorenz K 1937 [1974:] S.339
[101] Lorenz K 1937 [1974:] S.342
[102] Lorenz K 1961 [zitiert nach Lorenz K 1981a:] S.341
[103] siehe zu diesem Begriff auch Lorenz K 1950
[104] siehe hierzu auch Lorenz K 1975
[105] Lorenz K 1961 [1981a:] S.357

mieden werden sollen im Lichte der Bühlerschen „Du-Evidenz“, der Lehre Darwins, wie sie auch Hochstetter vermittelt hat und der beginnenden vergleichenden Verhaltensforschung der „älteren Ethologen“. Es handelt sich somit bei Lorenz' Denken um einen genuin ethologischen Zugang, der sich auch kritisch mit psychologischen Theorien auseinandersetzt, hierbei auf den Menschen blickend, was aber in einem allgemeinen Rahmen bleibt, wie er auch bei anderen Autoren gegeben ist; vgl. oben bezüglich Alverdes und Heinroth.

4.2 Konrad Lorenz und die evolutionäre Erkenntnistheorie

Grundsätzlich ist auf die Bedeutung der Evolutionstheorie für das Lorenzsche Denken bereits hingewiesen worden. Nun gilt es, das Verständnis Lorenz' von Evolution etwas genauer darzustellen. „Selbst die wahrhaft epochemachenden Erkenntnisse, die wir Galileo Galilei und Giordano Bruno verdanken, haben keinen so tiefen Einfluß auf unsere Weltanschauung ausgeübt wie die an sich naheliegende Entdeckung, daß der Mensch mit den anderen Lebewesen eines Stammes sei“[106]. Diese „naheliegende Entdeckung“ ist – so Lorenz weiter – nicht erst mit Darwin gemacht worden, aber Darwin hat die Ursachen der Evolution erkannt: „Die großen Konstrukteure des Artenwandels, Mutation und Selektion, Erbänderung und natürliche Zuchtwahl, deren Wirken der Genius Darwins längst geahnt hatte, offenbarten sich ihm, als er, auf seiner kleinen »Beagle« die Welt umkreisend, auf den Galapagos-Inseln angekommen war“[107]. Lorenz spricht sich dezidiert dafür aus, mit diesen Darwinschen „Ursachen“ das Auslangen finden zu können: „So mißtrauisch ich auch jeder Art von Erklärungs-Monismus gegenüber bin, muß ich doch bekennen: Je älter ich werde, desto mehr festigt sich in mir die Überzeugung, daß das gesamte stammesgeschichtliche Werden durch die beiden großen Konstrukteure des Artenwandels: Mutation und Selektion, verursacht ist“[108]. Interessanter Weise versteht Lorenz diese als „kurzsichtige, zukunftsblinde Ursachen“: „Auf Schritt und Tritt begegnet der vergleichende Stammesgeschichtsforscher »Irrtümern« der Evolution, Fehlkonstruktionen von einer Kurzsichtigkeit, die man keinem menschlichen Konstrukteur zutrauen würde“[109]; „Die zukunftsblinde Methode des Artenwandels bringt es auch mit sich, daß der Bauplan eines Lebewesens niemals demjenigen eines menschlichen Erzeugnisses gleicht, das ein vorausschauend planender Konstrukteur als Ganzes entwirft und in einem Zug verwirklicht“[110].

Entscheidend ist nun, daß sich das Ergebnis dieser „kurzsichtigen, zukunftsblinden Ursachen“ gleich einem entstandenen Abbild von Teilen der Umwelt verstehen lassen soll: „Anpassung eines Organismus oder eines seiner Organe an eine Gegebenheit der äußeren Umwelt bedeutet immer in gewissem Sinne deren *Abbildung*. Der Huf des Pferdes ist in Form und Funktion ebenso ein Bild des Steppenbodens und seiner physikalischen Eigenschaften, wie die Flossen eines Fisches eins des Wassers sind oder das Auge eines der Sonne ist“[111]. Es könnte nun so scheinen, als wäre es das Anliegen Lorenz', die evolutiven Änderungen als völlig zufällig eintretend, verstehen zu wollen, in dem Sinne wie „zukunftsblind“ von keinerlei

---

[106] Lorenz K 1964 [zitiert nach Lorenz K 1983a:] S.36
[107] Lorenz K 1964 [1983a:] S.43
[108] Lorenz K 1964 [1983a:] S.47
[109] Lorenz K 1976a [zitiert nach Lorenz K 1983a:] S.27
[110] Lorenz K 1964 [1983a:] S.48
[111] Lorenz K 1964 [1983a:] S.46

Bahnung des evolutiven Wandels zu sprechen erlaubt. Derart konsequent möchte Lorenz aber wohl "evolutiven Wandel" nicht als richtungslos verstanden wissen, bzw. spricht Lorenz auch von dem „gezähmten Zufall": „Der Zufall ist indessen in eigenartiger Weise »gezähmt«, wie Manfred Eigen sich ausdrückt, und zwar durch den Gewinn, den er erbringt. Wohl ist eine Mutation, welche die Überlebenschancen eines Organismus vermehrt, von einer Unwahrscheinlichkeit, die von berufenen Genetikern mit der Unwahrscheinlichkeit von 10^{-8} beziffert wird, doch macht sich diese Erbeänderung, die dem Organismus eine neue Möglichkeit der Beherrschung seiner Umwelt eröffnet, in noch großzügigerer Weise bezahlt. Jede derartige Erbänderung bedeutet nicht mehr und nicht weniger, als daß eine neue Information über seine Umwelt in den Organismus gelangt ist"[112]. 1981 bringt Lorenz in einem Gespräch mit Franz Kreuzer diese Aussage auch in Zusammenhang mit Boltzmanns Entropie-Lehre: „LORENZ: Und ein Mediziner names Frühmann hat eine sehr schöne Formulierung der Antwort auf Ihre [Kreuzers] Frage gefunden. Er hat gesagt: »Das Leben frißt negative Entropie«. Das heißt: Im Strom der dissipierenden (= verströmenden) Weltenergie, stellt sich ein Energiefangapparat entgegen, der diese Energie in sich aufnimmt, verwertet. Er nimmt also diese noch geordnete Energie – noch geordnet muß sie sein – in sich auf und schafft aus dieser Ordnung energetische Ordnung. Es gibt ein sehr schönes Gleichnis dafür: Es hat – ich glaube, es war Norbert Bischof – gesagt: »Das ist wie eine Sandbank, die sich quer über einem trüben Strom ausbildet und die flottierenden Partikel in sich aufnimmt und dabei immer größer wird«. KREUZER: Sie wächst. Trotz des Gesetzes, daß der Fluß abwärts läuft. LORENZ: Sie wächst. Obwohl der Fluß abwärts läuft und allen Altschlamm ins Meer spülen will, wächst die Sandbank zusehends und wächst um so schneller, je mehr Sand sie hat. KREUZER: Also ein Prozeß der positiven Rückkopplung, wie man heute sagt. LORENZ: Ja. Das ist das Prinzip des »Fressens« des Lebens. Aber das Leben kann um so mehr fressen, je besser es strukturiert ist, je besser es angepaßt ist. Das Leben ist also gleichzeitig nicht nur ein Energie sammelnder und nebenbei die Dissipierung der Energie bremsender Vorgang. Diese Sandbank bremst durch ihr Wachstum Energie, sie spart Weltenergie, sie verlangsamt das Herannahen des Wärmetodes, der kompletten Entropie. Das kann sie um so besser, je gescheiter dieses Netz strukturiert ist, ... Der Treffer einer Verbesserung des Netzes ist ungeheuer unwahrscheinlich. Theodosius Dobzhansky hat die Wahrscheinlichkeit mit $1:10^8$ errechnet -... Aber der Treffer rentiert sich gewaltig, das heißt: Wenn von zehn Millionen Tieren oder Pflanzen oder virusähnlichen Vorlebewesen eins so einen Treffer macht, so werden in sehr kurzer Zeit alle Repräsentanten dieser Art Nachkommen dieses einen glücklichen Treffermachers sein. Und das verbessert die Chance, daß es einer dieser Nachkommen ist, der den nächsten Treffer macht"[113]. An anderem Ort heißt es bei Lorenz hinwiederum: „Es war eine zwingende theoretische Forderung, daß am Anfang allen Lebens ein System stehen müsse, das gewisse konstitutive Eigenschaften und Fähigkeiten besitzt. »Im Anfang war der Regelkreis«, das heißt ein offenes System, das imstande ist, einer stetigen Zustand aufrechtzuerhalten und nach Störungen wiederherzustellen – das Prinzip der Homöostase. Da kein solches System allen überhaupt möglichen störenden Einwirkungen der Außenwelt gewachsen sein kann, wird es notwendigerweise häufig wieder vernichtet; es muß also, um weiterzuexistieren, die Fähigkeit besitzen, seinesgleichen zu reproduzieren und sich so zu variieren und auszubreiten. Ein reproduktionsfähiges homöostatisches System besitzt schon in diesen beiden Attributen ein drittes, nämlich Angepaßtsein, das, wie gesagt, den Besitz abbildender Information über die Umwelt voraussetzt. Man weiß daher nicht ganz, ob man nicht die Fähigkeit, Information zu sammeln, als Eigenschaft alles Lebendigen *vor* Regulations- und Reproduktionsfähigkeit setzen müßte. Das selbstrepro-

---

112 Lorenz K 1976 [1983a:] S.29
113 Lorenz K 1981b: S.14ff

duzierende Regelsystem muß von allem Anfang an stabil genug gewesen sein, um nicht sofort wieder zu zerfallen und die schon gewonnene Information alsbald wieder zu verlieren, gleichzeitig aber labil genug, um in einem beschränkten, mit seinem Weiterbestand noch vereinbaren Maß fortlaufend kleine »Fehler« bei der Reproduktion zu begehen, die nach dem erwähnten Prinzip von Versuch und Erfolg die Möglichkeit zu weiterem Informationsgewinn gaben"[114].

Wovon Lorenz aber gar nicht berichtet, wenn von der „Zähmung des Zufalls" die Rede ist, das ist ein typologisches Denken: „Wir Deutschen sind uns gar nicht bewußt, wie sehr uns allen von früher Kindheit an, in jedem Wort von Lehrern und Dichtern die Meinung eingehämmert worden ist, die Goethe in den Worten ausspricht: »Alles Vergängliche ist nur ein Gleichnis«. Die ins Volk und ins wissenschaftliche Denken gleichermaßen eingedrungene Stellungnahme im sogenannten Universalienstreit lautet leider Gottes klipp und klar »Universalia sunt realia ante rem«. Wem diese Einstellung zur Vielfalt der realen Außenwelt in Fleisch und Blut übergegangen ist, dem ist folgerichtigerweise die Annahme, daß der Idealtypus einer Tier- oder Pflanzenform veränderlich sei, durchaus unannehmbar. ... | Wenn man nun tatsächlich glaubt, der Typus sei etwas unabhängig von seiner Verwirklichung in einer Population von Tieren oder Pflanzen Reales, dann ist es völlig folgerichtig, zu behaupten, daß jede Mutation zur Vernichtung der betroffenen Lebensform führen könne. Wenn nämlich mit dem Begriff einer Art oder gar einer Gattung den eines vorgegebenen Typus verbindet, so folgt daraus die Annahme, daß *zwischen* diesen Typen die Existenzmöglichkeit für eine Zwischenform einfach nicht besteht. ... Auch die einfache Mutation könnte dann, da sie dem Typus nicht entspricht, per definitionem nur »abwärts«, das heißt zum Verlust typischer Eigenschaften führen"[115].

Die Lösung für das Überkommen-können des typologischen Denkens sieht Lorenz in der Beachtung davon, wie klein Mutationen tatsächlich sind, in Kombination mit der Beachtung des Systemcharakters des Genoms: „Die Hartnäckigkeit, mit welcher der scharfkantige alte Typenbegriff der Evolutionstheorie standhielt, wurde im Grunde genommen erst dadurch gebrochen, daß man erkannte, wie *klein* ein Mutationsschritt tatsächlich ist und wie *häufig* er getan wird. ... Solche Abweichungen aber sind sehr häufig, und es gibt überhaupt kein Individuum, das nicht »eine Mutante«, und zwar eine mehrfache, wäre. | Aber nur die wenigsten dieser Mutationen machen sich phänotypisch, in einem »Merkmal« bemerkbar. Das Genom ist nicht ein Mosaik von beziehungslos nebeneinander gespeicherten Informationen, sondern ein System aus ineinandergeschachtelten Regelkreisen, deren vielfache Mechanismen negativer Rückspeisung die Wirkung haben, den Phänotypus innerhalb bestimmter Grenzen konstant zu halten"[116].

Hierher gehört auch Lorenz' Feststellung: „Die Evolution ist insofern geradezu das Gegenteil von zweckgerichtet, als sie überhaupt keinen Vorgriff in die Zukunft tun kann. Sie ist nicht imstande, um eines zukünftigen Vorteiles willen auch nur die geringsten gegenwärtigen Nachteile in Kauf zu nehmen, mit anderen Worten, sie kann nur solche Maßnahmen ergreifen, die einen unmittelbaren Selektionsvorteil erbringen, ... | Das Material aber, an dem die Selektion angreift, ist immer nur die rein zufällige Veränderung oder Neukombination von Erbanlagen. Es ist formal richtig und dennoch irreführend, zu sagen, daß die Evolution nur nach den Prinzipen des blinden Zufalls und der Ausmerzung vorgehe"[117]. Im Sinne hiervon ist Lorenz ein Lebewesen bzw. ein Bauplan nichts Planvolles im teleologischen Sinn, sondern ein

[114] Lorenz K 1965 [zitiert nach Lorenz K 1983a:] S.55
[115] Lorenz K 1965 [1983a:] S.62
[116] Lorenz K 1965 [1983a]: S.63
[117] Lorenz K 1976 [1983a:] S.28

System: „Jedes organische System ist etwas historisch *Gewordenes*, etwas, das sich entwickelt hat, ganz im Sinne Goethes, der bekanntlich Entwicklung als Differenzierung und Subordination der Teile definiert. In dem Maße, in dem ein Organismus sich höher entwickelt, wird die Arbeitsteilung zwischen seinen Gliedern immer schärfer ausgeprägt, die Teile werden immer verschiedener voneinander und jeder von ihnen damit auch abhängiger von der Gesamtheit aller übrigen. ... | Je weiter die Differenzierung und Subordination der Teile geht, desto wundervoller und planvoller dünkt uns ihr harmonisches Zusammenspiel. Der »Bauplan« ist für Jakob von Uexküll, den großen Vitalisten, das unerklärliche Wunder schlechthin und geistig aufs nächste mit der platonischen Idee verwandt. Eine nähere historische, das heißt stammesgeschichtliche Untersuchung des *Vorganges* der organischen Entwicklung läßt diese zwar nicht weniger wunderbar, aber weit weniger planvoll erscheinen"[118]. Diese Inbeziehungsetzung von Typus und „platonischer Idee" enthält auch folgende Lorenzsche Aussage: „Aber weiter gekommen ist er [Darwin] dennoch auf einem Wege, auf dem der Olympier [Goethe] steckenblieb – und ich glaube zu wissen weshalb: weil Goethe den sogenannten *Typus*, diesen gefährlichen Abkömmling der platonischen Idee, für etwas Selbständiges, unabhängig von seiner Verkörperung in realen Einzeldingen Existentes gehal-ten hat"[119].

Worauf Lorenz hier abzielt, das läßt sich auch anhand seines Plädoyers für eine kreative Evolution skizzieren: „In Wirklichkeit greift die Selektion aber nicht an ‚der »Mutation«, ja überhaupt nicht am Genom an, sondern am konkreten Einzelwesen, dessen phänotypische Eigenschaften bereits das Resultat der im Genom sich abspielenden, selbstregulierenden und von Individuum zu Individuum etwas verschiedenen Vorgänge sind. Der Selektionsvorteil belohnt oder bestraft die gleiche Eigenschaft in gleicher Weise, wie verschieden auch ihre genetischen Grundlagen sein mögen. All dies erklärt, daß Selektion *allein*, ohne Hinzukommen irgendeiner Mutation, aus dem Gen-Bestand einer Population innerhalb verhältnismäßig kurzer Zeit etwas Neues und besser Angepaßtes machen kann. Mit vollem recht sprechen deshalb die berufenen Forscher, die sich mit der Synthese von Genetik und Phylogenetik beschäftigen, wie Simpson, Dobzhansky und Huxley, von *kreativer* Selektion. | Je mehr man sich mit der Mannigfaltigkeit einer Tiergruppe beschäftigt, desto mehr kommt man zu der Überzeugung, daß *jede* einigermaßen hervorstechende und scharf umrissene Eigenschaft, die eine bestimmte Form auszeichnet, ihre Existenz kreativer Selektion verdankt"[120].

Wesentlich für Lorenz' Denken ist folgende Stellungnahme: „Versucht man als Biologe, alle die ererbten und angeborenen Strukturen, seien es nun geistige oder körperliche, in ihrem allgemeinen funktionellen Verhältnis zur regulativen Plastizität alles Organischen zu erfassen, so ergibt sich eine durchgehende, für körperliche und geistige Strukturen durchaus analoge Gesetzmäßigkeit, die zwischen dem plastischen Protoplasma und den festen Skelettelementen eines Protisten genauso giltwie zwischen kategorialen Denkformen und der schöpferischen Plastizität des Menschengeistes. Von ihren einfachsten Anfängen im Reich der Einzelligen an ist die feste Struktur ganz ebenso Bedingung jeder Höherentwicklung wie die Plastizität der organischen Regulation. Sie ist in diesem Sinne ganz ebenso Wertträger wie die plastische Freiheit, die vielleicht das Wesen des Lebendigen ausmacht. Jede Struktur aber bringt neben ihrer erwünschten und unerlässlichen Leistung als Stütze des organischen Systems die unerwünschte Nebenwirkung hervor, daß sie in gewissen Richtungen steif macht, dem System gewisse Freiheitsgrade benimmt"[121].

---

[118] Lorenz K 1955 [zitiert nach Lorenz K 1983a:] S.275f

[119] Lorenz K 1965 [1983a:] S.57

[120] Lorenz K 1965 [1983a]: S.64

[121] Lorenz K 1941 [zitiert nach Lorenz K & Wuketits FM (Hrsg.) 1983:] S.106

Hier gilt es zu betonen, daß Lorenz seine Aussagen über die Evolution wesentlich mit Bezugnahme auf die Verhaltensforschung trifft: „Jede Angepaßtheit von Merkmalen, sei es nun ein morphologisches oder eins der Verhaltens, an eine bestimmte Gegebenheit der Umwelt ist in einem sehr bestimmten Sinne eine *Abbildung* dieser Gegebenheit“[122]; „Die Erkenntnis, die wir den beiden Pionieren der vergleichenden Verhaltensforschung verdanken, ist an sich einfach: Es gibt individuell unveränderliche, artkennzeichnende Bewegungsweisen, die sich im Laufe der Stammesentwicklung genauso langsam verändern wie körperliche Organe“[123]. Daher auch ist bei Verhaltensweisen, wie bei somatischen Strukturen, Homologisierbarkeit gegeben: „Der Begriff der *Homologie* ist auf sie [Bewegungsweisen] ebenso anwendbar wie auf diese [morphologische Charaktere]. ... | Aus der Tatsache der Homologisierbarkeit allein ergibt sich mit Sicherheit, daß die Form der Bewegungsweise erblich ist. Wir nennen sie daher »Erbkoordination«, ein Ausdruck, den ich früher synonym mit »Instinktbewegung« gebrauchte. ... Die »feste Form« der Bewegungsweise besteht wie bei den später zu besprechenden, von Erich von Holst untersuchten endogen-automatischen und zentral koordinierten Bewegungsweisen in einer *Konstanz der Phasenbeziehungen* bei Veränderlichkeit von Frequenz und Amplitude“[124]. Lorenz weiter bezüglich Verhalten und Evolution: „Jede sinnvolle Definition von Verhalten muß als ein konstitutives Merkmal sein *Angepaßt-Sein* an eine bestimmte *arterhaltende Leistung* enthalten. Angepasst-Sein an eine bestimmte Gegebenheit der Umwelt bedeutet, daß *Information über sie* in irgendeiner Weise in das lebende System Eingang gefunden haben muß, Dies aber kann nur auf zwei Wegen geschehen sein: entweder durch Einflüsse der Umwelt, die während der Evolution auf die Art eingewirkt haben, oder durch solche, die auf den Organismus während seines individuellen Lebens einwirkten. »Tertium non datur« – wofern man nicht eine prästabilisierte Harmonie von Organismus und Umwelt annehmen will“[125].

Wozu dies überleitet, das ist im Lichte des Lorenzschen System-Denkens – wozu auch die bereits zitierte Bezugnahme auf Goethes Lehre von Differenzierung und Subordination gehört – das Bedenken von Normteilen und ihrer Verschränkung: „Die Verschmelzung und Trennung von wiederkehrenden Verhaltensmustern scheint einer der häufigsten Evolutionsvorgänge zu sein. Wie sich an Bewegungsweisen von Schwimmenten zeigen läßt, sind dieselben Muster bei verschiedenen Arten oft in verschiedener Folge aneinandergereiht. ... | Die Vereinigung mehrerer in sich unverändert bleibender Untersysteme zu einer Funktionsganzheit sowie auch die Aufteilung einer solchen in mehrere Untersysteme, die dann in anderer Weise aufs neue vereint werden können, ist für die besprochenen Erbkoordinationen von Enten sicher nachgewiesen. Dies verleiht unserer Annahme Wahrscheinlichkeit, daß ähnliche Vorgänge der Vereinigung, Zertrennung und auch der Wiedervereinigung neuraler Systeme ganz allgemein in der Evolution des Verhaltens eine Rolle spielen“[126]. „Die Verhaltensfolge, die Oskar Heinroth als die arteigene Triebhandlung bezeichnet, erwies sich, ..., bei näherer Analyse als ein *System*, das aus mindestens *drei* physiologisch voneinander verschiedenen Vorgängen besteht. Die aus mehreren Teilsystemen integrierte Systemganzheit besitzt Eigenschaften, die keinem ihrer Teilsysteme zu eigen ist, solange es unabhängig von den anderen funktioniert. Der Zusammenschluß von präexistenten und unabhängig voneinander funktionsfähigen Teilsystemen zu einer übergeordneten Ganzheit bedeutet somit die Entstehung von neuen, vorher nicht dagewesenen Eigenschaften und Fähigkeiten. Er scheint der wichtigste

---

[122] Lorenz K 1965 [1983a:] S.54

[123] Lorenz K 1954 [zitiert nach Lorenz K 1981a:] S.207

[124] Lorenz K 1975 [zitiert nach Lorenz K 1983a:] S.111

[125] Lorenz K 1975 [1983a:] S.112

[126] Lorenz K 1975 [1983a:] S.121

Schritt auf dem Wege der Evolution zu sein. Die herkömmlichen Worte wie Entwicklung, Evolution, »development« usw. sind zu einer Zeit entstanden, zu der die Ontogenese die einzig bekannte Form des organischen Werdens war; sie alle legen daher etymologisch die Vorstellung nahe, daß sich etwas schon Vorgebildetes entfaltet, nicht aber, daß etwas nie Dagewesenes in Existenz tritt. Ich habe deshalb für das in Rede stehende Geschehen den Terminus *Fulguration* vorgeschlagen"[127].

Fulguration, wie sie also auch im Lichte des „Zähmung des Zufalls"-Denkens Lorenz' zu sehen ist, ist für Lorenz insgesamt von großer Bedeutung, so daß hierzu weiters zitiert sei: „Wirklich zweckgerichtete Vorgänge sind nur jene, wo ein Plan vorliegt, eine Blaupause, im Genom oder sonstwo, die vorschreibt, was zu geschehen hat. Und eine solche Blaupause liegt eben in der Evolution ganz sicher nicht vor. Es ist das Spiel von allem mit allem, und der große, neue Schritt, der unerwartete, ist durchaus kein Wunder. Dazu brauchen wir keinen außernatürlichen Faktor zu postulieren. Der große Schritt entsteht dadurch, daß zwei vorher unabhängig voneinander existente und funktionsfähige Systeme plötzlich einen Kurzschluß machen, »zusammenschnackeln«. ... Die neue Systemeigenschaft ist nicht nur unvoraussagbar, sondern sie ist nie dagewesen. Sie ist etwas, was auch nicht in Andeutungen existiert. Es ist gänzlich falsch zu glauben, daß in der Evolution eine Eigenschaft in stufenlosem Übergang immer stärker werden muß. Das ist nicht wahr. Der Satz »natura non facit saltum« ist falsch"[128].

Im Lichte der gebrachten Ausführungen ist es nun möglich, konkreter auf Lorenz als einen der großen Architekten der EE zu blicken, wozu zunächst zwei Aussage-Bereiche angeführt seien, einerseits zu Lorenz' Abbild-Theorie, andererseits zu seinem Verständnis von dem Zentralnervensystem und dessen Leistungen als organischen Äußerungen. Zunächst zum Abbild-Denken: „Lange vor den Großen der Atomphysik hat ein Wahrnehmungsphysiologe das Verhältnis zwischen dem abbildenden subjektiven Phänomen und der abgebildeten Realität völlig richtig durchschaut, nämlich Wilhelm Ostwald in seiner 1917 veröffentlichten Farbenlehre. Er hat nicht nur erkannt, daß es der Wahrnehmungsapparat des Menschen ist, der aus dem Kontinuum der Wellenlängen das Diskontinuum der Farbbänder macht, sondern auch die besondere Leistung, zu deren Erfüllung er dies tut. Diese Leistung ist die Farbkonstanz der wahrgenommenen Dinge. Es kommt dem Organismus, zum Beispiel dem Menschen und der Honigbiene, bei denen die in Rede stehende Funktion genau unersucht ist, nicht darauf an, zu wissen, welche Wellenlänge ein bestimmter Gegenstand im Augenblick reflektiert, sondern darauf, diesen Gegenstand an seinen Reflexionseigenschaften, mit anderen Worten an seiner »Farbe«, wiedererkennen zu können, unabhängig von der zufälligen Farbe der Beleuchtung. Eben dies leistet die an sich völlig »willkürliche« Einteilung, in der unser Wahrnehmungsapparat breite Bänder ziemlich verschiedener, wenn auch angrenzender Wellenlängen zu je einer Farbqualität zusammenfaßt. Je zwei solcher Bänder, die sogenannten Komplementärfarben, werden so zueinander geschaltet, daß sie einander auslöschen, das heißt die »Null«-Farbe Weiß ergeben. Für die Mittelfarbe des sichtbaren Spektrums, für die es ein natürliches, durch Wellenlängen definiertes Gegenstück gar nicht geben kann, wird die »künstliche« Komplementärfarbe Purpur frei geschaffen[129]". Bezüglich der Organhaftigkeit des Zentralnervensystems und seiner Leistungen sei angesichts hiervon zitiert: „Ich sehe keinerlei vernünftigen Grund gegen die Hypothese, daß die Höherentwicklung des Zentralnervensystems durch gleiche Ursachen bewirkt worden ist wie die aller anderen Organe"[130]; „Als

[127] Lorenz K 1975 [1983a:] S.124
[128] Lorenz K 1981b: S.34f
[129] Lorenz K 1965 [1983a:] S.59
[130] Lorenz K 1965 [1983a:] S.80

Naturwissenschaftler, die um die Tatsachen der Abstammung wissen, sind wir gezwungen, die Leistungen des menschlichen Erkenntnisapparates ganz wie alle anderen Funktionen des Organischen als etwas phylogenetisch Gewordenes zu betrachten, das seine spezifischen Eigenschaften einer Auseinandersetzung zwischen Organismus und Umwelt verdankt"[131]; „Erkenntnistheorie treiben heißt daher für den hypothetischen Realisten, den Weltbild-Apparat des Menschen in seiner Funktion und als organisches System untersuchen"[132]; „Am allerwenigsten aber vermag derjenige an eine absolute Gültigkeit apriorischer Denk- und Anschauungsformen zu glauben, der sich in vergleichender Forschung mit der Stammesgeschichte tierischer und menschlicher Verhaltensweisen und der sie bestimmenden physiologischen Mechanismen beschäftigt. Für ihn ist die Organisation der Sinnesorgane und des Nervensystems, deren Funktion uns Mitteilung über außersubjektive Wirklichkeiten macht, nicht anders als die aller anderen körperlichen Strukturen ganz selbstverständlich etwas, das im Verlaufe des Artenwandels in Auseinandersetzung mit und in Anpassung an diese unverrückbaren Gegebenheiten entstand"[133].

Angesichts hiervon sei kurz auf Lorenz' Verständnis von Philosophie geblickt, insbesondere sein Verständnis von „idealistischer Philosophie", wozu sogleich zitiert sei: „aber gerade als deutscher Repräsentant dieser Berufe [Naturforscher und Arzt] kann man oft in die Lage kommen, die naturwissenschaftliche Betrachtung des Menschen und seiner Kultur solchen Leuten gegenüber zu vertreten, deren Denken durch das *böse Erbe* des deutschen Idealismus behindert ist"[134]. Diese Aussagen im Gedächtnis behaltend, sei aus Lorenz' Ausführungen zur Bedeutung der Ich-Erkenntnis gelesen: „Es ist kein Wunder, daß er [der Mensch] bei seinem unersättlich neugierigen und machtgierigen Explorieren schließlich *sich selbst* ins Blickfeld der eigenen Forschung bekam. Die Folgen dieser Entdeckung allerdings waren wunderbar. | Die erste Reflexion, das erste Sich-im-Spiegel-Sehen, braucht noch gar nicht mit jenem großen Staunen über sich selbst und das bisher Selbstverständliche einhergegangen zu sein, das der Geburtsakt der Philosophie ist. Ein zunächst ohne Verwunderung hingenommenes Wissen um die Tatsache, daß das eigene Ich in einem Wesen wohnt, das grundsätzlich so wie der bekannte Artgenosse beschaffen ist, genügt völlig, um eine neue Rückkoppelung von Geschehnissen hervorzurufen, die geradezu himmelstürmende Folgen hat. Geschehensweisen, die in der organischen Schöpfung seit je und allenthalben vor sich gehen, werden zu etwas grundsätzlich Neuem, wenn sie im Spiegel des nicht nur erlebenden, sondern auch erlebten eigenen Ich gesehen werden"[135].

So wichtig diese Entdeckung des Menschen also auch ist, sie führt, so Lorenz, zunächst gleichsam in eine philosophische Falle – „Sackgasse: von Platon bis Galilei behindert sie das Verwenden der Sinne"[136]. In dem so genannten „Russischen Manuskript"[137] führt Lorenz hierzu aus: Anfänglich, phylo- wie ontogenetisch, sei der Mensch ein naturwissenschaftlich-naiver Realist, der über sich nicht nachdenkt, „nach außen gerichtet denkt"[138]. Insofern zweifelt der Mensch nie daran, daß die Dinge da draußen wirklich existieren, „auch wenn man sie mit Organen im Körper wahrnimmt"[139]. Mit der Entdeckung des Ich ändert sich dies: „[Er]

[131] Lorenz K 1965 [1983a:] S.58f
[132] Lorenz K 1959 [zitiert nach Lorenz K 1981a:] S.258
[133] Lorenz K 1959 [1981a:] S.262
[134] Lorenz K 1967 [zitiert nach Lorenz K 1983a:] S.246f; Hervorhebung durch den Autor
[135] Lorenz K 1967 [1983a:] S.264
[136] Lorenz K 1944/48: S.46
[137] Lorenz K 1944/48
[138] Lorenz K 1944/48: S.46
[139] Lorenz K 1944/48: S.47

erkennt, daß er nur Bilder wahrnimmt und gerät in die philosophische Falle, der griechische Philosoph weiß nicht, daß es reale Bilder realer Dinge in uns sind"[140]. Hieraus folgt der, so sieht es Lorenz, „verhängnisvollste Irrtum der menschlichen Geistesgeschichte": „Dieser Irrtum ist der Zweifel an der Realität der Außenwelt"[141]. Ist also, die „bunte äußere Welt nur ein Traum"[142], wenn nur Innenvorgänge beschrieben werden? „cogito ergo sum« lapidar, aber die sichere Innenerkenntnis wurde zum Ausgang für die Aussagen für die unsicheren Außenerkenntnisse"[143]. Wie bereits zitiert, so verweist Lorenz auch hier auf: „nur die prae-existenten Ideen sind wirklich. ... alles Vergängliche ist nur Gleichnis, so wie der Tischler einen konkreten Tisch nach einer Idee plant, hat auch Gott so geschaffen, so die Idealisten"[144].

Erst mit der Zusammenführung der Natur- mit den Geisteswissenschaften wird aus dieser philosophischen Falle herausgefunden: „Indem die Naturwissenschaften auch den Menschen erforschen, entsteht etwas Neues: der Mensch, das erlebende Subjekt wird zum Objekt einer nach außen gerichteten Wissenschaft, der Weltbildapparat des Menschen wird zum Ding in der Welt"[145]; „Die Philosophie erkannte bei ihrer Betrachtung nach Innen nicht, daß das von ihr Betrachtete auch eine nach außen gerichtete Seite hat (also das Gehirn auch ein Organ ist); der naive Realist blickt nur nach außen und sieht nicht, daß Weltbildapparat ein (unscharfer) Spiegel ist. Der Idealist sieht nur in den Spiegel, sieht dadurch die Dinge nicht und auch nicht, daß der Spiegel ein Ding ist"[146]; „die Naturwissenschaft beginnt beide Seiten des Spiegels als Ding zu erforschen"[147].

Hier nun ist Lorenz' Annahme des organhaften Charakters des Zentralnervensystems und seiner Leistungen von zentraler Bedeutung. Zunächst führt Lorenz aus, daß zum Beispiel Flosse und Auge an Wasser und Sonnenlicht gemäß Überlebensdienlichkeit angepasst sind und bedeuten ebenso wie unser Denken ein Abbild und kraß vereinfachendes Bild der Welt, „mittels den Chifren von Raum, Zeit, Substanz, Kausalität"[148]. In dem Sinne, wie das Gehirn evolutiv entstanden ist, gibt es „modellmäßig vereinfachend" die Welt wieder: somit besteht aber eine materielle Beziehung zwischen realer und phänomenaler Welt und diese ist somit erforschbar. Dies gilt somit auch für das „Ding an sich": „man weiß aber nicht, wie weit die Analogie von Ding an sich und Modell geht"[149]; die Welterkenntnis nähert sich asymptotisch der realen Welt, ohne daß man jemals weiß, wie nahe man schon ist[150]. Lorenz spricht auch von der „mittleren Welt" und „mittlere Teile unserer Welt"[151], an die man angepaßt ist, bzw. die im Denken manifest wird.

Wogegen sich dies explizit wendet, das ist Kants „Zwei Welten-Theorie": „So blieben für ihn alle jene von vornherein existenten Gesetzlichkeiten etwas, das völlig außerhalb der Welt der Dinge und der diese Welt beherrschenden Naturgesetze lag. Kant sah *zwei* Welten, wo wir eine erblicken. Daher konnte er auch die nahe funktionelle Analogie nicht bemerken, welche jene Welt-abbildenden *Strukturen* der menschlichen Anschauungsformen und Denk-

[140] Lorenz K 1944/48: S.47
[141] Lorenz K 1944/48: S.47
[142] Lorenz K 1944/48: S.48
[143] Lorenz K 1944/48: S:48
[144] Lorenz K 1944/48: S.48
[145] Lorenz K 1944/48: S.53
[146] Lorenz K 1944/48: S.54
[147] Lorenz K 1944/48: S.55
[148] Lorenz K 1944/48: S.60
[149] Lorenz K 1944/48: S.63f
[150] Vgl. Lorenz K 1944/48: S.66
[151] Lorenz K 1944/48: S.67

Kategorien mit denjenigen der ebenfalls Welt-abbildenden Sinnesorgane und noch mehr mit den Strukturen der *Wahrnehmung* verbindet"[152]. Für Lorenz ergibt sich das Problem mit der Kantischen Philosophie nicht daraus, daß sie die außersubjektive Wirklichkeit ignoriert, sondern daß hinter der veränderlichen Welt jene der Dinge an sich angenommen wird, die „in keiner Beziehung zu der Art [steht], in der sie unsere Sinne affiziert und in unserem Erleben als Phänomen in Erscheinung tritt". Daher auch ist für Kant das Ding an sich „für immer grundsätzlich unerkennbar": „an diesem Punkt ist von Kant abzuweichen"[153]. Nicht also ist von Kant abzuweichen, wo dieser als „Entdecker der angeborenen Denk- und Anschauungsformen" zu verstehen ist, sondern wo er, da er die Deszendenztheorie noch nicht kannte, „als Idealist ausschließlich von Innen" sieht: Kant sah das erkennende Subjekt nicht als Mitglied der Dinge; er sah es als konträren Widerpart der Welt der Dinge. Lorenz resümiert nun seine Ablehnung der „Zwei Welten-Theorie": „der Mensch mit den Strukturen seines Erlebens gehört zur *gleichen* Welt wie die Dinge, die sich in diesem Erleben malen; ... Wir haben somit recht solide, naturwissenschaftliche *Gründe* für die Annahme, daß die apriorischen Formen menschlichen Denkens und menschlicher Anschauung in ihrer erfahrungsunabhängigen Vorherbestimmtheit nichts anderes sind als *Organleistungen*"[154].

Von ganz zentraler Bedeutung ist hier Lorenz' Spiegel-Metapha, zu der daher weiters zitiert sei: „Die Vorderseite des Spiegels ist das Bild der Welt, einschließlich uns selbst. Die ganze phänomenale Welt ist das, was er spiegelt. Aber dieses Spiegelbild hat eine reale Hinterseite, die es in dieselbe Kategorie von Dingen stellt wie die Dinge, die es spiegelt. Die Tätigkeit des Spiegelns ist eine Auseinandersetzung von Realem mit Realem. Das ist die Grundthese des hypothetischen Realismus"[155]. „Wenn man als Physiologe tierisches und menschliches Verhalten untersucht, kann man nicht umhin, irgendeine Form der Isomorphie zwischen physiologischem Geschehen und Erleben anzunehmen, wobei es heuristisch gleichgültig ist, ob man sich zu der Lehre ihrer Identität oder ihres Parallelismus bekennt. In beiden Fällen ist die Folgerung unausweichlich, daß man als Naturforscher und somit als hypothetischer Realist den Mechanismen und Funktionen, die auf der physiologischen Seite unserem Erkennen parallelgehen, dieselbe Art von Realität und Erkennbarkeit zuschreiben muß wie den Dingen der äußeren Wirklichkeit, über die sie uns Meldung erstatten. Daraus aber ergibt sich die weitere, ebenso unausweichliche Folgerung, daß wir unser Wissen über die »Rückseite des Spiegels«, über den Apparat, der unser Weltbild aufnimmt und in unser Erleben projiziert, nicht fördern können, ohne gleichzeitig unser Wissen über die »gespiegelten« Gegebenheiten der außersubjektiven Wirklichkeit voranzutreiben, mit denen er in realer Wechselwirkung steht"[156].

Lorenz führt also seine Spiegel-Metapha gemäß seiner Abbild-Theorie an, dergemäß sich jeglich idealistischer Verweis auf eine Welt „hinter" der phänomenalen Welt erübrigt: Dieser Verweis erübrigt sich somit, da dasjenige, das in diesem Verweis auf das „dahinter" erreicht werden soll, naturwissenschaftlich erreicht werden kann, im Lichte der Evolutionstheorie, wie sie zu einem adäquaten Verständnis von „a priori" führt. Damit bleibt zwar in dem Sinne ein „dahinter", als man nie wissen kann, wie nahe man dem Ding an sich ist, doch ist es nicht mehr an sich undenkbar, sondern gemäß einer asymptotischen Näherung. Es ist hierbei interessant zu sehen, daß Lorenz den hierin enthaltenen Abbildcharakter des Bedenkens auch mit Erfindungen, wie zum Beispiel der Farbe „Purpur" zu verflechten versteht,

152 Lorenz K 1944/48: S.57
153 Lorenz K 1944/48: S.58
154 Lorenz K 1944/48: S.59
155 Lorenz K 1981b: S.59
156 Lorenz K 1959 [1981a:] S.258

so daß der „Spiegel" eigentlich nur bedingt ein „Spiegel" sein kann, doch löst sich dieser Widerspruch für Lorenz wohl gemäß seinem Verständnis von „kreativer Selektion" auf.

Das damit Ausgesagte ist wesentlich im Sinne von Lorenz' systemtheoretischen Ausführungen zu dem zu verstehen, das Leben von Anbeginn an sein muß. Um dies aber genauer beleuchten zu können, gilt es, Lorenz' Ausführungen zu Induktion, Deduktion, Intuition, Konstanzleistung sowie Wissenschaft und Philosophie allgemein darzulegen.

Mit Max Planck[157] weist Lorenz darauf hin, daß die Entwicklung der Naturwissenschaft auf dem gleichen Wege wie die ontogenetische Ausbildung des Weltbildapparates des Einzelmenschen voranschreitet[158]. An dieser Entwicklung sind drei Stufen zu unterscheiden: die idiographische, die systematische und die nomothetische Stufe. In der ersten Stufe wird Konkretes benannt und beschrieben. Aus dieser Stufe geht fließend die zweite Stufe hervor, in der Gleiches zu Gleichem und Ähnliches zu Ähnlichem geordnet wird. Lorenz verweist sogleich auf die Bedeutung, die hierbei der Gestaltwahrnehmung zukommt, und spricht von einer „Gier" danach, Gestalten – im Sinne von „Schönes" – sehen und wiedererkennen zu können. Die dritte Stufe betrifft das Aufstellen von Gesetzen, der das Auffinden von Ordnung vorausgeht, und die insofern einer Erklärung bedarf, als Ordnung unwahrscheinlicher als Unordnung ist. Der Übergang von der zweiten zur dritten Stufe ist ebenso fließend wie jener der zweiten aus der ersten Stufe, wobei wiederum die Gestaltwahrnehmung von Bedeutung ist: „plötzlich sieht der Forscher das Gesetz"[159].

Die Abfolge der genannten drei Stufen entspricht einer Abstraktion von konkreten, durch die Sinnesorgane vermeldeten Einzeltatsachen, zur Festlegung allgemeiner Aussagen; hier ist also der Weg der Induktion bezeichnet. Dessen Stärke liegt in der Möglichkeit der Einsicht in den Wahrscheinlichkeitsgrad der Richtigkeit einer Aussage, wobei Lorenz die statistische Natur aller echten Induktion betont. Es ist daher auch notwendig, „unparteilich" alle Daten aufzunehmen, und „möglichst lange idiographisch und systematisch [zu] arbeiten"[160], auch um willen davon, der Gestaltwahrnehmung nicht vorschnell Platz zu geben.

Mit der Induktion alleine findet man aber nicht das Auskommen, so Lorenz: es bedarf auch der Deduktion, also der Prüfung eines deduzierten Einzelfalles im Experiment. Diese Verflechtung von Induktion und Deduktion, wie sie also gegenseitige Prüfung bedeuten, läßt sich im Lichte des Lorenzschen systemischen Regelkreisdenkens verstehen. Umso bedeutungsvoller ist es daher, wenn Lorenz auch das Gesamt aus Induktion und Deduktion nicht schon Alles sein läßt: „hierher gehört auch Intuition, als Basis für höhere bewusste Abstraktionsleistungen"[161]. Hierin spiegelt sich wider, daß auch unsere Denk- und Anschauungsformen, also die Lorenzschen Aprioris nur Arbeitshypothesen sind. Diese Arbeitshypothesen können aber nicht einfach durch Zusatzhypothesen verändert werden, wo sie aktuell zu Problemen führen: „Unser Geist steckt in der Zwangsjacke der hirnstrukturbedingten Schemata"[162]: „Nicht die Stimmigkeit, sondern der *Nachweis der Unstimmigkeit* einer Hypothese ist der Ausgangspunkt für das weitere Vortreiben der Erkenntnis. *Jede* Hypothese ist nur ein grob vereinfachendes Modell einer Annäherung an die Wirklichkeit, und die apriorischen Denkformen sind es genauso. »Wahrheit« ist diejenige Arbeitshypothese, die den Weg zu der nächstbesseren am besten offen hält. Für alles induktive Erkenntnisstreben sind daher immer die Unstimmigkeiten der bisherigen Hypothesen der Angriffspunkt für die neue For-

---

[157] Planck M 1942
[158] Vgl. Lorenz K 1944/48: S.68
[159] Lorenz K 1944/48: S.69
[160] Lorenz K 1944/48: S.70
[161] Lorenz K 1944/48: S.71
[162] Lorenz K 1944/48: S.72

schung"[163]. Lorenz führt zur Bedeutung der Intuition genauerhin aus: Dichter und Philosophen begnügen sich mit der erschauten Wahrheit, abseits ihres Nachweises; dagegen halten Naturwissenschaftler alleine diesen Nachweis für ausschlaggebend; beide Position irren aber, wie das Wesen der Intuition zeigt: „noch nie ist etwas induktiv nachgewiesen worden, was nicht vorher schon irgendwie intuitiv geahnt worden ist"[164].

Zugleich weist Lorenz kategorisch zurück, sein Verweis auf Intuition wäre der Verweis auf Übernatürliches: „das ist natürlich Unsinn. Intuition ist Leistung der Wahrnehmung bzw. der Gestaltwahrnehmung im speziellen, also ein physiologischer Vorgang"[165]. Zur Verdeutlichung hiervon verweist Lorenz nochmals auf die Vorteile der Intuition: der wesentliche Vorteil liegt darin, „daß sie, als echte und unmittelbare Leistung der Wahrnehmung, *sehend* im tiefsten Sinne des Wortes ist, daß ihr Dinge »ins Auge fallen«, von denen sich das bewußte Denken des Menschen nichts träumen läßt. Die intuitive Schau ist unabhängig von Arbeitshypothesen, sie sieht auch das Unerwartetste und nicht nur das, was für bereits vorhandene Fragestellungen von Bedeutung ist. Sie verdankt diesen Weitblick dem Umstand, *daß sie eine sehr* viel größere Zahl von Einzeltatsachen gleichzeitig zu überblicken und als qualitätsbestimmend in das Erlebnistotale der erschauten Erkenntnis einzuweben vermag"[166]. Demgegenüber werden als Schwächen der Intuition ausgewiesen: es ist nicht nachvollziehbar, wie zu Ergebnissen gelangt wird, und dementsprechend ist sie nicht korrigierbar.

Im Sinne der Bedeutung der Intuition ist es wohl auch zu verstehen, wenn Lorenz schreibt: „Im allgemeinen erkennt man als einigermaßen erfahrener Tierpfleger eine triebbedingte Handlungsweise seiner Pfleglinge, soweit man sie überhaupt erkennt, ohne weiteres Nachdenken ganz *gefühlsmäßig* als solche"[167]. Soweit es Induktion und Intuition in Verbindung mit Fulguration anbelangt, ist bei Lorenz zu lesen: „Ich habe eine andere Auslegung der Induktion [als Popper]. Die Sprünge, die unvoraussagbaren Sprünge sind natürlich genau dieselben, in unserer Erkenntnis wie in der Evolution. Ich würde sagen: Im menschlichen Hirn, das begrifflich denkt, verhalten sich Begriffe, Ideen, Theorien, Hypothesen so sehr als individuelle Einheiten, daß sie miteinander ein Spiel spielen, das gar nicht so viel anders ist als das Spiel, das Arten in der Evolution miteinander spielen. Und es kann sehr wohl passieren, daß der große »Seifensieder«, der einem aufgeht, fast immer darin besteht, daß man zwei Gedanken, mit denen man längst vertraut ist, miteinander verbindet und auf einmal einsieht, daß die ja zusammenhängen und sich gegenseitig erklären"[168].

Wovon hier die Rede ist, das hängt innig mit zu erbringenden Konstanzleistungen zusammen, deren Darstellung Lorenz daher in seinen Arbeiten viel Platz einräumt. Wesentliche Anregungen für sein Bedenken der Konstanzleistungen erhält Lorenz von Ehrenfels, der als konstitutiv für Konstanzleistungen ansieht: Unabhängigkeit von den Elementen, Transponierbarkeit und Primat der Ganzheit vor den Teilen. Alle drei Konstitutiva sind maßgebend dafür, daß Gestaltwahrnehmung einer Abstraktion funktionell gleich kommt. Ausgehend hiervon schreibt Lorenz zur Gestaltwahrnehmung: „Diese abstrahierende Fähigkeit der Gestaltwahrnehmung ist eine der wichtigsten Voraussetzungen für das begriffliche Denken. Das ist eine typische Fulguration. Es kommt eine ganze Menge von Dingen zusammen, die beim

[163] Lorenz K 1944/48: S.85
[164] Lorenz K 1944/48: S.96
[165] Lorenz K 1944/48: S.98
[166] Lorenz K 1944/48: S.117
[167] Lorenz K 1932 [1974:] S.89
[168] Lorenz K 1981b: S.37

Tier schon da sind, die unabhängig voneinander funktionsfähig sind und die, plötzlich integriert, die Fähigkeit zum begrifflichen Denken als neue Systemeigenschaft ergeben“[169].

Von größter Bedeutung für das Lorenzsche Denken ist die Kombination von Gestaltwahrnehmung und “ratiomorph” hinzuweisen: “Wie die im vorigen Abschnitt näher erörterten sind prinzipiell alle Konstanzapparate im strengsten Sinne »ratiomorph«, denn alle enthalten Vorgänge, die denen der Induktion wie denen der Deduktion analog sind, alle enthalten »Hypothesen«, deren Stimmigkeit nicht absolut, sondern nur in hohem Grade wahrscheinlich ist. Alle können bei Fälschungen der Induktionsbasis zu falschen Schlüssen kommen, an denen sie – oft völlig unbelehrbar – festhalten“[170]; „Alle Leistungen der Konstanzwahrnehmung sind objektivierend im buchstäblichen Sinne des Wortes. Sie bringen Ordnung in die unermeßlich vielstimmige Kakophonie der auf uns einstürmenden Sinnesdaten, indem sie in echt induktivem Verfahren aus vielen Einzelfällen die in ihnen allen obwaltende Gesetzlichkeit abstrahieren. Diese allein ist es, über die sie uns Meldung erstatten, nicht die Sinnesdaten selbst und noch weniger das Verfahren, durch das sie zu ihren Abstraktionen gelangten“[171]; „Die kennzeichnende Objektivationsleistung aller Konstanzmechanismen beruht auf dem Herausgliedern einer in den Sinnesdaten obwaltenden Gesetzlichkeit, die, vor allem bei der Formkonstanz, so komplex sein kann, daß ihre Abhebung vom »Hintergrund« des Akzidentellen einer echten, rationalen Abstraktion analog erscheint“[172]. „Die Beteiligung von Lernen und Gedächtnis am Zustandekommen der komplexen Wahrnehmungmacht nämlich das »Abstrahieren« der Gestalt aus dem Hintergrund chaotischer Reizdaten selbst dann noch möglich, wenn sie von dem »Lärm« der letzteren so stark übertönt wird, daß in einer einmaligen Darbietung nicht genügend Information betreffs der Gestaltgesetzlichkeit enthalten ist. In einem Vorgang des Sammelns von Informationen, der sich über Jahre, ja über Jahrzehnte erstrecken kann, schafft die Gestaltwahrnehmung im Verein mit dem – in dieser speziellen Leistung ganz rätselhaft guten – Gedächtnis eine so breite »Induktionsbasis«, daß auf deren Grundlage die gesuchte Regelmäßigkeit als »statistisch gesichert« erscheint. ... Als ich einst auf einem Kongreß ausführlich über diese Vorgänge sprach und beschrieb, wie man bei der Beobachtung komplexer tierischer Verhaltensweisen buchstäblich Tausende von Malen denselben Vorgang sehen kann, ohne seine Gesetzmäßigkeit zu bemerken, bis urplötzlich, bei einem weiteren Male, ihre Gestalt sich mit so überzeugender Klarheit vom Hintergrunde des Zufälligen abhebt, daß man sich vergeblich fragt, wieso man sie nicht schon längst gesehen habe, fasste Grey-Walter meine etwas lange Rede in einem Satz zusammen: »Redundancy of information compensates noiseness of channel!« – Wiederholung der Information kompensiert den überlagernden »Lärm«“[173]; „Ganz sicher geht diese hochspezialisierte Leistung der Gestaltwahrnehmung der Abstraktion von Gattungsbegriffen voraus, höchstwahrscheinlich bildet sie deren unbedingte Voraussetzung. Das kleine Kind, das bereits imstande ist, alle Hunde als »Wauwau« und alle Katzen als »Miau« zu bezeichnen, hat ganz sicher nicht die zoologische Bestimmungsformel von *Canis familiaris* und *Felis ocreata* abstrahiert“[174]. „In den eben besprochenen Hinsichten, d.h. in bezug ihre Tendenz zur Prägnanz-Übertreibung, ihre Unbelehrbarkeit, ihre unvoraussagbaren individuellen Verschiedenheiten und die Tatsache, daß sie nicht oder kaum gelehrt werden kann, ist die Gestaltwahrnehmung den funktionell analogen rationalen Leistungen ausgesprochen unterlegen. Überlegen ist sie ihnen in zwei

[169] Lorenz K 1981b: S.53
[170] Lorenz K 1959 [1981a:] S.277
[171] Lorenz K 1959 [1981a:] S.277f
[172] Lorenz K 1959 [1981a:] S.280
[173] Lorenz K 1959 [1981a:] 281f
[174] Lorenz K 1959 [1981a:] S.282

wesentlichen Punkten. | Erstens ist die Gestaltwahrnehmung imstande, eine unvermutete Gesetzlichkeit zu entdecken, wozu die rationale Abstraktionsleistung absolut unfähig ist. ... | Zweitens vermag die Gestaltwahrnehmung, wie gezeigt wurde, mehr Einzeldaten und mehr Beziehungen zwischen diesen in ihre Berechnung einzubeziehen, als irgendeine rationale Leistung"[175].

Im Lichte der gebachten Ausführungen zu Induktion, Deduktion, Intuition und der ratiomorphen Ebene, thematisiert anhand von Konstanzleistungen, gilt es nun, das ontologische Verständnis von Lorenz zu beleuchten: „Ein Beispiel mag verdeutlichen, welcher weltweite Unterschied zwischen dem unentbehrlichen und auch epistemologisch richtigen methodischen Reduktionismus aller Naturforschung und dem ontologischen besteht. Die Naturwissenschaft sagt: »Lebensprozesse sind chemische und physikalische Vorgänge«. Oder: »Menschen sind Tiere von der Klasse der Säuger und der Ordnung der Primaten«. Beide Feststellungen sind völlig richtig. Der ontologische Reduktionist aber sagt: »Lebensprozesse sind *nichts als* physikalische und chemische Vorgänge« und »Menschen sind *nichts als* Affen«. Diese beiden Sätze sind falsch, denn sie leugnen die Existenz von etwas höchst Realem, nämlich von der *Struktur*, deren Unterschiedlichkeit die *wesensmäßige* Verschiedenheit der in Rede stehenden Seinsformen bedingt"[176]. Zu der Aussage: Leben ist Physik, aber nicht nur Physik, ist im „Russisches Manuskript" genauerhin zu lesen: „Wer dennoch eine Verflachung, Verwischung oder Herabsetzung des Begriffes vom Leben darin sieht, wenn wir sagen, es bestehe im Grunde »nur« aus chemisch-physikalischen Vorgängen, alle Lebensvorgänge seien »eigentlich« chemisch-physikalische Vorgänge, der zeigt zunächst nur, daß er die ungeheure *Besonderheit* des Lebens richtig sieht. Er braucht noch lange kein Vitalist zu sein und ist daher durchaus nicht unser Meinungsgegner. Ihm sei zugestanden: Der Gebrauch der Worte »nur« und »eigentlich« ist irreführend" [177]. Hierauf folgt: „Es gelten eben für die Lebenserscheinungen keineswegs *nur* die physikalisch-chemischen Gesetzlichkeiten. Diese gelten *auch*, sie erleiden keine Ausnahme, aber *außer* ihnen gelten eine Unzahl besonderer, neuer Gesetze, die sich aus der unmeßbar höheren Systemkomplikation, aus der besonderen Struktur und Funktion der organismischen Materie ergeben und die *nur* für die lebende Substanz und für keine andere gelten! Soviel zum Wörtchen »nur«. Was den Gebrauch des Wortes »eigentlich« betrifft, sei zugestanden, daß man ihn mit guter Berechtigung auch *umkehren* kann: Man kann gut sagen, Lebensvorgänge sind im Grunde chemisch-physikalische Vorgänge, aber *eigentlich*, das heißt hinsichtlich dessen, was ihnen allein zu *eigen*, für sie *eigentümlich* ist, sind sie etwas Besonderes, Einzigartiges, eben etwas durchaus *Eigen*-Artiges, das im gewöhnlichen Begriffe vom chemisch-physikalischen Geschehen durchaus *nicht* mit inbegriffen ist"[178]. Was Lorenz hiermit im Sinne hat, ist ein System ineinander greifender, mehr oder weniger umfassender „Schachteln": „Ein völlig analoges Verhältnis, wie es zwischen den engeren, »höheren« Gesetzlichkeiten der Biologie und der weiteren, basaleren »Schachtel« der exakten Naturwissenschaft besteht, besteht auch zwischen der Naturwissenschaft vom »Seelischen« und der Biologie selbst. Ein ähnlich großer und rätselvoller Entwicklungssprung, wie er das Leben vom nur chemisch-physikalischen Geschehen trennt, trennt auch alle seelischen Vorgänge von dem allgemeinen Geschehen in der organischen Materie, das nicht mit psychischen Erscheinungen einhergeht"[179]. Lorenz resümiert hiezu: „Wohl sind alle Seelenvorgänge der höheren Tiere und des Menschen *auch* körperlich-physiologische Vor-

[175] Lorenz K 1959 [1981a:] S.291
[176] Lorenz K 1972: S.140; zitiert nach Lorenz K 1983a
[177] Lorenz K 1944/48: S.91
[178] Lorenz K 1944/48: S.91
[179] Lorenz K 1944/48: S.91

gänge, so gut, wie alle Lebensvorgänge auch chemisch-physikalische und alle chemischen auch atomphysikalische sind. Dieser Satz ist aber nicht *umkehrbar*. So wenig, wie *alle* physikalischen Vorgänge chemische sind, so wenig *alle* chemisch-physikalischen Vorgänge Lebensvorgänge sind, so wenig sind alle Lebensvorgänge beseelte Vorgänge. Nur ganz wenige und ganz besondere Lebensvorgänge sind gleichzeitig auch Seelenvorgänge"[180]. Hieraus ergeben sich folgende Konsequenzen für das Lorenzsche Verständnis von Wissenschaft: „Die phylogenetisch vergleichende Wissenschaft vom Verhalten der animalischen Lebewesen ist das nächst-weitere Wissensgebiet, innerhalb dessen die gesamte Psychologie des Menschen *als induktive Naturwissenschaft* steht. Die vergleichende Verhaltensforschung glaubt keineswegs, die Humanpsychologie ablösen zu können oder gar unnötig zu machen. Sie kann dies genauso wenig, wie die Physik die Chemie oder die organische Chemie die Stoffwechselphysiologie unnötig macht. Aber der Psychologe und in allererster Linie der Tiefenpsychologe *muß in ihr ebenso gut, und aus den gleichen Gründen, Bescheid wissen, aus denen jeder Chemiker in Physik und jeder Stoffwechselphysiologe in organischer Chemie Bescheid wissen muß*"[181].

Was Lorenz hier darlegt, das führt er später vor allem im Lichte der Schichtenontologie von Nicolai Hartmann aus: „Wir [Lorenz, Monod, Eigen, Popper] sind alle brave Nicolai-Hartmannianer, die an eine nicht zweckgerichtete Weltordnung glauben"[182]. Zugleich erweist sich Lorenz als kritischer Hartmannianer: „möchte ich den einzigen Vorbehalt anmelden, den ich jeder Seins-Philosophie, auch der seinen [jener von Nicolai Hartmann] gegenüber, machen muß. Ich kann nicht verstehen, was »Sein« bedeutet. Das Geschehen steht niemals still, und das Hilfszeitwort »sein« bedeutet für mich nur eine abstrakte Unterbrechung des Stroms der Zeit, die eben lange genug wehrt, um ein Prädikat an ein Subjekt zu heften. Ich glaube aber, daß es keine Fälschung der für mein Vorhaben wesentlichen Erkenntnisse N. Hartmanns bedeutet, wenn ich statt von Prinzipien oder Kategorien des Seins von solchen des Geschehens spreche"[183]. Im Sinne Hartmanns führt Lorenz an: „In der realen Welt, in der wir leben, finden wir *Schichten* vor, die sich durch die Verschiedenheit der in ihnen obwaltenden Geschehensprinzipien voneinander abgrenzen. N. Hartmann unterscheidet vier Hauptschichten, von denen die drei oberen in sich wieder geschichtet sind. Es sind dies erstens das anorganisch-materielle Sein oder Geschehen, zweitens das organische, drittens das seelische und viertens das geistige. Die Geschehensprinzipien und Naturgesetze, die im Anorganischen obwalten, gelten unverändert in allen höheren Schichten weiter. Was die jeweils höhere Schicht von der ihr zugrunde liegenden absetzt, ist das *Hinzukommen* neuer und komplexerer Prinzipien und Eigengesetzlichkeiten. Das Zeitwort »hinzukommen« ist wörtlich, also historisch zu verstehen"[184]. Im Sinne hiervon verdeutlicht Lorenz in der gleichen Studie: „Hier kommt uns die Frage Herders in den Sinn: »Was fehlet dem menschenähnlichsten Tiere, dem Affen, daß er kein Mensch wardt?« Selbst wenn man den Menschen mit dem illusionslosen Blick des Naturforschers nur »von unten her|« betrachtet, findet man Seins- und Geschehensprinzipien, die ganz sicher nicht da waren, ehe der Mensch zum Menschen wurde"[185]. Diese Perspektive „von unten" – wie sie gemäß der Schichtenontologie möglich sein soll -, kommt auch in folgendem Zitat zum Ausdruck: „Ich möchte nochmals betonen, daß hier *nicht* die menschliche Kultur und ihre geistigen Blüten behandelt werden, sondern die unvergleichlich

180 Lorenz K 1944/48: S.92
181 Lorenz K 1944/48: S.101
182 Lorenz K 1981b: S.18
183 Lorenz K 1967 [1983a:] S.247
184 Lorenz K 1967 [1983a:] S.247
185 Lorenz K 1967 [1983a:] S.263

viel einfacheren verhaltensphysiologischen Mechanismen, die ihre Grundlage bilden. Ich habe den Menschen immer nur »von unten her angeleuchtet«"[186]. Vergleichbares besagt auch folgende Aussage Lorenz': „Die Analyse des organischen Systems, das dem sozialen Verhalten des Menschen zugrunde liegt, ist die schwierigste und ehrgeizigste Aufgabe, die sich die Naturwissenschaft stellen kann, denn dieses System ist bei weitem das komplexeste auf Erden"[187].

Diese „Blickrichtung von unten" wird an anderem Ort von Lorenz in größeres systemtheoretisches Ganzes eingebaut, das der Konstruktion nach an die Gegengerichtetheit der Wechselbeziehung von Induktion und Deduktion erinnert: „Jeder Versuch eines naturwissenschaftlichen Verstehens, der eine in Wirklichkeit *wechselseitige* Kausalverbindung, wie sie zwischen Glied und Ganzheit eines organischen Systems in den allermeisten Fällen besteht, nur in *einer* Richtung untersucht, macht sich eines methodischen Fehlers schuldig, der prinzipiell gleichartig mit demjenigen ist, den wir an dem »atomistischen« Mechanismus kritisieren"[188]. Hierher gehört auch: „Aus ebendieser Eigenart eines ganzheitlichen Systems leiten sich gewisse Forderungen betreffs der bei seiner Analyse anzuwenden *Methode* ab, einer Methode, die von manchem, nicht in einer vitalistisch-teleologischen Konzeption der Ganzheit befangenen Gestaltpsychologen, so von Matthaei und Metzger, schon lange klar herausgearbeitet wurde. Die Analyse muß notwendigerweise mit einer Betrachtung des Gesamtgefüges *aller Teile* beginnen, die eine Übersicht über Zahl und Art der an ihm beteiligten Stücke schafft. Ihr Eindringen in die Einzelheiten muß dann möglichst von allen Seiten her gleichzeitig erfolgen, die Kenntnis jedes einzelnen Details muß in gleichem Schritte mit derjenigen jedes anderen gefördert werden, bis das Gefüge der Ganzheit sich in seiner ganzen anschaulichen Verständlichkeit darbietet. ... Die[se] Analyse in breiter Front ist überall dort obligat, wo das untersuchte Objekt den Charakter einer Ganzheit trägt"[189]. Hier wird evident, wieso Lorenz so sehr auf Intuition und die Bedeutung der ratiomorphen Leistungen im Vorfeld eigentlich wissenschaftlicher Tätigkeiten insistiert!

Angesichts derartiger Ausführungen weist Lorenz nun der Philosophie ihre Aufgabe zu, bzw. meint Lorenz, daß die induktive Naturwissenschaft der Philosophie als der „Königin"[190] bedarf, wiewohl sie an diese Anforderungen stellen muß: Grundsätzlich muß es sich um eine materialistische Philosophie handeln, wobei alle anderen Anforderungen an die Philosophie aus den Ausführungen zu Induktion und Intuition erwachsen. Zunächst bedeutet dies: „so wird der Philosoph, der aus dem kollektiven Wissen der Menschheit neue und *richtungweisende* innere Zusammenhänge erschauen soll, nicht selbst Frontkämpfer der induktiven Naturforschung sein können. Aber auch jeder Naturforscher sollte, gleichsam wie ein Maler, der von seiner Staffelei zurücktritt, nachdem er eine Einzelheit des Bildes bearbeitet hat, um durch einen Überblick ihre Wirkung auf das Ganze zu prüfen, von Zeit zu Zeit seine Arbeit aus einigem Abstand und im Rahmen unseres Gesamtweltbildes betrachten"[191]. Lorenz weist nun konkret auf den Quell der Bedeutung der Philosophie hin: „Die Naturwissenschaften haben eine solche koordinierende und richtungweisende Instanz nötiger denn je, und nur die Philosophie kann diese Instanz sein. Dies ist das Zugeständnis der Naturforschung an die Geisteswissenschaften, das aus der Erkenntnis erwächst, daß es die Intuition ist, die der For-

---

186 Lorenz K 1967 [1983a:] S.270f
187 Lorenz K 1973b: S.11
188 Lorenz K 1950 [1981a:] S.118
189 Lorenz K 1950 [1981a:] S.120
190 Lorenz K 1944/48: S.121
191 Lorenz K 1944/48: S.122

schung den Weg weist"[192]. Im Lichte hiervon warnt Lorenz gleichsam wieder vor der oben bereits thematisierten „philosophischen Falle": „Schon für den induktiven Forscher gehört ein hohes Maß an Selbstdisziplin dazu, die unangenehmen Gegentatsachen überhaupt zu *sehen*. Dem unbewußt arbeitenden Schlußfolgern der Intuition fällt eine derartige Selbstkorrektur noch viel schwerer; die Gestaltwahrnehmung ist nun einmal so beschaffen, daß sie die *nicht* in eine wahrgenommene Gestalt passenden Einzelheiten einfach übersieht, ja unter Umständen geradezu *fälscht*"[193]. Die letzte Forderung der Naturwissenschaft an die Philosophie thematisiert die Zurückweisung der Kantischen „Zwei Welten-Lehre": „Damit sind wir bei der letzten und vielleicht fundamentalsten Forderung angelangt, die die Naturforschung an eine Philosophie stellen muß: Aus der Überzeugung von der Existenz einer einzigen Welt der Wirklichkeiten erwächst aufs neue die uralte und ewig aktuelle Forderung nach der absoluten Einheit von philosophischer Weltanschauung und alltäglichem Tun, von Theorie und Praxis"[194]. Angesichts dieser „Forderungen" an die Philosophie überrascht auch nicht, wenn Lorenz meint: „naturwissenschaftliche Falsifikation kann auch philosophische Intuition widerlegen"[195].

Explizit sei hervorgehoben, daß sich Lorenz dieserart auch gegen ein technomorphes Denken wendet, wie folgende beiden Zitate verdeutlichen: „Die weitgehenden Wissensverzichte und die Beschneidung der Methodik, die der Behaviorismus sich selbst auferlegt, sind vom epistemologischen und forschungsstrategischen Standpunkt gesehen unverständlich. Es muß daher nach anderen, wahrscheinlich emotionalen Motiven gesucht werden, die zu solchen Opfern treiben. Ein Motiv ist die Mode des technomorphen Denkens, das der ganzen Menschheit durch ihre erfolgreiche Auseinandersetzung mit der anorganischen Welt, bei der komplexe Strukturen und Systemeigenschaften nicht berücksichtigt zu werden brauchen, andressiert worden ist. Dieses »technomorphe« Denken ist auch in die Wissenschaft, einschließlich der biologischen, eingedrungen"[196]; „Auf diesen Grundlagen hat unsre Kultur eine Technologie entwickelt, die nicht nur die Umwelt des Menschen, sondern auch ihn selbst in zunehmendem Tempo in einer Richtung hin verändert, die deutlich von der Technologie her bestimmt ist. »In seiner ersten Phase«, so sagt Hans Sedlmayr (in »Gefahr und Hoffnung des heutigen Zeitalters«), »hat sich das technisch-industrielle Zeitalter aufs tiefste mit der anorganischen Welt eingelassen. Das ist durchaus verständlich, denn die anorganische Welt ist am leichtesten und vollkommensten mathematisierbar und experimentell analysierbar«, ... »Die dauernde Beschäftigung mit der Welt des Leblosen«, so fährt Sedlmayr fort, »züchtet aber Denkformen und einen Geist, der dieser Welt wahlverwandt ist. Millionen von Technikern und Arbeitern haben ihr Leben lang nur mit anorganischen Gebilden zu tun, begegnen keiner Kreatur, sondern nur Schöpfungen der technisch-anorganischen Vernunft – kein Wunder, daß alle diese Menschen kein natürliches Verhältnis zur Natur mehr haben«"[197].

Damit sind nun jene Aussagen Lorenz' zusammengetragen, die es erlauben, auf seine Vorstellung von „Leben" zu blicken: „Eine weitere konstitutive Eigenschaft alles Lebendigen ist die *Ganzheitlichkeit* jedes organismischen Systems. Eine *Ganzheit* können wir als ein in sich geschlossenes System von Strukturen und Funktionen definieren, von denen *jede mit jeder in ursächlicher Wechselwirkung steht* und deren Wechselwirkung auf die *Erhaltung* ihrer wechselseitigen Beziehungen und damit auf die Erhaltung des Systems als gestalteter

---

[192] Lorenz K 1944/48: S.123
[193] Lorenz K 1944/48: S.124
[194] Lorenz K 1944/48: S.130
[195] Lorenz K 1944/48: S.124
[196] Lorenz K 1972 [1983a:] S.152
[197] Lorenz K 1972: S.146f

Ganzheit hinausläuft"[198]. An anderem Ort heißt es hierzu bei Lorenz: „Eine Struktureigenschaft aller höher integrierten organischen Systeme ist die der Regelung durch sogenannte Regelkreise oder Homöostasen. ... Ein solcher Kreis »positiver Rückkoppelung« kann sich bestenfalls im labilen Gleichgewicht befinden, die kleinste Verstärkung einer einzigen Wirkung muß zum lawinenhaften Anschwellen sämtlicher Systemfunktionen führen und umgekehrt die kleinste Verminderung zum verebben sämtlicher Aktivität"[199]. Explizit in Auseinandersetzung mit der Hartmannschen Denkweise formuliert Lorenz: „Zu den Geschehensprinzipien der anorganischen Welt sind, als Organisches entstand, Selbstregulation, Stoffwechsel, Selbstwiederbildung und Evolution gekommen. Das allen Lebensleistungen zugrunde liegende Geschehensprinzip des Sammelns und Speicherns von anpassender Information hat N. Hartmann noch nicht gesehen"[200].

Für das Verstehen von Leben ist Lorenz das Geflecht aus Informations- und Energiegewinn in Verknüpfung mit Selbstregulation – im Lichte der Abbildtheorie! - wichtig: „Der biologische Begriff der Anpassung enthält teleonome Bestimmungsstücke, die der Informationstheorie fremd sind. Ihre Terminologie vermag nicht, den einzigartigen Vorgang zu beschreiben, durch den das organische System in sich selbst ein seiner Erhaltung dienliches Abbild seiner Umwelt erzeugt"[201]; „Jede Spezies lebender Wesen ist somit ein System mit positiver Rückkoppelung zwischen Energie- und Informationserwerb. Mit dem Erfolg des Energiegewinnes erhöht sich nicht nur die Wahrscheinlichkeit eines weiteren, sondern auch die eines Zuwachses an Information, die neue Energiequellen erschließt. Dies gilt schon für niedrigste Lebewesen"[202]. In seinem Gespräch mit Franz Kreuzer hält Lorenz dies wie folgt fest: „KREUZER: Also Leben ist Energiegewinn und Informationsgewinn und zwar Informationsgewinn zum Zwecke des Energiegewinnes. LORENZ: In einer positiven Rückkopplung. Jeder Energiegewinn gibt neue Möglichkeiten zum Erkenntnisgewinn, jeder Erkenntnisgewinn eröffnet neue bessere Möglichkeiten zum Energiegewinn"[203].

Wichtig für Lorenz' Verständnis von Leben ist auch sein Bedenken von Finalität im Sinne der Arterhaltung, wobei dies, wie die folgende Ausführung zeigt, verknüpft ist, mit Lorenz' Feststellung bezüglich Spezialisierung und Unterordnung: Jedes Untersystem ist zu einer ganz bestimmten Leistung für das obergeordnete System bestimmt; evolutiv tritt immer stärkere Spezialisierung und Unterordnung auf; dies ergibt Zwecke eine Organs für die Arterhaltung: Finalität im Sinne der Arterhaltung[204]. Im Lichte hiervon diskutiert Lorenz die Wozu-Frage: „Die Frage: »Wozu hat die Katze spitze, krumme Krallen?« sowie die Antwort: »Zum Mäusefangen« sind nur Kurzschrift für die Aussage, daß die arterhaltende Leistung des Mäusefangens den Katzen durch natürliche Auslese derartige Krallen angezüchtet hat. | ... Die Einsicht in diese Zusammenhänge liefert die echt kausale Antwort auf die Frage, *warum* ... | Jeder Versuch, einen lebenden Organismus naturwissenschaftlich zu verstehen, setzt somit die Beantwortung *zweier* Fragen voraus, erstens der historischen Frage: »Auf welchem Wege kam das lebende System so und nicht anders zustande?« und zweitens der ursächlichen Frage: »Welche Wechselwirkungen zwischen den Strukturen des Systems, so wie es heute ist, verursachen die Leistungen, die an ihm zu beobachten sind?«"[205]. Wiederum in kritischer Aus-

---

[198] Lorenz 1944/48: S.149

[199] Lorenz K 1973b: S.16

[200] Lorenz K 1967 [1983a:] S.247f

[201] Lorenz K 1967 [1983a:] S.252

[202] Lorenz K 1967 [1983a:] S.253

[203] Lorenz K 1981b: S.21

[204] Vgl. Lorenz K 1944/48: S.150f

[205] Lorenz K 1972 [1983a:] S.137

einandersetzung mit der Position von Nicolai Hartmann hält Lorenz hierzu fest: „Final determinierte Vorgänge gibt es im Kosmos ausschließlich im Bereich des Organischen. Eine im Hartmannschen Sinne kategoriale Analyse des Finalnexus läßt sich nur vom Wirkungsgefüge des Gesamtverlaufes einer zweckgerichteten Geschehenskette geben, für die drei Akte charakteristisch sind ...: Erstens die Setzung eines Zweckes ... Zweitens eine von diesem gesetzten Zweck her erfolgende Auswahl der Mittel, ... Drittens die Realisation des Zweckes durch die kausale Aufeinanderfolge der ausgewählten Mittel. ... | Nicolai Hartmann meint, daß der Träger der Akte und Setzer der Zwecke immer nur ein Bewußtein sein könne, ... Seit Nicolai Hartmann diese Sätze geschrieben hat, haben die Biochemie, die Erforschung der Morphogenese und die des tierischen Appetenzverhaltens Vorgänge aufgedeckt, in denen auch bei sicher nicht bewußtseinsbegleiteten Vorgängen die von ihm geforderten drei Akte in ihrem typischen Wirkungsgefüge gegeben sind[206].

Nun sei noch auf Lorenz' Hinweis darauf aufmerksam gemacht, die Warum-Frage nicht mit einem „Damit" beantworten zu dürfen: „Nun ist es aber nicht nur formallogisch ein ganz grober Fehler, die Frage »Warum?« mit einem »Damit« zu beantworten, vielmehr ergeben sich aus diesem Denkfehler auch *praktisch* geradezu vernichtende Folgen für die Forschungsarbeit desjenigen, der in dieser Weise Finalität und Kausalität miteinander verwechselt und durcheinanderbringt. ... Die Finalität greift nicht als Faktor in den kausalen Gang der Ereignisse ein"[207].

Soweit es eine Definition von Leben anbelangt, schreibt Lorenz: „Wie man sieht, läßt sich das Leben nicht durch eine implizite, das heißt von einem einzigen Prinzip ausgehende Definition erfassen. Was das Leben ausmacht, ist ein unendlich komplexes Zusammenspiel sehr vieler Vorgänge, deren jeder für sich genommen noch durchaus nicht Leben bedeutet. Dieses Zusammentreffen verschiedener, für das Leben konstitutiver Erscheinungen seinerseits zu seiner Definition heranzuziehen ist deshalb nicht angängig, weil wir keineswegs behaupten können, *alle* diese Erscheinungen zu kennen. ... Diese Tatsache berechtigt uns natürlich durchaus nicht zu der Behauptung, daß das Leben *grundsätzlich* unerklärbar und undefinierbar, daß es ein Wunder sei"[208].

Unmittelbar in Zusammenhang mit der Frage, was Leben ist, steht die Frage, was es mit „Beseeltheit" auf sich hat: „Unter sämtlichen Erscheinungen des Lebens ist ohne allen Zweifel die Existenz des *er-lebenden* Subjektes, das Vorhandensein eines »Ich« diejenige, die das Lebendige am schärfsten vom Unbelebten absetzt, gleichzeitig aber auch diejenige, die den uns gegebenen Formen der Anschauung und des Denkens am schwersten zugänglich ist. Die *kausale*, physiologische Erforschung der Lebenserscheinungen als chemisch-physikalischer Vorgänge bringt uns dem Verständnis dessen, was subjektives *Erleben*, was *Seele* ist, nicht um Haaresbreite näher. So unbedingt auch alle Lebensvorgänge, die im Bereich unseres Ich als Erleben aufscheinen, gleichzeitig mit einer Seite ihres Wesens *körperliche* Vorgänge im Zentralnervensystem sind und obwohl der körperliche und der seelische Vorgang ohne allen Zweifel in Wirklichkeit *nur ein einziges* Geschehen darstellen, besteht doch kein unserem Denken zugänglicher, logischer Zusammenhang zwischen jenen beiden inkommensurablen Seiten dieses Geschehens. Das Verhältnis zwischen den parallel gehenden körperlichen und seelischen Vorgängen ist, wie Max Hartmann sich ausdrückt, a-logisch. ... | Das *Parallel-Gehen* alles seelischen Erlebens mit körperlichen Lebensvorgängen hat viele große Denker zu der Annahme geführt, daß dieser Satz *umkehrbar* sei, daß schlechthin alles Lebensgeschehen von seelischen Vorgängen begleitet sei. Wie wir schon in den philosophischen Prolegomena

[206] Lorenz K 1976 [1983a:] S.24f
[207] Lorenz K 1944/48: S.230f
[208] Lorenz 1944/48: S.161

in dem Kapitel über das widerspruchsfreie Schachtelsystem der Naturwissenschaften ausführlich gezeigt haben, bedeutet dieser Schluß einen Irrtum"[209].

Weiters heißt es in dieser Arbeit Lorenz': „Als induktiv vorgehende Naturforscher müssen wir unsere Meinungsbildung über das Verhältnis zwischen Körper und Seele auf die unzweifelhafte und ausnahmslose empirische Tatsache gründen, daß es seelische Vorgänge *ohne* parallel verlaufende Vorgänge in einem lebenden Organismus, ja mehr noch, ohne Vorgänge in einem Gehirn ganz einfach *nicht gibt*. Es besteht ganz sicher eine völlig untrennbare Bindung aller seelischen Erscheinung an körperliches Geschehen"[210].

Lorenz diskutiert nun folgendes Problem: „Aus dem Gesagten geht genugsam hervor, daß wir und den höheren Tieren, somit *nur einem Teil* der »animalischen« Lebewesen ein subjektives Erleben zuschreiben. Hieran nehmen erfahrungsgemäß auch nicht-vitalistisch eingestellte Psychologen starken Anstoß und werfen uns vor, eine willkürliche und unberechtigte Grenzziehung vorzunehmen, wo in Wirklichkeit eine weitherzigere Verallgemeinerung am Platze sei"[211]. Hierauf antwortet Lorenz: „Nichts ist vom biologischen Standpunkt irreführender als der alte Satz »Natura non facit saltum«. Die Natur verändert sich vielmehr immer durch Sprünge, die immer in dem Augenblick ruckartig eintreten, wo eine quantitative Veränderung urplötzlich zum Auftreten einer neuen Qualität führt. Der größte dieser Sprünge führt vom Anorganischen zum Organischen, der zweitgrößte vom unbeseelten zum beseelten Lebensgeschehen. Auch der Übergang vom höheren, zweifellos beseelten Tier zum Geiste des Menschen ist ein beachtlicher Sprung, wenn wir auch vielleicht in einiger Egozentrizität gerade seine Größe etwas zu überschätzen geneigt sind. | ... Irgendwo *zwischen* Pantoffeltier und Schimpanse muß das subjektive Erleben seinen Ursprung genommen haben, und es liegt mir angesichts aller hier wiedergegebenen Erwägungen ungemein nahe, diesen Ursprung an der Stelle zu suchen, wo die Schaltstelle des Lust-Unlust-Prinzips durch das Zusammentreffen zwischen Gestaltwahrnehmung und Lernfähigkeit ganz plötzlich eine überragende arterhaltende Wichtigkeit erlangt"[212].

Lorenz führt genauerhin aus: „Obwohl uns das *Aufnahmeorgan* für die Beziehung zwischen der nervenphysiologischen und der psychologischen Seite desselben Geschehens *fehlt*, zweifeln wir nicht an der realen Existenz einer solchen Beziehung, an der grundsätzlichen, außersubjektiven Identität des Dinges, das nur von jenen beiden, unter sich beziehungslosen Rezeptoren unseres Weltbildapparates als Erscheinung, oder genauer, als zwei verschiedne, inkommensurable Erscheinungen gefaßt werden kann. Die bunte Welt der erlebten *Qualitäten* bleibt der quantifizierenden Kausalanalyse *grundsätzlich* unzugänglich, obwohl die Vorgänge dieses Erlebens in ihrer außersubjektiven Wirklichkeit identisch mit den grundsätzlich quantifizierbaren, kausal analysierbaren Vorgängen sind"[213].

Im Lichte hiervon konkretisiert Lorenz: „Es heißt den Ganzheitscharakter, die konstitutive *Integrationsleistung* des Nervensystems grundsätzlich verkennen, wenn man im Erleben alle jene Elemente aufzufinden erwartet, die aus der physiologischen Seite des Geschehens prinzipiell herausgegliedert werden können, das heißt, das Erleben setzt erst bei einer bestimmten, relativ sehr hohen Kategorie von Instanzen ein, bei jenen nämlich, die die Verbindungen zwischen der bedingten positiven und negativen Taxis und erinnerter Gestaltqualität schalten. Wir müssen uns dareinfinden, daß die erlebten Qualitäten die Produkte von Integrationsvorgängen sind, die ihrerseits einer Erlebnisseite ebenso entbehren wie die Funktion des

[209] Lorenz K 1944/48: S.156f
[210] Lorenz K 1944/48: S.234
[211] Lorenz K 1944/48: S.244
[212] Lorenz K 1944/48: S.245f
[213] Lorenz K 1944/48: S.247f

Pylorusreflexes. Die Erlebnisqualität ist somit etwas von unserer Introspektion ganz einfach *Vorgefundenes* und von der psychischen Seite her *grundsätzlich Unteilbares*. Der Versuch, in ihm »Elemente« aufzufinden, ist von vornherein zum Scheitern verdammt. Daß er trotzdem immer wieder unternommen wurde und wird, ist eine Folge des einen großen und grundsätzlichen Irrtums der Lehre vom psychophysiologischen Parallelismus, des Irrtums nämlich daß *jedem* Glied der physiologischen Ursachenkette ein ebensolches, individuell isolierbares Element des psychischen Geschehens entsprechen müsse“[214].

Zur Verdeutlichung hiervon sei gelesen: „Eben dies nimmt Weigl an in seinem wunderschönen Buch »Geborgtes Leben«. Da rollt er das Leib-Seele-Problem auf und bekennt sich zu einem Panpsychismus, der auch dem kleinsten Atome eine kleine Seele zuspricht. Hier stimme ich wieder Eccles bei, der glaubt, daß bei einem bestimmten Niveau des Organischen, auf einer bestimmten Integrationsstufe das Erleben angefangen hat. Die Fulguration kann ja gänzlich unerwartete und unvoraussagbare Systemeigenschaften schaffen. ... Ich glaube ..., daß wir zwei ganz verschiedene Organe zum Erfassen zweier inkommensurabler Aspekte derselben Realität besitzen. Zwischen den beiden Aspekten, dem subjektiven und dem objektiven, liegt eine für uns undurchdringliche Wand“[215].

Damit sei auf Lorenz Bild des Menschen geblickt, bzw. das Ich – von dem ja bereits in Zusammenhang mit der „philosophischen Falle“ zu berichten gewesen ist. Zunächst sei das phylogenetische Entstehen des Menschen aus der Sicht Lorenz’ dargestellt: „Was *besitzt* das menschenähnlichste Tier, der Pongide, daß gerade aus *ihm* der Mensch werden konnte? Die Antwort lautet durchaus im Sinne Wundts: Eine bestimmte Form des *einsichtigen* Verhaltens, das in gleicher Ausbildung keinem anderen Tier zukommt oder je zukam. Über die phylogenetische *Entstehung* dieses Verhaltens aber können wir uns bestimmte Vorstellungen machen, die darzustellen Aufgabe dieses Abschnittes ist“[216]. Insgesamt kreisen diese „Vorstellungen“ um drei Themenbereiche: „zentrale Repräsentanz des Raumes und die Greifhand“, „Spezialisation auf Nichtspezialisation und die Neugier“ und Domestikation und Weltoffenheit“. Das ist: „Auf die Frage Herders[217] ... können wir jetzt schon zwei sehr bestimmte Antworten geben: Obwohl Raumrepräsentation und Einsicht schon in beinahe menschlicher Ausbildung vorhanden sind, obwohl die bei anderen Tieren bestehende obligate Koppelung zwischen räumlichem Intendieren und Handeln gelöst ist und obwohl – beim jungen Tier wenigstens – eine echt dialogische, neugierig objektivierende Auseinandersetzung mit der Umwelt stattfindet, fehlt dem Menschenaffen erstens jene innige Wechselwirkung zwischen Tun und erkennen, zwischen Praxis und Gnosis, die das laufend vom Erfolg her geregelte Handeln ermöglicht und die offenbar nur durch das menschliche Praxien- und Gnosienzentrum im Gyrus supramarginalis vermittelt werden kann, womit dem Affen auch eine grundlegende Voraussetzung zur Sprache fehlt. Zweitens aber ermangelt der vollerwachsene, mannbare Pongide fast völlig des Neugierverhaltens, das beim Menschen bis an die Grenze des Greisenalters erhalten bleibt: Nur der Mensch bleibt bis in sein Alter ein Werdender“[218]. Weiter unten heißt es: „Der Mensch verdankt also seiner partiellen Neotenie, und damit mittelbar seiner Selbstdomestikation, *zwei* konstitutive Eigenschaften: erstens das Erhaltenbleiben der weltoffenen Neugier über nahezu sein ganzes Leben, zweitens aber eine Entspezialisation, die ihn schon

---

[214] Lorenz K 1944/48: S.254f

[215] Lorenz K 1981b: S.72

[216] Lorenz K 1954 [1981a:] S.224

[217] Vgl. oben: „Was fehlet dem menschenähnlichsten Tiere, dem Affen, daß er kein Mensch wardt?“.

[218] Lorenz K 1954 [1981a:] S.239

rein körperlich zum unspezialisierten Neugierwesen stempelt"[219]. Dieserart also tritt mit dem Menschen in der Phylogenese etwas Neues auf, dessen Eigenheit Lorenz wie folgt charakterisiert: „Es ist aber ebenso richtig und legitim, zu sagen: Lebensvorgänge sind »eigentlich«, das heißt hinsichtlich der Seins- und Geschehensprinzipien, die ihnen allein zu eigen sind und die sie allem übrigen chemisch-physikalischen Geschehen voraus haben, etwas ganz anderes als dieses. Erlebnisbegleitete Nervenvorgänge sind etwas völlig anderes als unbeseelte neurophysiologische Prozesse. Der Mensch ist ein geistbegabtes Wesen und darin wesentlich verschieden von seinem nächsten zoologischen Verwandten"[220]; „Sicher ist das wichtigste Prinzip, das mit dem Menschen in die Welt kam, oder, besser gesagt, dessen In-die-Welt-Kommen die Menschwerdung bedeutet, die Entstehung des *reflektierenden Selbstbewußtseins*"[221]; „Möglicherweise ist Reflexion, durch die das Subjekt sich seiner Subjektivität erstmalig bewußt wird, die Voraussetzung für alle anderen, nur dem Menschen eigenen Prinzipien des Verhaltens"[222]; „Möglicherweise entstammen die ersten Anfänge reflektierenden Selbstbewußtseins aus einer dritten Quelle. Es ist vorstellbar, daß der erste »Spiegel«, in dem der Mensch sein eigenes Ich erkannte, der Mitmensch war"[223].

An anderem Ort ist hierzu bei Lorenz – im Gespräch mit Franz Kreuzer - zu lesen: „LORENZ: Schon wenn es [Tiere] zwei allgemeine Ausdrücke für Freude und Leid hat, wie schon die Gans – von einem Hund rede ich gar nicht – so kann ich sagen: Es hat so etwas wie ein subjektives Erleben. Daß es eine »Ich«-Reflexion hat, kann ich mit ebenso großer Sicherheit verneinen, weil das »Ich«-Bewußtsein eben der springende Punkt der Reflexion ist. Die Reflexion ist ja Wurzel, Bestandteil und entscheidender Akt in der Entstehung des begrifflichen Denkens. KREUZER: Wie kommt es also zum eigentlichen »Ich«-Erlebnis, wie kommt es zur Subjektivität des Menschen? LORENZ: Ja, das dürfen Sie mich nicht fragen"[224]. In der gleichen Arbeit heißt es in diesem Zusammenhang aber auch: „KREUZER: Wie stellen Sie sich vor, daß ein höheres Tier, wenn es zu dieser Art von Innenerleben fähig ist, dieses Innenleben empfindet? Es ist doch noch nicht mit dem verbunden, was wir das »Ich« nennen, das sprachliche Voraussetzungen hat. LORENZ: Ich weiß nicht. Es hat doch eine ganze Menge Attribute des »Ich«. Es ist stolz, es imponiert, es besitzt, es strebt nach Status zwischen seinen Artgenossen und hat dabei sicher die gleichen Gefühle wie wir. Die Reflexion ist eine neue, eine weitere Fulguration. Aber die viel rätselhaftere Fulguration ist die des Bewußtseins, also des subjektiven Erlebens, das in rätselvoller Weise mit den physiologischen Vorgängen identisch ist, aber nur teilweise identisch. Denn alle Erlebnisvorgänge sind bewußt. Gott sei Dank. KREUZER: Kann man den Versuch unternehmen, ist es überhaupt denkbar, daß wir unsere sprachlichen Begriffe, vor allem den Zentralbegriff des »Ich« in die nichtsprachliche Phase der Tierwelt rückübersetzen? Gibt es dort überhaupt das »Ich«? ... LORENZ: Nein. Schauen Sie, was nennt man »Ich«-bewußt? Ein Mensch, der »Ich«-bewußt ist, der macht genau das gleiche wie der Hahn am Mist. Er kräht, er imponiert, er will den Weibern imponieren"[225]. Das Motiv der Fulguration wird in diesem Text nochmals verwendet: „KREUZER: Aber der Grund, daß diese letzte Entdeckung [Ich-Bewußtsein], der Kugelblitz der Evolution, so sehr wirksam war, muß doch ein ungeheurer Überlebensvorteil gewesen sein? LORENZ: Ein Überlebensvorteil, den man gar nicht hoch genug einschätzen kann. Denn das,

[219] Lorenz K 1954 [1981a:] S.243
[220] Lorenz K 1967 [1983a:] S.249
[221] Lorenz K 1967 [1983a:] S.263
[222] Lorenz K 1967 [1983a:] S.264
[223] Lorenz K 1967 [1983a:] S.265
[224] Lorenz K 1981b: S.71

was damit passiert, ist nicht mehr und nicht weniger als die Fulguration des Erblich-Werdens erworbener Eigenschaften"[226].

Was hiermit gemeint ist, ist die Bedeutung der Sprache, als einer neuen Datenbank, im Anschluß an die Datenbank „genetischer Code": „KREUZER: Ist es nicht denkbar, daß die sprachliche Faszination des »Ich«-Erlebnisses uns dermaßen hypnotisiert in dieser letzten Evolutionssekunde – mehr ist es ja nicht, seit die Sprache auf uns einwirkt -, daß ... wir etwa das Schicksal des Narziß erleiden, der sein Bild zum ersten Mal im Spiegel erblickt und der an der Bewältigung dieses Phänomens ertrinkt ... LORENZ: Das ist völlig richtig. Genau das habe ich schon irgendwo geschrieben, daß wir so wahnsinnig stolz auf unsere Ratio sind, auf das begriffliche Denken. Mit dem begrifflichen Denken kommt ja auch die Voraussicht, kommt die Kantische Frage an uns heran: »Kann ich die Maxime meines Handelns« usw. – was vulgär gesagt heißt: »Was du nicht willst, daß man dir tu, das füg' auch keinem anderen zu«. Wie sehr das begriffliche Denken, die Reflexion, die ganze Evolution auf den Kopf stellt, sehen Sie ja daran, wie sehr - ... – die Sprache das Gehirn gefordert hat. Die explosive Ausdehnung des Schädels, des Gehirns, ist ja ganz sicher eine Folge der Selektion, die vom begrifflichen Denken ausgeübt wird"[227]. Das Thema „erworbene Eigenschaften" und Sprache kommt auch in folgender Aussage Lorenz' zur Sprache: „Die kumulierende Tradition, die aller Kulturentwicklung zugrunde liegt, beruht auf wesensmäßig neuen, bei keiner Tierart vorhandenen Leistungen, vor allem auf begrifflichem Denken und Wortsprache, die durch die Fähigkeit, freie Symbole zu bilden, dem Menschen eine nie vorher da gewesenen Möglichkeit zur Verbreitung und Überlieferung individuelle erworbenen Wissens eröffnen. Diese »Vererbung erworbener Eigenschaften«, die als Folge hiervon auftritt, ist ihrerseits der Grund dafür, daß sich die geschichtliche Entwicklung einer Kultur um mehrere Zehnerpotenzen schneller vollzieht als die Phylogenese einer Art"[228].

Wesentliche Ausführungen zu dem Thema „Ich und Seele" enthält ein abgedruckter Vortrag Lorenz': „Sie haben mich eben die Worte »afferent« und »efferent« gebrauchen hören, »zuleitend« und »hinausleitend«. Zuleitend zu wem oder was? Hinausleitend wovon? Woher das Zugeleitete kommt, wissen wir sehr gut, ebenso wohin das Hinausgeleitete führt. Was aber sitzt dazwischen? Sie wissen vielleicht, daß die ältere Neurophysiologie sich die Vorgänge im Gehirn zentralisiert und in Zentren lokalisiert vorgestellt hat. Man meinte, daß alle einschlägigen Meldungen zu einer bestimmten Stelle hinliefen, die, gewissermaßen wie ein guter Beamter sein umschriebenes Ressort hat, über die einlaufenden Meldungen entscheidet und teils seine eigenen Verfügungen trifft, teils an einen Vorgesetzten bericht erstattet. In dieser Vorstellung steckt an sich schon etwas von der Annahme einer horizontalen Grenze zwischen dem »noch« Physiologischen und dem ‚schon' Psychologischen. In der Vorstellung vom »Zentrum« steckt nämlich etwas von der Annahme, daß in ihm ein Stück »Seele« sitzt, das »weiß«, was es zu tun hat, ohne daß dieses Wissen einer ursächlichen Erklärung bedarf. Als gute psycho-physiologische Parallelisten müssen wir aber fragen, welcher physiologische Apparat dort sitzt, der, um seine Funktion zu erfüllen, eigentlich schon ein ganzer Mensch sein müßte. Mit dem Fortschreiten unseres nervenphysiologischen Wissens ist von der Zentrenlehre nicht viel übriggeblieben. ... | Gewiß sind jene nervlichen Strukturen, die ganzheitlichen und auch funktionell einheitlichen Leistungen zugrunde liegen, fast nie an einem Ort vereinigt. Gewiß geht der Instanzenweg, der am Sinnesorgan beginnt und »zentripetal|« leitet, in durchaus fließendem Übergang in jenen anderen über, der »zentrifugal« leitet und sein Ende am motorischen oder sekretorischen Erfolgsorgan findet. Gewiß kann man im

---

[226] Lorenz K 1981b: S.67
[227] Lorenz K 1981b: S.69f
[228] Lorenz K 1973b: S.85

ganzen Verlaufe dieser Erregungsübermittlung nie sagen: »Hier ist das Zentrum, hier laufen alle Fäden zusammen«. ... Man kann zwar nicht von Zentren sprechen, wohl aber von einem »zentralsten« Anteil des nervlichen Geschehens. Dieser ist zwar nicht selbst hierarchisch organisiert, und gewisse Formen von Feldtheorie kommen seinem Verständnis wahrscheinlich weit näher als die alte Vorstellung von Zentren; aber als Ganzes verhält er sich zu den peripher gelegenen Instanzen beider Seiten, stromaufwärts wie stromabwärts, durchaus als Zentrum. In diesen am straffsten zusammengefaßten, kabelärmsten Bereichen der Nachrichtenübermittlung sitzt nun unser Erleben und benimmt sich merkwürdig ähnlich wie eine Spinne in ihrem Netz. Wie diese sitzt es nämlich nicht still an einem Punkt, sondern begibt sich jeweils dorthin, wo entweder etwas nicht in Ordnung oder wo etwas zu holen ist. ... Wie die Spinne nur acht Beine hat, ihr Netz aber viel mehr Fäden, so kann sich unser Ich unverständlicherweise immer nur einen winzigen Anteil des zentralnervösen Geschehens gleichzeitig vergegenwärtigen. Deshalb *darf* es sich gar nicht mit allzu viel Einzelheiten abgeben, und es liegt die rein spekulative Annahme nahe, die zentralsten Instanzen müßten sich, um ihre Vielseitigkeit und Plastizität zu wahren, vor allzu speziellem Wissen um die Einzelheiten abschirmen. ... | Ich, als Seele in meinem Körper ..., werde in drei typischen Fällen »beigezogen«: Wenn es eine besonders wichtige Entscheidung gilt, wenn etwas schiefgegangen ist und schließlich, Gott sei Dank, auch wenn etwas besonders Erfreuliches zu vermelden ist"[229].

Damit kann nun auf Lorenz' Vorstellungen zu Moral und Ethik bei den Menschen – Ich – geblickt werden, wobei sogleich der Bezug zu den Tieren im Lichte der Eigentümlichkeit des Menschen anvisiert sei: „Er [der Verhaltensforscher] sieht sicherlich klarer als jeder andere den fundamentalen Unterschied zwischen diesen funktionellen Analoga moralischen Verhaltens bei sozialen Tieren und der einzigartigen, stammesgeschichtlich nie dagewesenen Leistung vernunftmäßiger Verantwortlichkeit des Menschen. Dennoch kommt die vergleichende Verhaltensforschung auf Grund einer sicher genügend breiten Basis von Beobachtungstatsachen unweigerlich zu dem Schluß, daß an der Struktur des menschlichen sozialen Verhaltens eine ganze Reihe von Funktionen wesentlich beteiligt sind, die allgemein für Leistungen vernunftmäßig-verantwortlicher Moral gehalten werden, in Wirklichkeit aber ganz sicher in eine Reihe mit den angeborenen, echter Moral nur funktionell analogen sozialen Verhaltenweisen höherer Tiere zu stellen sind"[230]. Weiter unten heißt es in der gleichen Arbeit: „Es genügt die Feststellung, daß auch sehr komplexe und funktionell dem verantwortlich-moralischen Verhalten des Menschen ganz erstaunlich nahekommende Verhaltensweisen [bestimmter Tiere] durchweg auf Systemen von Auslösern, angeborenen auslösenden Mechanismen, endogenen Bewegungsweisen usw. beruhen. ... | Wir wollen nun sehen, wieweit sich im menschlichen Verhalten ebenfalls das Vorhandensein angeborener auslösender Mechanismen, echter Auslöser und endogener Reizerzeugungsvorgänge nachweisen läßt. Wir wollen sehen, ob sich nicht auch bei Menschen neben der verantwortlichen Moral in tieferen Schichten wurzelnde und phylogenetisch ältere Motivationen sozialen Verhaltens aufzeigen lassen"[231]. Lorenz findet derartiges natürlich, ganz im Sinne seines „Blickes von unten" auf den Menschen – vgl. oben.

Insgesamt versteht Lorenz seine Überlegungen zur Ethik als solche zu einer realistischen Ethik, wie sie eine mystische Ethik ablöst[232]. Im Sinne hiervon ist auch folgende Aussage zu verstehen: „Für den Biologen, der ein Leben mit der Erforschung der Phylogenese und in Bewunderung ihrer Errungenschaften verbracht hat, sind diese allgemeinsten

---

[229] Lorenz K 1963 [1981a:] S.369f
[230] Lorenz K 1950 [1981a:] S.150
[231] Lorenz K 1950 [1981a:] S.155f
[232] vgl. Lorenz K 1944/48: S.138f

Schöpfungswerte sehr real und lebendig. Ich bin ebenso wie Teilhard de Chardin, Huxley, Thorpe und viele andere, in anderer Hinsicht durchaus nicht übereinstimmende Biologen davon durchdrungen, daß man die Richtung des organischen Schöpfungsgeschehens zum Wegweiser und seine Ergebnisse zu jenem Wertmaßstab erheben kann und muß, dessen wir benötigen, um die Antwort auf Kants kategorische Frage zu einem Imperativ oder einem Veto zu machen. Ich glaube an die Möglichkeit, daß der Schöpfungsvorgang im Werden menschlicher Kultur seine Richtung beibehält und daß aus einer Vielheit eine Einheit höherer Ordnung entstehen kann, und zwar ohne Verzicht auf die Mannigfaltigkeit dieser bunten Welt"[233]. Hierher gehört auch, daß es einer mystischen Ethik zuzuordnen ist, dasjenige, das heute als „sündhaft" verstanden wird, nicht in seiner phylogenetischen Dimension zu sehen: „Unter diesen Umständen [stammesgeschichtlicher Anfang des Menschen:] war so manches, was wir heute als „sündhaft" oder zumindest als verächtlich betrachten, durchaus richtig, ja lebensnotwendige Strategie des Überlebens. Fraß und Völlerei waren eine Tugend, denn wenn einmal ein Großtier in die Falle gegangen war, war es das Klügste, was ein Mensch tun konnte, sich so voll zu fressen wie nur irgend möglich. Von der Todsünde der Faulheit gilt Analoges. ... Kurzum, zu der Zeit, als der Großteil der Instinkte programmiert wurde, die wir heute noch in uns tragen, brauchten unsere Vorfahren die Härten des Daseins nicht in »mannhafter« oder »ritterlicher« Weise zu suchen, denn diese drängten sich ihnen von selbst in gerade eben noch erträglicher Weise auf. Die vernichtenden Fehlleistungen, die derselbe Mechanismus unter den Lebensbedingungen heutiger Zivilisation hervorbringt, erklären sich aus seiner phylogenetischen Konstruktion und aus den beiden fundamentalen physiologischen Eigenschaften der Gewöhnbarkeit und der Trägheit. Schon in grauer Vorzeit haben die Weisen der Menschheit ganz richtig erkannt, daß es für den Menschen keineswegs gut ist, wenn er in seinem instinktiven Streben nach Lustgewinn und Unlustvermeidung allzu erfolgreich ist. Schon in alten Zeiten haben es die Menschen hochentwickelter Kulturen verstanden, alle unlustbringenden Reizsituationen zu vermeiden, was zu einer gefährlichen, wahrscheinlich sogar oft zum Untergang einer Kultur führenden Verweichlichung führen kann. Seit alters her haben Menschen herausgefunden, daß man die Wirkung lustbringender Situationen durch besonders schlaue Zusammenstellung der Reize steigern und durch deren ständigen Wechsel vor der Abstumpfung durch Gewöhnung bewahren kann"[234]. Im Sinne hiervon ist es auch zu verstehen, wenn Lorenz folgende Relativierung vornimmt: „Der menschlichen Antriebe, die einheitlich genug sind, daß sich in der Umgangsprache ein Name für sie findet, gibt es sehr viele. Worte wie Haß, Liebe, Freundschaft, Zorn, Treue, Anhänglichkeit, Misstrauen, Vertrauen usw. bezeichnen sämtliche Zustände, die den Bereitschaften zu ganz bestimmten Verhaltensweisen entsprechen, nicht anders als dies die von der wissenschaftlichen Verhaltensforschung geprägten Ausdrücke ebenfalls tun, wie Aggressivität, Rangordnungsstreben, Territorialität usw. Arbeitshypothese: jeder dieser Bezeichnungen für menschliche Seelenzustände und Handlungsbereitschaften entspricht ein reales Antriebs-System, wobei es vorläufig unwesentlich ist, zu welchen Anteilen der betreffende Antrieb seine Kraft aus phylogenetischen oder aus kulturellen Quellen schöpft. Wir dürfen annehmen, daß jeder dieser Antriebe ein Glied eines wohlgeordneten, harmonisch arbeitenden Systems und als solches unentbehrlich sei. Die Frage, ob Haß, Liebe, Treue, Misstrauen usw. »gut« oder »schlecht« seien, ist ohne jedes Verständnis für die Systemfunktion dieses Ganzen gestellt und genauso dumm, als fragte einer, ob die Schilddrüse nun gut oder schlecht sei. Erik Erikson hat jüngst in zwingender Argumentation die Unentbehrlichkeit des Misstrauens demonstriert"[235].

---

[233] Lorenz K 1967 [1983a:] S.273f
[234] Lorenz K 1973b: S.52-53
[235] Lorenz K 1973b: S.15

Die hierin liegende Relativierung darf nicht, so Lorenz, im Sinne einer Pseudodemokratie mißverstanden werden: „Die Ausschaltung des natürlichen Rechtsgefühls durch die heutige Tendenz zur absoluten Toleranz wird in ihrer gefährlichen Wirkung verstärkt durch die pseudodemokratische Doktrin, daß alles menschliche Verhalten erlernt sei. Vieles in unserem sozietäts-erhaltenden und sozietäts-schädigenden Verhalten ist Segen oder Fluch frühkindlicher Prägung durch ein mehr oder ein weniger einsichtiges, verantwortungsbewußtes und vor allem emotional gesundes Elternpaar. Ebenso vieles, wenn nicht mehr, ist genetisch bedingt. Um sich die Gefahren zu vergegenwärtigen, die der Menschheit aus erblichen Instinkt-Ausfällen erwachsen, muß man sich klarmachen, daß unter den Bedingungen des modernen Zivilisationslebens kein einziger Faktor am Werke ist, der auf schlichte Güte und Anständigkeit hin Selektion treibt, es sei denn das uns eingeborene Gefühl für diese Werte“[236]. Im Zusammenhang mit der Domestikation, wie sie an sich für die Menschwerdung wichtig war (vgl. oben), diskutiert Lorenz genetische Verfallserscheinungen beim Menschen, die aus falsch verstandener Menschlichkeit tabuisiert werden: „Die zur Religion gewordene Überzeugung, daß alle Menschen gleich geboren seien und daß alle sittlichen und moralischen Gebrechen des Verbrechers nur auf die Sünden zurückzuführen seien, die seine Erzieher an ihm begangen hätten, führt zur Vernichtung jedes Rechtsgefühles, vor allem auch bei dem Ausfallbehafteten selbst, der sich voll Selbstmitleid als Opfer der Gesellschaft ansieht“[237].

Lorenz diskutiert zudem, daß es wiederum pseudo-demokratisches Denken wäre, Freiheit »ungezügelt« sein zu lassen: „KREUZER: Herr Professor [Lorenz], vereinfacht gesagt, die Sünde der autoritären Erziehung kann die Verweigerung der notwendigen Freiheit sein, die Sünde der permessiven Erziehung kann die Verweigerung der Voraussetzungen der Freiheit sein ... LORENZ: Kann Verweigerung der traditionellen Basis sein, der Stütze. Ohne Struktur gibt es keine Freiheit. Andererseits wieder die Freiheit, wie wir eben ausgeführt haben, an sich Negation der Struktur. Es muß immer auf dem Unterbau des Strukturierten eine Entwicklungsbreite für Freiheit da sein, innerhalb derer nichts festgelegt ist. Was not tut ist das, was Manfred Eigen so richtig bezeichnet hat: das Spiel, in dem nichts festliegt, außer den Spielregeln. ... KREUZER: Das also, was im Sinne der Verhaltensforschung »offene Programme« sind, Voraussetzungen, die erst durch Prägung zu Lebenshilfen werden, gilt auch für den Menschen. LORENZ: Das gilt auch für die Kultur, auch für kulturelle Freiheiten“[238]. Hierher gehört auch: „Was eine schwere Gefahr für die Kultur bringt, denn eine Kultur ist einlebendes System, das in sehr vielen Punkten einer Art, einem Individuum, einer Tierart ähnlich ist – auch in bezug auf die Faktoren, die ihre Entwicklung steuern. Bei jeder Tierart gibt es ein Tauziehen zwischen den konservativen Faktoren, die das Erworbene festhalten wollen, und den revolutionierenden neuen Faktporen, die etwas abbrechen müssen, um etwas Neues hereinzukriegen. ... Eine Kultur bedarf natürlich starrer Traditionen, und sie bedarf ebenso des Aufbrechens von Traditionen, damit sie anpassungsfähig bleibt. Das ist überall bei lebenden Systemen dasselbe“[239]. Dieser Verweis auf Kultur als „lebendes System“ wird auch in dem folgenden Zitat angesprochen: „Die Art und Weise, in der sich im Laufe der Kulturgeschichte eine größere und ältere Gruppe in kleinere und jüngere aufteilt, ist der Entstehungsweise von Unterarten, Arten, Gattungen und so weiter in der Phylogenese in so vielen Einzelheiten

[236] Lorenz K 1973b: S.74f
[237] Lorenz K 1973b: S.70; vgl. zudem Lorenz K 1944/48: S.134
[238] Lorenz K 1981b: S.83f
[239] Lorenz K 1981b: S.81; vgl. zudem Lorenz K 1944/48: S.137

analog, daß Erikson mit Recht von einer »Pseudo«-Speziation, von Schein-Artenbildung, gesprochen hat"[240].

Nun ist noch zu beachten, daß Lorenz wiederholt Kritik an der modernen Gesellschaft übt, wofür eine Aussage als Beispiel für gelten mag: „Die Unterbrechung der Überlieferung hat auch andere Ursachen. Die technologische Entwicklung und die rasche Zunahme der Bevölkerung zwingen der Menschheit so rasche ökologische und soziologische Veränderungen auf, daß kulturelle Verhaltensnormen immer schneller veralten und daß das Maß der Umstellung, die zwischen einer Generation und der nächsten gefordert wird, immer rascher anwächst. Der junge Mensch hat zwar um die Zeit seiner Pubertät eine sicherlich phylogenetisch »programmierte« Fähigkeit, überlieferte Riten und Verhaltensnormen zu revidieren und sie neuen Verhältnissen anzupassen; diese Fähigkeit wird aber mehr und mehr überfordert, so daß die Jugend dazu neigt, Traditionen in Bausch und Bogen zu verwerfen"[241]. Insbesondere verweist Lorenz auf das Problem Überbevölkerung bzw. Vermassung – wie sie auch zu einer wertemäßigen Entwurzelung führt - und stellt dieser zum Beispiel positiv, wenn schon nicht als Ideal, die Verhältnisse in ländlichen - vergleichsweise dünn besiedelten – Gegenden gegenüber[242]. Auch verweist Lorenz auf Probleme, die sich aus der Bedeutung, wie sie Technik – vgl. hierzu auch obige Bezugnahme Lorenz' auf Hans Sedlmayr - und Wirtschaft beigemessen werden, für die Orientierung auf Werte in der Gesellschaft ergeben[243].

Angesichts hiervon ist es Lorenz aber wichtig, nicht als Kulturpessimist stigmatisiert zu werden: „Ich gelte als Kulturpessimist, was ein Unsinn ist. Ich würde nicht predigen, wenn ich nicht glaubte, daß ich irgendwelche Hoffnungen auf Gehörtwerden hätte. Und was die Freiheit betrifft: Ja, ich glaube, daß noch nie eine Kultur eine so gute Forschung besessen hat wie die heutige. Und Forschung und Evolution, die Neugierde des Menschen und das Werden des Lebens an sich sind ja beide in merkwürdiger Weise dem Spiel verwandt"[244]. An anderem Ort wendet sich Lorenz explizit gegen den Spenglerschen Kulturpessimismus, diesem die Gegebenheiten entgegenhaltend, die aus den modernen Wissenschaften bezüglich der Möglichkeit, Probleme in der Gesellschaft zu erkennen und zu erklären, als Basis für die Ermöglichung der Überwindung dieser Probleme[245].

---

[240] Lorenz K 1967 [1983a:] S.268; vgl. zudem Lorenz K 1973b: S.16

[241] Lorenz K 1967 [1983a:] S.272

[242] Lorenz K 1973b: S.20f; „Wir alle, die wir in dichtbesiedelten Kulturlandschaften oder gar in Großstädten leben, wissen gar nicht mehr, wie sehr es uns an allgemeiner, herzlicher und warmer Menschenliebe gebricht. Man muß einmal in einem wirklich dünnbesiedelten Land, wo mehrere Kilometer schlechter Straßen die Nachbarn voneinander trennen, als ungebetener Gast in ein hausgekommen sein, um zu ermessen, wie gastfreundlich und menschenliebend der Mensch dann ist, wenn seine Fähigkeit zu sozialem Kontakt nicht dauernd überfordert wird. ... Sicherlich trägt das Zusammengepferchtsein von Menschenmassen in den modernen Großstädten einen großen Teil der Schuld daran, wenn wir in der Phantasmagorie der ewig wechselnden, einander überlagernden und verwischenden Menschenbilder das Antlitz des Nächsten nicht mehr zu erblicken vermögen. Unsere Nächstenliebe wird durch die Massen der Nächsten, der Allzunahen, so verdünnt, daß sie schließlich nicht einmal mehr in Spuren nachweisbar ist. Wer überhaupt noch herzliche und warme Gefühle für Mitmenschen aufbringen will, muß sie auf eine geringe Zahl von Freunden konzentrieren, denn wir sind nicht so beschaffen, daß wir alle Menschen lieben können"; vgl. zudem Lorenz K 1967, 1981b.

[243] Vgl. Lorenz K 1973b, 1981b, 1967

[244] Lorenz K 1981b: S.86

[245] Vgl. Lorenz K 1944/48: S.134f

5 Die „Wiener“ evolutionäre Erkenntnistheorie von 1973 bis 1983

5.1 Einleitung

In diesem Kapitel ist zusammengefaßt die Positionen von Rupert Riedl, Franz M Wuketits und Erhard Oeser in der Zeit von 1973 bis 1983. Den Beginn dieses Abschnittes bildet Riedls „Die Ordnung des Lebendigen“ – nicht nach dem Veröffentlichungsdatum, sondern dem Datum des Vorwortes -, das Ende des Abschnittes, das Erscheinen der ersten Sammelbände zur EE[246].

In diesem Kapitel ist mit Riedl ein Biologie, der sich auch der Philosophie zuwendet, mit Wuketits ein Philosoph, der sich von vornherein auch um die Biologie bemüht und mit Oeser ein Philosoph, der vom wissenschaftstheoretischen Standpunkt aus auch auf die Biologie blickt, zusammengefaßt. Damit ist das Spektrum der in besagtem Zeitraum interessierenden Positionen abgesteckt, ohne daß zugleich all jene angeführt sind, die für die Ausarbeitung dieses Spektrums verantwortlich sind. Insbesondere ist es Robert Kaspar, der wesentliche Beiträge zur Etablierung der EE in dem hier abgesteckten Zeitraum geliefert hat[247], und der hier keine Erwähnung findet. Der Grund für letzteres ist, daß Kaspars Position jener Riedls sehr ähnlich ist, so daß nicht beide eigens angeführt werden brauchen; zudem kann Robert Kaspar als Mitarbeiter Riedls am Buch „Biologie der Erkenntnis“ gewürdigt werden, wie er auch im folgenden Kapitel zu Wort kommen wird.

5.2 Rupert Riedl, Manfred Wuketits und Erhard Oeser

Rupert Riedl

Aus erkenntnistheoretischer Sicht ist das Hauptwerk Riedls in dem hier betrachteten Zeitraum „Biologie der Erkenntnis“[248], das 1979 – hier zitiert nach der dritten Auflage 1981 - erstmals erschienen ist. Das hierin Dargelegte ist von Riedl aber bereits in einer primär evolutionsbiologischen Arbeit aus dem 1975 vorgezeichnet, nämlich in „Die Ordnung des Lebendigen“. Dieses Buch soll hier daher ebenso in die Betrachtung aufgenommen werden, wie Riedls Werk „Strategie der Genesis“ aus dem Jahre 1976 – hier zitiert nach der 2. Auflage 1980 -, das sich als umfassende Darstellung unserer Welt präsentiert.

Anders als Lorenz, und damit sei die Darstellung von „Die Ordnung des Lebendigen“ begonnenen, hat Riedl seine geistigen Wurzeln in der Anatomie bzw. Morphologie – und Ökologie –, wobei er von diesen Disziplinen zunächst zur Evolutionslehre findet und im Rahmen hiervon, wie darzustellen sein wird, zur Erkenntnislehre. Wie für Lorenz, so soll nun auch für Riedl zunächst skizziert werden, wogegen sich sein Denken anfangs wendet, bzw.

[246] Lorenz K & Wuketits FM (Hrsg.) 1983; Riedl R & Kreuzer F (Hrsg.) 1983

[247] Vgl. z.B. Kaspar R 1976, 1977 1978, 1980a, 1980b, 1980c, 1981a, 1981b

[248] Die „Biologie der Erkenntnis“ ist das erste Werk einer Tetralogie, die eine systematische Darstellung der biologischen Grundlagen erkenntnisgewinnender Prozesse, bedacht im Sinne der EE gibt; die übrigen Bände diese Tetralogie sind Riedl R 1985, 1987b und 1992.

worin er jene Aussagen sieht – noch abseits explizit entwickelter Aussagen zur Erkenntnislehre -, die dasjenige, wogegen sich gewendet wird, vernünftig substituieren lassen. Hierzu ist im Vorwort von „Die Ordnung des Lebendigen“ zu lesen: „Was aber den Mechanismus des [Evolutions]Vorganges betrifft, so ist die Diskussion nicht zur Ruhe gekommen. Dabei bleibt unbezweifelt, daß die Mechanismen der Selektion (Darwinismus), Mutation (Neo-Darwinismus) und Populationsdynamik (zusammen die synthetische Theorie) einen fundamentalen Erklärungswert besitzen. Bezweifelt wird, ob diese bislang allein bewiesenen Mechanismen ausreichen, um die Gesetzmäßigkeiten, auch der Großabläufe der Stammesgeschichte (der transspezifischen Evolution), und damit die der Ordnung des Lebendigen, zu erklären“. Riedl thematisiert hiermit ein Problem, in dessen Zentrum die Diskussion um „innere [organismische] Ursachen“ der Evolution steht: „Der Mechanismus des Darwinismus (...) sieht bekanntlich ausschließlich die Wechselwirkung von Mutation und Selektion zur Erklärung aller Evolutionsphänomene vor. Mutationen sind dabei wahllose und ziellose Zufallsänderungen des Erbgutes; und Selektion, wie auch immer differenziert, besteht aus Augenblicksentscheidungen, die das wechselnde Milieu über die Fortpflanzungschancen und das Überleben der Einzelindividuen trifft. Somit kann über das Wechselhafte langer Zeiten auch von der »äußeren« Selektion keine ordnende, richtende Komponente zu erwarten sein. Woher, wenn das richtig ist, stammt dann die Ordnung und der Richtungssinn in der Evolution?“[249] Die Vernünftigkeit der Annahme solcher innerer Ursachen ist von den Vertretern der Synthetischen Evolutionstheorie kategorisch zurückgewiesen worden, da diese Annahme immer unter dem Verdacht stand, idealistisch-philosophischem Denken dort Platz zu geben, wo naturwissenschaftlich-empirisch zu argumentieren ist[250].

Verflochten mit der Kontroverse um die inneren Ursachen ist jene, so Riedl, um die organismische Komplexität und die Existenz „wesentlicher Strukturen“, bzw. der Morphologie als einer strukturerforschenden Disziplin, und deren Kausalkonzept.

Riedl versteht sich hierbei nicht in grundsätzlichem Widerspruch zur Synthetischen Evolutionstheorie – konstatiert ihr ja (wie zitiert) einen „fundamentalen Erklärungswert“ -, so daß sogleich nachzusehen ist, was Riedl mit „innere Ursachen“ meint, wie sie also Ergänzung hergebrachten evolutionistischen Denkens, fernab philosophisch-idealistischen Denkens, sein sollen. Grundsätzlich ergibt sich die Antwort hierauf aus Riedls systemtheoretischen Ansichten zur Welt des Lebenden, wozu er aus Überlegungen zu Ordnung, Komplexität, Determination und Zufall findet: „Wir mögen nun schon voraussehen, daß die Möglichkeiten eines Organismus in der Evolution aus dem Verhältnis von Freiheit und Determination seiner Bausteine bestehen. Das Verhältnis von Zufall und Notwendigkeit, das wir in den einzelnen identischen Individualitäten entdecken, bestimmt im Zusammenspiel seiner hierarchisch geordneten Gesamtheit die Chancen, welche der Zufall wie das Gesetz seinen Trägern bieten kann. | Und ich werde noch zu zeigen haben, welcher überwältigende Anteil an Strukturbedingungen und Evolutionsaussichten dem Zufall längst entzogen ist“[251]; „Wie erinnerlich ist in Determinations-Systemen stets mit dem Vorkommen redundanter Entscheidungen zu rechnen. Wir haben das ... untersucht und sogar festgestellt, daß sie nur unter dem Regime eines finalistischen Prinzips ganz vermeidbar wären. Sie stören nicht, solange nicht ein *Ökonomieprinzip im System* angenommen werden muß. Das ist aber bei allen Organismen die absolute Voraussetzung ihrer Existenz. Nachdem alle Entscheidungen in Form von Molekülen und Molekülpositionen materiell etabliert sind, entstehen mit jeder Entscheidung Kosten, Fehlerquellen und Schwierigkeiten der Anpassung. Der Abbau jeder redundanten Entscheidung muß darum

249 Riedl R 1975: S.89
250 Für Literatur hierzu siehe Senz W (im Druck)
251 Riedl R 1975: S.74

Vorteile mit sich bringen: einen *Evolutions-* oder *Adaptierungsvorteil*. ... | *Die Adaptierbarkeit* eines Systems sinkt gewiß mit der Potenz der für es erforderlichen Entscheidungen; somit auch mit der relativen Redundanz. Denn wenn auch der metrische Ansatz zur Berechnung der von uns bisher mit Redundanz verknüpften Nachteile noch in Einzelheiten der Aufklärung bedarf, das Maß der Adaptierungs-Beschränkung läßt sich angeben“[252].

Angesichts hiervon spricht Riedl von einem „Zwang zur Systemisierung“: „*Der Zwang zur Systemisierung* kann wieder aus Selektionsvorteilen abgeleitet werden, weil diese nachgerade unvorstellbare Größen erreichen können. Wir sehen das sofort, wenn wir uns daran erinnern, daß sich die Unwahrscheinlichkeiten mit der Zahl der Mutationen potenzieren. Für das Einzelsystem ist somit der Selektionsvorteil mit der Anzahl der zugehörigen bit_R, das heißt mit dem Redundanzgehalt R, zu potenzieren. ... | Der durch Systemisierung erreichbare, *maximale Realisationsvorteil* entspricht also dem Kehrwert der mittleren Mutationsrate potenziert mit der Zahl der im System abgebauten redundanten Entscheidungen. | ... | Daraus folgt, daß die Vorteile schon bei ganz wenigen einsparbaren Mutationen sehr steil wachsen. So steil, daß es ganz unwahrscheinlich wäre, daß der für die Systemisierung genetischer Determinationsentscheidungen erforderliche Mechanismus noch nicht entwickelt worden wäre. Er wird, wie wir sehen werden, nachgeradezu erzwungen“[253]. Unter einem System versteht Riedl hierbei konkret: „Unter Systemisierung verstehen wir also nun jenen Vorgang, der die Wirkung der Determinationsentscheidungen aus der Uniformität heraus differenziert. Die einfachste Differenzierung ist dabei die der Rangung oder Ordnung einer Entscheidung über andere“[254]. Die Systemisierung bietet aber nicht nur Vorteile, sie bringt auch Nachteile mit sich: „*Die Vorteile der Systemisierung bleiben gegeben, wenn das Anforderungsmuster dem Systemisierungsmuster stetig entspricht ...* | *Die Nachteile der Systemisierung treten auf, wenn das Anfoderungsmuster (das Außenmuster, die Milieubedingungen) dem Systemisierungsmuster, dem Binnen- oder Epigenese-System* ***nicht*** *mehr entspricht*“[255]. Das hier im Sinne von Vor- und Nachteilen Thematisierte, das führt Riedl auch im Horizont von Gewinn & Belastung und Gewinn & Verlust an: „In der Logik, im Apparatebau wie im genetischen Code wird nun der Redundanzgehalt gleichermaßen abgebaut; und zwar in übereinstimmender Weise dadurch, daß einzelne Entscheidungen anderen übergeordnet werden (Positionseffekt). Dabei scheint es prinzipiell vier Möglichkeiten der Überordnung zu geben, die auch sämtlich in allen drei Gebieten realisiert sind. Die Replizierschaltung ist genetisch im Prinzip des Nuclein-Säure-Systems, die Vorschaltung im Operon-System, die Gleichschaltung im Regulator-Repressor-System und die Folgeschaltung im »Order-on-Order«-System der Vererbung realisiert. | Die Folge solcher Systemisierung des Determinationsgehaltes ist eine starke Reduktion der für die Festlegung der Ereignisse des Systems erforderlichen Entscheidungen. Das bedeutet einen entscheidenden Gewinn an Adaptierbarkeit, aber auch eine ebensolche Verflechtung und Belastung der Einzelentscheidungen mit der Verantwortung für mehr als nur ein Ereignis. Räumt man den Entscheidungen wie jenen im genetischen Code weiterhin gleiche Aussichten der Zufallsänderung ein, dann beginnen die Erfolgschancen der von ihnen geänderten Determinations-Ereignisse voneinander abzuweichen. | Was an Modifizierbarkeit der Ereignisse im Sinne des Schaltmusters gewonnen wird, muß an Modifizierungsrichtungen, steht es diesen entgegen, wieder verloren gehen. Denn solange nicht weitere, im Systeme dem Zufalle überlassene Entscheidungen in Determinationsentscheidungen verwandelt werden, muß das Gesamtverhältnis an Determination und Änderungschance gleich bleiben. Redundanzabbau durch

[252] Riedl R 1975: S.99f
[253] Riedl R 1975 : S.102
[254] Riedl R 1975: S.102
[255] Riedl R 1975: S.112f

Systemisierung wandelt nur die Einzelchancen. Gewinn an Gesetzmäßigkeit ist aus dem Repertoire des Zufalls zu bezahlen: Die Summe aus Zufall und Notwendigkeit bleibt ja konstant“[256].

Was Riedl genauerhin meint, wenn er von „innere Ursachen“ aufgrund von Systemisierung spricht, das ist ein Zusammenspiel von „Ereignis und Entscheidung“ im Sinne von Wechselbedingungen zwischen beiden, die zu einem immitatorischen Epigenotypus führen, wie er – im Rahmen einer funktionellen Kausalität – die Chancen des Zufalls abbaut: aufgrund von Rückwirkungsvorgängen folgen die Ereignisse den Entscheidungsmustern. Die hierbei entscheidenden Aussagen sind: „*Nachahmung der Funktionsmuster* ist deshalb zu erwarten, weil zum Zeitpunkt der Etablierung einer Gleichschaltung -... – stets dieselben Selektionsbedingungen herrschen werden. ... Diese Bedingungen müssen darin bestehen, daß die neue, die Verbindung herstellende Entscheidung noch kaum Bürde besitzt. Sie könnte noch rückmutieren. Auf sie kann noch ohne Schaden verzichtet werden. Und folglich weiter darin, daß es nur die funktionelle Beziehung der gleichgeschalteten Gruppen von Merkmalen (Ereignissen oder Phänen) sein kann, nach der die Selektion ihre Entscheidungen zu treffen vermag. Besteht dieses Verhältnis in einem echten Funktionszusammenhang, der eine gleichzeitige adaptive Änderung verlangt, so wird die Mutante einen entscheidenden Selektionsvorteil besitzen. Besteht dieses Verhältnis aber darin, eine voneinander möglichst große adaptive Unabhängigkeit zu bewahren, dann würden durch eine Gleichschaltung im gleichen Umfang selektive Nachteile entstehen. | ... Werden aber unter allen zufällig eingerichteten Gleichschaltungen die funktionsgemäßen durch die Selektion systemisch und massiv gefördert, die ungemäßen ebenso unterdrückt, dann muß man erwarten, daß die Muster der Gleichschaltungen die jeweiligen Funktionsmuster mehr und mehr kopieren werden. Aber auch in der Repetierschaltung muß es zu ganz entsprechenden Abhängigkeiten kommen. *Das epigenetische System kopiert das System der Funktionen*“[257]. „Die Erfolgschancen der Zufallsänderung von Entscheidungen und jene der Notwendigkeiten der Ereignisse (der Merkmale) sind voneinander nicht unabhängig. Sie bilden im Gegenteil ein sich wechselseitig bedingendes System. Dabei zieht das Wachsen bestimmter Notwendigkeiten einen Abbau der Möglichkeiten des Zufalls nach sich, während dieses verringerte Repertoire der Entscheidungen eine Kanalisation der möglichen Ereignisse zur Folge hat. | Damit ersetzen wir das einsinnige Konzept »exekutiver Kausalität«, welches auch die Analyse der Evolutions-Mechanismen vorwiegend geleitet hat, durch eine »*funktionelle Kausalität*«, die zudem die Rückwirkung eines Effektes auf seine eigene Ursache in Betracht zieht[258]. „Die *Rückwirkung* der Schaltmuster der Entscheidungen auf die Chancen adaptiver Modifizierbarkeit ihrer Ereignisse entspricht dem Zusammenhang von Zufalls-Einengung (der Entscheidungen) und Repertoire-Verkleinerung (der Ereignisse). Solange sich die Funktionsmuster der Ereignisse nicht oder weiterhin im Sinne der Systemisierung ihres Genoms zu ändern haben, wird ihre Adaptierbarkeit, d.h. die Realisationschance der gewünschten Ereignisse in dem Maße höher sein, als die Realisationschancen der ungewünschten geringer sind. Die Erwartbarkeit der verbleibenden Ereignisse entspricht ja dem Kehrwert des verbleibenden Repertoires. | In dem Augenblick jedoch, in dem die vom Milieu geforderten Umbildungsmuster neue Richtungen einschlagen, die den eingebauten Schaltmustern nicht mehr entsprechen, ändert sich die Chance des Realisationserfolges, der Findung erfolgreicher Entscheidungen, drastisch. ... Der bisher geförderte Ausschluß sinnwidriger Ereignisse wird maßgeblich zum sinnwidrigen Ausschluß der för-

[256] Riedl R 1975: S.289
[257] Riedl R 1975: S.125
[258] Riedl R 1975: S.291

derlichen. Freiheit von gestern wird zur Kanalisation von heute. Die Zufallsregeln sind nicht umgehbar“[259].

Das Ergebnis hiervon ist eine „Selbstordnung des Lebendigen“: „*Diese Kanalisierung* wird von der bekannten Selektion überwacht. Die zu eliminierenden Fehlpassungen beruhen aber immer weniger auf dem zufallsvollen Wechsel des äußeren als vielmehr den determinierten Bedingungen des inneren Milieus; auf den Bedingungen der Schaltmuster des epigenetischen Systems. Das führt zu einer Stetigkeit der Selektion, zu einer Art Überselektion oder *Überdetermination*, welche den dem Evolutionsmechanismus ursprünglich eingeräumten Determinations- oder Stetigkeitsgrad um viele Größenordnungen übertrifft. Diese Überdetermination manifestiert sich in den vier Ordnungsmustern, auf welchen ihre Entstehung beruht. Sie wird aber nicht nur zunehmend starrer und vom Wechsel der Außenbedingungen immer weniger berührt, sondern beginnt mit zunehmender Systemisierung des Innenmilieus unverbrüchliche Richtungen für jede ihrer Evolutionsbahnen durchzusetzen. Das erklärt die richtungs- und ordnungsvollen Phänomene nun auch der transspezifischen Evolution sowie den kausalen Hintergrund der morphologisch-systematischen Gesetze. ... | *Das Ergebnis* ist also eine Selbstordnung des Lebendigen“[260].

Im Sinne dieses Zuganges nimmt Riedl auch Stellung zum Holismus-Reduktionismus-Problem: „Die Kontroverse Reduktionismus versus Holismus enthält die Frage, nun zwischen Methode und Prinzipienlehre zum Aufschluß der Mechanismen der Evolution. Sie lautet: »Alle Lebensgesetze sind molekular verankert« versus »Die Lebenserscheinungen sind nicht nur molekular zu erklären«. | Unsere Lösung lautet: Das realisierte System der Gestalten ist ohne das der Moleküle ebenso wenig denkbar wie das der Molekülsequenzen ohne jenes der Gestalten. Den Ansatz lieferte die Gegenüberstellung der Entscheidung und Ereignisse; die Erklärung aber das System der Wechselwirkung, das sie miteinander bilden, weil die einen vom Zufall erzeugt sein, die anderen Notwendigkeiten entsprechen müssen. Wird die Wahrscheinlichkeit, eine Notwendigkeit durch den Zufall zu erreichen, zu gering, so muß sich das Repertoire des Zufalls sinngemäß verringern“[261].

Angesichts hiervon sei auf Riedls Bezugnahme auf das Denken bzw. Erkenntnisgewinn beim Menschen geblickt; von Anfang an verflochten mit seiner evolutionstheoretischen Argumentation ist diese aus folgendem Grund: „Wenn nun die Zweifel am Bestehen ordnender Prinzipien sowie vorgeordneter Strukturen in der Natur, die uns umgibt, berechtigt sind, woher, so muß man dann fragen, stammt die Ordnung, die wir immerhin in unzähligen Bänden beschreiben? Muß es dann nicht die Ordnung unseres Denkens sein, die wir in sie hineinprojizieren? Und noch eine Frage kann sogleich folgen: Wie, wenn das nicht der Fall wäre, könnte man die so offenbare Übereinstimmung der Muster unserer Logik mit den vermeintlichen Ordnungsmustern in unserer Umgebung verstehen?“[262].

Die genaueren Ausführungen hierzu beginnen mit einer bemerkenswerten Aussage: „Es scheint, daß wir nichts sicher wissen können; es sei denn, daß sämtliche Zustände und Ereignisse nur auf Zufällen und Notwendigkeiten beruhen“[263]. In Folge ist zu lesen: „Diese glatte Teilbarkeit der Welt ist dies schon definitionsgemäß; dies verliert aber seine Trivialität, wenn man beobachtet, daß auch unser Denkapparat ganz und gar nach diesem Muster aufgebaut ist. | *Ordnung und Erfahrung*: Die Entstehung von Ordnung, also die wiederholte Anwendung (oder Realisation) identischen Gesetzestextes (Mustern von Determinations-Ent-

---

[259] Riedl R 1975: S.292f
[260] Riedl R 1975: S.293
[261] Riedl R 1975: S.296f
[262] Riedl R 1975: S.93
[263] Riedl R 1975: S.325

scheidungen), hat ihre Entsprechung in der Entstehung von Erfahrung und ist gleichzeitig deren Voraussetzung. Diese Übereinstimmung kann, wie wir sehen werden, nur als ein Produkt der Selektion erklärt werden"[264].

Zu diesem Ergebnis kommt Riedl auch wie folgt: „De facto hatten wir bei der Analyse eines jeden der vier organischen Ordnungsmuster[265] von der methodisch beunruhigenden Feststellung auszugehen, daß ohne sie gar nicht gedacht werden kann. Dann aber fanden wir, in allen Einzelheiten, daß sämtliche Ordnungsmuster unzweifelhaft Realitäten sind. Was nun! Die Koinzidenz der Denk- und Naturmuster liegt jenseits des Zufalles. Sie sind dazu viel zu ähnlich und merkmalsreich. Sie müssen eine identische Ursache haben oder sich gegenseitig verursachen. Eine gemeinsame Ursache war mit dem Werkzeug des Anatomen nicht aufzuschließen. Doch mag sie existieren. In der Wechselbedingung aber muß die ältere Naturordnung die Ursache, die Denkordnung die Folge sein. Auch dies war wiederum viermal und zwar durch die Beobachtung zu stützen, daß die Ursache der Naturordnung selbst klar geworden war, ohne einer identischen Ordnung des Denkens zu bedürfen. | *Die Denkordnung muß folglich eine Nachbildung der Naturordnung sein*"[266]. Riedl konkretisiert seine Ausführungen zu besagtem Selektionsvorteil wie folgt: „»Natura parendo vincitur« finden wir schon bei Bacon. Es lassen sich leicht Modelle rechnen, die zeigen, welch entscheidende Selektionsvorteile es haben muß, wenn z.B. die Ähnlichkeits-Daten von Räubern und Beute in ebensolchen hierarchischen Mustern gespeichert und abgerufen werden können, wie sie in der Natur auftreten. Gewiß »hat sich das Denken während der Stammesentwicklung der höheren Lebewesen bis zum heutigen Menschen hin notwendigerweise an die logische Weltgesetzlichkeit angepasst«[267]; diese von *Rensch* gezogene Konsequenz wird bereits von mehreren Biologen vertreten und von all unserem Material bestätigt"[268].

Gegen Ende seiner Ausführungen zu diesem Thema greift Riedl die „Apriorizität" auf - also konkret jenes Thema, das schon für Lorenz von zentraler Bedeutung für sein erkenntnistheoretisches Denken war: „Wir berühren damit sogar das universelle Phänomen »a priorischer« Vernunft, dessen Existenz von vielen Empiristen so energisch bestritten wird. Ich vermute, daß die Lösung dieser alten Streitfrage zeigen wird, daß es sich um vorbegriffliche Er-

---

264 Riedl R. 1975: S.325

265 Hiermit meint Riedl „Norm" [„Die Ordnung der Norm erhellt aus der Beobachtung (dem Auftreten) von Ereignissen (z.B. Strukturen), die nach Zusammensetzung und Erscheinungsbedingungen in einem Ausmaße übereinstimmen, daß am Vorliegen identischer Determinations-Gesetzlichkeit nicht zu zweifeln ist" S.128], „Hierarchie" [„Die Ordnung der Hierarchie ist durch Merkmale (oder Begriffe) gekennzeichnet, deren Geltungsbereiche, ohne daß sich ihre Grenzen schnitten, ineinander verschachtelt sind; wobei meist mehrere gleichrangige Unterbegriffe innerhalb eines Oberbegriffes vorkommen. Dabei bestimmt der Oberbegriff die Bedeutung seiner Unterbegriffe und diese gegengleich dessen Inhalt" S.153], „Interdependenz" [„Die Ordnung der Interdependenz ist durch den Umstand gekennzeichnet, daß Merkmale oder Begriffe (Ereignisse) nur aufgrund ihrer steten Verknüpfung mit bestimmten weiteren und gleichrangigen Merkmalen oder Begriffen in ihrer Bedeutung und Geltung bestimmt werden" S.222] und „Tradierung" [„Die Ordnung der Tradierung beruht darauf, daß Ereignisse (Merkmale oder Begriffe) nur durch ihr Zurückgehen oder Beruhen auf identischen Vorgängern verständlich (erkennbar oder sinnvoll) sein können" S.249].

266 Riedl R 1975: S.331

267 Zitiert aus Rensch B 1961

268 Riedl R 1975: S.331f

fahrung handelt, die dem einen »a priori« erscheint, vom anderen aus diesem Grund geleugnet wird“[269].

Damit sind jene Informationen zu Riedls evolutionstheoretischem Fundament zusammengetragen, im Lichte derer Riedls eigentlich erkenntnistheoretische Ausführungen betrachtet werden können; somit kann zur Darstellung von „Biologie der Erkenntnis“ übergegangen werden.

Sogleich merkt Riedl an, kein Philosoph zu sein bzw. als Biologe von der Erkenntnis zu sprechen, wobei er diesbezüglich zur Konzeption von „Biologie der Erkenntnis“ ausführt: „Wir werden also nicht bereit sein, die Methode der Naturwissenschaft zu verlassen; und zwar deshalb, weil lediglich »in der Wissenschaft (im Gegensatz zur Philosophie) nur jene Theorien überleben, die sich an der Erfahrung bewähren«[270]“[271]. Genauerhin merkt Riedl zu den Voraussetzungen für „Biologie der Erkenntnis“ an: Sie basiert auf der allgemeinen Evolutionstheorie, wobei insbesondere die – in „Die Ordnung des Lebendigen“ genauer dargelegte transspezifische Evolution – explizit hervorgekehrt wird: „Der Vorgang der Evolution ist dabei insofern theoretisch, als zwar die Vorgänge der Mikro- oder Intraspezifischen Evolution dem Experiment zugänglich werden, die Makroevolution, also die Transspezifische Evolutionsvorgänge aber nur der Beobachtung. Ähnlich wie wir die Theorie der Gravitation in der irdischen Mechanik prüfen, in der Himmelsmechanik aber nur beobachten können“[272]. Dieser Verweis auf die Bedeutung der empirischen Zugänglichkeit ist Riedl auch speziell für die Evolution der Erkenntnismechanismen wichtig: „Unüberprüfbarem begegnen wir aber auch in der dritten Voraussetzung unserer Untersuchung noch nicht, ... Es ist dies die Lehre von der Evolution der Erkenntnismechanismen, der Kern unseres Gegenstandes. Sie bezieht ihre Fakten bereits aus mehreren unabhängigen Quellen“[273]. Die erste Quelle ist die biologische Verhaltensforschung, wie sie einen stufenweisen Aufbau der Mechanismen zur Entscheidungsfindung von Organismen nachweist; Riedl bezieht sich hier explizit auf Konrad Lorenz. Die zweite Quelle sind die Systembedingungen der Evolution, womit sich Riedl wieder insbesondere auf seine Darlegungen in „Die Ordnung des Lebendigen“ bezieht: „Durch das Auffinden der Systembedingungen der Evolution konnte dargelegt werden, warum »Die Ordnung des Lebendigen« in all ihren Strukturen jene Muster annimmt. Und da diese ungleich älter sind als die Methoden, sie wahrzunehmen und zu verrechnen, können nur die Naturmuster die Ursache der Denkmuster sein“[274]. Die dritte Quelle ist die Aussage von dem Kontinuum der Evolution: „Dieses Forschungsgebiet reicht heute von der Evolution der Moleküle bis zu jener der Zivilisation“[275]. Die vierte Quelle ist das Kontinuum des Erkenntnisvorganges: „Was Freud und Jung ahnten, nämlich die Hintergründe vorbewußter Verrechnung, was der Psychologe Egon Brunswik[276] den vernunftähnlichen »ratiomorphen Apparat« nannte, wurde naturwissenschaftlich faßbar. Die Grundvoraussetzungen der Vernunft erweisen sich damit als angeboren. Das hat wieder Konrad Lorenz[277] als erster gesehen; und in unmittelbarer Folge wurden durch Donald Campbell[278] in der Psychologie des Erkenntnis-

[269] Riedl R 1975: S.332
[270] In Anlehnung an Vollmer G 1975: S.183
[271] Riedl R 1981: S.11
[272] Riedl R 1981: S.12
[273] Riedl R 1981: S.12
[274] Riedl R 1981: S.13
[275] Riedl R 1981: S.13; Riedl reflektiert hiermit auch auf »Strategie der Genesis«
[276] Brunswik E 1955
[277] Lorenz K 1941
[278] Campbell D 1966

vorganges, durch Karl Popper[279] in den Prozessen der Theorienbildung und durch Erhard Oeser[280] in der Entwicklung der Wissenschaft selbst die entsprechenden evolutiven Mechanismen deutlich"[281].

Im Lichte dieser Klarstellungen beginnt Riedl damit, die Kompetenz der Biologie bei der Analyse des Erkenntnisvorganges des Menschen – dieser verstanden als Evolutionsprodukt! – hervorzustreichen, wobei es Riedl unübersehbar ein Anliegen ist, zugleich die Kompetenz der Philosophie zumindest in Frage zu stellen: „»Nichts bleibt ihr [der Philosophie]« resümiert Will Durant mit einem Zwinkern der Augen, »als die eisigen Höhen der Metaphysik, das kindische Rätselraten der Erkenntnislehre und die rein akademischen Dispute über eine Ethik, die jeglichen Einfluß auf die Menschheit verloren hat«[282]. Tatsächlich blühen die exakten Wissenschaften, und selbst in den meisten ihrer Lehrbücher kommt kein philosophisches Problem mehr vor"[283]. Diese Distanz Riedls zur Philosophie äußert sich auch in folgender Aussage: „Die Erkenntnislehre der Neuzeit beginnt mit John Locke und der Auflage, »den Ursprung, die Sicherheit und die Ausdehnung des menschlichen Wissens zu untersuchen, wie auch die Grunde und Stufen des Glaubens, der Meinung und der Zustimmung«[284]. Ihr ehemals metaphysischer Hintergrund tritt mehr und mehr zurück und in ihrer weiteren Entwicklung werden die kritischen Züge verstärkt, eine positivistische Tendenz und zuletzt eine evolutionistische schießen an. Und ihre umfassendste Frage dabei ist die geworden, wie eine Beziehung zwischen Erkenntnis und realen Dingen zu verstehen wäre, wo man doch meint, daß deren Erkenntnis selbst wieder eine Erkenntnis beider voraussetzt, was sich ohne Ende fortsetzt". Sogleich leitet Riedl hieraus grundsätzlich die Kompetenz der Biologie auf dem Gebiet der Erkenntnistheorie ab: „Fragt also die Erkenntnislehre, wie Erkenntnis aus Erkenntnis zu gewinnen sei, so fragt die Biologie, wie Erkenntnis aus sich selbst entsteht. Und dieses ist es zum mindesten, was nun die Lehre von der Erkenntnis mit der Biologie zu schaffen haben kann"[285].

Die Bedeutung dieser biologischen Perspektive wird nun verdeutlicht, bzw. der Weg für die zuvor bereits als letztlich richtige evolutionäre Betrachtung frei gemacht. Hierzu gehört die Aussage von der Spaltung in der Denkweise seit der griechischen Philosophie, der gemäß ein Hin-und-Her-Argumentieren auftritt, als Folge des Fehlens eines festen Fundamentes, wie es erst die Evolutionstheorie liefert.

Riedl beginnt seine entsprechenden Ausführungen wie folgt: „Nun, so wird behauptet, kann man nicht wissen, wie die Objekte dieser Welt wirklich seien. Ein Apfel ist weder rot noch süß, wenn es niemanden gibt, der ihn sieht oder kostet. Er enthält dann nur bestimmte Moleküle und reflektiert aus dem Spektrum eine bestimmte Wellenlänge. Das Gewisseste, das *fundamentum* aller Erkenntnisse müßte somit das Subjekt und in ihm sein Denken sein; so daß selbst die Gewißheit, daß überhaupt etwas ist, in meinem Denken steckt. *Cogito ergo sum*, definierte daher Descartes[286]: »ich denke, also bin ich«. Wann aber kann ich meines Gewißesten gewiß sein, oder wessen Gewißheit wäre am gewissesten? Zu sehr wechselt das Bild der Seele. Ein Gläschen Rebensaft läßt sie die Welt umarmen, um sich ein andermal jammervoll in einen einzigen hohlen Zahn zurückzuziehen. Und sollte ich selbst ungewiß

[279] Popper K 1973
[280] Oeser E 1976
[281] Riedl R 1981: S.13
[282] Durant W 1953
[283] Riedl R 1981: S.15
[284] Locke J 1690
[285] Riedl R 1981: S.16
[286] Descartes R 1641

sein, wessen Gewißheit wäre dann verbindlich? Die des Weisen oder des Narren? Dann bliebe also Gewissheit nur, wo niemand wiederspricht; die Erwartung nicht, die sinne nicht und nicht der Nachbar. Aber alle widersprechen“[287]. Hieran schließt Riedl an: „Wir bezeichnen daher die Gewissheiten, die das Subjekt erlebt, als subjektiv; was bekanntlich nicht weniger bedeuten soll als »voreingenommen, vorurteilsvoll und abhängig« von zufälligen Wertungen. Und die Verwirrung wird vollständig, da wir aus den Objekten, die wir eben nur subjektiv vorurteilsvoll erkennen können, die Eigenschaften »objektiv« ableiten, was »sachlich, vorurteilslos und tatsächlich« bedeutet. Der Satz von Descartes hilft und aus dem Zwiespalt also keineswegs. Wie werden ihn sogar umkehren können: *Sum ergo cogito*, denn nur »da ich bin, denke ich«“[288]. Hierin liegt also – so Riedl - besagtes fehlende Fundament der Ableitung: „Jedenfalls ist es ein Teufelskreis. Weder Subjekt noch Objekt trägt den Grund der Gewißheit. Die rationale Vernunft hat unser Denken nur gespalten“[289].

Eben diese Spaltung – wie sie also nicht aus besagtem „Teufelskreis“ herausfinden läßt – sieht Riedl auch in den Kontroversen „Idealismus versus Materialismus“, „Determinismus versus Indeterminismus“ und „Rationalismus versus Empirismus“ – bzw. „Apriori versus Aposteriori“ gegeben. Als Urheber für die zuerst genannte Kontroverse identifiziert Riedl Platon, als den Konstrukteur der Ideenlehre: „Nun klafft gegen das Sinnliche der Abgrund des Vergänglichen. Es hat höchstens an den Ideen teil. ... Damit hat die Vernunft die Welt in Idee und Materie gespalten, die idealistische Philosophie entwickelt und den Grund für die Unverträglichkeiten der Ideologie gelegt“[290]. Der Idealismus erklärt, so Riedl, die Welt alleine aus den End-Ursachen bzw. Endzwecken – *causa finalis* des Aristoteles -, wie sie aus der Zukunft auf die Gegenwart wirken: „Der Mensch sei zum Zweck des Geistes, das Leben zum Zweck der Menschen und die Materie zum Zweck des Lebens geschaffen. Der Jahrmilliarden-Reigen der Evolution wurde auf unsere menschliche Zwecke hin getanzt. Welch beträchtliche Überheblichkeit“[291]. Analog überheblich ist aber auch das „Spiegelbild“ des Idealismus der Materialismus, der alleine die Antriebs-Ursachen – *causa efficiens* des Aristoteles – gelten läßt und hierbei in einem Reduktionismus mündet: „Geist existiert dann nicht oder er ist nichts anderes als eine vertrackte Reaktion der Materie; und die Vernunft wird legitimiert, die Prozesse der Lebens-Moleküle im Erbgut, des Lebens und des Denkens zu manipulieren. Welch neuerliche beträchtliche Überheblichkeit“[292].

Im Horizont der Kontroverse „Rationalismus versus Empirismus“ kristallisiert sich gemäß Riedl das eigentliche Problem heraus: „Diese Situation kritisiert man schon im Sinne Parmenides': »Die meisten Sterblichen haben nichts in ihrem irrenden Verstand, was nicht durch ihre irrenden Sinne hineingekommen ist«. Aber erst durch David Humes kritische Frauge, ob irgend etwas von dem, was wir glauben – und wenn ja, was – mit hinreichenden Gründen gerechtfertigt werden kann, beginnt die Diskussion der Moderne. Und das Zentralproblem wird gefunden. Es ist dies das Problem der Anschauungsformen von Raum und Zeit, der Induktion, der Kausalität, das der *Apriori*“[293].

Außerhalb der evolutionstheoretischen Perspektive führt die Beachtung hiervon aber lediglich zu einer Präzisierung des Problems, nicht aber schon dazu, besagten „Teufelskreis“ verlassen zu können: „Wenn nun auch die empiristische Philosophie nachweist, daß die

[287] Riedl R 1981: S.17f
[288] Riedl R 1981: S.18
[289] Riedl R 1981: S.18
[290] Riedl R 1981: S.18
[291] Riedl R 1981: S.18f
[292] Riedl R 1981: S.19
[293] Riedl R 1981: S.20f

Voraussetzungen der Vernunft nicht in der Erfahrung, sondern sogar jenseits der Vernunft liegen, so steht die Frage da, wo denn das wäre. Und liegt dies »jenseits« des nur Erfahrbaren, in »Fragen wie nach einem Weltengrund, nach dem Sinn im Sein und Geschehen, nach dem Vorher vor der Geburt und menschlichen Erwachen«[294], dann finden wir uns definitionsgemäß in der Metaphysik wieder. Der Kreis hat sich wie eh und je wieder geschlossen; nur noch präziser“[295].

Schlußendlich führt die nicht-evolutionstheoretische Perspektive in ein – wie Riedl mit Hans Albert[296] festhält – „Trilemma der Erkenntnis“: „Dieses besteht darin, daß entweder ein Zirkelschluß des Schließens anerkannt werden muß; oder, daß man sich auf einen unendlichen Regreß, das heißt auf eine unendliche, daher unaufspulbare Kette der Vorbedingungen einlassen müßte; oder aber, daß man die Verhandlungen darüber überhaupt abzubrechen hat“[297]. Dieses Trilemma, wie es also Ergebnis davon ist, das Problem der Vernunft aus dem Inneren der Vernunft „prinzipiell nicht lösen zu können“, führt Riedl nun dazu, die Verhandlungen über eine nicht-evolutionstheoretische Betrachtung „abzubrechen“. Die Verhandlungen im Lichte dieser Betrachtungen beginnen somit aber für Riedl erst: „Und gerade diese Hoffnungslosigkeit [der „Innen-Perspektive“] macht dem Biologen Hoffnung; denn er besitzt jenen Standpunkt, der es ermöglicht, die Vernunft von außen her zu begründen. Dies ist die evolutionäre Erkenntnistheorie“[298].

Die Verhandlungen im Sinne der EE beginnt Riedl mit der Beantwortung der Frage, „was das Vernünftige der Vernunft wäre“. Die Antwort auf diese Frage lautet: „Das Vernünftige der Vernunft ist damit in der Richtigkeit, in einer sach- und problemgemäß zweckmäßigen Verarbeitung und Reaktion auf richtige Daten zu suchen. Sie muß gestellten Aufgaben entsprechen, und wenn Aussicht auf eine erfolgreiche Lösung besteht, muß sie deren Klippen oder Fallgruben umgehen und Erfolg haben. So müssen wir uns zunächst umsehen, was da nun unter Aufgaben und unter Erfolg zu verstehen wäre. Die Aufgabe wird letztlich eine Lebensaufgabe sein. ... Jedes gescheiterte Vorgehen, ..., wird man im nachhinein als unvernünftig betrachten. Der Erfolg ist also an der Lösung der Aufgabe zu messen. Es geht daher letztlich um das Erreichen eines Zwecks, um die Funktion des Erfolges“[299].

„Vernunft“, dieserart als Problemlösungskapazität verstanden, sieht Riedl im Gesamt des Lebendigen, nicht aber im Unbelebten, womit die Ausdehnung von Vernunft jener des Zweckvollen entspricht. Im Sinne hiervon verweist Riedl auch auf Lorenz' Feststellung, wonach „Leben selbst ... ein Erkenntnisprozeß [ist]“, und schließt hieran an: „Dabei geht es bei diesem Gewinn an Erkenntnis nicht etwa um einen Drang zur Wahrheit, sondern ebenso trivial wie pragmatisch um den unmittelbaren Lebenserfolg, eine jeweils positivere Bilanz aus Erfolg und Mißerfolg. Es geht um das, was wir als Vernunft oder Zweckmäßigkeit erleben. Dabei setzt dieser triviale Pragmatik dem Prozeß keine anderen Grenzen, als eben nur dasjenige als Erkenntnis zu speichern, was sich als erforderlich zeigt und bewährt. Das ist das Vernünftige an der Sache; und die erstaunlichsten Höhen und Gewißheiten der Kenntnis werden dadurch erreicht“[300]. Riedl ist es nun wichtig, das hiermit Ausgesagte nicht alleine auf die rationale Vernunft des Menschen zu beziehen, sondern gleichsam, wie im Sinne des Lorenz-Zitates intendiert, auf das Leben an sich zu beziehen: „Leben ist Fressen von

294 Zitiert aus Diemer A & Frenzel I (Eds.) 1967: S.169

295 Riedl R 1981: S.21

296 Albert H 1968

297 Riedl R 1981: S.22

298 Riedl R 1981: S.23

299 Riedl R 1981: S.24

300 Riedl R 1981: S.25

Ordnung, sagte schon Erwin Schrödinger[301], von Information, sagt Konrad Lorenz[302]. Das gilt für jede Einzelstruktur, von der Körperform über alle Bauteile bis zur Position der Moleküle, und von den einfachsten bis zu den komplexesten Strukturen des Verhaltens“[303]. Es ist hier uniform durchreichend der gleiche Evolutionsmechanismus gegeben: „Die für den Lebenserfolg entscheidenden Gesetzmäßigkeiten des Milieus werden durch Versuch und Irrtum nachgebildet, dem Erbmaterial kodiert eingebaut und von dessen Aufbau- und Betriebsanleitungen in Raum- und Zeitstrukturen wieder ausgeformt“[304].

Wie noch zu zeigen sein wird, ist Riedl hier seine Theorie von der Einengung der Möglichkeiten des Zufalls durch Systemisierung von wesentlicher Bedeutung, wie es von ihm bereits in „Die Ordnung des Lebendigen“ dargelegt worden ist. Zunächst gilt es aber jenen Argumentationsfaden Riedls zu verfolgen, der gleichsam von dem genetischen Lernen zur Vernunft des Menschen führt: *„Die Hürde der ersten Lernphase* dieses Lernens des genetischen Materials besteht wie bei allem Lernen in dem Verhältnis zwischen dem Lerntempo und der Richtigkeit des Erlernten. Diese äußert sich im Zutreffen der Prognosen, welche die Extrapolation des Erlernten zuläßt. Biologisch ist es das Verhältnis zwischen Anpassungstempo und selektiver Kontrolle“[305]. Charakteristisch für diese „erste Lernphase“ ist, daß sie „unglaublich langsam“ ist, wiewohl die „Prüfung erfolgt ... mit größter Akribie“; trotzdem werden „große Mängel beibehalten“, „da die Extrapolationen stets dem sich schneller wandelnden Milieu hinterherhinken“. Riedl schlußfolgert hieraus: „Die Evolution mußte auf ein höheres Lerntempo drängen und mit zureichend potenten Gehirnen erreichte sie das durch die Erfindung des individuellen Lernens“[306]. Der Beginn hiervon ist mit dem bedingten Reflex gegeben, wie er eine Öffnung der davor geschlossenen Programme darstellt. Der Durchbruch zu einem *tatsächlich beschleunigten* Lernen wird aber erst mit der Ausbildung eines neuen Codierungssystems erreicht: „Dies wird erst mit dem Ausbau der Nachahmung und der Sprache an der Schwelle zum Menschen anders. Mit einer Sprache in Begriffen und noch mehr mit der Schrift entsteht ein neues Codesystem, welches gewonnene Erfahrung nun ein zweitesmal für die Art unverlierbar macht. Wir sprechen auch von einer zweiten Evolution, die allerdings die erste zur Voraussetzung hat und ihr Prinzip fortsetzt“[307].

Aber auch diese zweite Lernphase ist mit einer Hürde belastet und wieder betrifft sie das Verhältnis von Lerngeschwindigkeit und Kontrolle: „Das Problem aber liegt in der ungenügenden, man kann auch sagen: in der verspäteten Kontrolle der aus den Lerninhalten möglichen Extrapolationen. Nun verbreiten sich ja neue Einsichten wie ein Lauffeuer durch die Populationen. Dazu kommt, daß die Extrapolation durch das entstehende Bewußtsein noch weiter befeuert wird“[308]. Dieserart wird der Mensch – so Riedl - zum „Zauberlehrling der Evolution“: „Dennoch ist der Prozeß [der zweiten Lernphase] allein durch seine Beschleunigung ein anderer und der Mensch zum Zauberlehrling dieser Evolution geworden“[309].

Auf diesen „Zauberlehrling“-Charakter des Menschen wird noch zurückzukommen sein. Zunächst ist zu beachten, inwiefern Riedl aus dem bisher Dargelegten das Lernen des Lebens im Sinne eines hypothetischen Realismus versteht: „Die Lösung, die das Lebendige für das

301 Schrödinger E 1951
302 Lorenz K 1971
303 Riedl R 1981: S.26
304 Riedl R 1981: S.26
305 Riedl R 1981: S.28
306 Riedl R 1981: S.28
307 Riedl R 1981: S.28
308 Riedl R 1981: S.28f
309 Riedl R 1981: S.29

Realitätsproblem gefunden hat, vermeidet jedoch den zwingenden Schluß und operiert mit Wahrscheinlichkeiten. Ist die Realität zwingend logisch weder zu beweisen noch zu widerlegen, so muß eine Vernunft der Hypothesen weiterführen. Leben, so entdeckten Donald Campbell[310] und Konrad Lorenz[311], ist eben hypothetischer Realist"[312].

Riedl konkretisiert sogleich, was mit „hypothetischer Realismus" gemeint ist: „Im Hypothetischen Realismus wird angenommen, »daß es eine reale Welt gibt, daß sie gewisse Strukturen hat, und daß diese Strukturen teilweise erkennbar sind«, und wir prüfen, »wie weit wir mit diesen Hypothesen kommen«[313]. Dies ist zwar der schwächste Realismus, aber in ihm der festeste Standpunkt. Er überwindet den naiven, den kritischen und den streng kritischen Realismus. Denn keiner derselben ist für die Praxis verläßlich. Der hypothetische Realismus hingegen enthält die Methode der Verbesserung in sich selbst, das Prinzip der Selbst-Organisation, ein Grundprinzip der Evolution"[314]. Dieses Selbstorganisationsprinzip steht auch schon in „Die Ordnung des Lebendigen" im Mittelpunkt. Damit ist wieder der Anknüpfpunkt an Systemisierung gegeben bzw. das Bedenken davon, im Sinne dieser Systemisierung Ausrichtungsmöglichkeiten gemäß Kanalisierung für die Zukunft zu erzielen. Im Horizont von „Biologie der Erkenntnis" ist die Basis hierfür in Form von Vorausurteilen gegeben: „Wird nun angenommen, an hypothetisch realer Ordnung lernen zu können, so ist als nächstes nach dem Lernziel zu fragen. Dem Gegenstand nach kennen wir es schon: es geht um die Lösung von Lebensproblemen mit dem Ziel einer Optimierung der Lebensbedingungen. Dem Vorgang nach aber handelt es sich um die Prognostizierbarkeit der Lebensprozesse, um etwas, das in unserer kognitiven Welt einem Urteil über kommende Zustände entspricht, um zutreffende Urteile im voraus, also um richtige Vor-Urteile"[315]. Hierauf folgt: „Ein lückenloses Netz von Voraus-Urteilen ist das Ergebnis alles biologisch Erlernten. Und die Ursachen sind die hunderttausendfach gleichbleibenden Lernaufgaben, die immer wieder von demselben Pauker gestellt werden; von den Lebensproblemen des Milieus wie von jenen der eigenen Organisation"[316].

Riedl betont nun, daß „Vorausurteile" niemals Gewißheit erlangen können, sondern probabilistisch zu verstehen sind: es handelt sich bei ihnen immer um Extrapolationen, die, in Distanz zur induktiven Logik, also auf Wahrscheinlichkeiten aufbauen. Nicht auf induktive Logik wird hier also abgezielt, wie dies aus rationaler Sicht naheliegend – ja unumgehbar – scheint, sondern auf die bereits anvisierte Systemisierung: „Es ist ganz entscheidend zu verstehen, daß eine Evolution, die darauf angewiesen ist, ausschließlich mit Hilfe des Zufalls schöpferisch zu sein, es sich nicht leisten kann, seiner Blindheit zu viel Spielraum zu lassen. Denn die Chance, das richtige Los zu ziehen, entspricht, wie in jeder Lotterie, notwendigerweise dem Kehrwert der Zahl der Lose"[317].

Riedl verweist im Sinne hiervon darauf, daß an der Schwelle zum Bewußtsein bereits ein ganzes Arsenal an „angeborenen Lehrmeistern" vorliegt, wie dies Konrad Lorenz bereits dargelegt habe, und argumentiert weiter: „Genauso, wie kein Organismus lernen wollte, sondern von der Evolution zum Lernen gezwungen wurde, so hat die Selektion auch das Bewußtsein durchgesetzt. Durch die enormen Vorteile, die es bietet, nämlich einen Versuch zu-

---

310 Campbell D 1959
311 Lorenz K 1959
312 Riedl R 1981: S.31
313 Von Riedl zitiert aus Vollmer G 1975: S.35
314 Riedl R 1981: S.31
315 Riedl R 1981: S.31
316 Riedl R 1981: S.32
317 Riedl R 1981: S.33

nächst im »zentral repräsentierten Raum«, im Denken, prüfen zu können, ohne bei jedem Irrtum sogleich die eigene Haut riskieren zu müssen"[318]. Trotz dieses Vorteiles, ist die Vernunft – so Riedl - auch und ganz wesentlich im Lichte der „Zauberlehrling Mensch"-Aussage zu verstehen, nicht zuletzt, da auch das Bewußtsein bzw. die reflektierende Vernunft ein Evolutionsprodukt ist und daher seinem biologischen Hintergrund – dem ratiomorphen Apparat bzw. den angeborenen Lehrmeistern – ähnelt: „Zudem wird sich auch aller bewusster Erkenntnisvorgang als theoriengetränkt erweisen: voll der Hypothesen"[319]. Diese Hypothesen sind primär: „die Hypothese vom anscheinend Wahren"[320], „die Hypothese vom Ver-Gleichbaren"[321], „die Hypothese von der Ur-Sache"[322] und „die Hypothese vom Zweckvollen"[323].

Von diesen Hypothesen gilt es, jene vom „anscheinend Wahren" kurz genauer zu beleuchten. Insbesondere ist es Riedls Argumentation bezüglich Heuristik, Induktion und ratiomorpher - in Differenz zur rationalen - Leistungen, die betrachtet werden soll. „Vorausgesetzt ist, ..., daß es in dieser Welt überhaupt etwas zu lernen gibt. Und tatsächlich hätte in einer angenommenen chaotischen Welt das Leben weder entstehen, geschweige denn etwas lernen und sich entwickeln können. So zeigt schon die Tatsache der Evolution, daß diese Welt Ordnung enthält. Was dieser Ordnung extrahiert wird, das ist ihre Regelmäßigkeit, die Häufung des Zusammentreffens, die Häufung der Koinzidenzen ihrer Zustände und Ereignisse. Dabei geht es zunächst gar nicht darum, wie diese Welt wirklich wäre, sondern darum, mit welchen Reaktionen ihr am ehesten beizukommen, wir sagen: mit welchem Extrakt ihr am einfachsten und sichersten zu entsprechen wäre. Die Annäherung ihre mögliche Wirklichkeit ist ein asymptotischer Prozeß der Optimierung, der wohl nie ein Ende finden wird; zwingende Gewißheit kann es darum auch gar keine geben"[324]. Diese asymptotische Näherung ist also im Sinne der systemischen Verkleinerung des Repertoires Zufalls zu verstehen, von dem Riedl

---

[318] Riedl R 1981: S.33f

[319] Riedl R 1981: S.37

[320] „die Hypothese vom anscheinend Wahren enthält die Erwartung, daß sich manche gemachte Erfahrung unter entsprechenden Bedingungen wahrscheinlich prognostizieren, also durch Wiedereintreten bestätigen lassen werde" (Riedl R 1981: S.53).

[321] „die Hypothese vom Ver-Gleichbaren enthält die Erwartung, daß das Ungleiche in er Wahrnehmung der Dinge ausgleichen werden dürfe, und daß sich ähnliche Sachen, obwohl sie offenbar nicht dasselbe sind, auch in manchen noch nicht wahrgenommenen Eigenschaften als vergleichbar erweisen würden" (Riedl R 1981: S.93).

[322] „[die Hypothese der Ur-Sache] enthält die Erwartung, daß ähnliche Ereignisse oder Zustände ähnliche Ereignis- oder Zustandsfolgen prognostizieren ließen; und daß (sie enthält wieder die Erwartung der Abstrahierbarkeit) ein bestimmtes Feld von Ähnlichkeiten, ein und dieselbe Menge von Ereignissen oder Zuständen, auch ein und dieselbe bestimmte Ereignis- oder Zustandsfolge vorhersehen ließe" (Riedl R 1981: S.130).

[323] „[die Hypothese von den Zwecken] enthält die Erwartung, daß die Funktionen ähnlicher Systeme als Subfunktionen desselben Obersystems verstanden werden dürfen. Wir können auch sagen: daß gleiche Strukturen demselben Zwecke entsprechen oder genügen werden" (Riedl R 1981: S.159). Angemerkt sei: Die *causa finalis* und die *causa formalis* wirken von der Ober- auf die Unterschicht, die *causa efficiens* und *causa materialis* von der Unter- auf die Oberschicht; die *causa finalis* und *causa efficiens* reichen jeweils unverändert durch den ganzen Schichtenbau, die *causa materialis* und *causa formalis* ändern sich jeweils von Schicht zu Schicht.

[324] Riedl R 1981: S.41

schon in „Die Ordnung des Lebendigen" berichtet, nun im Sinne einer „Ökonomie des Vorurteils [mit anscheinend Wahrem zu rechnen]"[325].

Riedl verweist nun darauf, daß das hiermit Bezeichnete alleine in gemeinsamer Betrachtung von Deduktion und Induktion bzw. Heuristik verstanden werden kann, die beide gemeinsam einen Kreislauf formen. „Sie [die wissenschaftliche Logik] hat die induktive Begriffslogik, den Schluß vom Speziellen auf das Allgemeine aufgegeben und sich auf die deduktive Aussagenlogik, den Schluß vom Allgemeinen auf das Spezielle reduziert, den nur in ihr sind zwingende Schlüsse möglich. Wir dagegen haben es mit Heuristik, Induktion und Begriffsbildung zu tun"[326]. Hierauf folgt: „Heuristik, also zunächst Schaffung oder Aufdeckung von neuen Gewißheiten mittels eines Algorithmus der Wahrscheinlichkeit, ist die Methode des Lebendigen, hinauf bis zu den ratiomorphen Lehrmeistern unserer Vernunft"[327]. Hierher gehört auch: „Die biologische Vernunft dieser Heuristik ist ratiomorph gesteuert und entspringt eben ihrer lebenserhaltenden Funktion; im Antrieb wie in der Begründung. Antrieb ist der Suchmechanismus der kreativen Evolution. Wir kennen ihn von der Mutation über die Assoziationen bis zu den endogenen Suchmechanismen, die selbst wieder, nach Lorenz[328], Hassenstein[329] und Eibl-Eibesfeldt[330], von der bloßen Bewegung über Unruhe und Appetenzen bis zum Spiel, zum explorativen Verhalten und bis zur Forschung führen. Reflektiv reicht er von der Angst zur Hoffnung, neutral heißt er Neugierde, in den Formen von Erwartung, Voraussicht, Idee und Hypothese. Dabei braucht im Ansatz gar nicht mehr erwartet zu sein, als »daß sich schon etwas zeigen werde«. Denn nichts wäre tödlicher für den Lernfortschritt, als wenn sich eben nichts zeigen würde"[331].

Grundsätzlich bestimmt Riedl den hier thematisierten Kreislauf wie folgt: „Etwas schematisiert lassen sich in diesen Kreisläufen sechs Teile durch die ganze Evolution verfolgen. Drei auf der Seite der Erwartungen, drei auf der Seite der Erfahrungen. Alle sechs repräsentieren stets das Lernergebnis des ganzen Kreislaufs aus den Erfolgen aller vorausgegangenen Schichten"[332]. Generell umfaßt der Kreislauf auf Seite der Erwartung den „Antrieb der Erwartung", die „Entscheidungshilfen" und die „Erwartungsinhalte", auf Seiten der Erfahrung die „Erfahrungsinhalte", die „Erfahrungsweise" und die „Reaktion auf die Erfahrung"; die „sieben Schichten", von denen in dem Zitat die Rede ist, sind: „präzellulär", „strukturell", „instinktiv", „assoziativ", „ratiomorph", „rational" und „kulturell". Betont sei, daß auf der Ebene der „strukturellen Schicht", das „epigenetische System" als konkreter Repräsentant des generellen Teiles „Entscheidungshilfe" angeführt wird, sowie „Struktur-Mutante" als jener von „Erwartungs-Inhalte" und „Förderung: Selektion" als jener von „Erfahrungsweise", womit zugleich evident wird, daß der Kreislauf, von dem hier berichtet wird, aus dem Bedenken des Kreislaufes „Entscheidung – Ereignis" erwächst.

Im Sinne hiervon ist es zu verstehen, wenn Riedl angesichts der Anführung der einzelnen Schichten sogleich wieder die Bedeutung der Eingränzung des Zufalls anmerkt: „Und ein Lernmechanismus, der für seine schöpferischen Schritte den Zufall nicht entbehren kann, darf auch das Repertoire des Zufalls nicht ausufern lassen. Denn die Trefferchance des Zufalls entspricht bei Chancengleichheit stets dem Kehrwert der Anzahl an Möglichkeiten. Folglich

[325] Riedl R 1981: S.55
[326] Riedl R 1981: S.59
[327] Riedl R 1981: S.59f
[328] Lorenz K 1973a, 1978
[329] Hassenstein B 1973
[330] Eibl-Eibesfeldt I 1978
[331] Riedl R 1981: S.67f
[332] Riedl R 1981: S.178

werden die Suchfelder möglichen Erfolgs schrittweise durch die genetischen Codices, das System der Genwechselwirkungen, die Hierarchie der Instinkte, angeborene Auslösemechanismen, Vorurteile und Einstellungen, hinauf bis zu den sogenannten Selbstverständlichkeiten auf das eingeengt, was wir als Urteil und Überlegung empfinden. Und ganz entsprechend differenzieren sich die Erwartungsinhalte von den einfachsten Mutationen bis zu unseren Ideen und Weltbildern“[333].

Angesichts seiner Darstellung der sieben Schichten des generellen Kreislaufes resümiert Riedl seine Theorie, woraus folgende Aussagen herausgegriffen seien, da sie das Verständnis von „Biologie der Erkenntnis“ abrunden: „Dieser Mechanismus [Lern-Algorithmus der Evolution bzw. Kreislauf] enthält die Geschichte des Oeserschen Modells bis in den Bereich der Dynamik der wissenschaftlichen Theorien in all seinen Punkten. Er hat »keinen absoluten Anfang«, enthält »keine ersten Tatsachen und letzten Gründe«, hat den Charakter »der Rückwirkung«, erlaubt »keine absolute Verifikation« sondern, wie Erhard Oeser darlegt, »nur Zustandänderungen, die sich in einer ständigen Umkonstruktion der Theorie (der Erwartungs-Inhalte) äußern, die notwendig auf möglichst hohe Stabilität (Überlebens-Wahrscheinlichkeit) tendiert«. Er ist ein irreversibler Prozeß mit gleichwertigen Teilen, der auf Informationsverdichtung und Anpassung, das heißt Übereinstimmung mit derselben Welt abzielt, die diesen Mechanismus selegiert“[334]. „Das Mißverständnis [Kausal- und Finalnexus als Gegensatz zu bedenken] wurzelt wie wir sahen darin, daß unser gesunder Hausverstand zu vereinfachte Vorstellungen von den Ursachen ererbte. ... Uns lenkt die Anschauung, daß Ursachen in exekutiven Ketten verliefen, und, noch schlechter, daß Zwecke aus der Zukunft wirkten. Einmal, weil wir den Ursache-Wirkungs-Zusammenhang an der Exekution unserer eigenen einfachsten Handlungen erlernen, ein andermal, weil wir die Effektuierung eines Zweckes in der Zukunft mit seinen Prämissen verwechseln, die durchaus in der Gegenwart liegen. | Dagegen fanden wir, daß Ursachen funktionell vernetzt sind und daß der Unterschied von Antriebs- und Zweck-Ursachen nur darin besteht, daß erstere von den niederen in die höheren Komplexitätsschichten wirken, letztere umgekehrt von den höheren in die niederen; wie wir das schichtenweise als Selektion, Zuchtwahl, Wahl, Urteil und Vernunft erleben“[335].

Damit kann die Darstellung von „Biologie der Erkenntnis“ abgeschlossen und dazu übergegangen werden, in jenem Umfang auf Riedls „Strategie der Genesis“ zu blicken, der für das vorliegende Buch notwendig ist; es ist vor allem Riedls Darstellung des Menschen, die zu skizzieren sein wird.

Im Lichte hiervon sei zunächst auf Riedls Ausführungen zur Menschwerdung geblickt: „Der Mensch war also nicht geplant. Tatsächlich treffen sich die Kausalketten der Voraussetzungen der Menschwerdung zufällig. Aber die Konsequenzen ihrer Begegnung sind ausschließlich Notwendigkeiten, neue Systembedingungen; neue Formursachen innerhalb deren die alten Formursachen zu Materialursachen, die sich zufällig begegnenden Supersysteme zu Subsystmen werden“[336]. Die Begegnung, von der Riedl hier spricht, betrifft die „Wurzeln des Denkens“: „Zunächst hohes Abstraktionsvermögen. Es benötigt eine beträchtliche Hirngröße. Die Entwicklung der Raum-Repräsentanz wiederum verlangt das Leben in komplexen Raumstrukturen, etwa im dichten Geäst, sowie vorderständige Augen. Die Entwicklung des Neugierverhaltens braucht eine konsolidierte, kinderschützende Sozietät; und der Weg zur Selbstexploration eine vor dem Gesicht operierende Greifhand. Und endlich war eine geringe Spezialisierung zu fordern, um der Willkürbewegung ein großes Repertoire zu sichern; um

[333] Riedl R 1981: S.179
[334] Riedl R 1981: S.179
[335] Riedl R 1981: S.183
[336] Riedl R 1980: S.221

aber auch rückwirkend eine neue Spezialisierung schaffen zu können, ein Extremorgan in ganz neuer Art – ein mächtiges Großhirn“[337]. Einzig und alleine die höheren Affen bringen eine Kombination dieser Prämissen mit: „Und unter diesen ist es wieder eine kleine Gruppe die der Proconsulen, die vor zwanzig Jahrmillionen die Herausforderung annahmen, mit all diesen Anlagen aus dem Tropenwald hinaus in die Steppe zu ziehen und diese zu erobern. Damit entstehen der Ramapithecus und weiter die Formen des Australopithecus und vor zwei Jahrmillionen, dicht vor dem Werden der Gattung Homo, die ersten Steinwerkzeuge. In diesen achtzehn Jahrmillionen haben sich in wechselseitiger Verstärkung vier Dinge vorbereitet: Werkzeuggebrauch, Bewußtsein, Sprache und die Tradierung durch Nachahmung“[338].

Zu dem für den Menschen so charakteristischen „bewußten Denken“ hält Riedl zunächst fest, daß es alleine auf der Basis des ratiomorphen Denkens verstanden werden kann, wie auch: „Neu hingegen und entsprechend erst ganz oberflächlich im Gebrauch ist das bewußte Denken. »Entgegen der populären Meinung«, so stellt die Psychologie heute fest, »ist das eigentliche Denken nicht mit einem besonders hohen Grad von Bewußtsein ausgestattet; es gelangt vielmehr zu seinen Resultaten, ohne daß die einzelnen Zwischenstufen auch wirklich im Erlebnis deutlich würden. Am Ende steht dann oft das von Bühler so bezeichnete ‚Aha-Erlebnis' des mehr oder minder plötzlichen, bisweilen ganz unvermuteten Bescheidwissens«[339]. Wie man, so bestätigt Konrad Lorenz die Beobachtung Carl Friedrich v. Weizsäckers, »zunächst nur mit Sicherheit weiß, daß man die Lösung hat, aber noch nicht, wie sie aussieht«[340]“[341].

Riedl focusiert nun auf die Sprache, als einer Konsequenz des Systems des Bewusstseins: „Gewiß, die Sprache hat tiefe Wurzeln. So ist es völlig zutreffend, mit Karl von Frisch bereits von einer Sprache der Bienen zu sprechen. ... Hohe Entwicklung aber erfährt die Sprache erst – ... – mit der des Bewußtseins“[342]. Sogleich konkretisiert Riedl: „Und selbstverständlich setzt die Sprache auch alle anderen Ordnungsmuster fort, jene Hierarchie und Interdependenzen, unter deren Aufsicht bereits Bewußtsein und Denken, Instinkte und Reflexe, ja die organischen Strukturen überhaupt entstanden sind“[343].

Im Anschluß an die Genesis des Denkens widmet sich Riedl der Genesis der Sozialstrukturen, wozu man sogleich erfährt, „daß jene Nachrichten aus dem Milieu, die den Weltbildapparat des Menschen durchsetzten, ihn also zum Menschen machten, in wachsender Menge von seinen Mitmenschen selbst stammen. | Kurz: Den Einzelmenschen gibt es nicht. Es gibt nur *die* Menschen; und schon das Denken des Einzelnen ist das Ergebnis ihrer So-

---

337 Riedl R 1980: S.221f

338 Riedl R 1980: S.222

339 Zitiert aus Hofstätter P 1965: S.89

340 Lorenz K 1959: S.159

341 Riedl R 1980: S.225f

342 Riedl R 1980: S.228; hier ist auch folgende Aussage Riedls von Interesse: „Daß die entwickeltste Sprache auf unserem Planeten eine Lautsprache ist, ist wieder ein Zufall. Er beruht auf der zufälligen Begegnung höchstentwickelten Bewußtseins mit einem passablen Entwicklungszustand der Stimmorgane. Besäßen Bienen oder Tintenfische ein so differenziertes Bewußtsein, so hätten erstere wohl unsere Sprachleistung über eine Stummensprache erreicht oder letztere über die rasch veränderlichen Zeichnungen ihrer Haut sogar eine mehrdimensionale Sprache erreichen können“ Riedl R 1980: S.228; *interessant ist dies, da Sprache hier offensichtlich nicht im Horizont von „im Gespräch sein mit sich“, sondern alleine im Horizont von „Informationsweitergabe an Artgenossen“ verstanden wird, worauf im zweiten Teil des Buches zurückzukommen sein wird.*

343 Riedl R 1980: S.229

zietät. Lorenz beispielsweise folgt Gehlen, »daß *ein* Mensch gar kein Mensch sei, denn menschliche Geistigkeit ist ein überindividuelles Phänomen«[344]. Und bei Berger und Luckmann wird dies bestätigt. »Das Bewußtsein ist also schon von vornherein ein gesellschaftliches Produkt«. Das aber ist auch eine These von Karl Marx[345]. In dieser Sache also ist man einig"[346]. Ganz generell führt Riedl sogleich zur Genesis der Sozietät an: „Mit dem Wirken der Sozietät tritt wieder Neues aus der Genesis. Wiederum ist es ein neuer Überbau von Ordnung, sind es ambivalente Freiheiten durch die Fesselung der alten. Es entstehen nun brüderliche Freiheit, Recht und Geborgenheit, mit Sklaverei, Betrug und Einsamkeit im Gefolge. Und wiederum hatte der Kosmos nichts von alledem vorher gekannt"[347]. An diesen Ausführungen zur Sozitätet ist sogleich hervorzuheben, daß sie in Verflechtung mit jener Zurückweisung der Cartesianischen Betonung des Ich stehen, die in „Biologie der Erkenntnis" angetroffen worden ist.

Im Lichte hiervon ist es auch zu verstehen, wenn Riedl Meinungen anderer Forscher zusammenträgt, in denen ein Antagonismus ausgesagt wird, wie er von Riedl selbst gemäß seinem Regelkreis (Spiralumgang) ausgesagt ist: „Jene für das Verständnis der ganzen Genesis grundlegende Einsicht, daß in jeder Komplexitätsschicht eine Wechselwirkung von Material- und Formursachen herrscht - ... -, gilt den Soziologen als ausgemacht. Man weiß, daß die Sozietät ein Produkt ihrer Individuen ist wie jedes Individuum ein Produkt seiner Sozietät. In der Tiersoziologie formuliert Remane[348] jene Doppelwertigkeit von Individualität und Kollektivität als »zentripedale und zentrifugale Kräfte innerhalb des Verbandes«. Der Historiker Jacob Burckhardt nannte schon dasselbe »die Macht nach außen und die Macht nach innen«[349], die Betriebssoziologie von Arnold Tannenbaum nannte es ein »Rückkoppelungssystem zwischen Individuum und Betrieb«[350], die Wirtschaftssoziologie von John Galbraith sprach von einem solchen zwischen Industrie und Markt[351], die Wissenssoziologie von Berger und Luckmann von einem zwischen Individual- und Allerwelts-Weltbild[352]. Und wieder finden wir dasselbe bereits in den Zwillingsbegriffen Basis und Überbau von Karl Marx, die die Soziologie von Anbeginn faszinierten[353]. | Kurz: Des Menschen »Produkt wirkt zurück auf seinen Produzenten«, und das Ergebnis »sind Bestandteile in einem dialektischen Prozeß«[354]. Das ist naturwissenschaftlich ein Wechselbezug, ein Antagonismus zwischen dem, was wir als Material- und Formursachen bereits in allen Schichten der Genesis wirken fanden"[355].

Hierher gehört aber auch folgende Aussage über das Individuum: „Aber schon das Individuum ist keine konstante Größe. Individualisation und Desindividualisation[356] wechseln

---

344 Zitiert von Lorenz K 1973a: S.272, aus Gehlen A 1940

345 Zitiert in Berger P und Luckmann T 1969: S.5, nach Karl Marx, aus seinen früheren Schriften.

346 Riedl R 1980: S.244f

347 Riedl R 1980: S.245

348 Remane A 1960: S.151

349 Zitiert aus Remane A 1960: S.149

350 Man vergleiche die von Katz D in Tannenbaum A und Mitarbeitern 1974 gegebene Einführung (z.B. S.13)

351 Galbraith J 1967

352 Berger P & Luckmann T 1969

353 Vgl. Berger P & Luckmann T 1969

354 Zitiert aus Berger P & Luckmann T 1969

355 Riedl R 1980: S.246

356 „Umgekehrt kann schon beim Auseinanderweichen von Zellen immer wieder Individualität entstehen, wie es die ungeschlechtliche Vermehrung durch Teilung zeigt, sei es bei Pflanzen,

einander ab. Das Un-teilbare erweist sich als teilbar. Und noch mehr wird sich das Einzigartige als »vermeßbar« erweisen. Ebenso, sagt Peter Hofstätter[357], ist »die Gruppe im Prinzip nicht Selbstzweck, sondern eine Vorkehrung, mit deren Hilfe sich die verschiedensten Ziele erreichen lassen«. Das gilt von den Pilzen bis zu den Militärpakten“[358].

Das an sich schon nicht einfach festlegbare Individuum gliedert sich also wie dargelegt in eine Gruppe ein, wozu Riedl zudem festhält: „Was dahinter in der Tiefe unseres ratiomorphen Weltbildapparates steckt, ist Trägheit und Unsicherheit, das Bedürfnis, der Last und der Ungewißheit der Urteilsfindung über sich und die anderen, ja über Gott und die Welt, entbunden zu werden: die alte Strategie der Genesis in neuem Gewand. Wird das Repertoire möglicher Urteile zu groß, so muß sich eine Instanz bilden, die drastisch einschränkt, um den Zufallstreffern, hier unseres Urteilens, wieder eine realistische Erfolgschance zu geben, Auf dieser Ebene sehen wir auch, daß eine solche Instanz geradezu angerufen wird. Diese Instanz sind die vergleichbaren Anderen“[359]. Diese Kollektivierung ist durchaus problembehaftet: „Das starke »Wir«, das er liefert, das uns durch gleiche Meinung und Haltung und als deren Folge durch »gemeinsam Leid – gemeinsam Freud« zusammenschmiedet, macht böse Kosten: »die Anderen«. Je segensreicher uns nämlich unsere Gewißheit erscheint zu »wissen«, wo wir hingehören – »wir Burschen«, »wir Deutschen«, »wir Christen« -, um so strafbarer anders erscheinen uns »die Anderen«“[360]. Hierher gehört auch: „Die Folge der Ächtung ist die Ausstoßung. Sie ist uns schon aus dem Tierreich bekannt. Von Hühnern beispielsweise weiß man, daß sie ein Gruppenmitglied, das von der Norm abweicht, heftig angreifen und sogar töten. Dabei genügt es schon, wenn man dem Tier den Kamm mit einem Farbfleck versieht oder in eine andere Richtung bindet[361]. Beim Menschen kann die leichte Form der Ausstoßreaktion, das Hänseln, als eine Art Erziehungsmechanismus den Außenseiter der Gruppe angleichen, indem ihm auf diese Weise »asoziale« Gewohnheiten abdressiert werden“[362].

Zuletzt sei noch auf Riedls Ausführungen zur Kultur des Menschen geblickt: „Begriffliches Denken und seine Akkumulation durch Tradierung zur Kultur, stellt Lorenz fest, liegt »keineswegs jenseits des Bereiches der Biologie, aber dies ist biologisch noch einzigartiger und wunderbarer, als es jemals von jenen erkannt wurde, die verzweifelt zu beweisen versuchen, daß sich der Mensch vom Tier prinzipiell unterscheide und daß die Naturgesetze, die für diese gelten, für ihn keine Geltung hätten«. Leben selbst beschrieben wir als einen Erkenntnisprozeß. Wie könnte dann Erkenntnis nicht mit dem Leben zusammenhängen! | Wir haben auf den vorhergehenden Seiten die Naturgeschichte selbst des menschlichen Erkennens, der Sozialstrukturen und der Pseudospeziation, der Tradierung und Ritualisierung gegeben. Und sogar von unserer Sprache stellt Eric Lenneberg zusammenfassend fest: ihre »kognitive Funktion ist artspezifisch«[363]. Sie alle sind die Grundlagen unserer Kultur. Die Brücke kann also geschlagen werden“[364]. Das Ergebnis dieses „Brückenschlages ist: „Die Kultur ist gleichwohl

---

Hohltieren oder Würmern. Selbst die unreife Eizelle des Menschen ist ein unselbständiger Massenbaustein wie eine Milliarde andere und kann doch zum Eigenschicksal eines Menschen werden, Ja, jede Hälfte von ihr kann das noch, wie die eineiigen Zwillinge zeigen“ Riedl R 1980: S.248

[357] Zitat aus Hofstätter P 1962: S.21

[358] Riedl R 1980: S.248

[359] Riedl R 1980: S.249

[360] Riedl R 1980: S.253

[361] Originalliteratur aus Eibl-Eibesfeldt I 1974 (siehe 1978)

[362] Riedl R 1980: S.254

[363] Lenneberg E 1972: S.452

[364] Riedl R 1980: S.289

eine Folge der Evolution wie die Funktion einer Wahrscheinlichkeit, einer Ökonomie der Seele"[365].

Manfred Wuketits

Etwa seit der Mitte der 70er Jahre des 20. Jahrhunderts veröffentlicht Franz Wuketits[366] Arbeiten, die sich mit Problemen der Biologie als Wissenschaft beschäftigen, wobei sich Wuketits als ein Vertreter der EE erweist. Die Bedeutung der thematisierten Arbeiten Wuketits' liegt sicherlich weniger in dem Vortrage innovativ-eigenständigen Gedankengutes, als in der Zusammenschau des Gedankengutes anderer Forscher und Denker, allen voran von R. Riedl, K. Lorenz, L. von Bertalanffy, N. Wiener und E. Oeser. Unter diesem Aspekt soll hier Wuketits' „Biologie und Kausalität" in die Betrachtungen eingeschlossen werden.

Nachdem sich Wuketits in seinem Buch allgemein mit der Geschichte des Kausalitätsproblems und der Thematik „Kausalität und das Problem des Lebendigen" auseinandergesetzt hat, widmet er sich jener Neuerung, die mit dem Auftreten der Kybernetik und Systemtheorie in der Biologie aufgetreten ist, insbesondere in Hinblick auf das Verständnis von Evolution und Organismus. Wuketits beginnt seine Ausführungen wie folgt: „Untersucht man die jüngere Wissenschaftsgeschichte auf jene »Ereignisse«, die zu integrativen Gesichtspunkten geführt haben, zu »synthetischen Ansätzen« und zur Möglichkeit einer Überbrückung der Kluften zwischen einzelnen wissenschaftlichen Disziplinen, so kann man ohne zu zögern die Etablierung der *Kybernetik* als ein solches »Ereignis« ansehen. Soll dieses Buch, ..., nicht zuletzt auch der Zersplitterung der Wissenschaft entgegenwirken, dann ist die Berücksichtigung der kybernetischen Denkweise nicht nur legitimiert, sondern geradezu notwendig. Ein weiterer Grund, an dieser Stelle auf die Kybernetik, die kybernetische Betrachtungsweise, einzugehen, ist vor allem darin gegeben, daß die Kybernetik als wesentliches Instrumentarium für die Lösung der Kausalitätsproblematik herangezogen werden kann. In der Biologie hat die Kybernetik wesentlich zu einem neuen Bild des Organischen beigetragen; und es ist dieses neue, von eingleisigen Denkweisen freie Bild des Lebendigen, welches Ansätze zu einem neuen Kausalitätsmodell birgt"[367]. Hierin liegt: „Die Kybernetik beschäftigt sich nicht primär mit vorgegebenen Strukturen der realen Welt wie andere Disziplinen (...), sondern mit spezifischen *Interaktionen* zwischen diesen Strukturen. Ihr Betrachtungsgegenstand rekrutiert sich aus *informationellen Systemen, aus informationsverarbeitenden, selbstregulierenden Systemen* und eben jenen *Mechanismen*, welche der Informationsverbreitung und Selbstregulation zugrunde liegen"[368]. Im Sinne hiervon etabliert sich mit der Kybernetik eine neue Denkweise, also nicht bloß eine neue Facette wissenschaftlichen Denkens. Im Zentrum dieser neuen Denkweise steht das Denken in Regelkreisen[369]: „Für den Aspekt der Regelung oder Steuerung[370] geben Organismen geradezu ein Musterbeispiel ab. Jedes Lebewesen ist als informationsverarbeitendes, selbstregulierendes System zu betrachten, und dadurch zu charakteri-

[365] Riedl R 1980: S.290

[366] Vgl. Wuketits FM 1977a, 1977b, 1977c, 1978a, 1979a, 1979b, 1980

[367] Wuketits FM 1981: S.74

[368] Wuketits FM 1981: S.75f

[369] Wuketits FM 1983: S.179: „Die Kybernetik (Regelungs-, Steuerlehre) hat sich für die Erkenntnis komplizierter Regulationsleistungen lebender Systeme (Selbstregulation) als sehr fruchtbar erwiesen. In der modernen Biologie hat die Kybernetik als eine spezifische Denkweise (Denkweise in Regelkreisen) heuristische Bedeutung".

[370] „Kybernetik" geht auf den griechischen Ausdruck „kybernetes" – „Steuermann" – zurück.

sieren, daß es 1. in einem permanenten Informationsaustausch mit seiner Umwelt steht und 2. die Tendenz zeigt, den Ab- und Zufluß von Informationen (von »Stoff« und »Energie«) in einem bestimmten Gleichgewicht zu halten (*Fließgleichgewicht*; vgl. L. v. Bertalanffy 1973)"[371].

Hierzu muß ein Organismus über die Funktionsglieder „Sinnesorgan", „Ausführungsorgan" und „signalübertragende Leitung" verfügen: „Der Sender (= Sinnesorgan) und der Empfänger (= Ausführungsorgan) müssen nun – und dies ist das Entscheidende – in spezifischer Wiese aufeinander abgestimmt sein. Jede vom Sender gemeldete Abweichung muß gerade die *Gegenreaktion* zur Abweichung auslösen. ... Solche Gegenaktionen bezeichnet man als *negative Rückkoppelung*. Sie werden in Regelkreismodellen dargestellt"[372].

Derartige Modelle werden im Rahmen der Kybernetik gleichsam auf „neutralem Boden" errichtet, ebenso jenseits der Grenzen von Einzeldisziplinen[373] wie jenseits der Barrieren von Mechanismus und Vitalismus, kurzum, „jenseits der durch klassische Kontroversen entstandenen Zäsuren"[374]. Im Lichte hiervon ist die Kybernetik mit ihren Regelkreis-Modellen, wie Wuketits nun hervorhebt, für die EE grundsätzlich von Interesse: „Gemäß der Kreisrelationslehre ist der menschliche Erkenntnisapparat ein Ensemble von Rückkoppelungsprozessen; der Erkenntnisprozeß ist nicht als linearer Vorgang zu kennzeichnen, sondern als *Wechselwirkung* transparent zu machen, als ein durch Rückkoppelung geregelter *Informationsprozeß* (E Oeser 1976 [2. Band]). ... Den Anhaltspunkt dafür liefert im wesentlichen das von E. v. Holst und H. Mittelstaedt (1950) dargelegte *Reafferenzprinzip* (siehe auch B. Hassenstein 1973, K. Lorenz 1978 u.a.)"[375].

Wenn es nun so ist, daß die Kybernetik bzw. das Denken in Regelkreisen so essentiell für das biologische Denken, aber auch die Erkenntnistheorie[376] ist, wieso ist sie dann erst so spät in den entsprechenden Wissenschaften bzw. der Wissenschaft allgemein aufgetreten? Die Frage könnte aber auch lauten: wieso gehört das Denken in Regelkreisen nicht zu unserem alltäglichen Denken? Hierauf antwortet Wuketits ausführlich. Zunächst hält er hierzu fest: „In unserem täglichen Tun und Handeln sind wir eine *Linearität* gewohnt. Die wohl darauf zurückzuführen ist, daß wir in eine Raum-Zeit-Relation integriert sind. Raum und Zeit bilden ein vierdimensionales Gefüge. »Ein Punkt in diesem Gefüge repräsentiert ein Ereignis, determiniert durch drei Raumkoordinaten und die Zeitkoordinate« (J. Piaget 1974: S.171) (Übers. Aus dem Engl.). Ein Vorgang kann – davon werden wir schon in früher Kindheit überzeugt - nur *linear* ablaufen, entlang der (imaginären) Zeitachse. Eine Umkehrung der Zeit ist für den Menschen schlechterdings unvorstellbar"[377]. In Anlehnung an G Eder hält Wuketits zudem fest, daß wir einen „einseitig gerichteten Wirkzusammenhang" insofern denken, als wir meinen: „Von uns geht die Handlung aus: wir sind die Ursache. Die Veränderung am Objekt ist die Wirkung. ... Wir bezeichnen daher diese Art des Wirkzusammenhanges als *exe-*

---

[371] Wuketits FM 1981: S.77
[372] Wuketits FM 1981: S.77
[373] Wiener N (der Begründer der modernen Kybernetik) 1968: S.21: „Viele Jahre lang hatten Dr. Rosenblueth und ich die Überzeugung geteilt, daß die für das Gedeihen der Wissenschaft fruchtbarsten Gebiete jene wären, die als Niemandsland zwischen den verschiedenen anerkannten Disziplinen vernachlässigt wurden" (zitiert nach Wuketits FM 1981: S.75)
[374] Wuketits FM 1981: S.78
[375] Wuketits FM 1981: S.80
[376] Wuketits FM 1981: S.80: „Dadurch, daß auch der menschliche Erkenntnisvorgang als ein im wesentlichen selbstregulativer Prozeß gedeutet werden kann, erscheint die klassische Erkenntnistheorie ebenfalls in neuem Licht".
[377] Wuketits FM 1981: S.81

kutive Kausalität“[378]. Aber auch die stammesgeschichtliche Dimension führt Wuketits – in Anlehnung an Riedl[379] – an: „Die unikausale Denkweise ist, so muß mit Nachdruck betont werden, ein im Prinzip sehr bequemes Mittel der Naturforschung. Sie ist jenes Mittel, welches wir - ... – von unseren Vorfahren in der Stammesgeschichte übernommen haben, von Lebewesen, die nicht vor dem Problem einer (rationalen) Naturerklärung gestanden sind und sich mit der Linearität der für sie bedeutsamen Vorgänge begnügen konnten“[380].

Unübersehbar fordert Wuketits hier ein Umdenken gegenüber dem alltäglichen Denken ein, um willen der Vergegenwärtigung vernetzter Kausalitäten: „Die lineare oder exekutive Kausalität umschreibt bloß den einseitigen Wirkzusammenhang[381], wir haben hingegen von *wechselseitigen* Wirkzusammenhängen auszugehen, so daß das Schema der exekutiven Kausalität durch ein erweitertes Kausalschema zu substituieren ist, wie es von verschiedenen Autoren bereits diskutiert und durch verschiedene Begriffe etikettiert worden ist: G. Eder[382] spricht von einer *funktionellen* oder *konsekutiven* Kausalität, R. Riedl[383] von einer *vernetzten* und J. de Rosnay[384] von einer *zirkulären* Kausalität“[385]. Genauerhin zitiert Wuketits in diesem Zusammenhang folgende Worte Riedls: „Die Gesamtkausalität enthält zwar Ketten: Dies sind winzige Ausschnitte aus dem Netz. Gewissermaßen Fadenstücke aus jeweils einer seiner Maschen. Diese Ausschnitte waren für jene Umwelt, für welche das System hypothetischer Erwartungen selektiert und verankert wurde, groß genug. Innerhalb des Selektionsbereichs wirken seine Voraus-Urteile weise. Außerhalb derselben, für ein Ursachenverständnis ... der realen Welt ... führen sie in die Irre“[386].

Wuketits betont nun explizit die Bedeutung der Ratio, wenn es um die Überwindung der Insuffizienzen der angeborenen Lehrmeister bezüglich dem Kausalitätsdenken geht: „Kurzum – das uns von der Evolution mitgegebene Programm erweist sich in so mancher Hinsicht als insuffizient; und zwar insbesondere hinsichtlich unseres Versuches, ein Verständnis, d.h. ein *kausales* Verständnis der objektiven Wirklichkeit der realen Welt zu erzielen. Hier ist es die *Ratio*, die Vernunft oder – wenn man so will – die »Kunst des Hinterfragens«, der wir uns anvertrauen müssen. Es ist unsere Entscheidung zur Rationalität, die uns die »angeborenen Lehrmeister der Evolution«, wie sich K. Lorenz (1978) und R. Riedl (1978/79, 1980) ausdrücken, zu überwinden gestattet. Denn diese angeborenen Lehrmeister verlassen uns offenbar genau dann, wenn wir über diese Evolution und ihr Ursachenkonstellationen nachdenken“[387].

Hieran hebt Wuketits hervor, daß die moderne Verhaltensforschung gleichsam die Allgegenwart von Regelkreisen im Verhalten von Tieren bzw. im „Bereich des Lebendigen“ - wie Wuketits mit Lorenz[388] festhält - nachgewiesen hat, wiewohl das Denken in Regelkreisen

[378] Eder G 1963: S.25
[379] Riedl R 1980
[380] Wuketits FM 1981: S.82
[381] Wuketits führt nun eine Reihe von Studien an, die sich mit der Insuffizienz der „linearen Kausalität“-Konstruktion auseinandersetzen: Eder G 1963, Kaspar R 1980a, 1980b, Lorenz K 1973a, 1978, Mollenhauer D 1978, Riedl R 1975, 1976, 1978/79, Rosnay J de 197, Wuketits FM 1977a, 1978b, 1980.
[382] Eder G 1963
[383] Riedl R 1975, 1976, 1978/79
[384] Rosnay J de 1977
[385] Wuketits FM 1981: S.83
[386] Riedl R 1978/79: S.26; zitiert aus Wuketits FM 1981: S.85
[387] Wuketits FM 1981: S.85f
[388] Lorenz K 1978: S.178

nicht Teil der stammesgeschichtlichen Wurzeln des Denkens ist! Daher die Forderung einer Erweiterung des Kausalitätsdenkens im Sinne einer Abstraktion von den ererbten Ansichten hierzu, mit der Kybernetik, mehr aber noch der Systemtheorie als Fundament der Abstraktion.

„Mit der *Systemtheorie* liegt eine weitere Interdisziplin vor, der in noch stärkerem Ausmaß als der Kybernetik integrative Gesichtspunkte abgewonnen werden können“[389]. Mit Weiss[390] hält Wuketits ganz grundsätzlich bezüglich „System“ fest: „Das wesentliche Merkmal eines Systems liegt in seiner prinzipiellen Invarianz in bezug auf Schwankungen seiner Einzelteile. Elemente sind also bestimmten Einschränkungen ihrer Freiheitsgrade unterworfen, nicht aber – wie mechanische Apparate – auf ein festes Gleis gebannt. Die Einschränkung bringt eine Resultierende in Richtung auf die Erhaltung optimaler Stabilität des Komplexes hervor“[391].

Im Lichte der Systemtheorie diskutiert Wuketits nun die Teleonomie-Thematik[392]: „Ausgehend davon, daß Lebewesen selbstregulierende, selbstreproduzierende Systeme sind, läßt sich sagen, daß heute unter »zweckmäßigen Einrichtungen« im Organischen *Funktionen mit systemerhaltendem* Wert zu verstehen sind (vgl. z.B. K. Lorenz 1973a, 1978). So hat denn auch C.S. Pittendrigh (zit. nach K. Lorenz 1973a, 1978) vorgeschlagen, den Begriff der Teleologie durch jenen der *Teleonomie* zu ersetzen, um keine Vitalismen durchsickern zu lassen (...). Unter diesem Aspekt sind also teleologische oder – wie wir jetzt vielleicht besser sagen sollten – *teleonomische* Erklärungen für die Biologie zu fordern. ... | Durch das Phänomen der negativen Rückkoppelung und noch mehr durch die [unten] ... zu besprechende Selbstorganisationstendenz von Systemen erübrigt sich freilich die - wie immer formulierte – Annahme eines planenden Geistes. Es sieht ja nur so aus, *als ob* das Walten eines übergeordneten teleologischen bzw. finalen Prinzips wirksam werden würde. Was aber von der alten Vorstellung der Teleologie übrigbleiben kann, ist lediglich die von W. Stegmüller (1969) so genannte *scheinbare materiale Teleologie.* Diese ist dann mit dem Begriff der Teleonomie gleichzusetzen“[393].

Sogleich betont Wuketits zur teleonomischen Erklärung: „Es ist evident, daß die Anwendung des Systemdenkens in der Biologie scheinbare Gegensätze zu überbrücken, scheinbar inkompatible Positionen zu vereinen vermag. Ist es einmal die Überwindung des Gegensatzes zwischen *causa efficiens* und *causa finalis,* so ist es ein andermal die Überbrückung der Kluft zwischen kausal-mechanischer und teleologischer Erklärung, die dabei ins Spiel zu bringen ist. In der teleonomischen Erklärung liegt eine Erklärungsform vor, in welche die kausale Erklärung unbeschadet eingeht, jedoch basierend auf einem erweiterten Kausalkonzept“[394]. Im Lichte hiervon verficht Wuketits nun die Anerkennung eines dialektischen Verhältnisses von Determination und Variabilität einerseits und Teil und Ganzes andererseits.

---

389 Wuketits FM 1981: S.87

390 Weiss PA 1969

391 Wuketits FM 1981: S.88

392 In Wuketits FM 1983: S.135 ist hierzu zu lesen: „Erklärungen sind immer Antworten auf die ‚Warum'-Frage. In der Biologie kommt man mit kausalen (im Sinne von mechanischen) Erklärungen allein nicht aus; zusätzlich spielen funktionale und teleologische Erklärungen eine große Rolle. Diese werde jenem Umstand gerecht, daß die Strukturen und Funktionen eines lebenden Systems im Hinblick auf die Funktionsfähigkeit des Gesamtsystems zweckmäßig sind. Zweckmäßigkeit (Teleonomie) in der Biologie bedeutet Strukturen und/oder Funktionen mit systemerhaltendem (arterhaltendem) Wert auf der Basis in der Evolution entstandener genetischer Informationsprogramme“.

393 Wuketits FM 1981: S.91f

394 Wuketits FM 1981: S.93

Ersteres bedenkt Wuketits mit Wieser: „daß Organismen harmonische Produkte aus einerseits starren und determinierten, andererseits variablen und anpassungsfähigen Prozessen sind. Erstere garantieren die Identität der Struktur, letztere ihre Einpassung in die Umwelt“[395]. Letzteres bedenkt Wuketits im Sinne der „Organizismus“-Konstruktion von Bertalanffy, mit Kaspar meinend, „daß jedes ihrer Elemente [des Systems Organismus] grundsätzlich nur im Kausalzusammenhang des Ganzen verstanden werden kann“[396]. Diese Ansätze sind sogleich als im Sinne der Riedlschen Aussagen zur Einengung des Repertoires des Zufalls zu erkennen, worin auch liegt, daß Wuketits ein Kapitel über das Verhältnis von Zufall und Notwendigkeit in der Evolution anschließt, das explizit an die Ausführungen Riedls angelehnt ist[397].

Im Lichte hiervon spricht sich Wuketits für eine universelle Evolution aus, und stellt die Frage: „wie es auf der Erde zur Emergenz belebter und damit selbstregulierender Systeme kam“[398]. Zur Beantwortung dieser Frage verweist Wuketits insbesondere auf Arbeiten von Eigen & Schuster sowie Eigen & Winkler[399] und das in diesen entwickelte Konzept der Selbstorganisation. Mit der in diesem Ansatz vertretenen Simulation von Selbstregulation ist auch die „Autopoiese“-Konstruktion verknüpft, die Wuketits mit den Worten von Jantsch charakterisiert: „Die Eigenschaften lebender Systeme, sich ständig selbst zu erneuern und diesen Prozeß so zu regeln, daß die Integrität der Struktur gewahrt bleibt“[400].

Zu der gesamten Selbstorganisation-Thematik bietet Wuketits folgendes Resümee an: „Begnügen wir uns damit, in der Selbstorganisation ein heuristisch überaus wertvolles Modell gefunden zu haben, das gegenwärtig zumindest biophysikalisch und biochemisch experimentell gestützt ist. Das Modell kann als Fundament für die hier vertretene Position bei der Frage nach Zufall und Notwendigkeit in der Evolution gelten“[401]. Explizit sei der hierauf folgende Satz hervorgehoben: „Wenn die Materie Selbstorganisationstendenzen aufweist, dann wird die Absurdität vieler bis in unsere Tage hinein vertretner metaphysischer Positionen deutlich“. Hierauf folgt: „Einmal wird durch die Theorie (besser vielleicht: Hypothese) der Selbstorganisation jedwede mystizistische Annäherung an die Problematik der Lebensentstehung ausgeschaltet – Leben wird zur folge spezifischer Schaltmuster in der Integration von Materieteilen; ein andermal wird die Frage »Zufall *oder* Notwendigkeit« sinnlos“.

Hierauf aufbauend wendet sich Wuketits der erkenntnistheoretischen Dimension des Problems zu, zunächst mit Diemer[402] „Erkenntnis“ allgemein definierend: „»[Erkenntnis ist]

---

[395] Wieser W 1959: S.120; zitiert aus Wuketits FM 1981: S.93

[396] Kaspar R 1977: S.182; zitiert aus Wuketits FM 1981: S.93

[397] Hierher gehört auch Wuketits' (1983: S.222) Kritik an der Synthetischen Evolutionstheorie im Sinne Riedls: „Die darwinistisch ausgerichteten Evolutionstheorien (klassischer Darwinismus, Neodarwinismus, Synthetische Theorie) fassen den Selektionsbegriff einseitig: als Selektion durch die Außenwelt der Organismen. Eine systemtheoretische Erweiterung der Selektionstheorie führt zu einem erweiterten Verständnis der Evolutionsmechanismen. Evolution wird – eingedenk des Vermögens lebender Systeme, sich selbst zu regulieren – als Wechselwirkung zwischen äußeren (Umwelt-)Bedingungen und inneren Betriebsbedingungen des Organismus begreifbar. ... Insbesondere wird [in der systemtheoretischen Evolutionstheorie] die Kluft zwischen ‚Zufall' und ‚Notwendigkeit' aufgehoben: Evolution ist nicht Folge des bloßen Zufalls, sie ist aber auch nicht vorausgeplant, sondern enthält Zufall und Notwendigkeit als gleich wichtige Komponenten“.

[398] Wuketits FM 1981: S.100

[399] Eigen & Schuster 1979, Eigen & Winkler 1973/74, 1975, 1976

[400] Jantsch E 1979: S.33; zitiert aus Wuketits FM 1981: S.100

[401] Wuketits FM 1981: S.102

[402] Diemer A 1967: S:38

ein Geschehen, ein Handeln eines Erkenntnissubjektes gegenüber einem Erkenntnisobjekt«; dabei kann »jenes selbst Objekt werden« (*Selbsterkenntnis*). Das Ziel des Subjektes ist es, das Objekt »in seinen geistigen Besitz zu bringen«, wie es bei Diemer weiter heißt; »dieses geistige Haben wird dann allgemein als *Wissen* bezeichnet, das Resultat selbst nennt man *Erkenntnis*«"[403].

In folge weist Wuketits auf die Kluft zwischen Idealismus und Realismus hin, und thematisiert im Anschluß hieran die partielle Isomorphie von Natur- und Denkmustern bzw. die Abbild-Thematik im Horizont von Denken allgemein: „Eine *partielle Isomorphie* zwischen den Naturmustern und den Denkmustern kann angenommen werden. Diese These stützt sich vor allem auf die Darlegungen von L. v. Bertalanffy (1973), ... In etwas überspitzter Formulierung lautet die These: »Hinter den realen Strukturen und hinter unseren Erkenntnisstrukturen sind isomorphe Prinzipien zu erwarten« (F.M. Wuketits 1978: S.164). Diese greifbar zu machen ist ein uraltes Desiderat des denkenden Menschen, wofür heute in der evolutionären Erkenntnistheorie ein brauchbares Instrumentarium vorliegt"[404]. Wuketits versteht dies primär aufbauend auf K. Lorenz und R. Riedl: „Metaphorisch gesprochen trägt das Leben bereits eine Logik in sich selbst, die durch stete Anpassungszwänge (Selektionszwänge) entstand und so erst Leben ermöglichte, d.h. menschliches Leben möglich machte. Man kann dabei von einem »common sense« sprechen oder, wie K. Lorenz (1978a) und R. Riedl (1976, 1978/79, 1980), von den »angeborenen Lehrmeistern der Evolution«"[405].

Wuketits kommt nun auf die vier Riedlschen Hypothesen zu sprechen und merkt an, daß unsere angeborenen Lehrmeister lediglich eine Erkenntnis jener Dinge vermitteln, „die zu erkennen in systemerhaltender Weise (in zweckmäßiger Weise) notwendig ist". Dementsprechend weist dieser Weltbildapparat Schranken auf, bzw. ist er an eine Welt der „mittleren Dimensionen" angepasst. Die Erkenntnis der Welt jenseits dieser Dimensionen „entspringt erst der *Ratio*, der *Vernunft*, die spät in der Evolution etabliert wurde, die uns heute als bewußt reflexive Wesen auszeichnet, uns gestattet, über unsere eigene Herkunft und Entwicklung, ... nachzu*denken*, womit zugleich das Bedürfnis nach einem auf *Rationalität gegründeten* Weltbild entstand"[406].

In Zusammenhang hiermit zitiert Wuketits auch Unsöld: „Ganz allgemein tritt im Zuge der geistigen Evolution verhältnismäßig spät das Bedürfnis auf nach *Homogenisierung*, das heißt *Widerspruchsfreiheit*, Logik, und nach *Integration*, das heißt Herausbildung eines einheitlichen, wissenschaftlichen Weltbildes. Die Welt wird mehr und mehr als Kosmos gesehen"[407].

Im Sinne hiervon erscheint Wuketits das Erkenntnisphänomen aus evolutionsbiologischer Perspektive keineswegs als unlösbares Problem: „es wird gerade durch die Analyse der Evolution des Verhaltens nahegelegt, daß die – wenn man so will – spezifisch menschliche Erkenntnis (...) »in den ratiomorphen Verhaltensstrukturen der Lebewesen im vormenschlichen Bereich ein Korrelat hat« (E. Oeser 1976 Band 2 S.48); daß die »menschliche Weltauffassung« in all ihren Schattierungen ganz einfach eine phylogenetische Basis hat (vg. E. Topitsch 1966, 1979)"[408]. Im Lichte hiervon wird das Problem „angeborene Ideen" diskutiert, inwiefern von ihnen angesichts einer Evolution zu sprechen ist, die ein Programm für die Erkenntnis von Lebewesen vorzeichnet, also die diesen wichtigen Erfahrungen in einem Welt-

403 Wuketits FM 1981: S.106
404 Wuketits FM 1981: S.110
405 Wuketits FM 1981: S.111
406 Wuketits FM 1981: S.112
407 Unsöld A1978: S.310; zitiert aus Wuketits FM 1981: S.112
408 Wuketits FM 1981: S.114

bildapparat festlegt. Tatsächlich – so Wuketits – ist diese Annahme keinesfalls erstmals mit der EE getroffen worden, wiewohl gilt: „Zum Unterschied von jenen philosophischen Systemen, die in früheren Jahrhunderten – bis auf Platon zurückgehend – angeborene Erkenntnisstrukturen postulierten, haben wir im System einer evolutionären Erkenntnistheorie heute empirische Indizien für solche Strukturen. Sie rekrutieren sich insbesondere aus biologischen, psychologischen, anthropologischen und sprachwissenschaftlichen Untersuchungen“[409].

Angesichts hiervon berührt Wuketits auch das Problem der biologischen Relativierung der Aprioris Kants: „Eine biologische Relativierung der A-prioris Kants ist daher mit größter Vorsicht, ..., vorzunehmen, ohne etwas in das kantianische System hineinzuinterpretieren. | ... | Die Kategorien, die A-prioris, sind also heute relativierbar, unbeschadet der Originalität des Kantschen Denksystems. Da selbst während der Evolution der einzelnen Gattungen und Arten herausgebildet (und nicht von vornherein vorhanden), sind sie in unsere Ratio erst »hineingetragen« worden. Das ist es, was Kant noch nicht wissen konnte“[410].

Dies führt zu einer Frage, die Wuketits im Rahmen der Analyse der Ursachen des Ursachen-Denkens – sie wird von Riedls Lehre von den vier Hypothesen getragen – stellt und die lautet: „Hat damit die Biologie ein philosophisches Problem gelöst?“[411] Die Antwort hierauf: „Vorsichtig formuliert läßt sich darauf antworten, daß es sich vorerst um die Skizzierung und Begründung eines *biologischen Lösungsweges* handelt, was zwei Postulate mit sich zieht: Erstens das Postulat für die Biologie nach weiteren einschlägigen empirischen Untersuchungen (sinnesphysiologischen Experimenten u. dgl.), zweitens das Postulat für die Philosophie (insbesondere die Erkenntnistheorie), diese biologischen Erkenntnisse in ihr System mit aufzunehmen“[412].

Sodann greift Wuketits die Frage auf, ob der Kausalität eine reale Sache in der Natur entspricht? „Drücken wir die Antwort darauf einmal so aus: Die reale Welt hat in der Evolution unserer Gattung dieser eine Verhaltensregel diktiert, nach der das, was wir heute als »Kausalprinzip« bezeichnen, in spezifischer Weise verrechnet werden muß. Wir brauchen nicht anzunehmen, daß die Kausalität als solche in der Natur enthalten ist; wir müssen aber offenbar annehmen, daß es in der Natur Zusammenhänge gibt, die wir – schon aus Gründen der Denkökonomie – mittels Kausalitätsdenken rationalisieren können“[413].

Weiters zieht Wuketits nun Konsequenzen bezüglich der vier aristotelischen Ursachen, deren „Auflösung“ nun theoretisch vollzogen werden kann. Am Beginn hiervon steht der Übergang von der Hartmannschen Schichtenontologie zum Systemdenken, wie es zum Beispiel Bertalanffy[414] einfordert, und worin die Möglichkeit liegt, das Seiende in seiner kategorialen Mannigfaltigkeit als Einheit zu verstehen, bzw. als „dynamische Komposition, die für Systeme schlechthin typisch ist und sie auszeichnet“[415]. Wird daher in einer Systemtheorie

---

409 Wuketits FM 1981: S.115

410 Wuketits FM 1981: S.116f; Wuketits zitiert in diesem Zusammenhang auch Lorenz K 1973a: S.19: „In der Tatsache, daß die Anschauungsformen und Denkkategorien nicht ... durch individuelle Erfahrung gebildet werden, mußte Kant den zwingenden Beweis dafür sehen, daß sie »denknotwendig« und damit überhaupt nicht im eigentlichen Sinne »entstanden«, sondern eben a priori gegeben sind“; Lorenz relativiert hiermit seine früher geäußerte Ansicht, der zu folge eine größere Nähe zwischen seiner Lehre vom Weltbildapparat und Kants Lehre von dem Apriorischen bestehen würde.

411 Wuketits FM 1981: S.120

412 Wuketits FM 1981: S.120

413 Wuketits FM 1981: S.120f

414 Bertalanffy L v 1973

415 Wuketits FM 1981: S.123

von Systemebenen und Systemelementen gesprochen, so immer im Sinne wechselseitiger Beeinflussung des Bezeichneten. Wuketits' Conclusio lautet nun: „Wenn wir nicht Linien, sondern Kreise denken und diese Kreise nicht willkürlich zerschneiden, dann wird die Annahme von verschiedenen Ursachen im Grund genommen sinnlos. Die Zusammenhänge, die wie dann – nicht ratiomorph, sondern rational! – als kausal erleben, sind jene eines engmaschigen Netzwerkes. Die Auflösung der vier Ursachen kann somit entlang der Kreisläufe in und zwischen den Systemebenen vorstellbar werden"[416]. Mag es daher auch zunächst anstehen – im Sinne von „nützlich sein" -, die vier aristotelischen Ursachen zu unterscheiden, so bleibt, daß hinter dieser vom Subjekt vorgenommenen Differenzierung der eigentlich *eine* Kreislauf von Ursachen zu sehen ist, im Sinne einer rationalen Leistung. Daher auch: „Aus all dem wird ersichtlich, daß die oft mit großer Akribie betriebene Suche nach einer Ur-Ursache ad absurdum geführt werden kann. Erste oder letzte Ursachen sind nicht annehmbar"[417]. Damit schließt Wuketits also aus, was auch schon von Riedl zurückgewiesen worden ist, daß man nämlich einer der aristotelischen Ursachen eine hervorragende Bedeutung zuweisen kann.

In seiner Zusammenfassung seiner Überlegungen zur Kausalität hält Wuketits daher fest, daß die lineare Kausalität, wie sie in der Evolution zur Ausbildung gelangt ist, auf dem Niveau der Tiere und des Menschen in seinem Alltag genügt, nicht aber für das rationale Unternehmen „Wissenschaft". Für die Wissenschaft ist – aufgrund der Komplexität der Welt – die funktionelle Kausalität zu postulieren: „Das neue Kausalitätsmodell ist ein Systemmodell. Es beruht auf Kreisläufen in und zwischen den Schichten (Systemebenen) der realen Welt. ... In diesem Modell lösen sich die vier Ursachen des Aristoteles schlechterdings auf. Sie können lediglich als denkökonomische Aspekte der Betrachtung *ein und derselben Sache* gesehen werden"[418]. Daher auch ist die Naturwissenschaft großteils Kausalforschung, *jedoch nicht* im mechanistischen Sinne.

Abschließend seien Wuketits' Ausführungen zum Menschen betrachtet. Zunächst wird der Leser darauf verwiesen, daß der „Mensch ein Wesen *in* der Natur repräsentiert, der er entsprungen ist und mit der er verbunden ist und verbunden bleiben wird"[419]. Mit Waddington[420] hält Wuketits fest, daß die menschliche Evolution eine Fortsetzung jener Evolutionsprozesse ist, die schon vor dem Auftreten des Menschen geherrscht haben; mit Bogen[421] hält Wuketits fest, daß das genetische Programm des heutigen Menschen das Resultat eines gewaltigen historischen Lernprozesses ist; grundsätzlich, so Wuketits, hat der Mensch als biologische Spezies viel mit den anderen Arten gemeinsam – chemischer Aufbau, Physiologie etc. -: „Grund genug also, die Konstruktion eines Menschenbildes auf der Basis der allgemeinen Biologie anzusetzen"[422].

Hieran schließt Wuketits eine Thematisierung des spezifisch Menschlichen an. Dies sieht er darin gegeben, daß der Mensch kraft seines Bewußtseins – „mag dieses auch »bloß« Systemeigenschaften zentralnervöser Schaltmuster verkörpern"[423] – sich seine „eigene Welt geschaffen hat": „dies ist die Welt der Kultur, der Sprache, der sozialen Organisationen, der Rationalität". Durch die soziale Evolution hat der Mensch vorher nie da gewesene Dimensionen erreicht, wie auch Sprache mehr [!]als bloß ein Kommunikationsmittel ist: „Und nehmen

---

416 Wuketits FM 1981: S.123
417 Wuketits FM 1981: S.124
418 Wuketits FM 1981: S.127
419 Wuketits FM 1981: S.142
420 Waddington CH 1976
421 Bogen HJ 1976
422 Wuketits FM 1981: S.142
423 Wuketits FM 1981: S.142

wir dazu die vom Menschen kreierten abstrakten Systeme der Wissenschaften, philosophische Gedankengebäude, naturwissenschaftliche Theoriensysteme, mathematische Formalismen und metawissenschaftliche Reflexionen (...), die von allen uns bekannten Lebewesen nur der Mensch hervorgebracht hat, dann scheinen wiederum all jene recht zu haben, die dem Menschen eine zu seiner Apotheose ausgeartete Sonderstellung konzedieren"[424].

Erhard Oeser

Hier gilt es, eine Betrachtung von Oesers dreibändigem Werk „Wissenschaft und Information"[425] vorzunehmen. Aus dem Band 1 sind es – neben Ausführungen in die Einleitung zu dem Werk – insbesondere Oesers Darlegungen zu „Evolution der Wissenschaft und ihre Erklärung durch die Informationstheorie", die betrachtet werden sollen, aus Band 2 insbesondere die Darlegungen zu „Der Informationsprozeß als Systemverhalten" und aus Band 3 sind es die Darlegungen zu „Theoriendynamik: Der interne Mechanismus der Wissenschaftsentwicklung".

Aus der Einleitung in Oesers Werk soll sogleich folgende Textstelle hervorgehoben werden: „In der gegenwärtigen Wissenschaftstheorie ist bereits deutlich geworden, daß das Problem des Wachstums der Wissenschaften nur auf Grund einer evolutionären Auffassung der Erkenntnistheorie möglich ist. Allerdings muß zwischen einer evolutionären Auffassung der Erkenntnistheorie und jenen Disziplinen empirischer Wissenschaften unterschieden werden, die sich mit der Phylo- und Ontogenese der menschlichen Erkenntnisfähigkeit beschäftigen. Denn die evolutionäre »Naturgeschichte des menschlichen Erkennens« liefert zwar empirische Befunde über ratiomorphe Strukturen im vormenschlichen Bereich und trägt damit in entscheidender Weise zum Verständnis des Erkenntnisapparates bei, der ohne Kenntnis seines stammesgeschichtlichen Gewordenseins auch empirisch nicht vollständig bestimmt wäre[426], doch ist darin primär eine fundamentale Erweiterung der Sinnes- und Gehirnphysiologie zu sehen"[427]. Oeser verweist nun darauf, daß derartige empirische Untersuchungen für die Erkenntnistheorie grundsätzlich von Relevanz sind, aber: „Andererseits können empirische Untersuchungen über das faktische Zustandekommen von Erkenntnis jedoch die Erkenntnistheorie selbst nicht ersetzen"[428].

Explizit mit Blick auf die EE führt Oeser im Sinne hiervon genauerhin aus: „Deutlicher als je zuvor kann aber eine mit den Ergebnissen der empirischen Wissenschaften korrelierte evolutionäre Auffassung der Erkenntnistheorie zeigen, daß das Problem der Definition der inhaltlichen Wahrheit als Korrespondenz oder »Übereinstimmung« des Denkens mit den Sachverhalten keine absolute, rein theoretische Lösung erhalten kann. Vielmehr enthält die Erkenntnistheorie einen nicht eliminierbaren Rest von theoretischer Entscheidungsfreiheit, der eine sukzessive, pragmatische Lösung des Problems nahe legt"[429]. Hierauf folgt: „Die Konsequenz daraus ist, daß jene Behauptungssätze, welche die Basis erfahrungswissenschaftlicher Erkenntnis bilden, als das betrachtet werden, was sie wirklich sind: als empirische Hypothesen, die jederzeit bei jeder Wiederholung revidierbar sind und dadurch der Wirklichkeit im-

[424] Wuketits FM 1981: S.142
[425] Oeser E 1976
[426] Oeser verweist hier auf Lorenz K 1973a
[427] Oeser E 1976 [Band 1]: S.35
[428] Oeser E 1976 [Band 1]: S.35f
[429] Oeser E 1976 [Band 1]: S.36

mer genauer angepaßt werden können"[430]. Im Sinne hiervon kommt Oeser auf den hypothetischen Realismus zu sprechen: „Nur auf der Basis eines solchen hypothetischen Realismus läßt sich die eigentliche Zielsetzung einer Metatheorie der empirischen Wissenschaften durchführen. Daraus ergibt sich, daß die von der traditionellen Erkenntnistheorie und Logik bereitgestellten normativen Grundlagen nicht unverändert in die Wissenschaftstheorie eingehen"[431].

Hierauf aufbauend konkretisiert Oeser die Kompetenz der Wissenschaftstheorie wie folgt: „Denn die Zielsetzung der Wissenschaftstheorie ist wesentlich begrenzter, zugleich aber auch wesentlich konkreter. Sie konstruiert nicht formale widerspruchsfreie Systeme und sucht nicht nach den letzten Gründen und Bedingungen für die Möglichkeit der Erkenntnis schlechthin, sondern rekonstruiert ein reales Phänomen – die Wissenschaft – und versucht daraus allgemeine Regeln zur Sicherung der Wahrheit abzuleiten"[432]. Für den Wahrheitsbegriff bedeutet dies konkret: „Der Wahrheitsbegriff, um den es dabei geht, ist kein absoluter Wahrheitsbegriff, weder im formal-logischen Sinn der Widerspruchsfreiheit noch im ontologisch-metaphysischen Sinn einer ursprünglichen Einheit von Denken und Sein. Er ist aber auch kein neuer, davon gänzlich verschiedener Wahrheitsbegriff, sondern ergibt sich aus einer Koppelung der kohärenztheoretischen und des korrespondenztheoretischen (oder besser: adäquationstheoretischen) Wahrheitsbegriffs, wodurch sich erst ein auf erfahrungswissenschaftliche Erkenntnis anwendbarer Wahrheitsbegriff ergibt, der sich als probations-(bewährungs-)theoretischer Wahrheitsbegriff bezeichnen läßt".[433] Hieran knüpft Oeser an: „Das reale Fundament, das der erfahrungswissenschaftlichen Erkenntnis zugrunde liegt, ist nicht die Realität an sich, die als solche das Unbekannte ist, sondern ein komplexer Erfahrungsbereich, der ständig erweitert werden kann und durch Wiederholung und Vergleichung immer kontrollierbar ist. In diesem schrittweisen, ständig kontrollierten Erkenntnisprozeß besteht das Verfahren der empirischen Realwissenschaft"[434].

Damit sei nun der Blick auf Oesers Ausführungen zu „Die Evolution der Wissenschaft und ihre Erklärung durch die Informationstheorie" gerichtet. Sogleich wendet sich der Autor gegen die Auffassung, Wissenschaft weist ein „wildes, unkontrolliertes und nicht reguliertes" Wachstum auf, wobei erst die moderne Wissenschaft der Regelung bedarf. Wissenschaft sei niemals ein unorganisiertes Unternehmen gewesen, „weshalb auch eine Reihe von Wissenschaftshistorikern – zum Beispiel Mach, Ostwald und vor allem Duhem - nicht nur vom logisch-systematischen Charakter der Wissenschaft sprechen, sondern auch von deren organischem Charakter: „Ein solches sich organisch entfaltendes System hat jedoch auch evolutionäre Züge"[435]. Im Sinne hiervon ist Wissenschaft also „historisch Gewordenes" – Oeser verweist auf die dementsprechend evolutionären Argumente Machs (vgl. oben) – und kann daher – wie Oeser weiter mit Mach festhält - nicht „den Anspruch erheben, als »ewige Wahrheit« über dem Zeitstrom zu stehen und ihm enthoben zu sein"[436]. Duhem hat diesen Gedanken konsequent zu einer „historischen Wissenschaftstheorie" ausgebaut[437]. Die historische Methode Duhems und Machs – sowie anderer – sieht Oeser in den 70er Jahren des 20. Jahrhunderts wiederentdeckt – zum Beispiel von Hanson, Toulmin, Kuhn -, was sich aus deren evolutionistischen Denken erklären läßt.

---

[430] Oeser E 1976 [Band 1]: S.36
[431] Oeser E 1976 [Band 1]: S.36
[432] Oeser E 1976 [Band 1]: S.36f
[433] Oeser E 1976 [Band 1]: S.37
[434] Oeser E 1976 [Band 1]: S.37
[435] Oeser E 1976 [Band 1]: S.127
[436] Oeser E 1976 [Band 1]: S.128
[437] Vgl. Hübner K 1971

Genauerhin gilt hier: „Zunächst lediglich als eine aus der Biologie entlehnte Metapher gebraucht, hat sie jedoch sehr bald den Charakter einer bloßen farcon de parler verloren und sich schließlich als die adäquateste Darstellungsweise des komplexen Phänomens »Wissenschaft« erwiesen"[438]. Konkret bedeutet dies: „Obwohl sich die Wissenschaftstheorie sowohl als formale Metatheorie als auch als Forschungslogik in mehr oder weniger großer Unabhängigkeit von den Disziplinen der empirischen Wissenschaftsforschung entwickelt hat, ergibt sich doch durch die evolutionstheoretische Auffassung eine Verbindung dieser zum Teil gänzlich divergierenden Untersuchungen. Vor allem das Vokabular der evolutionstheoretischen Grundbegriffe hat diese Einheit geschaffen. Denn gleichgültig, ob man nun die Determinanten der Wissenschaftsentwicklung nach der groben Einteilung von externen und internen Faktoren betrachtet oder nicht, es sind in jedem Fall »evolutionäre Muster«, denen die Wissenschaftsentwicklung folgt"[439].

Oeser diskutiert nun umfangreich die Position von Brillouin[440], der in einer informationstheoretischen Betrachtungsweise den „Ariadnefaden" der wissenschaftstheoretischen Grundlagenforschung sieht, wozu Oeser festhält, daß im Rahmen der Brillouinschen Position „gerade jene Probleme prinzipiell unlösbar [sind], die den eigentliche Aufgabenbereich der Wissenschaftstheorie ausmachen[441]. Brillouins Position muß dementsprechend verändert werden: „In erster Linie beziehen sich diese Veränderungen auf die Beseitigung der strikten Äquivalenz von Information und Negentropie, die bei Brillouin zu einer ontologischen Gleichsetzung ausgeartet zu sein scheint, da er ständig die »physikalische Natur« des Informationsbegriffs betont. Diese Gleichsetzung führt, wie schon Popper erkannt hat nicht zu einer Verobjektivierung des Informationsbegriffs, sondern zu einer Versubjektivierung der Physik"[442]. Zugleich lehnt Oeser aber auch die Poppersche Zurückweisung der informationstheoretischen Betrachtungsweise[443] ab, da es innerhalb der Informationstheorie noch andere – als die Transformation der Information in physikalische Negentropie - Möglichkeiten der Verobjektivierung gibt. Auf rein formallogischer Grundlage haben eine solche Verobjektivierung zum Beispiel Bar-Hillel & Carnap[444] vorgenommen, eine semantische Theorie der Information vorschlagend: „Denn die semantische Information hat als logischer Begriff mit der thermodynamischen Entropie nichts mehr zu tun"[445].

---

[438] Oeser E 1976 [Band 1]: S:129
[439] Oeser E 1976 [Band 1]: S.129
[440] Brillouin L 1962, 1964
[441] Oeser E 1976 [Band 1]: S.142; diese „Probleme" sind: „1. Das Problem der Trennung der wissenschaftlichen Information von der Gesamtmasse aller Informationen; es ist unlösbar, weil die statistische Definition des Informationsgehaltes, die von aller inhaltlichen Bedeutung abstrahiert, keine derartigen Unterscheidungen zulässt. 2.Das Problem der Unterscheidung zwischen empirischen und theoretischen (strukturellen) Informationen. Brillouin hat auch diese Frage mit dem Hinweis auf den subjektiven Charakter aller semantisch-pragmatischen Definitionen des Informationsbegriffs zu umgehen versucht. Tatsächlich ist aber dieser Hinweis bei der wissenschaftlichen Information als verobjektivierender Erkenntnis fehl am Platz. 3. Das Problem der Verwertung und Entwertung von wissenschaftlicher Informationen, das bei Theorienwechsel und Theorienersetzung auftritt. Diese in der Wissenschaftsgeschichte faktisch ständig wiederkehrende Situation steht in direktem und prinzipiellem Widerspruch zu der Formel und zu den möglichen praktischen Rezepten des Negentropieprinzips" (S.142).
[442] Oeser E 1976 [Band 1]: S.141
[443] Vgl. Popper K 1973b
[444] Bar-Hillel Y. & Carnap R 1954, 1964
[445] Oeser E 1976 [Band 1]: S.243

Angesichts hiervon weist Oeser aber auf folgenden Umstand hin: „Die totale Eliminierung der Äquivalenz von Information und Negentropie, die ja letzten Endes das Wechselverhältnis von Theorie und Erfahrung als Informationsprozeß beschreibt, bedeutet jedoch eine Reduzierung der informationstheoretischen Betrachtungsweise auf die Untersuchung der statischen, formalen Struktur von Informationssystemen"[446]. Gerade dies beinhaltet aber ein Problem, bzw. ist Brillouin in seiner Beachtung des dynamischen Aspektes der Wissenschaftsentwicklung zu folgen; im Sinne hiervon ist die Wissenschaftsentwicklung zwar nicht als „bloße Umkehrung" thermodynamischer Prozesse zu deuten, zugleich aber, besagten dynamischen Aspekt beachtend, zu vergegenwärtigen, daß sie „dem Mechanismus der biologischen Evolution analog" verstanden werden kann. Damit wird also nicht die informationstheoretische Betrachtungsweise ignoriert, sondern in einem komplexeren Zusammenhang gesehen: „Denn so wie die Informationstheorie für die kausale Analyse der Evolutionsmechanismen, wie sie in der Molekulargenetik durchgeführt wird, eine terminologische Grundlage liefert, die es erst ermöglicht, die Ergebnisse dieser Untersuchungen in einer adäquaten Weise darzustellen, so muß auch die evolutionstheoretische Betrachtungsweise der Wissenschaftsentwicklung durch die informationstheoretische Betrachtungsweise in grundlegender Weise ergänzt werden"[447].

Zunächst trägt dies zu folgender Konsequenz bei: „Nur so läßt sich jene zum Teil noch sehr vage Analogie zwischen der Evolution des Lebens und der Evolution des Wissens präzisieren. Voraussetzung für eine derartige Anwendung der Informationstheorie auf die Wissenschaft als Entwicklungsphänomen ist jedoch die Explikation des Informationsbegriffs in seiner ursprünglichen semantisch-pragmatischen Bedeutung als objektive Kenntnis über Sachverhalte und Vorgänge"[448]. Letztlich bedeutet die Wiedereinführung des Informationsbegriffes in die Wissenschaftstheorie die Beibringung jenes „nicht mehr hintergehbaren" Grundelementes, das jene Fallgruben vermeiden läßt, in die rationalistische und empiristische Extrempositionen notwendig geraten. Erst im Lichte hiervon ist die Wissenschaftstheorie in der Lage, über die formal-logische Analyse der Widerspruchsfreiheit und Ableitbarkeit von wissenschaftlichen Aussagen hinaus, „jenen internen Mechanismus zu erfassen, der die Erhaltung und Verwertung alter und die Gewinnung neuer Erkenntnisse sichert und die gesamte Entwicklung der Wissenschaften bestimmt"[449].

Angesichts hiervon kann zur Betrachtung von Oesers Darlegungen zu „Der Informationsprozeß als Systemverhalten" übergegangen werden. Zunächst weist Oeser die Systemtheorie als die älteste, umfassendste und grundlegendste Betrachtungsweise zur Verarbeitung, Speicherung und Übertragung von Informationen aus, diskutiert die Anfänge – sie reichen bis in die Antike zurück – der Systemtheorie und stellt sie dem neuen Systembegriff des 20. Jahrhunderts entgegen: „Während bei der Verwendung des abstrakten Systembegriffs in mathematisch-logischen Zusammenhängen die charakteristische Eigenschaft der Starrheit des Strukturzusammenhangs notwendig erhalten bleiben muß, ist sie in der Behandlung der realen Systeme physikalischer und biologischer Art wieder verloren gegangen. Ausgangspunkt dieser neuen, nicht mehr auf starre Strukturzusammenhänge gegründeten Konzeption des Systembegriffs ist eine Veränderung in der physikalischen Grundlagentheorie, in der Mechanik, gewesen. Diese Veränderung hat sich zuerst in der Wärmelehre vollzogen und zu einer sta-

[446] Oeser E 1976 [Band 1]: S.143
[447] Oeser E 1976 [Band 1]: S.143f
[448] Oeser E 1976 [Band 1]: S.144
[449] Oeser E 1976 [Band 1]: S.144

tistischen Mechanik geführt"[450]. An Schrödinger anknüpfend führt Oeser in folge aus: „Diese neue Auffassung der Mechanik ist, wie Schrödinger[451] auf Grund der Boltzmannschen Überlegungen ausgeführt hat, dem biologischen Systembegriff keineswegs fremd. Die alte Mechanik der starren Körper und Massenpunkte hat nur Systeme als zeitlose, in sich zurückkehrende »Kreisprozesse« beschreiben können. Die Irreversibilität der Zustandsveränderungen, die in der neuen, statistischen Mechanik berechnet werden, ergibt dagegen auch die Möglichkeit, physikalische und biologische Systeme wieder unter einem einheitlichen dynamischen Aspekt zu betrachten"[452].

Oeser verweist nun auf die zentrale Bedeutung von Ludwig v. Bertalanffy für die Einführung der allgemeinen Systemtheorie[453], wobei der „doppeldeutige Charakter von Bertalanffys Systemtheorie betont wird: sie handelt von dem System der Natur und der Natur der Systeme. Einerseits ist sie nämlich der Versuch, ein einheitliches Weltbild zu liefern, das „auf der Isomorphie der Gesetzmäßigkeiten und Schichten der Wirklichkeit beruht"[454]; insofern ist sie eine induktive Verallgemeinerung „aller erfahrungswissenschaftlichen Erkenntnisse über das »System der Natur«, das selbst aus mehreren Systemen besteht, die wiederum kleinere Systeme in sich enthalten"[455]. Bertalanffy sieht diesen Aspekt in der Schichtenlehre von Nicolai Hartmann vorgezeichnet, woraus, wie Oeser darlegt, bereits ersichtlich wird, daß es sich bei der allgemeinen Systemtheorie um ein ontologisches Konzept handelt. Dieser Aspekt der Systemtheorie hat aber lediglich heuristischen Wert, er führt erst zu dem zweiten, wesentlicheren Aspekt, dem der Systemtheorie als eines metatheoretischen Konzeptes: „Es geht [gemäß diesem] nicht mehr um die induktive Verallgemeinerung erfahrungswissenschaftlicher Erkenntnis zu einem einheitlichen Weltbild, nicht mehr um das »System der Natur«, sondern um die »Natur der Systeme«, das heißt um die erkenntnistheoretische, logische und wissenschaftstheoretische Explikation des Systembegriffes"[456].

Entscheidend ist nun, worin sich die Systemtheorie – als metatheoretisches Konzept – Bertalanffys von allen anderen abstrakt-formalen Systemanalysen unterscheidet: Bertalanffys Systemtheorie ist eine operationale Theorie! In ihr werden nur „solche formale Strukturzusammenhänge berücksichtigt ..., die als Modelle realer Systeme interpretiert und als Analogiemodelle untereinander verwendet werden können"[457], was sich aus der induktiven Basis dieser Theorie ergibt. Explizit kehrt Oeser daher hervor: „Denn sie ist, ..., ein verallgemeinertes Abstraktionsprodukt aus der tatsächlichen erfahrungswissenschaftlichen Erkenntnis mit

[450] Oeser E 1976 [Band 2]: S.41; sogleich verweist Oeser auf die zentrale Bedeutung, die hierbei Ludwig Boltzmann zukommt.
[451] Schrödinger E 1951
[452] Oeser E 1976 [Band 2]: S.43
[453] Vgl. Bertalanffy L v 1937, 1960, 1968; Oeser führt auch aus, daß die allgemeine Systemtheorie (Bertalanffys) somit älter ist als die Kybernetik Wieners, die Kommunikationstheorie von Shannon und Weaver und die Spieltheorie von Neumann und Morgenstern (sie sind alle als Produkt der Kriegstechnik des zweiten Weltkrieges anzusehen und in den Jahren 1947 bis 1949 dargelegt worden).
[454] Bertalanffy L v 1960: S.59
[455] Oeser E 1976 [Band 2]: S.45
[456] Oeser E 1976 [Band 2]: S.45; erst im Lichte hiervon, so hebt Oeser hervor, integriert Bertalanffy alle interdisziplinären Betrachtungsweisen (Informationstheorie, Kybernetik etc.) in seinen Zugang.
[457] Oeser E 1976 [Band 2]: S.46

dem Ziel, trotz Vereinheitlichung den fachspezifischen Methodenpluralismus zu bewahren"[458].

Weiter ist für Bertalanffys Denken dessen Verständnis von „Organismizität" wesentlich, das dieser in strikter Abgrenzung von biologistischen Positionen vitalistischer (Driesch) und holistischer Prägung (Mayer-Abich) versteht. Nicht an derartigem orientiert sich Bertalanffy, sondern – wie Oeser festhält -, an Schrödingers Aussage, „daß die lebende Materie wahrscheinlich bisher unbekannte andere physikalische Gesetze in sich birgt, welche jedoch, wenn sie einmal offenbar geworden sind, einen ebenso integrierenden Teil dieser Wissenschaft bilden werden wie die ersteren"[459]. Zugleich, bzw. in dem Verweis auf Schrödinger – dieser enthält auch Schrödingers Bedachtnahme darauf, daß ein Organismus seine Stabilität durch das „Aufsaugen" von Ordnung aus der Umwelt aufrecht erhält – liegt zudem folgender wichtiger Unterschied der neuen „organismischen" Systemtheorie von der klassischen Systemtheorie: „Während es sich früher bei der Verwendung des Systembegriffs in den verschiedensten Bereichen der Wissenschaften bis in 19. Jahrhundert hinein fast ausschließlich nur um eine Theorie der geschlossenen Systeme handelte[460], wird die allgemeine Systemtheorie nach Bertalanffy primär als eine »Theorie der offenen Systeme« betrachtet"[461].

Oeser verweist nun auf die Erweiterung, die mit der Theorie der „offenen Systeme" gegeben ist: Die Systemtheorie ist so nicht nur Grundlage der physiologischen Betrachtungsebene des Organismischen, sondern erlaubt zudem eine „dynamische Morphologie", „die es zuläßt, auch die ‚Evolution des Lebendigen als System zu verstehen"[462], wie Oeser unter Berufung auf Riedls Buch „Die Ordnung des Lebendigen" festhält. Letztlich ist es damit der Mensch selbst, der in den Blickpunkt der Systemtheorie gerät: die Systemtheorie „schließt den Menschen als natürliches System in die Erklärung mit ein". Genauerhin ist zu lesen, daß eine Theorie der Systembedingungen der Evolution ermöglicht, „das System »Mensch« sowohl in seiner physikalisch-chemisch-biologisch analysierbaren materiellen Beschaffenheit zu verstehen als auch sein Verhalten zu begreifen, ohne dabei kurzschlüssige Gleichsetzungen zu vollziehen oder in bloß vagen Analogien verbleiben zu müssen"[463]. Explizit führt Oeser zur Kompetenzzuweisung an die biologische Verhaltensforschung bezüglich der Analyse des menschlichen Erkenntnisprozesses als eines Systemverhaltens aus, daß dieses „somit keineswegs mehr ein gänzlich unbekanntes Problem darstellt, sondern in den »ratiomorphen« Verhaltensstrukturen der Lebewesen im vormenschlichen Bereich ein Korrelat hat"[464].

Zum Sinn einer „EE" legt Oeser im Anschluß hieran konkret dar: „[dieser] besteht daher nicht im Aufweis von selbstverständlichen Ähnlichkeiten im Bereich der Wahrnehmungserkenntnis, wie sie durch sinnesphysiologische Untersuchungen bereits im 19. Jahrhundert eruiert worden sind, sondern in der Erklärung des rationalen Verhaltens des Menschen durch

---

[458] Oeser E 1976 [Band 2]: S.46; hierher gehört auch, daß Bertalanffy seine Theorie konkret in Abkehr von dem Wiener Kreis und dessen Einheitswissenschaft – sie ist ihm mechanistisch-reduktionistisch – konzipiert.

[459] Schrödinger (1946) zitiert bei Bertalanffy 1949: S.11 (siehe: Oeser E 1976 [Band 2]: S.46).

[460] Als eine mögliche Ausnahme hiervon führt Oeser Joh. Heinrich Lambert an; vgl. Diemer A (Hrsg.) 1968

[461] Oeser E 1976 [Band 2]: S.47

[462] Oeser E 1976 [Band 2]: S.47

[463] Oeser E 1976 [Band 2]: S.47

[464] Oeser E 1976 [Band 2]: S.48; Oeser sieht dies bei Rupert Riedl („Die Ordnung des Lebendigen") und Konrad Lorenz („Die Rückseite des Spiegels") „in unabhängiger, aber völlig übereinstimmender Weise begründet und systematisch dargestellt".

den Mechanismus der Evolution, der auf Selektion und Mutation beruht. Auch das rationale Verhalten des Menschen in allen seinen Formen, als Erkennen, Lernen, Denken oder auch als Wissenschaft, ist ein Auswahl- und Entscheidungsprozeß, der nach bestimmten Mustern oder Strukturen abläuft, die selbst wiederum das Ergebnis eines langen phylogenetischen Entwicklungsprozesses sind"[465]. Wiederum unter Berufung auf Riedl folgert Oeser hieraus, daß alleine die evolutionstheoretisch begründete Auffassung des erkennenden Verhaltens die alte Frage lösen kann, warum unsere Erkenntnis der Wirklichkeit entspricht: „Erkenntnis kann dabei gedeutet werden als Anpassung der Lebewesen an ihre Umwelt, und Unangepaßtheit bedeutet dann den Tod und Irrtum die Ausmerzung des irrenden Individuums"[466].

Insbesondere wichtig ist, was Oeser sogleich hieran anschließt: „Die Erkenntnistheorie, die in diesem empirischen Argument eine Stütze, aber keine Lösung findet, muß das Problem auf einer anderen eben der Abstraktion behandeln"[467]. Dies erklärt sich wie folgt: „Auf dieser Ebene fällt die Systemtheorie der Biologen mit der Informationstheorie der Techniker zusammen. Bereits Bertalanffy hat daher die Kybernetik als ein Teilgebiet der Systemtheorie betrachten können. In dieser allgemeinen Bedeutung wird nun die Systemtheorie zu einer metatheoretischen Konzeption, die sich auf derselben abstrakten Stufe befindet wie Erkenntnistheorie, Logik und Wissenschaftstheorie"[468]. Bertalanffy[469] versteht die Systemtheorie daher auch als ersten Schritt zu jener – im Sinne Leibnizens formuliert – Mathesis universalis, die als umfassendes Zeichensystem alle Wissenschaften umfaßt!

Angesichts hiervon konkretisiert Oeser den „Modell"-Begriff der Systemtheorie, was aus der Anführung zweier grundsätzlicher Bedingungen der Systemtheorie geschieht; diese sind: „1. Die formalen Strukturzusammenhänge, die in ihr als Bedingungen des Systems betrachtet werden, müssen als Modelle realer Systeme interpretiert werden können. 2. Diese Modelle wiederum müssen sich zueinander auf Grund ihrer nomologischen Isomorphie, das heißt ihrer gleichartigen Gesetzmäßigkeit, wie Analogiemodelle verhalten können"[470]. Unter dieser Prämisse erweist sich, daß die Systemtheorie nicht als rein formal-logische Disziplin verstanden werden darf; ihr Modellbegriff ist weder der der reinen Semantik, noch jener der logischen Modelltheorie; er hat eine „anschauliche, pragmatische Bedeutung": „Modell heißt in der Systemtheorie primär ein allgemeines, planungstheoretisches Konzept, das jedoch nur dann sinnvoll und brauchbar ist, wenn es zugleich auch eine Anweisung zur Verwendung formaler Methoden enthält. In diesem Modellbegriff der Systemtheorie ist daher auch notwendig das Repertoire aller jener formalen Methoden eingeschlossen, mit denen das planungstheoretische Konzept ausgeführt werden kann. ... Die Bedeutung des Modellbegriffs der Systemtheorie fällt also durchaus mit seiner in den empirischen Erfahrungswissenshaften gebräulichen Verwendung zusammen"[471]. Daher auch: „Das Spezifische des systemtheoretischen Aspekts liegt aber darin, daß es sich bei diesen Modellen um Analogiemodelle handelt. Solche Analogiemodelle haben grundsätzlich den Sinn, theoretisches Wissen über Strukturzusammenhänge von einem Gegenstandsbereich auf einen anderen Gegenstandsbereich zu übertragen. Das ist dann notwendig, wenn es um Bereiche von Gegenständen mit einem hohen Komplexitätsgrad geht, ... In jenen Bereichen aber, in denen von Übertragung, Regulierung oder Verarbeitung von Informationen die Rede ist, handelt es sich um komplexe Wechsel-

---

465 Oeser E 1976 [Band 2]: S.48
466 Oeser E 1976 [Band 2]: S.48
467 Oeser E 1976 [Band 2]: S.48
468 Oeser E 1976 [Band 2]: S.48f
469 Bertalanffy L v 1949: S.187
470 Oeser E 1976 [Band 2]: S.49
471 Oeser E 1976 [Band 2]: S.49

wirkungen, die nicht einfach in isolierbare lineare Kausalketten auseinandergelegt werden können. Das heißt jedoch auch, daß die Verfahrensweisen der bisherigen formalen Logik nicht ausreichen, ein Informationssystem in seiner dynamischen Prozeßstruktur abzubilden"[472].

Im Lichte hiervon verweist Oeser wiederum auf die Möglichkeit, mit der systemtheoretischen Beachtung der Rückwirkungen und Wechselwirkungen, wie sie den Informationsprozeß auszeichnen, klassische erkenntnistheoretische Fallgruben zu vermeiden: „Denn ein systemtheoretisches Modell des Erkenntnisprozesses kennt keine Gegenüberstellung von Subjekt und Objekt und keine lineare Beziehung zwischen beiden, die in dem Augenblick festgelegt würde, in welchem man sich auf eine konkrete Interpretation eines dieser beiden Begriffe einließe"[473]. Soweit es die rationalistische „Fallgrube" betrifft, hält Oeser fest: „Der Rationalismus sieht die Quelle aller Erkenntnis im menschliche Geist, im Ich oder Bewußtsein, und ist damit von vornherein subjektivistisch, auch wenn er zu einer spekulativen Theorie des objektiven Geistes wird und somit die Erkenntnistheorie negiert"[474]. Zu der empiristischen Fallgrube wiederum erfährt man unter anderem: „Dieser naive, sensualistische Empirismus, der auf der klassischen Reflexionstheorie beruht, ist nach der Entdeckung des Reafferenzprinzips durch E. von Holst und H. Mittelstaedt[475] nicht mehr haltbar"[476].

Angesichts hiervon wendet sich Oeser nun gegen Begriffe wie „kybernetische Anthropologie"[477], „kybernetische Erkenntnistheorie"[478] und „kybernetische Systemtheorie"[479]. Der Grund hierfür ist, daß sich bei Wieners Begriff „Kybernetik" die formale nicht von der inhaltlichen Seite trennen läßt: „Die »allgemeine Kybernetik« stellt immer eine induktive Verallgemeinerung dar, die sukzessive die Doppeldeutigkeit dieses Begriffs zur Mehrdeutigkeit erweitert. In der »kybernetischen Erkenntnistheorie« beispielsweise bleibt daher auch zumeist unklar, was eigentlich theoretische Argumentation und was das Ergebnis erfahrungswissenschaftlicher Untersuchungen des menschlichen Erkenntnisprozesses ist"[480]. Hierbei versteht Oeser seine Kritik an besagter Anwendung der Kybernetik nicht als völlige Ausklammerung „jener erfahrungswissenschaftlichen Resultate, die unter dieser Bezeichnung in der Biologie und der Nachrichtentechnik geliefert worden sind"[481]. Diese Resultate werden stattdessen als Kontrollmöglichkeiten für eine Erkenntnistheorie angesehen, deren Terminologie selbst aber nicht entsprechend erweitert, und dabei uneindeutig gemacht werden soll. Im Lichte hiervon betont Oeser: „Das Problem der Erkenntnistheorie ist die Wahrheit der Erkenntnis. Ihr Problemlösungsverfahren ist kein empirisches, sondern ein rein theoretisches"[482]. Hieran schließt an: „Erkenntnistheoretische Probleme können daher weder mit den empirisch-qualitativen Begriffen der Beobachtungssprache noch mit den präzisierten quantitativen, metrischen Begriffen mathematisch formulierter Erfahrungswissenschaft ausgedrückt werden, sondern müssen mit rein theoretischen Begriffen formuliert werden"[483].

---

[472] Oeser E 1976 [Band 2]: S.50
[473] Oeser E 1976 [Band 2]: S.50
[474] Oeser E 1976 [Band 2]: S.50
[475] Holst E v & Mittelstaedt H 1950
[476] Oeser E 1976 [Band 2]: S.50
[477] Steinbuch K 1961
[478] Stachowiak H 1965
[479] Klaus G 1972
[480] Oeser E 1976 [Band 2]: S.51f
[481] Oeser E 1976 [Band 2]: S.52
[482] Oeser E 1976 [Band 2]: S.52
[483] Oeser E 1976 [Band 2]: S.52

Gerade um zu verhindern, daß „theoretisch“ zu „spekulativ“ verkommt, versteht Oeser die theoretischen Begriffe im Sinne von „Äquivalenten“ zur erfahrungswissenschaftlichen Terminologie: „Solche Äquivalente sind bereits für die Begriffe »System« und »Information« aufgewiesen worden“[484]. Der logische Status dieser Begriffe ist jener von Metaprädikaten: „sie sind theoretische Eigenschaften von empirischen Eigenschaften oder Verhältnissen. Sie sind als solche übertragbar und verwendbar in allen erfahrungswissenschaftlichen Untersuchungsbereichen, in denen sie ausdrücklich auch in dieser Bedeutung angewendet werden, und zwar genau dann, wenn es nicht um empirische Sachverhalte, sondern um Methodenfragen geht, das heißt, wenn es nicht um inhaltliche Erkenntnisse, sondern um die Art und Weise ihrer Erkennbarkeit geht“[485]. In dieser Situation, wird der Erfahrungswissenschaftler zum „externen Beobachter“: Er beobachtet nicht nur die zu erforschenden Dinge, sondern auch sich selbst und die Tätigkeit des Erkennens.

Angesichts hiervon führt Oeser zur Terminologie der Erkenntnistheorie aus: „Die Grundbegriffe der Erkenntnistheorie sind jedoch nicht solche, die der Bestimmung des Subjekts und Objekts dienen, nicht die Begriffe »Ich«, »Seele«, »Bewußtsein« und »Gegenstand«, sondern die Begriffe »System« und »Information«, die keine metaphysisch-ontologische Vorausentscheidung enthalten“[486].

Abschließend sei aus Oesers Überlegungen zur Systemtheorie angemerkt: „Aus dieser Überlegung ergibt sich ein systemtheoretisches Grundmodell, das nicht nur 1. aus dem *System* selbst, sondern auch aus der *Umgebung* besteht. Die Umgebung ist selbst wiederum notwendig ein System oder als System von Systemen strukturiert. Um das System von seiner Umgebung unterscheiden zu können, muß zwischen System und Umgebung 3. eine *Grenze* vorhanden sein. Diese Grenze zwischen dem System und seiner Umgebung wird durch die Randelemente bestimmt“[487].

Damit sei nun zu dem 3. Band von „Wissenschaft und Information“ übergegangen, und das in diesem bezüglich „Theoriendynamik: Der interne Mechanismus der Wissenschaftsentwicklung“ Ausgesagte betrachtet. Aus den entsprechenden Ausführungen sei zunächst zitiert: „Die Entscheidung zwischen konkurrierenden Theorien wird primär nicht durch direkte Verifikation oder Falsifikation durch die Erfahrung erreicht, sondern durch wahrscheinlichkeitstheoretische Überlegungen innerhalb der Theoriendynamik, die nur sekundär durch eine relativierte Verifikation und Falsifikation bestimmt sind. Es ist aber klar, daß für eine derartige probabilistische Deutung der Bestätigungstheorie die von Popper hervorgehobene Asymmetrie von Verifikation und Falsifikation wegfällt. Denn ein probabilistisch modifizierter Schluß nach dem modus tollens hat auch formallogisch gesehen keinen Vorzug mehr vor dem modus ponens: beide sind nur von relativer oder partieller Gültigkeit“[488]. Oeser verweist in diesem Zusammenhang auch auf Kuhns[489] Zurückweisung des Popperschen asymmetrischen Konzeptes, bzw. der Bevorzugung des probabilistischen Konzeptes der Verifikation oder Bestätigung erfahrungswissenschaftlicher Theorien gegenüber solchen asymmetrischen Konzepten.

Im Sinne Kuhns weiter argumentierend, verweist Oeser auf die Bedeutung davon, die Frage inwieweit Fakten zu einer bestimmten Theorie passen, nicht im Lichte der Betrachtung einer, sondern mehrerer bzw. zumindest zweier Theorien sehen zu müssen: „Es ist durchaus sinnvoll zu fragen, welche von zwei miteinander konkurrierender Theorien besser zu den

---

[484] Oeser E 1976 [Band 2]: S.52
[485] Oeser E 1976 [Band 2]: S.52f
[486] Oeser E 1976 [Band 2]: S.53f
[487] Oeser E 1976 [Band 2]: S.54
[488] Oeser E 1976 [Band 3]: S.116
[489] Vgl. z.B. Kuhn TS 1973

Fakten passen"[490]. Kuhn, so Oeser weiter, hat diese Thematik nicht systematisch ausgearbeitet, ahnt aber bereits, daß „irgendwo in diesem Irrgarten das Problem der Induktion liegen muß"[491].

Oeser konkretisiert dies – besagte systematische Ausarbeitung des Thematisierten beginnend - wie folgt: „Tatsächlich ist die empirische, reduktive Überprüfung von theoretisch abgeleiteten Prognosen bezüglich ihres Anpassungsgrads die *spiegelbildliche* Entsprechung der induktiven Bestätigung für eine konkurrierende Theorie"[492]. Hierauf folgt: „Denn die sogenannte epistemische Reduktion, das heißt die Zurückführung von theoretisch abgeleiteten Einzelbehauptungen auf Informationen über reale Ereignisse, ist sowohl Ende als auch Anfang des erfahrungswissenschaftlichen Prozesses, der immer zirkulären Charakter hat"[493].

Eine wissenschaftliche Theorie „funktioniert" so lange, so Oeser, so lange sie „diese ständig wiederholbaren" Erkenntnisprozesse leisten kann. Was aber, wenn dem nicht mehr der Fall ist, wenn also eine Theorie die aus der Außenwelt zufließenden Informationen nicht mehr in sich aufnehmen kann? Die Theorie verliert ihre Funktion, es tritt – im positiven Fall - eine neue Theorie auf; ein solcher Wechsel bedeutet eine „innere Strukturveränderung", wiewohl keinen Zusammenbruch des Informationssystems Wissenschaft. Zugleich damit, daß ein solcher Wechsel eine Phase geringerer struktureller Stabilität der Wissenshaft bedeutet, stellt er eine Phase größerer funktioneller Effektivität dar: es werden mehr und neue Informationen über neue Erfahrungsbereiche aufgenommen.

„Ein systemtheoretisches Funktionsmodell der Wissenschaftsentwicklung, das die Theorie als den entscheidenden stabilisierenden, strukturellen Faktor enthält, läßt sich [wie folgt] ... charakterisieren"[494]: Oesers skizzierter Kreisprozeß umfaßt „Theorie", verbunden durch Deduktion mit „Prognose", diese verbunden durch Reduktion mit „Information", diese verbunden durch Induktion mit „Hypothese", die ihrerseits mittels Konstruktion wieder zu „Theorie" führt[495]. Aus den Erläuterungen Oesers zu diesem Modell sei hervorgehoben: „In diesem Modell gibt es keinen absoluten Anfang, sondern nur verschiedene gleichwertige Einstiegsmöglichkeiten in den Prozeß der Wissenschaftsentwicklung. Es gibt keine ersten Tatsachen und keine letzten Gründe. Jeder mögliche Anfang hat einen bestimmten Grad von Unsicherheit, der notwendig die Rückkehr zu diesem Ausgangspunkt im Sinne einer überprüfenden Bestätigung erfordert"[496].

Weiters hebt Oeser die Bedeutung der Rückwirkung in seinem Modell hervor, unter Zurückweisung einer linearkumulativen Denkweise. Hierher gehört auch, daß Theorien bei jeder neuen Information in einen „neuen Zustand bezüglich ihrer Stabilität geraten", weshalb auch absolute Verifikation und Falsifikation keinen Platz in dem Modell haben; nicht von ihnen kann die Rede sein, sondern von „Zustandsveränderungen, die sich in einer ständigen Umkonstruktion der Theorie äußern, die notwendig auf möglichst hohe Stabilität tendiert"[497].

Oeser stellt in seiner Explikation des Modells auch einen expliziten Bezug zur Evolutionstheorie Darwins her: „In diesem Modell gibt es keine wertende Aussage über den Fortschrittscharakter der Wissenschaft – genausowenig wie in der Evolutionstheorie Darwins.

---

[490] Kuhn TS 1973: S.195; zitiert nach Oeser E 1976 [Band 3]: S.118
[491] Kuhn TS 1973: S.224; zitiert nach Oeser E 1976 [Band 3]: S.118
[492] Oeser E 1976 [Band 3]: S.118; Hervorhebung durch den Autor
[493] Oeser E 1976 [Band 3]: S.118
[494] Oeser E 1976 [Band 3]: S.118
[495] Deduktion ist in diesem Modell mit „Beweistheorie" verknüpft, Reduktion mit „Bestätigungstheorie", Induktion mit „Heuristik" und Konstruktion mit „Begründungstheorie".
[496] Oeser E 1976 [Band 3]: S.119
[497] Oeser E 1976 [Band 3]: S.119

Trotzdem ist die Richtung der Wissenschaftsentwicklung eindeutig festgelegt. Die Evolution der Wissenschaft ist ein irreversibler Prozeß, das heißt, es gibt keine echte, sondern nur eine scheinbare Rückläufigkeit. Die Evolution gibt dem Pfeil der Zeit einen Widerhaken, welcher ihn daran hindert zurückzulaufen"[498].

Letztlich diskutiert Oeser sein Modell im Lichte von Informationsverdichtung: „In diesem Modell sind wissenschaftliche Begriffs-, Hypothesen- und Theorienbildung aufs engste miteinander verbunden. Denn sie stellen nichts anders als verschiedene Grade der Informationsverdichtung dar. Diese Informationsverdichtung beruht in jedem ihrer Grade auf statischen Strukturgesetzlichkeiten, die jedoch nicht unveränderlich sind, sondern im Entwicklungsprozeß der Wissenschaft verändert werden müssen, um den ständig neu zu gewinnenden Informationen gerecht werden zu können"[499].

Oesers Argumentation kümmert sich nun um die Vereinfachungen, die in seiner bisherigen Modell-Darstellung enthalten sind: „es berücksichtigt nicht das besonders in der modernen Naturwissenschaft des 20. Jahrhunderts auftretende Phänomen der Parallelverarbeitung von Informationen, auf Grund deren allein die Theoriendynamik als nichtkumulativer Prozeß erklärbar ist"[500]. Mit Max Planck erweist Oeser das Sich-selbst-organisieren der empirischen Wissenschaften als einen Prozeß im Lichte gegenseitig sich anpassender nebeneinander entstehender Theorien: „Die Entwicklung einer jeden Wissenschaft vollzieht sich bekanntlich nicht systematisch von einem einzigen Punkte aus, nach einheitlich vorbedachtem Plane, sondern sie setzt aus praktischen Gründen, entsprechend der Vielseitigkeit der von ihr umfaßten Probleme, mehr oder weniger gleichzeitig an verschiedenen Punkten an und wird, je nach der Zahl und der Eigenart der an ihr arbeitenden Forscher, an den verschiedenen Stellen in verschiedener Weise und in verschiedenem Tempo gefördert. ... In dieser gegenseitigen Anpassung der verschiedenen Theorien liegt der Hauptkeim ihrer Befruchtung und Fortentwicklung zu einer höheren Einheit"[501].

Wesentlich ist Oesers hieran anschließende Argumentation: „Das Hauptziel einer jeden Wissenschaft definiert Planck als »die Verschmelzung sämtlicher in ihr groß gewordenen Theorien zu einer einzigen, in welcher alle Probleme der Wissenschaft ihren eindeutigen Platz und ihre eindeutige Lösung finden«[502]. Daß dieses hypothetische Endziel jedoch niemals erreichbar ist, liegt in der Natur der erfahrungswissenschaftlichen Erkenntnis begründet, von der nicht erwartet werden kann, daß ihre Begriffe und Gesetze den Charakter absoluter Endgültigkeit besitzen. Nach Heisenberg bedeutet das Wort »endgültig« im Zusammenhang der exakten Naturwissenschaft lediglich, »daß es immer wieder in sich geschlossene, mathematisch darstellbare Systeme von Begriffen und Gesetzen gibt, die auf bestimmte Erfahrungsbereiche passen«[503]. Die in mathematischen Formeln fixierte Naturerkenntnis früherer Epochen hat jedoch niemals eine Garantie für die Anwendbarkeit auf weitere Erfahrungsbereiche enthalten"[504].

Im Lichte hiervon seien nun Oesers Ausführungen zur Bedeutung der Induktion herausgegriffen. „Dieser entwicklungsgeschichtliche Zusammenhang [zwischen mehr und weniger abstrakten wissenschaftlichen Ebenen] läßt sich jedoch nicht als eine Ableitungsbeziehung im

---

498 Oeser E 1976 [Band 3]: S.119f
499 Oeser E 1976 [Band 3]: S.120
500 Oeser E 1976 [Band 3]: S.120
501 Planck M 1915: S.732; zitiert nach Oeser E 1976 [Band 3]: S.120f
502 Planck M 1915: S.732
503 Heisenberg W 1955: S.20
504 Oeser E 1976 [Band 3]: S.121f

Sinne der deduktiven formalen Logik deuten, wie bereits Whewell[505] wußte, der die Schichten der Wissenschaftspyramide durch »induktive Leitern« zu verbinden versuchte"[506]. Auch Einstein – so Oeser weiter – kehrt die Bedeutung der Induktion hervor: „Sobald nämlich eine Wissenschaft über das primitivste Stadium hinausgekommen ist, entstehen die theoretischen Fortschritte nicht mehr durch eine bloße ordnende Tätigkeit"[507]. Oeser im Anschluß hieran: „An die Stelle der einfachen Induktion, der »colligation of facts«, tritt eine Art von »Superinduktion« (Whewell), in der durch einen »intuitiven« Sprung eine andere Abstraktionsebene erreicht wird, auf der sich mit Hilfe eines von dem der vorhergehenden Schicht total verschiedenen Begriffsapparats eine grundsätzlich neue, axiomatisch-deduktive Theorie aufbauen läßt, die ihre entwicklungsgeschichtlichen Vorstufen in veränderter Form enthält. Diese neue Theorie schöpft ihre Daseinsberechtigung aus der Tatsache, daß sie eine größere Zahl von Einzelerfahrungen verknüpft; das heißt, daß sie einen höheren Grad der Informationskapazität besitzt, und darin liegt nach Einstein[508] die »Wahrheit« einer Theorie"[509].

Dieser Begriff der Wahrheit ist kein formal-logischer, sondern der Erkenntnistheorie und in diesem Sinne gemäß der adaequatio von Theorie und Erfahrung konzipiert, bzw. gemäß „Logik der Veränderung". Zu dieser „Logik der Veränderung" hält Oeser in Folge fest: „Eine solche Logik der Veränderung geht von dem wissenschaftsgeschichtlich wie systematisch nachweisbaren Faktum aus, daß es in der Entwicklung der Erfahrungswissenschaft nicht nur eine Anpassung von Theorie und Erfahrung, sondern auch eine »gegenseitige Anpassung von Theorien«[510] gibt. Der innere Mechanismus der Theoriendynamik, der auf beiden Anpassungsprozessen beruht, erzeugt jedoch auf diese Weise keine problemlos homogene Einheit, sondern einen entwicklungsgeschichtlich bedingten Organismus der Wissenschaft, in dem Irrtümer und Widersprüche ständig austariert werden"[511].

Hierher gehört auch eine Aussage Oesers, die dieser konkret angesichts des Vergleiches der Newtonschen Physik und Einsteinschen Relativitätstheorie, bzw. der Aussage, jene sei ein Grenzfall dieser, trifft[512]: „Das heißt, daß der genetisch-faktische Zusammenhang beider Theorien nicht durch die deduktive Logik, sondern durch die »induktive« Logik wissenschaftstheoretisch erklärbar wird, wobei freilich unter der induktiven Logik weder ein reiner, der deduktiven Logik analoger Formalismus noch eine empirische Enumeration, sondern eine Logik der Veränderung auf Grund rationaler Entscheidungen zu verstehen ist. Diese Logik bezieht sich auf die Organisation und Planung eines Wissensgebietes im Hinblick auf ihre zukünftige Entwicklung. Das entscheidende sachliche Kriterium für die Akzeptierung einer Theorie besteht daher in ihrer Fähigkeit, die Wissenschaft, der sie zugeordnet ist, weiterzuentwickeln"[513]. Angeführt sei diese Aussage, da sie an Lorenz' Aussage erinnert, wonach die Wahrheit einer Theorie darin besteht, auf dem Wege zur Wahrheit voranzuführen.

Angesichts dieser Ausführungen kommt Oeser auch zu der Feststellung: „Von den Biologen [u.a. Konrad Lorenz und Rupert Riedl] wird gegenwärtig mit Recht die Übertragbarkeit

---

505 Whewell W 1858: S.IX
506 Oeser E 1976 [Band 3]: S.125
507 Einstein A 1921: S.84; zitiert nach Oeser E 1976 [Band 3]: S.125
508 Einstein A 1921
509 Oeser E 1976 [Band 3]: S.125
510 Vgl. Planck M 1915: S.732
511 Oeser E 1976 [Band 3]: S.126
512 Oeser führt zu dieser „Grenzfall"-Behauptung aus, daß sie „grundsätzlich nur auf die pragmatische Problemlösungseffizienz und nicht auf die formal-logische oder mathematische Ableitbarkeit [zu] beziehen [ist]" (S.128).
513 Oeser E 1976 [Band 3]: S.128

der Gesetze der biologischen Evolution auf die Entwicklung des menschlichen Denkens propagiert. Wie bereits an anderer Stelle ausführlicher dargestellt[514], ermöglicht die wissenschaftstheoretische Analyse und Rekonstruktion der Evolutionstheorie auch eine Rückanwendung, die in der entwicklungsgeschichtlichen Betrachtungsweise der Wissenschaft besteht"[515]. Worauf Oeser hiermit unter anderem verweist, ist die Ablehnung von de Vries' Ansicht, die Veränderungen in der Natur würden großen Sprüngen entsprechen; weder die Natur, noch das diese begreifen wollende Denken, machen solche Sprünge. Zudem ist zu lesen: „Ebensowenig ist auch ein evolutionstheoretisches Konzept der Wissenschaftsgeschichte von vornherein mit einer Ideologie des kumulativen Fortschritts behaftet, da sich der historische Prozeß wissenschaftlichen Denkens als viel zu komplex erweist, als daß er im Sinne einer einfachen Addition ohne jegliche Subtraktion gedacht werden könnte"[516].

Angesichts hiervon formuliert Oeser im Sinne einer Übereinstimmung mit der biologischen Evolutionstheorie: „Eine Theorie der Systembedingungen der Wissenschaftsentwicklung vermag daher, in analoger Weise wie die biologische Evolutionstheorie, das rätselhafte Faktum zu erklären, wie nämlich die Wissenschaft trotz der in ihr wirkenden »dissipativen«, das heißt zerstreuenden Kräfte ständig zu neuen und immer umfassenderen Ordnungen kommt. Denn die exakte Erfahrungswissenschaft ist trotz ihrer apriorisch-mathematischen Struktur kein System von prästabilisierter, sondern von poststabilisierter Harmonie"[517]. Hierauf folgt: „Die symmetrischen Konzepte erfahrungswissenschaftlicher Theorien, die sowohl die stabilsten als auch entwicklungsfähigsten Strukturen besitzen, erhalten ihre Symmetrie a posteriori im Verlaufe ihres Entwicklungsprozesses, so wie auch in der Natur Symmetrie nicht als vorausgegebene Ursache a priori, sondern als das Ergebnis eines evolutionären Prozesses auftritt"[518]. Diese Aussagen führen zu der Feststellung: „Wie in der Natur, die gewisse Abweichungen von einer perfekten Symmetrie duldet, solange diese nicht der Funktionalität zuwiderlaufen, so sind auch in der die Natur »abbildenden« Wissenschaft derartige Brüche nicht das Ende, sondern vielmehr der Anfang einer Weiterentwicklung. Veränderung und Bewegung, die immer auf irgendeine Aktivität zurückgeführt werden müssen, entstehen nur infolge eines Asymmetriezentrums[519], aus dem sich wieder eine neue Einheit entwickeln kann"[520].

In diesem Sinne versteht Oeser also Wissenschaft als eine Organismus, dessen Glieder in Wechselbeziehung miteinander stehen. Die Anfanglosigkeit des damit Bezeichneten – vgl. die allgemeine Darstellung des Oeserschen Modells – diskutiert Oeser nun im Lichte der Duhem-Quine-These, die „nur im Rahmen einer Theorie der Wissenschaftsentwicklung ihren Sinn [hat]"[521]. Duhem leugnet die Möglichkeit, eine getrennte Komponente eines theoretischen Systems widerlegen zu können. Quine formuliert das damit Thematisierte schärfer: „Jede Behauptung kann für wahr gehalten werden, was auch kommen mag, wenn wir hinreichend drastische Adjustierungen anderswo im System durchführen ... Umgekehrt ist eben darum keine Behauptung vor einer Revision gesichert"[522]. Lakatos[523] hat diese Aussage im

---

514 Oeser E & Schubert-Soldern R 1974: S.XIIIf
515 Oeser E 1976 [Band 3]: S.134
516 Oeser E & Schubert-Soldern R 1974; zitiert nach Oeser E 1976 [Band 3]: S.135
517 Oeser E 1976 [Band 3]: S.136
518 Oeser E 1976 [Band 3]: S.136
519 Im Sinne von Eigen M & Winkler R 1975
520 Oeser E 1976 [Band 3]: S.136f
521 Oeser E 1976 [Band 3]: S.137
522 Quine W v O 1961: S.43; zitiert nach Oeser E 1976 [Band 3]: S.137
523 Vgl. Lakatos I 1974

Sinne des pragmatischen Konventionalismus dahingehend interpretiert, daß keine rationale Auswahlregel zwischen alternativen Aussagen besteht. Oeser sieht hierin „eher jene fragwürdige Basis zu einer radikal irrationalistisch-revolutionistischen Auffassung der Wissenschaftsentwicklung, die lediglich die externen Bedingungen sozio-psychologischer Art gelten läßt; eine Auffassung, die jedoch selbst von Kuhn nicht vertreten worden ist, der sich gegen die Deutung seiner Theorie als »Irrationalismus« streng verwahrt hat"[524].

Oeser bietet folgende Alternative hierzu an: „In einer Theorie der internen Systembedingungen der Wissenschaftsentwicklung, die auf dem Mechanismus der Wechselwirkung von struktureller und empirischer Information beruht, bedarf diese ursprünglich auch von Duhem selbst entwicklungstheoretisch konzipierte These von der ständigen Umkonstruktion einer Theorie als organische Einheit keiner eigenen Rechtfertigung. Sie ist aber deswegen keineswegs als trivial wahr anzusehen. Denn die Duhem-Quine-These, die ihre eigentliche Grundlage in einem organismisch-holistischen Systemdenken hat, läßt zwar das Experimentum crucis als absolut falsifizierende Instanz nicht zu, kann aber keineswegs generell die Möglichkeit negativer Entscheidungsexperimente eliminieren"[525]. Hierin liegt, daß Umkonstruktionen bzw. Adjustierungen in einem System lediglich angesichts von Strukturbrüchen nötig sind. Mit Grünbaum – der an das Bayes-Theorem anknüpft – hält Oeser fest: „wir [können] zumindest in einigen Fällen die Falschheit einer Teilhypothese in wissenschaftlich befriedigender Wiese feststellen, obwohl wir sie nicht über alle Möglichkeiten nachträglicher Rehabilitation hinaus falsifizieren können"[526]. Oeser konkretisiert hieran: „Nach dem bisher Gesagten ist es jedoch klar, daß ein derartig relativierter Begriff der Falsifikation zu nichts anderem führen kann als zu einer Theorie der strukturellen Veränderung, die über alle Strukturbrüche hinweg die funktionelle Effizienz und das empirische Wachstum der Erfahrungswissenschaft zu erklären vermag. Allerdings ist dazu auch eine totale Umkehr der üblichen Blickrichtung der gegenwärtigen Wissenschaftstheorie nötig"[527].

Hiermit wird ausgesagt, daß es der Wissenschaftstheorie nicht darum gehen dürfe, formale metatheoretische Methoden zu finden, „um normativ vorausgesetzte oder auch tatsächlich in mehr oder weniger guter Annäherung an das Ideal eines logisch geschlossenen Systems vorfindbare Strukturen zu dynamisieren"[528]. Worum es tatsächlich zu gehen hat, das stellt Oeser wie folgt vor: „sondern es ist vielmehr umgekehrt die gesamte Wissenschaftsentwicklung als ein dynamischer Prozeß aufzufassen, in dem statische Strukturen nur als Stabilisierungsphasen auftreten. Erst auf Grund dieser Auffassung, die, wie bereits ausführlich an den Beispielen Whewells, Machs, Duhems usw. gezeigt worden ist, den ursprünglichen Hintergrund einer an der faktischen Geschichte der Naturwissenschaft orientierten Wissenschaftstheorie bildet, ist es möglich, den eigentlichen Sinn und die Zielsetzung einer »Logik der Veränderung«, von der bisher immer die Rede war, zu verstehen"[529].

Konkret bedeutet dies: „Diese Logik ist eine empirische, der internen Entwicklungsstruktur der Erfahrungswissenschaften adäquate Logik, die nicht beansprucht festzulegen, was formal wahr sein kann in allen möglichen Welten, sondern nur, was wahr ist in der wirklichen Welt. Die Realität ist kompliziert und vielfältig genug, um ein ganzes Repertoire von formalen Methoden zuzulassen. In diesem Repertoire ist in elementarer Form auch die klassische

---

524 Oeser E 1976 [Band 3]: S.137

525 Oeser E 1976 [Band 3]: S.138

526 Grünbaum A : S.1092; zitiert nach Oeser E 1976 [Band 3]: S.138

527 Oeser E 1976 [Band 3]: S.138

528 Oeser E 1976 [Band 3]: S.138; Oeser verweist hier auch auf Sneed JD 1971 und Stegmüller W 1974

529 Oeser E 1976 [Band 3]: S.138f

deduktive Logik als stabilisierender Faktor enthalten. Sie ist aber weder die einzige Form der Logik überhaupt, noch ist sie vor allen anderen Versionen rationalen Argumentierens ausgezeichnet“[530]. Hierauf folgt: „Die empirische Erkenntnislogik, die den Erfahrungswissenschaften zugrunde liegt, abstrahiert dagegen [im Unterschied zur formalen deduktiven Logik] nicht von der Zeit. Sie ist deshalb auch eine Logik der Veränderung. Als empirische Logik braucht sie auch nicht erst erfunden zu werden, sondern nur aus der faktischen Wissenschaftsentwicklung rekonstruiert und systematisch weiterentwickelt zu werden“[531]. Hierauf folgt die bemerkenswerte Feststellung: „Denn sie war seit jeher dort vorhanden, wo es organisierte Veränderung auf Grund von Lernen aus Erfahrung gegeben hat. Sie reicht von den ratiomorphen Handlungsschemata vorweltlicher primitiver Lebewesen bis zu jenen komplizierten Gesetzmäßigkeiten, nach denen sich jenes abstrakte und doch so reale »Monster« der modernen Wissenschaft bewegt und entwickelt, das nicht nur die Veränderungen der realen Welt in einem Input-Output-System registriert, sondern auch selbst in seiner Anwendung zahllose praktische Entscheidungen involviert, die diese Welt in irreversiblen und irreparablen Prozessen von Grund auf verändern“[532].

Hieran schließt Oeser an, daß der Begriffsapparat der empirischen, zeitlich bedingten Logik der Veränderung einfach und konsistent ist, wie auch, daß er nicht das Ergebnis einer konventionellen Festsetzung ist, „sondern das einer systematischen Entwicklung, in der alle Grundlagentheorien der modernen Naturwissenschaft konvergieren“[533].

Oeser gibt nun, und mit der Anführung hiervon sei die Betrachtung seines Werkes beendet, folgende Liste besagter Begriffe an[534]:

1. Information über
    a) strukturelle Bedingungen,
    b) empirische Ereignisse;
2. System als System der Wechselwirkung von Bedingung und Ereignis, wodurch das System als dynamisches, das heißt entwicklungsfähiges Expansionssystem gekennzeichnet ist;
3. Struktur, die den invarianten Aspekt des Systems ausmacht, der immer auf
4. Symmetrien zurückzuführen ist. Da jedoch neben diesen Symmetrien immer auch Symmetrieverletzungen vorkommen, tritt notwendig das Problem der Veränderung auf, das wiederum durch das Netzwerk von Bedingungen und Ereignis erfaßt werden kann.

530 Oeser E 1976 [Band 3]: S.139
531 Oeser E 1976 [Band 3]: S.139
532 Oeser E 1976 [Band 3]: S.139f
533 Oeser E 1976 [Band 3]: S.140
534 Oeser E 1976 [Band 3]: S.140

6 Die „Wiener“ evolutionäre Erkenntnistheorie von den 80er Jahren des 20. Jahrhunderts bis zur Gegenwart

6.1 Einleitung

Es versteht sich von selbst, daß mit den nachfolgend angeführten Unterkapiteln nicht ein Kanon der Themen der EE bezeichnet ist. Die vorgenommene Einteilung soll ein möglichst übersichtliches Bild der EE seit 1983 zeichnen lassen, fortgesetzt gemäß der allgemein für den ersten Teil des Buches festgelegten Zielsetzung.

6.2 Evolutionäre Erkenntnistheorie als neue Herausforderung

Am Beginn dieses Abschnittes soll ein Text von Rupert Riedl[535] betrachtet werden, der recht allgemein auf die EE blickt und mit einer „subjektiven“ Schilderung – aus der Perspektive Riedls – der Anfänge dessen beginnt, das in diesem Kapitel betrachtet werden soll. Diese Anfänge haben viel mit dem Jahr 1976 zu tun: „Drei Dinge fielen in Wien in diesem Jahr zusammen. Zum einen war aus den »Nachhilfestunden«, die Konrad Lorenz und ich in Altenberg durch Erhard Oeser genossen, der »Altenberger Kreis«[536] geworden. ... | Zum zweiten begann der Zyklus der Universitätsseminare, das sogenannte Oeser-Riedl-Sexl-Seminar[537]: »Theorie der Naturwissenschaften«. ... | Und drittens hatte ich damals den Band zu schreiben begonnen, der im Herbst 1979 mit dem Titel »Biologie der Erkenntnis« erschien“[538]. Im Lichte hiervon sei sogleich wieder das Bild von der „unabhängigen Entwicklung“ der EE aufgegriffen, wie es Riedl in einem Text aus dem Jahre 1987[539] ebenfalls aufgreift und im Rahmen hiervon fragt: „Was, wenn wir [Konrad Lorenz, Rupert Riedl, Erhard Oeser und Karl Popper] voneinander gewußt hätten?“; „Was, wenn ich Lorenz’ Entwicklung gekannt hätte? Ich hätte meinen Weg von der Evolutionstheorie zur Erkenntnistheorie nicht gefunden. Und zwar deshalb, weil in Lorenz’ Umkreis der Weg vom lupenreinen Neodarwinismus zu dessen systemtheoretischer Weiterentwicklung (oder Überwindung), welche mir die Ordnungsgesetze des Lebendigen klar machten, nicht nahelag. Lorenz’ neue Form der »Tierpsychologie« brauchte den neuen Darwinismus“[540]. Ähnliches, so Riedl, gilt für Erhard Oeser, der ebenfalls vom systemtheoretischen Denken beeinflusst und kein lupenreiner Darwinist ist; „auch Erhard Oeser wäre durch Lorenz nicht auf seinen Weg geführt worden“. „Und wir beide, Oeser wie ich, hätten auch nicht als Schüler Poppers beginnen dürfen, weil sich dessen Erkenntnistheorie zunächst

---

535 Riedl R 1987e

536 Diesem „Kreis“ gehörten neben Lorenz, Oeser und Riedl der Anatom Gerd Müller, der Anthropologe Eike Winkler, der Arzt Anton Fürlinger und die Riedl-„Schüler“ Robert Kaspar, Günter Wagner und Manfred Wuketits an.

537 Im Rahmen dieses Seminars kamen der theoretische Physiker Roman Sexl, der Chemiker Peter Markl und der Psychologe Rainer Maderthaner zu dem „Alternberger Kreis“ hinzu.

538 Riedl R 1987e: S.73

539 Riedl R 1987a

540 Riedl R 1987a: S.48

ganz an der Physik orientierte; namentlich an jener Einsteins; und weil auch Poppers spätere Sicht auf die Biologie, wenn ich recht verstehe, weiterhin aus seinem ersten Ansatz bestimmt ist“[541]. Riedl führt nun noch an, daß auch Lorenz nicht bei Popper und dieser nicht bei Mach und Boltzmann seinen Anfang hätten nehmen können.

Damit sei wieder auf die eigentlich hier interessierende Arbeit Riedls zurückgekommen, und sogleich auf die Ausführungen in dieser bezüglich dem Verhältnis zwischen der Philosophie und der EE geblickt. Zunächst bebildert Riedl diese Situation mit Ausführungen Mohrs im Geleitwort zu Vollmers Buch „Evolutionäre Erkenntnistheorie“[542]: „Sie [Vollmer] müssen vorläufig damit rechnen, daß manche Philosophieprofessoren, die sich in erster Linie der Philosophiegeschichte und der Transzendentalphilosophie verpflichtet fühlen, eine evolutionäre Erkenntnistheorie ablehnen“. Hierzu Riedl: „Damit hätte ich nicht gerechnet. Ich hatte gehofft, man werde neue Lösungsansätze alter Rätsel begrüßen, so wie ich's aus meinem Fache zu kennen meinte. Aber das folgende Jahrzehnt hat Hans Mohrs Voraussicht nur zu gut bestätigt“[543]. Angesichts hiervon verweist Riedl auf die Civitas-Tagung 1984 in München, die sich gegen die EE abgrenzte, auch keinen ihrer Vertreter einlud, wozu Riedl kommentiert: „und sollte es Ziel der Tagung gewesen sein, eine gemeinsame Front zu bilden, so konnte das nur in dem Maße gelingen, in dem die philosophischen Richtungen heute überhaupt in der Lage sind, eine gemeinsame Front zu bilden“. Zu dem 1986 in Wien abgehaltenen und von Riedl und Wuketits organisierten Kongreß zur EE, an diesem nahmen Vertreter *und* Kritiker der EE teil, schreibt Riedl: „Das Ergebnis ist aufschlußreich. Die Evolutionisten waren sich vergleichsweise einig. So kam es, schätzt man das Resultat skeptisch ein, zu einer Kontroverse widerstreitender Philosophien von der Erkenntnis vor dem Zufallshintergrund einer biologischen Theorie“[544]. Grundsätzlich hält Riedl zum Verhältnis von Philosophie und EE fest, daß es von einer „befruchtenden Komplementarität der Disziplinen“ geprägt ist bzw. sein sollte.

Wesentlich sind nun Riedls Ausführungen zum Systemdenken: „Das peinliche Reden von der »Welt als vernetztes System«, im höchst zeitgemäßen Gegenzug zum linear-kausalen Denken, sucht seine wissenschaftliche Formulierung. Bei der »Netzplantechnik« sagt schon der Name, daß das Konzept zu Technik und Management gehört. »Kybernetik« und »Synergetik« sind dagegen im Umkreis des physikalischen, die »Systemtheorie« in dem des biologischen Denkens entstanden. Der Unterschied besteht darin, daß man in der Physik der Ansicht sein kann, mit Kräften (...) und deren Feldern, als der Ursache der Dinge, auszukommen. Zwar tritt der Informationsbegriff in die Kybernetik (Sensor und Stellglied), der Begriff der Autopoiese (des Phasenüberganges) in die Synergetik, aber ohne daß die Existenz einer weiteren Ursachenform anerkannt würde. In der Biologie dagegen wird deutlich, daß mit viererlei Ursachenformen zu rechnen ist (Kräften, Materialien, Form- oder Selektions- und Zweckbedingungen oder Programmen)“[545].

Ein weiterer, im Lichte des Systemdenkens hervorzukehrender Aspekt des Riedlschen Textes bezieht sich auf die Bedeutung, die der Adaption zuzuweisen ist: „Es ist darum nicht falsch, zu sagen, daß ich von einem konstruktivistischen Prinzip zur Evolutionären Erkenntnistheorie gelangte, wohingegen Konrad Lorenz über ein adaptionistisches zur Lösung gekommen war. Lorenz' entscheidende Einsicht bestand ja darin, die apriorischen Lehrmeister des Individuums als *a posteriori*-Anpassungsprodukte seines Stammes zu erkennen. Damit ist die Gegenüberstellung natürlich insoferne unsymmetrisch, als es der adpativen Lösung be-

---

[541] Riedl R 1987a: S.49
[542] In Vollmer G 1975: S.VII
[543] Riedl R 1987e: S.74
[544] Riedl R 1987e: S.75
[545] Riedl R 1987e: S.77f

darf, um die konstruktiven Grenzen dieser Adaptation bemerken zu können. | Die Gegenüberstellung ist nur insoferne richtig, als Lorenz stets für die adaptionistische Lösung eingetreten ist, was ihm -... – in seinem Eintreten für den Darwinismus (Lorenz 1964, 1965) nahe liegt. Wohingegen mein späteres Opus die Frage verfolgte, was aus den Grenzen der Angepaßtheit, aus den Anpassungsmängeln, für die Betrachtung von Wissenschaft, Gesellschaft und Welt zu erfahren sei (Riedl 1979a, 1979, 1981, 1985, 1985a, 1987 und 1987b)"[546].

Im Sinne seines hypothetischen Realismus hält Riedl fest: „Damit kommen wir aber zudem auf einen entscheidenden Punkt zurück, der dieses ganze System zunächst biologischer Theorien mit der Erkenntnistheorie überhaupt verbindet. Er enthält die Feststellung, daß es im Erkenntnisprozeß des Menschen keine ersten Tatsachen und keine letzten Gründe geben kann. Es gibt keinen Ort absoluter Gewißheit"[547]. Abschließend sei aus Riedls Text eine Aussage herausgegriffen, die der eben zitierten *vorangeht*: „Nicht anders ist der Wechselbezug zwischen der Evolutionären Erkenntnistheorie und nunmehr ihrer Obertheorie zu verstehen: mit der Evolutionstheorie selbst. Eine Erschütterung der Evolutionstheorie würde das gesamte Theoriensystem in Frage stellen".

Damit sind dem Riedlschen Text jene Themen entnommen, anhand derer Abschnitt 5.1 mit Inhalt zu belegen ist. Insbesondere sind dies also die Themen „Realismus-Thematik", „Bedeutung der Adaption", „Systemdenken" und „Auseinandersetzung mit der Philosophie", wozu wiederum insbesondere die Fragen gehören, inwieweit die EE eine philosophische oder eine biologische Disziplin ist, aber auch inwieweit sie eine „kopernikanische Wende" darstellt und inwieweit ihre Vertreter einheitlich argumentieren.

Zunächst soll darauf eingegangen werden, inwieweit die EE als eine „kopernikanische Wende" zu verstehen ist, wie dies erstmals Vollmer angemerkt hat[548]. Wuketits wendet sich gegen das Reden von einer kopernikanischen Wende, insbesondere da die „moderne EE" bereits auf einer langen, ins 19. Jahrhundert zurückreichenden Tradition basiert, wobei sie insgesamt einen „Wendepunkt in der Geschichte abendländischen Denkens signalisiert, aber keinen Abbruch dieser Geschichte"[549]. An anderem Ort hält Wuketits zu dem Thema fest: „Vollmer (1975) meinte, die evolutionäre Erkenntnistheorie würde den Menschen in einer *kopernikanischen Wende* aus seiner zentralen Stellung herausnehmen und ihn zum Beobachter des kosmischen Geschehens machen. Gewiß – die evolutionäre Erkenntnistheorie zerstört viele Traumbilder; ihre Geschichte fügt sich nahezu lückenlos ein in die Geschichte der neuzeitlichen Naturwissenschaft auf dem Weg zur »Entanthropomorphisierung« des Weltbildes"[550].

Ganz eindeutig wendet sich auch Robert Kaspar gegen das Reden von der kopernikanischen Wende: „In diesem Sinne möchte ich auch nicht in jenen Chor einstimmen, der jetzt schon unsere Disziplin eine kopernikanische Wende nennt"[551]. Bei Kaspar finden sich zudem Aussagen, die das oben angeführte Riedlsche Bild der Einstimmigkeit der Vertreter der EE zumindest differenzierter sehen lassen: „Zweitens ist die Evolutionäre Erkenntnistheorie der-

---

546 Riedl R 1987e: S.79

547 Riedl R 1987e: S.83

548 Vollmer G 1975: S.170 (die Evolutionäre Erkenntnistheorie als „die wahre kopernikanische Wende"); Vollmers Ausführungen rund um diesen Begriff erwecken keineswegs den Eindruck von Überheblichkeit – können aber in diese Richtung mißverstanden werden (insbesondere wenn man – unangemessener weise- nur den Begriff als solchen auf sich wirken läßt); 1987 S.111 schreibt Vollmer G: „Und ob die Leistungen der EE so epochemachend oder so revolutionär sind wie die Kants, kann dabei auch völlig *offen*bleiben".

549 Wuketits FM 1987a: S.19

550 Wuketits FM 1983: S.362

551 Kaspar R 1983: S.142

zeit [1987] noch zu jung, als daß es möglich wäre, sie mit einer einheitlichen, von allen ihren Vertretern akzeptierten Definition präzise zu charakterisieren"[552]; „Wie eingangs erwähnt, findet man nicht nur bei den Kritikern und Kommentatoren, sondern auch bei den Vertretern der Evolutionäre Erkenntnistheorie verschiedene Auffassungen über den Ursprung, den inhaltlichen Kern und die Anwendungsmöglichkeiten dieser Disziplin (zusammengefaßt bei G. Vollmer 1985). Solche Unterschiedlichkeiten sind charakteristisch für jede junge Forschungsrichtung"[553].

Ein wesentlicher Diskussionspunkt ist hierbei die Frage, inwieweit die EE einc biologische oder (und) eine philosophische Theorie ist, wozu zunächst wieder aus Kaspars Text zitiert sei: „Was nun die Aufgabe und die Möglichkeiten der Evolutionären Erkenntnistheorie betrifft, so möchte ich, wie schon früher (Kaspar R 1983), betonen, daß sie nach meiner Auffassung eine *biologische Disziplin* ist, deren Aufgabe es ist, mit empirisch-naturwissenschaftlichen Methoden die Frage zu untersuchen, nach welchen Prinzipien Organismen (einschließlich des Menschen) Information gewinnen und verarbeiten, wie diese Prinzipien stammesgeschichtlich zu verstehen sind und welche materiellen Trägersysteme ihnen zugrunde liegen"[554]. Diesen Ausführungen gehen Argumente Kaspars voran, in denen er darauf aufmerksam macht, daß es wohl auch Lorenz' (zumindest anfängliche) Intention war, den biologischen Strukturkern seiner Arbeit zu den Kantschen Apriori aus dem Jahre 1941 empirisch zu untermauern, anstatt philosophisch-erkenntnistheoretische Probleme zu lösen; Kaspar verweist hierzu auf dementsprechende Ausführungen in einer Arbeit von Lorenz aus dem Jahre 1943: „Vergessen wurde merkwürdigerweise der Umstand, daß Lorenz selbst bereits 1943 in einer bedauerlicherweise kaum zitierten – und daher vermutlich auch nicht gelesenen – Arbeit eine ganz andere Entwicklungsrichtung andeutete"[555]. In diesen Ausführungen Kaspars steckt zugleich eine Kritik an dem Riedlschen Bild von der EE als einer in verschiedenen Disziplinen mehrfach entwickelten Theorie.

Auch an anderem Ort legt sich Kaspar auf die EE als einer biologischen Disziplin fest: „Obwohl sie von verschiedenen Autoren im Sinne einer historischen Konvergenz als interdisziplinäre Wissenschaft dargestellt wird, die aus einer Synthese zahlreicher Erkenntnisse unterschiedlichster Fachrichtungen entstanden wäre, sehe ich die Evolutionäre Erkenntnistheorie ihrem Wesen nach als eine biologische Disziplin"[556]. An anderem Ort hält Kaspar sogar fest: „Dies ist deshalb von Bedeutung, weil sich zeigen wird, daß die evolutionäre Erkenntnistheorie in jenem Sinne keine Erkenntnistheorie ist, sondern eine Theorie des (einschließlich menschlichen) Erkennens, wie Konrad Lorenz in seinem »Versuch einer Naturgeschichte menschlichen Erkennens« (1973) richtig gesehen hat"[557].

Die Unsicherheit im Umgang mit der Positionierung der EE zeigt auch folgende Stellungnahme Kaspars: „In die erste Gruppe [Kritiken an der EE aufgrund von Mängel in ihrer Darstellung] fällt zunächst eine Arbeit von G. Vollmer (1985, S.67-73), in der am Beispiel eines Aufsatzes von F. Wuketits (1983b) eine Reihe argumentativer Unzulänglichkeiten und Widersprüche kritisiert werden, die in unserem Zusammenhang umso mehr ins Gewicht fallen, als F. Wuketits sich als Anhänger der Evolutionären Erkenntnistheorie bezeichnet. ... Man kann beispielsweise, um nur ein wahllos herausgegriffenes Beispiel zu nennen, nicht gleichzeitig behaupten, die Evolutionäre Erkenntnistheorie hätte mit Philosophie eigentlich

[552] Kaspar R 1987a: S.167
[553] Kaspar R 1987a: S.173f
[554] Kaspar R 1987a: S.174
[555] Kaspar R 1987a: S:174
[556] Kaspar R 1987b: S.182
[557] Kaspar R 1987c: S.71

gar nichts zu tun, würde aber eine »Erneuerung der Philosophie« leisten (F. Wuketits 1983b, S.44, 46, 53)"[558].

Wie sieht eigentlich der hier kritisierte Wuketits die Positionierung der EE: „Im Grunde genommen ist ja die heutige Diskussion [um die EE] nur die Fortsetzung der mit Darwin begonnenen Kontroverse um die menschliche Natur und ihre Ableitbarkeit aus der Evolution. Was nämlich über mehrere Jahre oder gar Jahrzehnte verdrängt wurde - ... -, tritt nunmehr verstärkt an die Oberfläche und ins Bewußtsein einer breiteren Öffentlichkeit: die phylogenetische Relativierung unseres Erkennens und Denkens, unserer *Vernunft*"[559]. In diesem Sinne sieht Wuketits das gesamte, hiermit bezeichnete Unterfangen als in der Biologie verankert an, weshalb es auch geradezu „naturnotwendig" sei, mit Lorenz von einer „Naturgeschichte menschlichen Erkennens" und mit Riedl von einer „Biologie der Erkenntnis" zu sprechen. Hierauf folgt: „Nach meinem Dafürhalten ist diese Theorie [die EE] -... – keine philosophische Theorie, auch wenn es sich dabei um eine »Erkenntnis«-Theorie handelt. Denn Erkenntnis ist hier in einem umfassenderen, allgemeineren Sinne gemeint, nicht im Sinne der Erkenntnistheorie Kants, der sein Geschäft darin sah, »die Architektonik aller Erkenntnis aus reiner Vernunft zu entwerfen« (KrV [Bd. 4, S.698]. Die evolutionäre Erkenntnistheorie als Biologie der Erkenntnis greift tiefer, sie untersucht kognitive Mechanismen im allgemeinen"[560]. Die EE sei genauerhin eine biologische Theorie, die sich „mit dem im Bereich des Lebendigen allgemein auftretenden Phänomenen der Informationsaufnahme und –verarbeitung und mit ihren speziellen Variationen bei den einzelnen Gattungen der Lebewesen beschäftigt und die menschliche Erkenntnis nur soweit einschließt, als es sich dabei um (empirisch zugängliche) sensorische und nervöse Leistungen handelt und nicht um die im soziokulturellen Kontext entstandenen Strukturen wissenschaftlicher Erkenntnis"[561].

Angesichts hiervon kommt Wuketits auf das Oesersche Zwei-Stufen-Modell der EE zu sprechen, das er ausdrücklich übernimmt, da es den „Bruch mit der ratiomorphen Vergangenheit" bedenken läßt, wie er mit dem wissenschaftlichen Denken – als einem Teil der soziokulturellen Evolution – einhergeht. Im Lichte hiervon schreibt Wuketits: „Nach meinem Verständnis ist die evolutionäre Erkenntnistheorie somit eine Theorie, die *biologisch fundiert* ist, sich zunächst auch nur auf biologische bzw. biologisch erklärbare Phänomene bezieht, in zweiter Instanz aber *philosophische Konsequenzen* mit sich bringt; letzteres aber, ohne zu einem »Konkurrenzunternehmen« der Philosophie auszuarten"[562]. 1983 schreibt Wuketits hierzu: „Es geht also in der evolutionären Erkenntnistheorie allem voran um eine *Naturgeschichte* menschlichen Erkennens und Denkens. So betrachtet haben wir es keineswegs mit einer philosophischen Theorie zu tun. Sehr wohl *philosophisch* (...) sind aber die potentiellen Konsequenzen"[563].

Im Lichte hiervon, und als Überleitung zu dem Oeserschen Zwei-Stufe-Modell sei aus einer anderen Arbeit Wuketits' gelesen: „Evolutionary epistemologists have argued that only a *hypothetical realism* is in tune with their views of cognition and knowledge (for references see Wuketits 1990). It is a (biological) truism that living systems must have some information about their external world, and that information gaining has a certain survival value. It is another (biological) truism that organisms have to cope with their external world and that

---

[558] Kaspar R 1987b: S.192f; es sei hier angemerkt, daß FM Wuketits 1987b auf diesen Vorwurf (jedoch nicht wie von Kaspar vorgebracht) reagiert.
[559] Wuketits FM 1987b: S.37
[560] Wuketits FM 1987b: S.38
[561] Wuketits FM 1984: S.65
[562] Wuketits FM 1987b: S.40
[563] Wuketits FM 1983: S.362

otherwise they would not survive. Hence it is vital that an organism considers the objects and events that it perceives as real and not as a product of imagination. … Therefore, animals and humans in everyday life are realists. However, reality in a metaphysical sense does not matter. … In this sense, I am and, I am sure any human is a »functional realist«: Different objects have certain functions for us, and as long as we grasp these functions the world around us is in order (for us)"[564]; hieran schließt Wuketits aus einer seiner vorangegangenen Arbeiten an: "This of course does not mean that an animal perceives the world as it »really is«. The animal only believes that the structures around are the same as the picture it has gained about them … In other words, there is not – and need not be – an exact representation of the external world in the animal's brain"[565].

An anderem Ort formuliert Wuketits dies wie folgt: „Der Standpunkt der Evolutionären Erkenntnistheorie ... zeigt sich darin, daß man anerkennt – und davon ausgeht -, daß Erkenntnisgewinn ein biopsychischer Prozeß ist. Wir können daher von einer neuen Form des »Empirismus« reden"[566]. Wuketits zitiert in diesem Zusammenhang auch Riedl: „Den Standpunkt einer biologisch-psychologischen Erkenntnistheorie (oder einer solchen Wissenschaft vom Kenntniserwerb?) wollen wir als den eines »Kritischen Empirismus« neu bezeichnen; weil eben nicht nur die Gegenstände der außersubjektiven Welt, sondern auch die Ausstattungen des Subjekts, mit deren Anleitung es die Welt betrachtet, als empirisch prüfbar betrachtet werden"[567].

Hiermit kann nun auf das bereits angekündigte Zwei-Stufen-Modell Oesers geblickt werden, wobei einige allgemeine Ausführungen Oesers zur EE vorangestellt sein sollen. In einem Text aus dem Jahre 1987 verweist Oeser zunächst auf die Naturalisierung der Erkenntnistheorie durch Willard van Ornam Quine[568], als einer Konsequenz „aus dem gescheiterten absoluten Begründungsanspruch der formalistischen Wissenschaftstheorie"[569]. Quines *naturalistische* Theorie sei zwar, so Oeser, vager – da allgemeiner – als die *evolutionäre* Erkenntnistheorie, führt aber wie diese aus, „daß an Stelle einer »rationalen«, d.h. auf Logik und / oder Mengentheorie rückführbaren Rekonstruktion der Wissenschaft, die in strenger Form niemals erreichbar ist, eine Erkenntnistheorie treten soll, die mit Hilfe naturwissenschaftlicher Methoden zeigt, wie menschliche Erkenntnis wirklich zustande kommt und weitergegeben wird"[570]. Im Sinne hiervon gibt Oeser folgende „vorläufige" Charakterisierung der EE: „Sie ist eine von Absolutheitsansprüchen befreite Erkenntnistheorie, die von der empirisch, mit Hilfe naturwissenschaftlicher Methoden, feststellbaren Erkenntnisfähigkeit des Menschen ausgeht und daraus normative Konsequenzen zu ziehen versucht, die sich auch tatsächlich realisieren lassen"[571]. In dieses Anliegen ist keine Zirkularität der Argumentation eingeflochten, sondern eine quasizirkuläre – der Argumentationsfigur einer Spirale entsprechende – Rückkoppelung empirisch-naturwissenschaftlicher Erkenntnisse und einer metaempirischen Erkenntnistheorie. Weiters verweist Oeser auf die antilinguistische Haltung der EE.

---

564 Wuketits FM 1992: S.155
565 Wuketits FM 1990: S.78
566 Wuketits FM 1987d: S.235
567 Riedl R 1987b: S.44; in Riedl R 1987f: S.243 heißt es hierzu: "Es entsteht [mit der evolutionären Erkenntnistheorie] eine Wissenschaft vom Kenntniserwerb (oder von der Erkenntnis)?"
568 Quine W v O 1971, 1975
569 Oeser E 1987e: S.241
570 Oeser E 1987e: S.241
571 Oeser E 1987e: S.241

Den nicht-zirkulären Charakter der EE vertritt Oeser an anderem Ort wie folgt: „Zwischen Erkenntnistheorie und faktischer Erkenntnis besteht eine notwendige Rückwirkung. Die Evolutionäre Erkenntnistheorie (EE) ist das Ergebnis der Rückwirkung der biologischen Evolutionstheorie auf die Erkenntnistheorie. Diese Argumentationsstruktur ist nicht zirkulär, sondern hat die Form einer Spirale, bei der sich der Radius der Reflexion erweitert, so daß man nicht mehr auf dieselbe Ebene zurückkehrt. Die EE ist daher eine mehrstufige Theorie, die selbstverständlich auch eine niveauadäquate Terminologie (Oeser 1985c) braucht"[572].

Im Sinne hiervon konzipiert Oeser sein Zwei-Stufen-Modell: „Die Basis einer zweistufigen Evolutionären Erkenntnistheorie bildet die biologische Evolutionstheorie selbst. Das bedeutet, daß die EE keine voraussetzungslose Theorie im Sinne der reinen aprioristischen Erkenntnistheorie Kants ist, sondern von der prinzipiellen Wahrheit oder Gültigkeit einer erfahrungswissenschaftlichen Theorie abhängt. ... Daher ist die Frage nach der Gültigkeit der biologischen Evolutionstheorie von entscheidender Bedeutung. Diese Frage ist jedoch nichts anderes als die Frage nach der Zuverlässigkeit oder Bewährung einer empirischen Theorie und läßt sich zirkelfrei nach allgemeinen wissenschaftstheoretischen Kriterien ohne Vorwegnahme der EE selbst mit hinreichender Sicherheit beantworten. ... | Fast die gleiche Zuverlässigkeit [wie die biologische Evolutionstheorie] besitzt auch der empirisch-deskriptive Teil der Evolutionären Erkenntnistheorie, soweit er sich auf die Entwicklung des Erkenntnisapparates bezieht, der ein materielles Organ ist. Der rekonstruktiv-normative Teil, der sich auf die Steigerung der Funktionen unseres Erkenntnisapparates über das bloße Überleben hinaus bezieht, bedarf jedoch einer eigenen Argumentation. Diese besteht zunächst in dem immer noch empirischen Nachweis, daß der Selektionsdruck in der Hominidenevolution einen Erkenntnisapparat hervorgebracht hat, dessen Reichweite größer ist, als er zum Überleben und zur Arterhaltung nötig war. ... | Damit ist bereits eine zweite Stufe der EE erreicht. Diese ist jedoch nicht zu verwechseln mit einer »evolutionären Wissenschaftstheorie« im Sinne von Popper und Toulmin, in der Theorien in Analogie zu biologischen Arten gesetzt werden. ... Die EE zweiter Stufe ist mehr als eine Analogie, denn sie handelt von den Modifikationen der menschlichen Erkenntnisfähigkeit, die sich in den konkreten Erkenntnisleistungen im Laufe der Wissenschaftsgeschichte niederschlagen"[573]. An anderem Ort schreibt Oeser zu diesem Modell: „Aus der biologischen Evolutionstheorie kann nun als unselbständige Satellitentheorie die evolutionäre Erkenntnistheorie erste Stufe abgeleitet werden. Auf dieser Stufe ist die evolutionäre Erkenntnistheorie noch ein Teil der Biologie. Sie stützt sich empirisch auf die von der Paläontologie, Genetik, vergleichenden Anatomie, Verhaltensforschung und Soziobiologie feststellbaren Fakten. Der Grundbegriff der evolutionären Erkenntnistheorie erster Stufe ist der Begriff der »genetischen Propensität« oder »erblichen Neigungsstruktur« (Hans Mohr). ... | Die Grundthese der evolutionären Erkenntnistheorie erster Stufe ist daher notwendig adaptionistisch und lautet: Die genetische Propensität, die den Aufbau und die Funktionsweise unseres Erkenntnisapparates und somit unser Wahrnehmen, Denken und Handeln bestimmt, muß partiell mit der Struktur der realen Welt übereinstimmen, weil nur eine solche Anpassung Übeleben und Entwicklung in dieser Welt ermöglichte. ... | Der Grundbegriff der evolutionären Erkenntnistheorie zweiter Stufe ist der Begriff der epigenetischen Überformung. Er hat den Begriff der genetischen Propensität zur Voraussetzung und bedeutet eine auf der genetischen Basis aufgebaute zusätzliche konstruktive Determination. Aus dem bisher Gesagten geht hervor, daß man nicht ein Loch im genetischen Determinismus zu suchen braucht, um die Freiheit und Eigengesetzlichkeit der kulturellen Evolution

[572] Oeser E 1987b: S.41
[573] Oeser E 1987b: S.41f

etablieren zu können. Genetischer Determinismus und Kulturdeterminismus stellen keine einander disjunktiv ausschließenden Alternativen dar“[574].

Oeser weist den beiden Stufen der EE und ihrer rein biologischen Grundlage - der Evolutionstheorie – jeweils eine Form des Realismus zu: „- der Basistheorie, also der biologischen Evolutionstheorie, entspricht der wissenschaftliche Realismus, - der EE erster Stufe entspricht der hypothetische Realismus, - der EE zweiter Stufe entspricht der interne Realismus“[575]. Hier interessiert vor allem der interne Realismus, wie ihn Oeser als „kritischen wissenschaftlichen Realismus“ versteht: „(2.) Die Sicherung der Realität der im Rahmen eine Theorie konstruierten Objekte, die den Mesokosmos überschreiten, ist eine andere, keine angeborene, sondern eine konstruierte. Sie liegt in der Theorie selbst bzw. in deren Konsequenzen, ... | (3.) Da das Zusammentreffen der theoretisch abgeleiteten Prognosen und Erklärungen mit den Tatsachen ein Zusammentreffen einer axiomatisch-deduktiven Theorie mit den Hypothesen einer die Realität interpretierenden Theorie darstellt (...), fällt die Entscheidung, ob wahr oder falsch, real oder nicht real, nie ohne Bezug auf eine Theorie und immer im Inneren eines erkennenden Subjekts. Die EE liefert daher mit ihrer These der evolutionären Verkoppelung von realem Subjekt (Mensch) und Objekt (Umwelt), die beide zur Realität gehören, das einzig wirklich realistische Fundament der Erkenntnis. ... | (4.) Es gibt daher auch nicht von vornherein einen fixen Bestand von Gesetzen, sondern nur einen endlosen offenen Prozeß der Konstruierbarkeit von Gesetzeshypothesen, die immer nur Modifikationen jener Gesetze sein können, die wir im Mesokosmos erfahren können, weil sie in der Struktur unseres Erkenntnisapparates eingebaut sind“[576].

An diesen Ausführungen zum Zwei-Stufen-Modell fällt – unter anderem – auf, daß Oeser für die erste Stufe dem Adaptionismus große Bedeutung beimißt. Dies ist nicht völlig unproblematisch, *wiewohl* Oesers entsprechende Aussage im Lichte seines systemtheoretischen Denkens zu verstehen ist: Problematisch ist dies gemäß den obigen Ausführungen zur Bedeutung des Adaptionismus in Verflechtung mit systemtheoretischem Denken; somit im Lichte des Verhältnisses der Position Riedls zu jener Lorenz’. Insgesamt spielt die hiermit bezeichnete Thematik eine große Rolle in der EE, wie auch folgende Aussage Wuketits’ zeigt: „Lorenz (1962, 1977) is right that the hoof of a horse is adapted to the steppe, but one should say that the horse, by developing hoofs, »has solved the problem to cope with the steppe«. But one should also admit that different animals have found different solutions, different ways to cope with the problem of the steppe; snakes, for instance, have no hoofs, but some of their species nevertheless survive in the steppe. If it is true that organisms in a way »represent« their environment, then one should at least agree that there are different modes of »representation« and that these »representations« are not simply impressed on the organism by its environment”[577]. Hieran schließt Wuketits an: “Evolutionary epistemologists have indeed drawn connections between adaptation and cognition or knowledge and argued that cognition (knowledge) after all *is* adaptation. I had some sympathies for the adaptationist program (see Wuketits 1984), however, I have changed my mind in this aspect. Of course, I do not deny hat adaptation plays an important role in evolution or, that many structures and functions in organisms can be explained as adaptations, but I do not think that adaptation tells us the com-

---

574 Oeser E 1987a: S.33; vgl. zudem Oeser E 1987d für die zitierte Terminologie

575 Oeser E 1987b: S.43

576 Oeser E 1987b: S.46f

577 Wuketits FM 1992: S.153f; worauf Wuketits hier abzielt, das wird weiter unten auch noch im Rahmen der Betrachtung von Arbeiten von Wagner GP thematisiert werden!

plete story of evolution. Many structures, functions and behavioural traits could (and actually do) look like adaptations, but this does not explain the very reason for their existence"[578].

Angesichts hiervon sei der Abschnitt 6.1 mit einigen Hinweisen zur Kritik in der EE an anderen Positionen und an ihren Kritikern abgeschlossen. „Allmählich zeichnet sich ab, daß die Evolutionäre Erkenntnistheorie verschiedene der herkömmlichen philosophischen Lehren in Frage stellt, verschiedene philosophische Probleme in anderem Lichte erscheinen läßt"[579]. Wuketits wendet sich in dem Text, dem diese Aussage entnommen ist, gegen den Positivismus, wobei unter festgehalten wird: „Während für den Positivisten bestimmte Dimensionen des menschlichen Daseins praktisch irrelevant sind (wohl nicht für sein eigenes Leben, aber für seine theoretische Haltung), setzt der evolutionäre Erkenntnistheoretiker gerade bei der Vielfalt der Aspekte an, die das Lebende (unsere eigene Spezies eingeschlossen) bietet"[580]; „Das erkennende Subjekt und die zu erkennenden Objekte stehen in Wechselwirkung miteinander, zwischen dem »Ich« und der »Welt« sind daher Rückkoppelungsprozesse gegeben"[581]; „Der evolutionäre Erkenntnistheoretiker muß hier heftig widersprechen. Lebewesen sind keine bloßen Reflexmaschinen [wie die positivistischen Behavioristen glauben machen wollen]! Sie verfügen über ein komplex strukturiertes »Binnenmilieu«, sie tragen, um es etwas anthropomorph zu formulieren, jeweils einen »Weltentwurf« in sich, der seinerseits das Ergebnis langer stammesgeschichtlicher Wechselwirkungsprozesse ist (...). Für jeden, der die biologische Evolutionslehre ernst nimmt, ist die Doktrin vom empty organism, die »tabula-rasa-Doktrin«, bloß das Ergebnis illegitimer methodischer (und ontologischer!) Reduktion"[582].

An anderer Stelle wendet sich Wuketits dem Konstruktivismus bzw. dem radikalen Konstruktivismus zu, wobei er zunächst einräumt, daß „Relativität" – wie sie für diese Positionen entscheidend ist - auch für den evolutionären Erkenntnistheoretiker von Bedeutung ist: „Thus, it depends on the requirements of life which picture of reality one has or is permitted to have. In a way, we attain here to a kind of a *relativism*. Organisms are not forced to know the »truth« or, at least to search for »truth«, they only should have one particular notion of reality which allows for survival"[583]. Hieraus folgt für Wuketits aber nicht, den radikalen Konstruktivismus an sich akzeptieren zu können: „Thus, as can be seen, this theory [des radikalen Konstruktivismus[584]] is based on the assertion that organisms are autonomous systems and that the relation between an organism and is environment does not play any role. Since living systems, according to this theory, are self-referrential systems (and do not refer to anything else but their own existence), cognition is exclusively a process of construction. | I shall not give more details here about the constructivist view, rather I want to say that it has some heuristic value. It could be an eye-opener for those who think that organisms are determined exclusively by their environment. On the other side, I have my troubles with constructivism and do think that it is one-sided because of its disregard for the impact of the environment on the organism"[585]. Wuketits resümiert in diesem Sinne: "Rather, it is a process constrained by the requirements of life: Organisms have to face reality (or parts of it) for the sake of survival, and they have to develop a coherent picture of different structures of their

[578] Wuketits FM 1992: S.154
[579] Wuketits FM 1987c: S.229
[580] Wuketits FM 1987c: S.235
[581] Wuketits FM 1987c: S.237
[582] Wuketits FM 1987c: S.237
[583] Wuketits FM 1992: S.157
[584] Wuketits bezieht sich explizit auf Maturana H & Varela F 1980
[585] Wuketits FM 1992: S.158

surroundings. By means of their cognitive abilities, organisms do not simply represent their outer world, they also »interpret« it according to their own requirements and have developed something like a common sense realism"[586].

Kritisch äußert sich auch Oeser gegenüber dem Konstruktivismus, wobei folgende Stellungnahme insbesondere interessiert: „Tatsächlich ist die Theorie Maturanas nur dann akzeptabel, wenn an ihr wesentliche Korrekturen vorgenommen werden, die allerdings dieser Theorie ihre scheinbare Originalität und Eigenständigkeit wieder völlig nehmen. | Eine grundsätzliche Korrektur wurde bereits ausdrücklich von Gerhard Roth durchgeführt: die Trennung von Autopoiese und Kognition. Das keineswegs nur metaphorisch gemeinte Ineinssetzen von Leben und Erkennen, so faszinierend es auch auf den ersten Blick sein mag, bringt Maturanas Theorie in mindestens ebensogroße Schwierigkeiten, wie sie bereits in ähnlicher Weise an der evolutionären Erkenntnistheorie kritisiert worden sind. Während sich jedoch in der evolutionären Erkenntnistheorie diese Schwierigkeiten durch eine schärfere Betonung des dort nie geleugneten Unterschiedes von Leben und Erkennen (Lorenz 1973a) im Rahmen eines Zwei-Stufen-Modells dieser Theorie beheben lassen (Oeser 1987a), muß die Trennung von Autopoiese und Kognition die Theorie Maturanas zerstören. Denn man kann die spezifischen Leistungen des Gehirns als eines kognitiven Systems nur verstehen, wenn man, wie G. Roth (1987b) richtig bemerkt, begriffen hat, daß es gerade nicht wie ein »autopoietisches« System im Sinne von Maturana funktioniert"[587].

Kaspar wendet sich aus der Sicht der EE gegen den Vorwurf, einen Reduktionismus zu betreiben: „In dem Argument, die Biologie, respektive der evolutionäre Aspekt, könne über die Vernunft nichts aussagen, steckt die allgemeinere Behauptung, daß die Systemeigenschaften eines Phänomens aus den Gesetzen seiner Elemente nicht erklärt werden könnten"[588]. Kaspar weist dies zurück, unter Anführung der Riedlschen Systemkonstruktion – vgl. oben -. „Nun richtet sich aber nicht alle Reduktionismus-Kritik global und grundsätzlich gegen die Anwendung der Methode wissenschaftlicher Erklärung. Gelegentlich wird der Vorwurf nämlich nicht gegen den Modus der Erklärung erhoben, sondern gegen die daraus abgeleiteten Folgerungen. Denn es ist eine Sache, Denken und Erkennen auf die Biologie ihrer Trägersysteme zurückzuführen, und es ist eine andere Sache, daraus zu schließen, bei der menschlichen Vernunft handle es sich um nichts anderes als um ein Zusammenspiel verschiedener stammesgeschichtlich älterer informationsverarbeitender Prozesse. ... Soweit mir aber bekannt ist, findet sich in der Literatur zur Evolutionären Erkenntnistheorie kein Argument, das den Vorwurf eines solchen ontologischen Reduktionismus rechtfertigen würde"[589]. Das heißt: „Der Zusammenhang zwischen den evolutionären Vorbedingungen der Vernunft und ihr selbst ist der gleiche wie beispielsweise der Zusammenhang zwischen den Säugetieren und den Reptilien als ihren stammesgeschichtlichen Vorfahren. Niemand, der über eine gewisse empirische Erfahrung verfügt, wird bestreiten, daß die anatomische Organisation eines Säugers als Folge der Evolution seines Stammes besser verstanden werden kann als unter der Annahme, er existiere isoliert und unabhängig von seiner Geschichte. ... aber kein Biologe ist so naiv, zu behaupten, ein Säugetier wäre nichts anderes als ein Reptil, dieses nichts anderes als ein Amphibium usw."[590].

Abschließend widmet sich Kaspar der Kritik an dem Lorenzschen Bild von der „Rückseite des Spiegels": „An diesem Problem der Möglichkeit einer Erkenntnis der eigenen

[586] Wuketits FM 1992: S.160
[587] Oeser E in Oeser E & Seitelberger F 1988: S.47
[588] Kaspar R 1987b: S.185
[589] Kaspar R 1987b: S.187
[590] Kaspar R 1987b: S.187

Erkenntnisvoraussetzungen beginnt CF v Weizsäcker (1977) seine kritische Auseinandersetzung mit der Evolutionären Erkenntnistheorie. Er legt seine Argumenten die Philosophie zugrunde, »daß auch das Bild, das die Naturwissenschaft von der Rückseite des Spiegels entwirft, ein Bild im Spiegel ist« (1977: S.187). Diese Aussage versteht CF v Weizsäcker als Konsequenz der unmittelbar darauf folgenden Behauptung: »Die Biologie des Subjekts wird von Subjekten gemacht und steht unter allen Bedingungen ihrer Subjektivität«"[591]. Dies wird wie folgt zurückgewiesen: „Die Tatsache, daß auf dem Spiegel meines Erkennens auch dessen Rückseite erscheinen kann, hört in dem Augenblick auf, ein unverständliches Problem zu sein, in dem ich die Möglichkeit berücksichtige, daß es auch andere, von mir unabhängige Spiegel gibt, die unter Umständen eine Anordnung aufweisen können, in der ich in einigen von ihnen die Rückseite meines eignen abgebildet bekomme. Wichtig dabei ist, daß es sich immer nur um Spiegelbilder handelt, daß kein einzelnes Spiegelbild alleine Seite Rückseite sehen kann, daß aber alle zusammen eine Situation schaffen können, in der jedes Spiegels Rückseite prinzipiell erkennbar wird"[592].

Zuletzt sei darauf hingewiesen, daß von Vertretern der EE bzw. dieser nahe stehenden Forschern auch Aussagen kommen, die ausschließlich als inhaltsleere Worthülsen bezeichnet werden müssen: „Über mehr als zweitausend Jahre war die Erforschung des Geistes eine Domäne der Philosophie. Trotz aller mutigen und klugen Ansätze blieben die Fragen über Herkunft, Wesen, Gültigkeit und Grenzen menschlicher Erkenntnis ungelöst, wenn nicht unlösbar"[593]; „Allerdings scheinen sich Teile der Philosophie im Laufe ihrer jahrhundertealten Geschichte in einer Art von traditionszirkulärer Sackgasse festgefahren zu haben, insofern als die Erörterung der Erörterung der Erörterung ... (irgendeiner) »Epistel« (...) immer mehr ins zunehmend schwindelerregende Zentrum ihrer Beschäftigung gerückt ist (...). Es ist wohl kein Zufall, daß sich eine der zentralen, wenn nicht vielleicht die elementarste philosophische Disziplin »Epistemologie« nennt. Debatten, wo letztlich niemand mehr weiß, worüber eigentlich mit geschliffener Rhetorik gesprochen wird, würden in dieser Hinsicht den wohl unübertroffenen Höhepunkt einer solchen Entwicklung verkörpern"[594].

6.3 Psyche und Bewußtsein

Am Beginn dieses Abschnittes soll eine Arbeit Erwähnung finden, die Teil eines jener Sammelbände ist, die das Ende des in Kapitel 4 besprochenen Abschnittes der Geschichte der EE bezeichnen, ein Aufsatz von Robert Kaspar[595] zu den biologischen Grundlagen der EE; dieserart soll zu dem Thema „Psyche und Bewußtsein" behutsam vorgedrungen werden, zunächst biologische Grundlagen hierzu gemäß der EE wiederholend.

Kaspars Aufsatz orientiert sich wesentlich an Arbeiten von Konrad Lorenz und Rupert Riedl. Daher auch verweist der Autor zunächst auf das Leben als erkenntnisgewinnenden Prozeß, wobei Evolution und Entropie, Informationsgewinnung im Genom und Systemisierung lebendiger Ordnung diskutiert werden. Konkret wird hierbei die Systemisierung auf allen Ebenen des Lebendigen dargelegt; hierbei wird betont, daß Selektion – im Sinne der zu

[591] Kaspar R 1987b: S.191
[592] Kaspar R 1987b: S.192
[593] Huber L 2000a: S.168
[594] Heschl A 1987: S.354
[595] Kaspar R 1983

bedenkenden Systemisierung - nicht bloß als Außenselektion zu verstehen ist. Gemäß Riedl diskutiert Kaspar im Lichte hiervon den imitatorischen Epigenotypus, die Einschränkung des Zufalls um willen der größeren Wahrscheinlichkeit des Auftretens von teleonomen Veränderungen, wie auch die Anpassung, als einem Vorgang, der eine Adäquation an Ausschnitte der Welt, aber nicht an die Welt an sich bedeutet: Anpassung im Sinne des Wissens – Kenntnisgewinns – um einen Ausschnitt der Welt, der für das Überleben einer Art relevant ist.

Besagte Einschränkung des Zufalls bzw. die damit ausgesagte Systemisierung erfolgt auch auf dem Niveau der Leistung des Nervensystems, bzw. erfolgt diese Leistung nach demselben Prinzip, das bereits den Hyperzyklus zu Beginn des Lebens prägt: dieses Prinzip basiert auf der Rückverrechnung gemachter Irrtümer und Erfolge und bedeutet insofern einen synergetischen Mechanismus der Selbstorganisation[596]: „Nun führen diese vorerst einfachen Erkenntnismechanismen im Laufe der Evolution der Organismen zu so komplizierten Verrechnungsprogrammen, daß wir sie schließlich als die Vorläufer der menschlichen Vernunft erkennen"[597]. Kaspar widmet sich aber primär nicht der Vernunft, sondern jenen angeborenen Erkenntnisleistungen (dem ratiomorphen Apparat), die „die Voraussetzung dafür [sind], daß beim Menschen die reflektierende Selbsterkenntnis und die Vernunft entstehen konnte"[598]. Diesen Erkenntnisleistungen gegenüber wird die Vernunft als phylogenetisch ausgesprochen junges Merkmal verstanden: „Tragen wir beispielsweise die Geschichte der Erkenntnisleistungen bei den Wirbeltieren auf einer Skala von einem Meter auf, dann entspricht die oberste Schicht von 4 Millimetern der menschlichen Vernunft"[599].

In Anlehnung an Riedl unterscheidet Kaspar nun vier Hypothesen des ratiomorphen Apparates: 1. Hypothese: „Die Wahrscheinlichkeit von Ereignissen steigt mit der Zahl bestätigter Erwartungen"; 2. Hypothese: „Bei ähnlichen Dingen oder Ereignissen darf von ihren Unterschieden abgesehen und schon von einigen ihrer Merkmale auf die anderen geschlossen werden"; 3. Hypothese: „mit zunehmender Bestätigung der sukzedanen Koinzident von Ereignissen steigt die Wahrscheinlichkeit dafür, daß das vorangehende Ereignis die Ursache de folgenden ist": 4. Hypothese: „die Wahrscheinlichkeit, daß zwei oder mehrere Dinge demselben Zweck genügen werden, steigt mit der Zahl ihrer gemeinsamen Merkmale". Dies zeigt vor allem, daß die EE am Beginn des nun zu behandelnden historischen Abschnittes unmittelbar auf Vorangegangenem aufbaut, wiewohl Kaspar folgende Aussage trifft: „Wir sind bei einer früheren Darstellung (R. Riedl 1979) noch von dem Modell ausgegangen, daß es sich um insgesamt vier unterschiedliche Erkenntnisprinzipien handelt. Ich habe schon betont, daß dies aus Gründen der didaktischen Übersicht von Vorteil ist, wenngleich es die Gefahr heraufbeschwört, das Modell mit der Wirklichkeit zu verwechseln. ... müssen wir uns vor Augen halten, daß der ratiomorphe Apparat eben *nicht* »viergeteilt« ist sondern daß hier nur ein symbolisches Bild dieses Gegenstandes dargestellt wird"[600].

Das Resümee Kaspars entspricht aber bereits Bekanntem: „Er [der Grundmechanismus des evolutiven Informationsgewinnes] besteht aus einem suchenden (heuristischen) Anteil, der sich in der Mutation und später allgemein in der schöpferischen Variabilität äußert, auf der alles Lernen des Neuen beruht, und aus einem konservierenden Prinzip, welches jede neue

---

596 Dies wird in Anlehnung an Haken H 1978, Lorenz K 1973a und Kaspar 1980a-c, 1981a-b verstanden.
597 Kaspar R 1983: S.130
598 Kaspar R 1983: S.131
599 Kaspar R 1983: S.131
600 Kaspar R 1983: S.135

Information, die sich an der Umwelt bewährt, in das schon bestehende System integriert und zu einem unverlierbaren Besitz der Art macht“[601].

In eben diesem Sinne schreibt auch Riedl 1987: „Der genetische Lernerfolg beruht auf einer Vorwegnahme von Lebens-Entscheidungen gegenüber den Bedingungen innerhalb und außerhalb der selbstreproduzierenden Systeme; wir nenne das eine Organisation, das andere Adaptierung. Dieser Mechanismus leistet eine Festschreibung von sich wiederholenden Koinzidenzen. Koinzidiert eine Änderung im System (einer Mutante) mit einer relevanten Bedingung zum besseren Reproduktionserfolg und in der Folge regelmäßig bei allen reproduzierten Folgesystemen, so wird sie (in der Species) erhalten. Der Erfolg beruht darauf, daß in diesem Mesokosmos die meisten regelmäßig auftretenden Koinzidenzen tatsächlich nicht von zufälliger Art sind; ... | Dasselbe Prinzip setzt sich im assoziativen Lernen fort. Wo immer genetisch vorbereitete Leitungsbahnen in Verbindung treten können, werden sich wiederholende Koinzidenzen (wir sprechen von unbedingten und bedingten Reizen) verknüpft. Das heißt bekanntlich Assoziation. Diese wird durch stete Wiederholung gefestigt und durch deren Ausbleiben (durch Frustration gefördert) aufgelöst“[602]. Gemeinsam mit Ackermann und Huber bringt Riedl 1992 eine umfangreichere Arbeit über ratiomorphe Problemlösungsstrategien; hieraus sei zitiert: „As a consequence of empirical evidence (Riedl et al. 1991) and of reasoning in the framework of evolutionary epistemology we have set up the hypothesis that human problem-solving and/or orientation, as based on associative learning, consists of a conscious or rational and an unconscious or ratiomorphic component. The first originates from education and operates with probabilities in a mathematical sense. The second is inherited and depends on endorsed versus disappointed expectations in a cybernetic way. It originates from the process of phylogenetic learning (a posteriori) but at the same time is an expectation (a priori) for the ontogenetic gain of knowledge“[603]. Hierauf folgt: "The discrimination between predictable (foreseeable) and unpredictable (unforeseeable) phenomena, i.e., the attribution of chance or necessity to be the cause of events in the environment, is the basis for the evolutionary formation of predictive propensities in animals and man. Thus, a free-living animal must be equipped to make salient predictions of happenings in the environment, predictions that correspond to the actual probability that – if at all – these events will repeat themselves in a lawful and orderly way. This capacity may be a mathematical, rational one, but it may also be a ratiomorphic, which rather reflects the characteristics of the actual environment and the world the animal lives in"[604].

Angesichts hiervon sei auf eine Arbeit von Peter Krall[605] geblickt, aus der zunächst hervorgehoben sei: „Many organisms have programs that readjust internal parameters of procedures generating behavioral responses to perturbations from the environment. This allows them to adapt to different environments with different conditions for survival and breeding offspring. Strategies for readjustment of control parameters can be based on construction of internal feedback-loops from previous experiences in interaction with the environment. Programs which rest internal parameters controlling the behavioural responses to perturbations

---

[601] Kaspar R 1983: S.142

[602] Riedl R 1987c: S.96f; die letzte Aussage untermauert Riedl mit einem Verweis auf Foppa K 1975.

[603] Riedl R et al. 1992: S.58

[604] Riedl R et al. 1992: S.58

[605] Krall P 1992; in der gleichen Zeitschrift (gleicher Band) ist zudem ein, der Studie von Krall nahe verwandter Text von Wagner GP & Kratky KW 1992 zur Unterscheidung von periodischen und nicht-periodischen Serien und der Bedeutung hiervon für induktive Entscheidungen erschienen, auf den hiermit verwiesen sei.

can involve such internal feedback-loops. The internal feedback-loops then act as internal representations due to the correspondence of regularities in their dynamics to regularities in the interaction between the organism and its environment"[606]. Krall stellt in folge zwei Modelle adaptiver Selbst-Modifikation dar, in denen die Organismen als semiautonome „constituents of the complex system in which they occur" verstanden werden. Das ist: „Hence the environment of the organism is part of the model and the effect of changes in the organism's response to environmental perturbations can be described without presupposition of an *a priori* distinction between cognitive and physical events"[607]. Krall verbindet hiermit die Ausarbeitung eines biologisch vernünftigen Modells der „procedural representation ... of organizational principles in the interaction between organisms and their environment"[608].

Worauf dies basiert, das sind wiederum „regularities experienced in earlier interactions of the organism with ist environments", nun für die adaptive Selbst-Modifikation. Dies gründet auf der Annahme, daß „organisms and organisms' brains belong to the same physical reality as structures in their environment"[609], was Krall im Sinne der EE darlegt auffaßt. In seinen Ausführungen weist Krall einen abstrakten Informationsbegriff zurück, wenn es um das Verständnis der Interaktion zwischen Umwelt und Organismus geht: „rather, the environment's impacts on the organism's state will be conceived as perturbations"[610]. Dies wird also explizit in Anlehnung an die Terminologie der Konstruktivisten Maturana, Varela und Roth benannt[611]; im Sinne von Oeser, Riedl und Lorenz führt Krall aber sogleich zu *perturbation* aus: „A functional match exists of perturbations with characteristic properties are detected and trigger processes that result in execution if behavioral programs, contributing to the organism's fitness under those conditions for which these perturbations are characteristics"[612].

Im Lichte hiervon diskutiert Krall Selbst-Modifikation, Perturbation und *feedback-loop* im Horizont von Stabilität: „Mechanisms for adaptive self-modification can refer to internal feedback-loops. This biases the way in which control parameters for the mechanisms interpreting perturbations are changed. Consequently some aspects of the mapping between perturbations and behavioral response are stabilized by reference to these internal feedback-loops. | The control parameters of the internal feedback-loops themselves can be changed as a result of interactions between the organism and its environment. This implies the possibility to maintain stability of some aspects in the way perturbations are interpreted against transformations that change other aspects. Hence reference to such internal feedback-loops is an organizational principle that allows for *controlled* modification of programs generating behavioral response to perturbations from the environment"[613].

Angesichts hiervon kommt Krall auf Kognition und EE zu sprechen: "However, terms referring to invariances in the relation between organisms and their environment have a clear meaning in the descriptions of those systems within which organisms occur as constituents, and populations of organisms evolve. So these terms have a meaning in the domain of the evolutionary theory of cognition. Within this domain it also makes sense to say that organisms simultaneously maintain adaptation to aspects of regularities in the environment and

---

606 Krall P 1992: S.211
607 Krall P 1992: S.211
608 Krall P 1992: S.211
609 Krall P 1992: S.212
610 Krall P 1992: S.212
611 Maturana & Varela 1979, Maturana 1982, Roth 1990,a, b
612 Krall P 1992: S.212
613 Krall P 1992: S.213

flexibility with respect to other aspects. Therefrom a biologically meaningful theory of *procedural representation* can be derived"[614].

Zuletzt sei aus der Conclusio dieser Arbeit zitiert: "But adaptability of cognitive mechanisms has not evolved because organisms are to be able to adjust their programs to every logically possible environment. It has evolved because it has been advantageous to adjust cognitive mechanisms to any out of a limited set of natural environments for the individuals from a species. | Procedures for adjustments of cognitive mechanisms have to make efficient use of clues that are characteristic for the right choice of a possible configuration within this limited set of natural environments"[615]. Damit führt also auch Krall eine Argumentation im Sinne der ratiomorphen Anpassung an den Mesokosmos, abseits jener Ausrichtung auf „alle möglichen Welten", wie sie der rationale Apparat entwickelt, womit an den zuvor besprochenen Text Kaspars angeschlossen ist.

Angesichts hiervon gilt es eine Studie von Wagner & Ackermann[616] anzuführen, die sich mit dem psychologischen Induktionsproblem beschäftigt, im Lichte folgender Problemlage: „Es ist also die Frage, auf welche Theorien, auf welches Wissen sich ein Vertreter der Evolutionären Erkenntnistheorie beziehen kann, um den Passungscharakter kognitiver Merkmale zu zeigen. Welche Theorie ergänzt die Evolutionäre Erkenntnistheorie, wenn es darum geht, den Passungscharakter kognitiver Merkmale zu belegen, so wie die biologische Evolutionstheorie von der Hydrodynamik ergänzt wird, wenn es um die Körperform der Meeressäuger geht. Ein Lösungsvorschlag beruht auf der Einbeziehung der Wahrscheinlichkeitstheorie, gewisser Teile der analytischen Wissenschaftstheorie und der klassischen Erkenntnistheorie in die Argumentationsbasis der Evolutionären Erkenntnistheorie (Wagner 1987). *Nur jene Verhaltensdispositionen oder –programme, deren Sinn rational rekonstruiert werden kann, sind ratiomorph, d.h. können als Anpassungen gedeutet werden*"[617]. Wagner & Ackermann konkretisieren ihr Anliegen wie folgt: „Es geht im besonderen um die rationale Deutung einer Verhaltensdisposition, der im Rahmen der Evolutionären Erkenntnistheorie eine große Bedeutung beigemessen wird, um die von Riedl so genannte »Hypothese vom anscheinend Wahren« (...). Hinter dieser Formulierung verbirgt sich das alte »psychologische Induktionsproblem« (Popper 1972), also die Frage, warum geordnete Ereignisfolgen (z.B. die Folge 01010101...) von Versuchspersonen nicht als zufällig empfunden werden. Dieses Problem hat für die Evolutionäre Erkenntnistheorie deswegen so großes Gewicht, weil an ihm die Differenz zur analytischen Wissenschafts- und Erkenntnistheorie deutlich wird"[618].

Auf ihrem Wege der Lösung des gestellten Problems halten die Autoren fest: „Es ist plausibel, zu vermuten, daß diese Verhaltensdisposition, i.e. die Hypothese vom anscheinend Wahren, eine lebensnotwendige Anpassung des kognitiven Apparats ist (...). | Der Ärger beginnt erst, wenn man versucht, den Sinn der Verhaltensdisposition rational zu setzen (...). Denn dort erfährt man, daß diese Verhaltensdisposition rational völlig unbegründet ist und nur als nicht rationalisierbarer Teil unserer kreatürlichen Ausstattung zu verstehen ist (Quine 1975)"[619]. Anhand eines wahrscheinlichkeitstheoretischen Modells versuchen die Autoren nun zu zeigen, welche Voraussetzungen der Unterscheidung von zufälligen und nicht zufälligen Reihen zugrunde liegen, um so einen rationalen Zugang zu den ratiomorphen Leistungen zu erhalten, mit dem damit verbundenen Gewinn bezüglich deren Verwendbarkeit in der EE:

---

614 Krall P 1992: S.214
615 Krall P 1992: S.229
616 Wagner GP & Ackermann G 1987
617 Wagner GP & Ackermann G 1987: S.114
618 Wagner GP & Ackermann G 1987: S.115
619 Wagner GP & Ackermann G 1987: S.116

„Wir verwenden also die Wahrscheinlichkeitstheorie als eine von der Evolutionären Erkenntnistheorie unabhängige Instanz, um den Passungscharakter der Hypothese vom anscheinend Wahren zu belegen“[620].

Das von Wagner und Ackermann entwickelte Modell zeigt: „Man kann aus den Prinzipien der mathematischen Wahrscheinlichkeitstheorie ein Modell herleiten, das eine Rationalisierung des ratiomorphen Verhaltens gegenüber periodischen Ereignisfolgen darstellt. Die Untersuchung des Modells zeigt allerdings, daß ein solches Modell nur unter gewissen Annahmen überhaupt herleitbar ist. ... Was sind aber die Voraussetzungen, die man braucht, um eine induktive Bestätigungsfunktion aus der Wahrscheinlichkeitstheorie herzuleiten? | Man braucht im wesentlichen zwei Voraussetzungen: 1. Man muß von vornherein einfachere Regelmäßigkeiten für wahrscheinlicher halten als komplizierte, und 2. man darf nur den empirischen Gehalt einer Gesetzesaussage, nicht aber das Gesetz selbst, induktiv stützen wollen“[621].

Folgende Schlußfolgerung von Wagner & Ackermann sei hervorgehoben: „Die erste Voraussetzung ergibt sich aus der Notwendigkeit, *a priori*-Verteilung über die möglichen Subsequenzlängen P(s) anzunehmen. Es ist notwendig, die Funktion P(s) so zu wählen, daß P(s) eine strikt fallende Funktion ist, d.h. die Wahrscheinlchkeit von längeren Subsequenzen soll immer als kleiner angenommen werden als die von kürzeren. Diese Annahme macht keine Aussagen über die »Struktur der Welt«, d.h. sie ist keine Hypothese über tatsächliche Häufigkeit von Perioden gewisser Länge. Die Rechtfertigung dieser Annahme resultiert alleine aus den Bedingungen der Funktionsfähigkeit kognitiver Systeme: Nur unter dieser Annahme funktioniert ein kognitives System, das darauf angewiesen ist, Regelmäßigkeiten in seiner Umwelt wahrzunehmen. Das »Ökonomieprinzip« ist also eine notwendige Voraussetzung für die Fähigkeit, aus Erfahrung zu lernen“[622].

Abschließend resümieren Wagner und Ackermann: „Das Modell kann dazu dienen, den adaptiven Sinn einer ratiomorphen Anlage zu belegen, denn die Neigung, beobachtete Regelmäßigkeiten zu generalisieren, ist unter exakt angebbaren Voraussetzungen auch rational gerechtfertigt. Damit kann die Wahrscheinlichkeitstheorie für die Evolutionäre Erkenntnistheorie als externe Instanz dienen, um zu belegen, daß die »Hypothese vom anscheinend Wahren« tatsächlich eine Anpassung ist, *so ähnlich wie die Physik dazu dient*, den Passungscharakter gewisser anatomischer Merkmale zu begründen“[623].

In den bisher angeführten Studien ist das Problem der Rationalität, wie sie beim Menschen auftritt, bereits angeklungen, bzw. die ratiomorphen Leistungen als evolutionäre Vorstufe – nicht im finalen Sinne – zu den entsprechenden Spezifika des Menschen erläutert worden. *Im Lichte hiervon* sollen nun Studien betrachtet werden, die sich dem Bewußtseinsproblem widmen, angesichts der evolutiven Verschränkung von Tier und Mensch. Hierzu soll zunächst eine biologische Studie zu den Verhältnissen bei den Tieren betrachtet werden, sodann auf das Bewußtseinsproblem aus allgemein psychologischer Sicht geblickt werden, woran die Betrachtung eines entwicklungspsychologischen Textes anschließt. Den Abschluß wird die Anführung von Texten bilden, die Psychologie und Evolutionstheorie verknüpfen.

Am Beginn der folgenden Darlegungen steht ein Text von Wolfgang Schleidt[624], der sich mit dem „Bewußtsein bei Tieren“ auseinandersetzt. Sogleich hebt Schleidt hervor, daß „Bewußtsein“ kein einfach zu definierender Begriff ist, wie auch: „Fragen des Bewußtseins

---

[620] Wagner GP & Ackermann G 1987: S.116
[621] Wagner GP & Ackermann G 1987: S.122
[622] Wagner GP & Ackermann G 1987: S.122
[623] Wagner GP & Ackermann G 1987: S.124; Hervorhebung durch den Autor
[624] Schleidt W 1992

wurden bald nach Darwin zu einem Tabu für seriöse Wissenschafter. Unter dem Einfluß von Pawlows Reflexologie versuchte man alle Aspekte des Verhaltens auf ein einfaches Reiz-Reaktions-Praradigma zurückzuführen. Behavioristen und Ethologen stellen sich auf den Standpunkt, daß »Bewußtsein« mit den ihnen bekannten Methoden nicht wissenschaftlich bewiesen und daher auch nicht untersucht werden kann. Die Gestaltpsychologen waren die ersten, die die einfältige Reiz-Reaktionsvorstellung in Frage gestellt und auf die Möglichkeiten hingewiesen haben, »daß ein Tier in irgendeiner Weise ein Sinnesmuster oder eine Verhaltenssituation als Ganzes versteht, und nicht durch das Zusammenflicken seiner sensorischen oder motorischen Bestandteile« (Medawar 1965: S.1329)“[625]. Hediger und Tolman, so Schleidt, hätten zudem wesentliche Hinweise auf die wissenschaftliche Erfassbarkeit von Bewußtsein bei Tieren geliefert: „Ebenso wichtig erscheint mir Hedigers Feststellung, daß man bei verschiedenen Tierarten verschiedene »psychische Qualitäten« erwarten kann, aber nicht notwendigerweise solche, die identisch mit jenen des Menschen sind“[626]. Das „Selbst-Bewußtsein“ des eigenen Körpers führt Hediger insbesondere als der Beobachtung und Experiment zugänglichen Teilbereich des Bewußtseins an; „auch in seinen späten Schriften argumentiert Hediger[627] für »tierisches« Bewußtsein und stützt seine Ansicht mit einer Fülle von interessanten Beobachtungen“[628]. Zu Tolman ist bei Schleidt zu lesen: „Tolman (1932, 1948) verdanken wir sowohl erste Ansätze zur Erforschung der Verhaltenssteuerung (zielgerichtetes, »*purposive*« Verhalten) wie auch des Raumvorstellungsvermögens von Tieren und Menschen. Seine Untersuchung der Orientierung von Ratten im Labyrinth bewiesen, daß diese Tiere eine räumliche Vorstellung entwickeln, die es ihnen ermöglicht, neu geschaffene Verbindungswege sofort zu begreifen. Diese Leistung kann ein Mensch nur dann vollbringen, wenn er sich einer Landkarte bedient, und Tolmans Begriff »*cognitive map*«, »kognitive Landkarte« der Umwelt, wurde zu einem Grundkonzept der kognitiven Psychologie“[629].

In Lorenz sieht Schleidt den ersten Ethologen, der sich mit der Frage des Bewußtseins bei Tieren beschäftigt hat und führt Lorenz' Aussagen zur „Du-Evidenz“ – im Sinne Bühlers[630] – und des physiologisch-psychologischen Parallelismus an, wie er auch anmerkt: „Er [Lorenz, 1963] stellte die rhetorische Frage »Haben Tiere ein subjektives Erleben? « und verneint ihre Sinnhaftigkeit, denn: »Wenn ich drauf antworten könnte, hätte ich das Leib-Seele-Problem gelöst«“[631]. Schleidt meint nun, daß Lorenz die Ansicht, gemäß der Du-Evidenz bestimmten Tieren – zum Beispiel Hunden – ein „irgendwie gerartetes Erleben“, das von dem menschlichen Bewußtsein nicht kategorial verschieden ist, zuschreiben zu müssen „bis zuletzt[632] beibehalten hat“, daß er aber nicht wisse, inwieweit Lorenz auch an seiner Aussage

[625] Schleidt W 1992: S.317
[626] Schleidt W 1992: S.317
[627] Vgl. z.B. Hediger H 1980
[628] Schleidt W 1992: S.318; zu diesen Beobachtungen gehören zum Beispiel solche über Hirsche, die über ihre Körperausdehnung (Geweih!) bescheid wissen (vgl. Hediger H 1947). Im Rahmen derartiger Überlegungen erfährt man von Schleidt auch: Abschließend noch ein Gedanke zum Problemkreis Körperschema und Bewußtsein als höchste geistige Leistung. Meine Kollegen haben bereits mehrfach auf die existentielle Basis unseres Bewußtseins hingewiesen, unter Berufung auf das Cartesische »*Cogito ergo sum*«. Dem setzte ich emphatisch mein »*Scabo, ergo sum*« (Ich kratze mich, daher bin ich! Schleidt 1985) entgegen“ (Schleidt W 1992: S.323).
[629] Schleidt W 1992: S.318
[630] Bühler K 1922
[631] Schleidt W 1992: S.318
[632] Vgl. zum Beispiel Lorenz K 1988: S.274-295

bezüglich dem Leib-Seele-Problem festgehalten hat; er selbst – also Schleidt – hält hierzu fest: „Nach meiner Ansicht hat das Leib-Seele-Problem an Bedeutung verloren, seit wir die Aristotelisch-Hartmannsche Dualität bzw. Trias (Leib-Seele-Geist) als Teil, Spezialfall des hierarchischen Schichtenbaues des Lebendigen (Novikoff 1945, Odum 1959, Riedl 1979) sehen“[633].

In folge erinnert Schleidt wieder an Tolmans Begriff „cognitive map“ und führt aus: „Als Beispiel für solche neueren Ergebnisse erwähne ich die Arbeiten von Herrnstein[634] über die Bildung natürlicher Kategorien. Herrnstein zeigt, daß Tauben mit relativ komplexen kognitiven Kategorien arbeiten. So kann zum Beispiel eine Taube lernen, zwischen Landschaften, auf denen sich mindestens ein Baum befindet, und solchen ohne Bäume zu unterscheiden. Diese Fähigkeit, ein Konzept »Baum« zu bilden, geht weit über die ihnen von früheren behavioristisch denkenden Forschern zugebilligten Reiz-Reaktions-Verbindungen hinaus. Herrnsteins Ergebnisse beweisen, daß, entgegen früheren Annahmen, zur Kategorisierung die Fähigkeit zur Sprache nicht notwendig ist, was nicht in Abrede stellt, daß beim Menschen die Sprache über Benennen das Kategorisieren erleichtern kann“[635].

Dies führt Schleidt dazu, die Gefahr der Überschätzung der Bedeutung der Sprache festzuhalten: „In unseren nahezu zwanghaften Bemühungen, uns Menschen als denkende Nicht-Tiere zu profilieren, spielt unsere Fähigkeit zur (menschlichen) Sprache eine entscheidende Rolle. Die hohe Bewertung der Sprache und deren Beziehung zum bewußten Denken mag mit der Unfähigkeit einzelner Wissenschaftler zusammenhängen, ohne verbale Vorstellungen zu denken, oder sich mit unbenanntem Denken vertaut zu machen“[636].

Abschließend kommt Schleidt auf die Implikationen seiner Überlegungen für ein evolutionäres Denken zu sprechen, wobei er damit beginnt festzuhalten, den „Ich“-Begriff, wie er in der europäischen Philosophie tradiert ist, nicht überbewerten zu dürfen: „Für letztere [gemeint sind die Japaner] ist wohl, mangels einer exakten Entsprechung zum europäischen Ich-Begriff, »Ich denke, daher bin ich« nicht so einleuchtend wie für einen Philosophen europäischer Herkunft“[637]. Schleidt möchte aber einen Bewußtsein-Begriff, der für alle Menschen Gültigkeit besitzt, bzw. darüber hinaus: „Demgegenüber ist mein Vorschlag nicht nur mindestens auf alle erwachsenen Mitmenschen anwendbar, die sich »im Vollbesitz ihrer geistigen Kräfte« befinden, sondern auch auf entsprechende »höhere« Mittiere“[638]. Im Lichte hiervon thematisiert Schleidt, daß im Verlaufe der Evolution die Menge der von einem Individuum verarbeiteten Informationen über die jeweilige Umwelt zunimmt und damit auch die Voraussagbarkeit steigt. Zunächst sind die hierfür nötigen Sinnesorgane und nervösen Strukturen einfach und die Verhaltenssteuerung entspricht weitgehend dem Schema „Reiz-Reaktion“. Mit steigender Komplexität der genannten organischen Strukturen tritt in der Evolution die sogenannte „Objektpermanenz“[639] auf, bzw. – zunächst – erste Anzeichen derselben: „Wenn ein Beuteobjekt weiter verfolgt wird, obwohl es teilweise von einem neutralen Gegenstand verdeckt oder ganz verschwunden ist, wenn also die Wahrnehmung eines diskreten Gegenstandes über dessen unmittelbar sinnliche Erfaßbarkeit hinausgeht, müssen wir auf die Fähigkeit des *Gewahrseins* schließen. Diese Fähigkeit ist ein entscheidender Entwicklungsschritt in

633 Schleidt W 1992: S.319
634 Herrnstein RJ 1980, 1984, 1985
635 Schleidt W 1992: S.320
636 Schleidt W 1992: S.320
637 Schleidt W 1992: S.324
638 Schleidt W 1992: S.324
639 Vgl. Etienne AS 1984 und Pepperberg & Kozak 1986

Richtung auf *Bewußtsein*"[640]. Hieran schließt an: „Während im Stadium des Gewahrseins das Individuum die zentrale Position einnimmt, kann im Bewußtsein dieser Standort verlassen werden. Man stellt sich vor, »über den Dingen zu stehen«, betrachtet sich selbst als Figur auf dem Schachbrett des Lebens und versucht nun innerhalb eines Weltmodells vergangenes Geschehen nachzuvollziehen und zukünftige Möglichkeiten durchzuspielen".

Angesichts hiervon gibt Schleidt folgende Definition von Bewußtsein: „Bewußtsein ist ein besonderer dynamischer Zustand im allgemeineren Zustand der Wachheit des Individuums, in dem ausgewählte Inhalte der Wahrnehmung in einem erweiterten Bereich von Raum (im Vergleich zum unmittelbar wahrnehmbaren Raum) und Zeit (im Vergleich zur Aufmerksamkeitsspanne) kognitiv manipuliert werden können"[641]. Aus den Erläuterungen Schleidts, seine Definition von Bewußtsein betreffend, sei herausgegriffen, daß der Definitionsteil „dynamischer Zustand" den prozeßhaften Charakter des Bewußtseins thematisieren soll und „Zustand des Individuums" Thematisierung davon ist, daß der Organismus Teil einer genetischen Population ist und zugleich „Kompositum" von Teilen darunter liegender Schichten[642]. Schleidt schließt mit dem Satz: „Meine anfangs gestellte Frage: »*Dürfen, können, oder müssen* wir Bewußtsein bei Nicht-Menschen als wissenschaftliches Konzept annehmen?« beantworte ich daher dreimal mit JA"[643].

Auch Maderthaner verweist in seinem hier abzuhandelnden Artikel zunächst auf die großen Schwierigkeiten, „Bewußtsein" zu definieren und focusiert im Lichte hiervon primär auf die Qualität eines Bewußtseinszustandes, wozu sogleich der Schlußsatz Maderthaners festgehalten sei: „Die Höhe des Bewußtseinsgrades bzw. die Bewußtseinsqualität eines Lebewesens zu einem bestimmten Zeitpunkt wird in Abhängigkeit gesehen von der jeweils gegebenen *Bewußtseinslage* (Informationsverarbeitungskapazität), vom Ausmaß an vorhandener *Bewußtseinskontrolle* (Selbstregulation), vom *Wahrheitsgehalt* der Bewußtseinsinhalte, sowie von der Ausprägung an *Selbstreflexivität*"[644]. Bezüglich dem ersten Merkmal schreibt Maderthaner unter anderem: „Je mehr sich diese [die Bewußtseinslage im Sinne von ‚Kanalkapazität'[645]] im Laufe der phylogenetischen Artenentwicklung, der ontogenetischen Reifung, oder in einer aktuellen Lebenssituation erhöht, umso mehr Eigenschaften und Gesetzmäßigkeiten der erlebten Realität können im Bewußtsein repräsentiert werden, und zwar einschließlich der Informationen über die eigene Person"[646]. Bezüglich dem Merkmal „Selbstregulation" hält Maderthaner fest, daß es eine wichtige „Eigenart des menschlichen Bewußtseins" ist, „viel stärker als die psychischen Prozesse anderer Lebewesen *selbstdeterminiert* [zu sein]. Es kann sich fast vollständig von Ereignissen der sogenannten »Außenwelt« abkoppeln, indem ausschließlich Gedanken und Vorstellungen im Zentrum der Aufmerksamkeit stehen"[647].

---

640 Schleidt W 1992: S.325

641 Schleidt W 1992: S.325

642 Schleidt W versteht dies im Sinne von Odum 1959, Novikoff 1945, Riedl 1979 und Schleidt 1981; zudem sei aus den Schleidtschen Erläuterungen angemerkt: „Auch möchte ich betonen, daß nach meinen obigen Überlegungen einem schachspielenden Computer, soweit er sowohl über einen der Wahrnehmung analogen Überblick des Spielfeldes verfügt, wie auch über ein Modell des Spielfeldes, in dem er die möglichen Konsequenzen verschiedener Alternativen testen kann, ein dem »biologischen Bewußtsein« analoger Zustand zugesprochen werden darf" (S.326f).

643 Schleidt W 1992: S.327

644 Maderthaner R 1992: S.131

645 Vgl. Keidel 1963

646 Maderthaner R 1992: S.125

647 Maderthaner R 1992: S.125

Angesichts hiervon führt Maderthaner die „vermuteten phylogenetischen Entwicklungsphasen" hin zu dieser „Eigenart" beim Menschen an, beginnend mit den Taxien, gefolgt von den Reflexen, Instinkten, Appetenzverhalten, Trieben: „In der höchsten Entwicklungsstufe, die (bis jetzt) nur der Mensch erreicht hat, lösen nicht mehr nur konkrete Situationen bestimmte Verhaltensmuster aus, sondern auch Vorstellungen von angestrebten oder abgelehnten Zuständen bzw. Situationen (Motive), d.h. das Verhalten wird nicht mehr ausschließlich von der aktuellen, sondern auch von der potentiellen Wirklichkeit her gesteuert"[648]. In diesem Sinne bestimmen immer mehr Antizipationen und Prognosen (Kann-Zustände) sowie Wünsche und Willensinhalte (Soll-Zustände) das Handeln des Menschen. Was hiermit, so Maderthaner, skizziert ist, das ist die immer stärkere „Verselbstständigung des informationsverarbeitenden Systems" gegenüber dem sensomotorischen System.

Wesentlich für die thematisierte Autonomie des kognitiven Apparates sind die evolutionären Neuerungen Sprache (symbolische Informationsverarbeitung) und Vorstellung sowie Phantasie (Produktion „innerer Bilder"); beide Neuerungen sind wesentlich für eine „besonders effiziente Informationsverarbeitung der Wirklichkeit". Zugleich warnt Maderthaner aber vor einer Überbewertung der Sprache: „Manche Wissenschafter und Philosophen (z.B. Eccles & Popper 1977) vertreten die Ansicht, daß überhaupt nur jene psychischen Abläufe bewußt erlebt werden können, die sprachlich vermittelt sind. Obwohl man aus psychologischer Sicht diese sogenannten »Sprachzugangstheorien« als zu einseitige Erklärungsmodelle zurückweisen muß, darf dennoch die Sonderbedeutung der Sprache für die Entwicklung und die Qualität des Bewußtseins nicht unterschätzt werden"[649]. Maderthaner resümiert bezüglich seiner phylo- aber auch ontogenetischen Betrachtungen: „Die *Höherentwicklung des Bewusstseins* manifestiert sich also sowohl phylogenetisch als auch ontogenetisch vor allem als zunehmende Unabhängigkeit der Informationsverarbeitungsvorgänge von der aktuellen Informationsaufnahme (Wahrnehmung) und Informationsabgabe (Verhalten)"[650].

Aus Maderthaners Überlegungen zum Wahrheitsgehalt sei herausgegriffen: „Obwohl also die Wahrheit von Bewußtseinsinhalten sicher als sehr wichtiges Qualitätsmerkmal von Bewußtseinszuständen gelten kann, gibt es keine allgemein verbindliche, von der erkenntnistheoretischen Position (z.B. Realismus – Idealismus) unabhängige Prüfstrategie"[651]. Aus Maderthaners Überlegungen zur Selbstreflexivität sei herausgegriffen: „Wir können ... wiederum die Evolutionsgeschichte betrachten und dabei feststellen, daß sich bei zunehmender Entwicklung innengeleiteter Informationsverarbeitung ein Lebewesen immer stärker als Subjekt, d.h. als von der Umwelt abgehobene Existenz, empfindet und sich im Bewußtsein eine sogenannte »Subjekt-Objekt-Dichotomie« herausbildet"[652]. Angesichts hiervon hält Maderthaner auch folgende Aussage zum freien Willen für gerechtfertigt: „Als Folge des evolutionären Autonomiezuwachses von Bewußtseinsprozessen und der damit einhergehenden Entwicklung der Selbstreflexion bildet sich außerdem immer stärker der subjektive Eindruck heraus, daß die Phänomene der Realität (d.h. der Erlebniswelt) vom Bewußtsein beeinflußbar sind (Internale Kontrollwahrnehmung), was sich introspektiv auch als Überzeugung vom *freien Willen* manifestiert"[653].

---

[648] Maderthaner R 1992: S.126
[649] Maderthaner R 1992: S.127
[650] Maderthaner R 1992: S.127
[651] Maderthaner R 1992: S.129
[652] Maderthaner R 1992: S.129f
[653] Maderthaner R 1992: S.130

Angesichts hiervon sei ein Artikel von Adolf Heschl betrachtet, der sich dem ontogenetischen Vorgang der Bewußtseinsbildung zuwendet[654]. Auch Heschl verweist zunächst auf die Probleme bei der Definition von Bewußtsein. Angesichts hiervon fragt Heschl, ob es überhaupt sinnvoll ist „Bewußtsein" in eine entwicklungspsychologische Theorie einzubauen? „Gibt es einen wirklich fundamentalen Wendepunkt in der kognitiven Ontogenese des Menschen, der es verdienen würde, als etwas Besonderes mit der Auszeichnung »Erwachen des Bewußtseins« versehen zu werden?"[655] Heschl bejaht dies, und zeigt sogleich, aufbauend auf Untersuchungen Piagets, an welcher Stelle der Ontogenese hiernach zu suchen sein wird: „Am Übergang von der Reiz- und situationsgebundenen Wahrnehmung des Säuglings zur Raum und Zeit überschreitenden (...) »bewußten« (...) Kognition des Kleinkindes. ... Seinen konkreten Ausdruck findet diese kognitive Umwälzung im Erreichen der sogenannten Objektpermanenz, einem Knotenpunkt in der gesamten geistigen Entwicklung eines Kindes, von wo ab die reflexhafte Stimulusgebundenheit des Säuglings endgültig überschritten wird und eine neue strukturelle Qualität, die des Denkens über Dinge und Prozesse in Raum und Zeit, erobert wird"[656]. Hiermit ist in etwa das Ende des zweiten Lebensjahres des Kindes thematisiert, ein Alter, auf das auch Schleidt in seiner – oben skizzierten – Arbeit bezug nimmt: „Es ist, als ob das Individuum eine zweite Welt dazu gewonnen hätte, ein Modell, eine Spielwelt, in der die Konsequenzen möglicher Entscheidungen geprüft werden können. Die Fähigkeit des Menschen, Modelle der Welt in dieser Weise zu verwenden, entwickelt sich erst im Alter von zweieinhalb bis drei Jahren"[657].

Heschl verweist seinerseits – immer in Anlehnung an Piaget – darauf, daß: „von da an [Ende des zweiten Lebensjahres] beginnt sich die neue Dimension »Bewußtsein« zu entfalten und neuartige Mechanismen kognitiver Verarbeitung treten auf den (ontogenetischen) Plan"[658]. Mit diesen neuen Mechanismen sind Aufmerksamkeit (direktionale Reizinputselektion), Vorstellung, Gedächtnis, Denken (dynamischer bzw. operativer Aspekt des Bewußtseinsprozesses), Logik („struktureller Prozessor, koordiniert Empirie/Theorie Transformation") und Bewußtheit / Wachheit gemeint.

Nun führt Heschl aus: „Nur wenn folgender Punkt erfüllt ist, kann in unserem Sinne (...) von Bewußtsein gesprochen werden": „Es muß eine Problemlösung vorliegen, die zu seiner Realisierung unbedingt Vorstellungskompetenz erforderlich macht"[659]. Zusätzlich zu diesem Hauptkriterium führt Heschl folgende „sekundäre Spezifikationen" an: „aktive Elaboration der Kompetenz zu bewußter Problemlösung durch exploratives Spiel im Rahmen einer sozial abgesicherten und u.U. verlängerten Ontogenese"; „echte Nachahmung"; „kommunikative Symboltätigkeit via Handlung"; „konstitutionelle Plastizität des Verhaltens" und „Gehirnstruktur: m.o.w. ausgedehnte »assoziativ-imaginative Zentren« zwischen Afferenz und Efferenz"[660].

Heschl läßt mit dem Erwerb der Objektpermanenz die Entwicklung des Bewußtseins des Menschen natürlich nicht schon abgeschlossen sein: „Ganz im Gegenteil, der Objektbegriff

---

[654] Heschl A 1992; Heschl ist nicht eindeutig als Vertreter der evolutionären Erkenntnistheorie auszumachen, zu sehr ist er in der Schule von Jean Piaget – „genetische Erkenntnistheorie" – verwurzelt; immerhin ist er aber nahe genug an der evolutionären Erkenntnistheorie um hier in die Darstellung aufgenommen werden zu können.

[655] Heschl A 1992: S.357

[656] Heschl A 1992: S.357

[657] Schleidt W 1992: S.325; in Anlehnung an DeLoache JS 1987

[658] Heschl A 1992: S.359f

[659] Heschl A 1992: S.361

[660] Heschl A 1992: S.361f

steht nur am Anfang einer langen Seriel von zunehmend komplexeren Errungenschaften des Bewußtseins, die man ganz allgemein als Begriffs- und Bedeutungsentwicklung (Seiler & Wannemacher 1987) umschreiben kann. ... Die zentralen Vektoren, die dabei der fortgeschritteneren Ontogenese des Bewußtseins zugrunde liegen, sind als Abstraktheit, Flexibilität, Reversibilität, Universalität wie auch Differenziertheit angebbar. Und nach Piaget[661] sorgt ein übergeordneter »*Äquilibrationsmechanismus*« für die mit steigendem Intelligenzniveau immer ausgewogenere Elaboration der aufeinanderfolgenden Stufen“[662].

Heschl spricht nun von einer „harmonischen und umfassenden Sphäre“ bewußten Denkens als dem „End- bzw. Höhepunkt“ der geistigen Entwicklung des Einzelnen. „Aus entwicklungspsychologischer Sicht läßt sich ein geraffter Überblick über die »transzendierende« Entwicklung der fundamentalsten kognitiven Kategorien in etwa so darstellen“[663]: „Substantialität“ (Ausgangspunkt: Perzeption von materialer Konsistenz - Endpunkt: Universalkategorie substantieller Objekte; explorative Attribution an mögliche Welten); „Kausalität“ (Ausgangspunkt: Perzeption von Widerstand druck etc. – möglicher Endpunkt: Universalkategorie kausaler Wechselwirkungen); (abgeleitete Kategorien): „Raum und Zeit“.

Abschließend spricht Heschl von einer „gewissen Skepsis“ in bezug auf die Sprache als „Ausgangspunkt einer operationalisierbaren Bewußtseinsdefinition“: „Ein Blick in die Ontogenese von Sprache und Bewußtsein verschafft hier zumindest prinzipielle Aufklärung. Wiewohl es übereilt wäre zu behaupten, dieses Verhältnis wäre in allen Details gänzlich verstanden, so muß doch, und hier wiederum in Übereinstimmung mit Piaget[664], ein Tatbestand akzeptiert werden: Sprache kann nicht die Ursache von Bewußtsein sein, da sie – ganz entgegen der Idee eines Primats des Semiotischen – immer erst auf die vorausgehende kognitive Elaboration eines mentalen Vorstellungsinhaltes, eines konkreten Begriffes folgen kann, aber, und dies ist der zentrale Punkt, *nicht folgen muß*“[665]. In diesem Sinne wird auf Untersuchungen von Brunner[666] verwiesen, die nachweisen, „wie im Laufe der frühen Kindheit bedeutsame Gegenstandsbereiche *vor* ihrer Benennung in bewußte Handlungszusammenhänge und referentielle Episoden eingebettet werden“[667].

An dieser Stelle seien Arbeiten von Gerhard Medicus[668] erwähnt, der immer wieder zu Veranstaltungen zur EE eingeladen worden ist, den psychologischen Aspekt der Theorie darzulegen. Es sind hierbei weniger eigene Untersuchungen oder Überlegungen, die Medicus präsentiert, als vielmehr Darstellungen zu den Überlegungen von insbesondere Konrad Lorenz, Rupert Riedl und anderen Vertretern der EE; diese werden zusammengefaßt und mit psychologischen Aspekten mehr oder weniger umfangreich versehen.

[661] Piaget J 1967, 1976
[662] Heschl A 1992: S.364
[663] Heschl A 1992: S.364f
[664] Piaget J 1967
[665] Heschl A 1992: S.367
[666] Brunner JS 1975
[667] Heschl A 1992: S.367
[668] Medicus G 1985, 1987, 2000a, b

6.4 Wissenschaft vom Gehirn – Neurobiologie: Bewußtsein

Den Beginn der nun folgenden Ausführungen bilden Darlegungen von Franz Seitelberger, der sich als Neurologe dem Gehirn-Problem zuwendet; insbesondere soll eine Arbeit als Rückgrat der folgenden Darlegungen dienen, die 1983 erschienen ist[661], also am Beginn des hier zu betrachtenden Abschnittes der Geschichte der EE.

Seitelberger beginnt seine Ausführungen mit der Thematisierung der unvergleichbar umfassenden Komplexität und Differenzierung des Gehirns: „Das ist ein Grund für die Tatsache, daß die organischen Grundlagen der geistigen Leistungen noch weithin unbekannt und oft ein Spielplatz von Mythologien sind“[662]. Wiewohl bereits Alkmaion von Kroton die Sonderstellung des Gehirns erkannte, steht die Wissenschaft heute erst am Anfang davon, „die Führungsfunktion dieses Ausnahmeorgans des Körpers“ zu verstehen. Sogleich wird darauf verwiesen, daß dieses Verstehen davon abhängt, das Gehirn als „Produkt der Evolution“ zu bedenken ist, „und seine Geschichte kann nicht von der Entwicklung des angepaßten Verhaltens der Lebewesen im Sinn des Überlebens und der Fortpflanzung getrennt [betrachtet] werden“[663].

Hierzu erfährt man zunächst, daß die nervöse Organisation bereits bei primitiven Metazoa auftritt, in Form von einfachen neuronalen Netzen, deren funktionales Prinzip die „Vermittlung von Zuständen und Veränderungen der Umgebung an den Organismus und deren Übersetzung in sein angepaßtes Verhalten in Beziehung zu den Umweltgegebenheiten [ist]“[664]. Hierauf aufbauend verweist Seitelberger auf den Systemcharakter neuronaler Netzwerke: „Entsprechend den biologischen Eigenschaften der Nervenzellen und der Tatsache, daß alle Nervenzellen eines Organismus direkt miteinander verbunden sind, formen sie ein *System* in dem Sinn, daß die Aktivität eines jeden einzelnen Elements vom Einfluß anderer Elemente abhängt und seinerseits Einfluß auf andere Elemente ausübt. Ein solches System hat eine Totalfunktion, die aus dem Produkt der zusammenhängenden Tätigkeiten aller einzelnen Elemente besteht“[665].

Seitelberger betrachtet nun kursorisch die Evolution des Nervensystems, die Ausbildung des zentralen Nervensystems vor circa 400 Millionen Jahren und darauf folgend des Gehirns. Speziell wird die „allgemeine Tendenz“ der Evolution angeführt, via Adaption an die gegebene Umwelt Spezialisierungen bezüglich Nahrungsaufnahme etc. auszubilden: „In diesem kontinuierlichen Prozeß der Spezialisierung spielte das Zentralnervensystem und später das Gehirn bei der Ausführung dieser komplizierten Verrichtungen eine wichtige Rolle“[666]. Demgegenüber stellt die evolutionäre Herausbildung des Gehirns die Etablierung eines Lernorganes – auf individueller Ebene – dar, mit dem gleichsam die Tendenz zur Entspezialisierung auftritt, was insofern biologisch Sinn ergibt, als Spezialisierung auch das sich Verlaufen in einer Sackgasse bedeuten kann, bzw. potentiell eine dementsprechende Gefahr darstellt: „Daraus entstand in den späten Phasen der Evolution ein gewisser Selektionsdruck auf eine physische Entspezialisierung zusammen mit verstärkter Lernfähigkeit“[667].

---

[661] Seitelberger F 1983
[662] Seitelberger F 1983:S.168
[663] Seitelberger F 1983: S.168
[664] Seitelberger F 1983: S.169
[665] Seitelberger F 1983: S.169
[666] Seitelberger F 1983: S.171
[667] Seitelberger F 1983: S.171

Im Lichte dieser Thematisierung der Entspezialisierung und des Lernens skizziert Seitelberger in folge die Evolution des Gehirns bei den Säugern allgemein und den Primaten – bis hin zu den Hominiden -, unter anderem zu der Aussage gelangend: „Gleichzeitig gingen die spezialisierten, genetisch gewährleisteten Programme des Verhaltens progressiv verloren, so daß das menschliche Verhalten nahezu vollkommen durch individuell erworbene, d.h. gelernte und sozial weitergegebene Programme, d.h. durch Tradition von erlernten Mustern beherrscht wird“[668].

Konkret wendet sich Seitelberger nun dem „Gehirn als Organ“ zu, zunächst darauf verweisend, daß es wesentliche Eigenschaften mit allen anderen Körperorganen gemeinsam hat; es besteht aus Zellen, wird von Blutgefäßen versorgt u.s.w. „Die unterscheidende spezifische Eigenart des Gehirns liegt aber in seiner funktionellen Struktur als eines Systems im technischen Sinne. Seine organischen Elemente, die Nervenzellen, sind nämlich durch leitende Fortsätze, die Nervenfasern, mit Kontakten, den Synapsen, untereinander zu einer Leistungseinheit verbunden, die im Sprachgebrauch der Kybernetik als *dynamisches System* mit aktiven funktionalen Elementen, eben den Nervenzellen, zu charakterisieren ist“[669]. Sogleich expliziert Seitelberger: „Es muß aber betont werden, daß das skizzierte biologische Gehirnsystem mit seinen Nervenzellen, den Transmittern und dem elektrischen Signalverkehr nur das tragende Gerät der spezifischen Gehirnleistungen ist, die sich dieses komplizierten Apparates zwar bedienen, die aber im apparativen Geschehen selbst nicht zum Vorschein kommen und sich nicht darin erschöpfen; zum Unterschied gegenüber allen anderen Organen, etwa der Funktion der Leber, die durch bestimmte physikalische und chemische Vorgänge und Produkte definierbar ist“[670]. Konkret sieht Seitelberger daher die Informationsverarbeitung zur Verhaltenssteuerung als Funktion des Gehirnsystems, wobei diese Funktion nach den Grundsätzen und Gesetzen der Informationstheorie behandelt werden kann: „Die Informationstheorie sieht bekanntlich von der speziellen Art der Informationsträger ab. Es ist ihr irrelevant, von welchem materiellen Substrat Information produziert und transportiert wird. Sie sieht aber auch vom semantischen Inhalt, von der Bedeutung einer Nachricht ab und geht davon aus, Information nicht als Sinn oder Gehalt, sondern als Quantität zu sehen“[671]. Auch „die neurobiologische Information besitzt kein organisch-materielles Substrat, sondern besteht in den *dynamischen Mustern der im Trägerorgan Gehirn ablaufenden* kodierten Erregungsprozesse, also in Signalkonfigurationen oder Symbolstrukturen, die man im technischen Sprachgebrauch als *Programme* bezeichnet“[672]. Daher auch würde eine Rekonstruktion des Schaltplanes im Gehirn sowie die Aufzeichnung aller neurophysiologischen Impulse zu keiner vollen Erklärung des menschlichen Verhaltens führen, „weil alle diese Methoden nur den Hirnapparat und seine Mechanik beschreiben, nicht aber Einblick in seine eigentliche Leistungsweise gewähren, die in der dem Organischen enthobenen transmateriellen Ebene der Programmstruktur der Informationsverarbeitung gelegen ist“[673].

Insbesondere bezüglich der höheren menschlichen Hirnleistung – zum Beispiel Denken, Wollen, planvolles Handeln - ist dieses Spezifikum der Beziehung von Struktur und Funktion zu beachten: „Wir können aufgrund des bisher Gesagten feststellen, daß alle diese bewußten Funktionen nicht als solche vom Gehirn getätigt werden, sondern daß sie in ihm stattfinden, indem sie dort lediglich ihre, Computer-Vorgängen entsprechenden, Korrelate in den physio-

---

[668] Seitelberger F 1983: S.174
[669] Seitelberger F 1983: S.175
[670] Seitelberger F 1983: S.176
[671] Seitelberger F 1983: S.177
[672] Seitelberger F 1983: S.177
[673] Seitelberger F 1983: S.177

logischen Gehirnvorgängen haben“[674]. Die objektiven Gehirnvorgänge, wie sie der Naturwissenschaft zugänglich sind, sind also zu unterscheiden von den subjektiven Bewußtseinserlebnissen: „Das Bewußtsein läßt aus dem Informationsverarbeitungsgeschehen des Gehirns allein die Symbolstruktur der Verarbeitungsresultate, die Programme und deren Bewegung, subjektiv gewahr werden, nicht aber das physiologische physikalisch-chemische Hirngeschehen“[675].

Im Sinne hiervon sind das physiologische Hirngeschehen und das hirngetragene psychische Erleben zwei zwar interdependente aber jeweils „selbständige Phänomenebenen“, die weder in konkreter funktionaler Beziehung stehen noch miteinander interferieren: „Sie stehen zueinander im Verhältnis einer interdependenten Komplementarität“[676]. Angesichts hiervon verweist Seitelberger wieder auf die Bedeutung davon, die Kybernetik in die Betrachtungen miteinzubeziehen: Regelkreisfunktionen lassen sich vom Eigenreflexbogen des Rückenmarks bis hin zu raumzeitlichen Koordinierungen von Bewegungen im Gehirn nachweisen, worin eine „gewisse Vergleichsmöglichkeit“ des Gehirns mit technischen kybernetischen Systemen liegt; Seitelberger denkt hier an sensitive Automaten – sie sind zur Selbstprogrammierung und Voraussagenprüfung fähig, „was sie mit gewissem Recht als intelligente Maschinen bezeichnen läßt“: „Man darf diese Leistungen als Denkleistungen bezeichnen, muß sich aber bewußt sein, daß nicht die »*hard ware*«, die Maschine es ist, die denkt, sondern daß sie lediglich analog den Denkoperationen arbeitet“[677]. Dies führt sogleich zu dem Satz: „Dasselbe ist es mit dem Gehirn und seiner Denkfunktion: Nicht das Gehirn, das Organ, ist es, das denkt, sondern die Person“.

Angesichts hiervon betont Seitelberger in Anlehnung an Turing: „Daß aber Denkvorgänge jedweder Schwierigkeit als Apparateleistungen verstanden werden können, hat nichts Unrichtiges an sich, da die mechanischen Regeln des physikalischen Umgangs mit Symbolen in einem Automaten den logischen Regeln der Denkvorgänge analog sind“[678].

An anderem Ort[679] verweist Seitelberger ebenfalls auf die zentrale Bedeutung kybernetischer Überlegungen: „An ihm [dem kybernetischen Regelkreis] sind zu unterscheiden: Die Regelstrecke, d.h. der zu regulierende Bereich, in welchem eine Regelgröße gegenüber Störeinflüssen aufrecht zu erhalten ist; der in der Regelstrecke applizierte Meßfühler; der Regler, der die korrigierende Stellgröße ermittelt, sowie das Stellglied, das die Korrektur in die Regelstrecke einbringt. Zum Unterschied von technischen Regelautomaten ist beim Lebewesen der Regler in die Regelstrecke selbst integriert; erregelt demgemäß nicht nur das System, sondern auch sich selbst“[680].

Im Lichte hiervon wendet sich Seitelberger in seinem Aufsatz aus dem Jahre 1983 der Großhirnrinde zu, „an deren Tätigkeit die höheren Hirnleistungen sämtlich gebunden sind“. Zunächst wird die Identifikation des Moduls als der Grundstruktur der Großhirnrinde hervorgehoben; sie ist als integriertes Schaltelement einer Datenverarbeitungsanlage oder einem Mikroprozessor zu verstehen: „Die menschliche Großhirnrinde, bestehend aus ca. 4 Millionen solcher Module, stellt somit eine riesige Population von netzwerkartig verbundenen Mikroprozessoren dar“[681]. Zu diesem Gesamt an „Mikroprozessoren“ bzw. Modulen erfährt man:

---

674 Seitelberger F 1983: S.178
675 Seitelberger F 1983: S.178
676 Seitelberger F 1983: S.178
677 Seitelberger F 1983: S.178f
678 Seitelberger F 1983: S.179
679 Seitelberger F 1992
680 Seitelberger F 1992: S.239f
681 Seitelberger F 1983: S.180

„Aus diesen Merkmalen der modularen Struktur der Großhirnrinde ist bereits zu entnehmen, daß in ihr nicht spezialisierte Funktionen wie in einem Mosaik angesiedelt sind, sondern daß es sich um eine Struktur handelt, die eine unglaublich *breite und dichte Verteilungsfunktion und eine Vielfalt von differenzierten Verarbeitungsweisen von Information* ermöglicht, und dies dadurch, daß der primäre Erregungszustand *eines* Moduls, ..., in vielfacher Verzweigung an andere Gruppen weitergegeben wird, von denen er nach erfolgtem Arbeitsgang entsprechend modifiziert wieder vielfach weitergegeben und u.a. auch an die Primärgruppe selbst wieder zurückgespielt wird, um dort als Sekundärerregung neuerlich bearbeitet zu werden, usw. Jede Information an die Großhirnrinde wird somit in gleichartiger, aber differenzierender Weise vielfältig, umfassend und repetitiv, aber nicht redundant, bearbeitet, wobei auch die im System selbst bereits vorhandene Information in die Bearbeitung eingebracht wird“[682]. Hieraus folgert Seitelberger, daß die Funktion der Großhirnrinde als eine „Eigenschaft der dynamischen Tätigkeit innerhalb des Systems“ zu verstehen ist, genauerhin gemäß den Verarbeitungsmustern, „d.h. den Programmen der ablaufenden Informationen“.

An der hiermit bezeichneten Informationsmasse ist die „kontinuierliche Input-Information“ – sie bezieht sich auf den Körper und die Umwelt – von der „strukturierten, im Gehirn selbst fixierten Information“ zu unterscheiden. Letztere ist a) genetisch fixierte Information und manifestiert sich im Organbau und b) individuell erworbene Information in Form der molekularen Erinnerungsspuren. In seinem Aufsatz aus dem Jahre 1992 schreibt Seitelberger zu dem hier Interessierenden: „Jedoch wären ohne die gewaltige Infrastruktur der nicht-bewußt-getätigten Hirnvorgänge unsere bewußten Tätigkeiten überhaupt nicht möglich; denn erst auf der im Menschen erreichten Stufe der zentralnervösen Leibesorganisation bestehen die funktionalen Hirnleistungen. Objektiv gesehen bildet das *bewußte Verhalten* nicht den tragenden Grund, sondern die oberflächlichste Schicht unserer Lebensform. ... | Insofern ist es daher zutreffend, daß Sigmund Freud dem, wie er es nannte, Unbewußten eine bestimmende Rolle einräumte“[683].

Angesichts hiervon wieder auf Seitelbergers Aufsatz aus dem Jahre 1983 blickend, ist die hierin zu lesende Thematisierung der modalen Rinderfelder zu betonen: „Wir bezeichnen Rindenregionen, in denen bestimmte Teile des Informationsprozesses ein- oder austreten, als modale Rindenfelder“. Im menschlichen Großhirn wird der überwiegende Raum von sogenannten intermodalen Rindenfelder eingenommen, ein relativ geringer von modalen Felder: „Man kann umschreibend sagen, daß in diesen Regionen [intermodale Felder, insbesondere des Stirn- und Schläfenlappens] die *Integration* aller dem Gehirn zugehenden Informationen in Beziehung auf die Gesamtsituation und Existenz des Individuums vorgenommen wird. Hier wären also die Korrelate der eigentlich menschlichen höheren Hirnleistungen des Lernens, Denkens, Handelns und Planens zu suchen, die sich in symbolischen Formen, also gebunden an die Sprache, vollziehen“[684].

Diese intermodularen Felder sind aber wiederum aus Modulen aufgebaut, wobei die Informationen, die sie bearbeiten, nicht mehr sensorische Informationen sind, sondern aus solchen Informationen gewonnene Informationen: „Der Input ist also das gesamte Ergebnis der Informationsbearbeitung durch das übrige Gehirn. Man spricht auch on einer assoziativen oder einer *supramodalen Funktion*“[685]. Dieserart begreift Seitelberger die Gesamtfunktion des Gehirns nicht im Kontext davon, ein „wissenschaftlich exaktes Abbild der Umwelt als Aktionsbasis“ für Verhaltenssteuerung zu liefern, sondern „eine umfassend informierte und ab-

---

[682] Seitelberger F 1983: S.180
[683] Seitelberger F 1992: S.241
[684] Seitelberger F 1983: S.182
[685] Seitelberger F 1983: S.182

gestimmte Verhaltensbereitschaft, von der aus die Handlungsplanung in allen relevanten Umständen bestimmt oder begrenzt werden kann“[686].

Im Sinne hiervon schreibt Seitelberger: „Die zugrundeliegenden Gehirnprozesse im modularen System kann man als konditionale Programmstrukturen auffassen, die in gleitender Anpassung an die eintretenden Signale optimal passende Antworten des organisierenden Gesamtsystems formieren. Es ist diese Einheit des organisierenden Hirnsystems, das der Einheit der bewußt erlebten Welt entspricht und den durch die Sinnesmannigfaltigkeit gestalteten Erfolgsraum der individuellen Aktionen darstellt“[687].

Hieran anschließend diskutiert Seitelberger – unter dem Schlagwort „metamodale Ebene der Hirntätigkeit“ – jene Reflexionsebene in der die Leistungsprodukte der Hirntätigkeit selbst zum Objekt werden und was also als Bewußtsein verstanden werden kann. Seitelberger hält sogleich fest, worum es sich hierbei keinesfalls handelt: „keine eigene Funktion bestimmter Hirnapparate“[688]; es gibt weder neuroanatomische Orte noch neurophysiologische Substrate des Bewußtseins, bzw. eigene Bewußtseinsmodule[689]: „Es gibt allerdings Hirnapparate, die Einfluß auf die Bewußtheit, also auf den Grad der Bewußtseinshelligkeit und des Bewußtseinsumfang habe“. Hieran schließen folgende Sätze an: „Das Bewußtsein ist die durch die strukturelle Organisation der Informationsverarbeitung bedingte, subjektive Erscheinungsweise unserer Verhaltenssteuerung. Sobald durch die vervollkommnete Ansicht der Gesamtsituation dem Individuum im raumzeitlichen Weltgeschehen eine Mehrzahl von Alternativen des Verhaltens mit Zukunftsaspekten zur Verfügung stehen, erfolgen bestimmte optimierende Entscheidungen bei Lebewesen im Medium des Bewußtseins“. Hieraus wird abgeleitet: „*Bewußtsein* ist also eine mit der Höhe und Komplexität der Informationsverarbeitung von Lebewesen immanent verbundene *Qualität*“[690].

In dem hiermit bezeichneten Sinn versteht Seitelberger die Tatsachen des Bewußtseins als eigengesetzliche Äußerungen des „*einen* ganzen Individuums“, entsprechend einer subjektiven Repräsentation der Totalität seiner Organismus-Umweltbeziehung: „Beim Menschen erreicht dieses bewußte Inbild der Wirklichkeit die äußeren Dimensionen der Welt und der Zukunft sowie die innere Dimension des Selbst, der autonomen Person“[691]. Angesichts hiervon kehrt Seitelberger den evolutiv-adaptiven Charakter von Bewußtsein hervor, wenn er die Frage stellt, „warum“ Lebewesen mit Bewußtsein ausgestattet sind: „Wie wir gesehen haben, sind Leistungen des optimierenden Verhaltens grundsätzlich technisch durchführbar und daher auch ohne Bewußtsein denkbar. Daher ist auch die Frage, *warum* die Lebewesen mit Bewußtsein ausgestattet sind, also mit einer subjektiven inneren Erfahrungsweise, an deren Existenz schlechterdings nicht zu zweifeln ist, letztlich vom naturwissenschaftlichen Standpunkt nicht zu beantworten. Wir können lediglich gewisse Aussagen über Eigenschaften und viel-

---

686 Seitelberger F 1983: S.183; diese „relevanten Umstände“ werden mit Vollmers „Mesokosmos“-Vorstellung (Vollmer G 1983: S:51ff) in Beziehung gebracht.

687 Seitelberger F 1983: S.183

688 Seitelberger F 1983: S.183

689 Seitelberger F 1992: S.252; in dieser Arbeit ist zu dem hier interessierenden Thema zudem zu lesen: „Die allgemeinen Bedingungen für Bewußtsein dürften in der auf der modularen Organisation der Großhirnrinde beruhenden umfassenden und repetitiven Verteilung von Information bestehen, die z.B. das Erkennen des laufenden sensorischen Inputs parallel mit der Gestaltung eines motorischen Outputs ermöglicht. Dabei könnte das innere Ablesen der gespeicherten strukturellen Information gegenüber der Kontinuität der Inputinformation *eine* der objektiven Bedingungen des Bewußtseins bereitstellen“ (S.252).

690 Seitelberger F 1983: S.183

691 Seitelberger F 1983: S.184

leicht *Aufgaben des Bewußtseins* machen“[692]. In seinem Aufsatz aus dem Jahre 1992 beantwortet Seitelberger besagte „warum“-Frage wie folgt: „Die Antwort lautet: Es gibt keinen zwingenden Grund für das Auftreten von Bewußtsein. Insofern die bewußte Hirntätigkeit formale Informationsverarbeitung ist und gemäß apparatgerechten Programmen erfolgt, ist Bewußtsein keine conditio sine qua non für die Durchführung auch beliebig schwieriger Programme. Nach dem Theorem von Turing kann jede Denkaufgabe, also jedes logische Problem, das genau spezifiziert werden kann, auch von einem Automaten gelöst werden“[693]. Im Lichte dieses evolutiv-adaptiven Zuganges ist auch folgende Aussage – nun wieder auf die Arbeit aus dem Jahre 1983 blickend – zu lesen: „Es kommt also niemals das Ganze unserer Welt und Situation zu Bewußtsein. Das Bewußtsein gewährt auch keinen Einblick in die Art unserer Hirntätigkeit und gibt nur beschränkten Zugang zu seinen Programmen. Die im Bewußtsein erlebnismäßig zugänglichen Ausschnitte der Welt haben als Evolutionsprodukt sicher Überlebensrelevanz. Im Blickpunkt der evolutionären Anpassung ermöglichen die Bewußtseinsfunktionen ihren Trägern eine höchst erfolgreiche Rolle in der Geschichte des Lebens“[694]. Daher auch ist mit „Bewußtsein“ keine eigene Wesenheit bezeichnet, „sondern eine mit der Höhe der Hirnleistung erscheinende Qualität, ein Muster von dispositionellen Eigenschaften“.

In diesem Sinne – so Seitelberger weiter – erfährt der Mensch die Gesamtwirklichkeit in zweifacher (dualer) Weise: „einmal als Information über alles außerhalb des Gehirns, wozu die Umwelt mit unserem Leib gehört, sowie zweitens als Interpretation dieser Information aus der Sicht seiner Individualexistenz in Form eines exklusiven Eigenberichts“[695]. Im Bewußtsein erhält man also einen objektiven und einen subjektiven Bericht über die Welt und über uns. Beide Wirklichkeitsauszüge werden in der Reflexionsebene des Selbstbewußtseins zu einer Einheit integriert: „Wir überwinden die erlebnismäßig begründete Subjekt-Objekt-Spaltung, indem wir uns als Person, d.h. als die sich der Welt gegenüber als Selbst identifizierende Individualexistenz konstituieren. Man kann daher sagen: Der Mensch ist jenes Lebewesen, das seine *Einheit* nur in der *Dualität* des Erlebens der Welt und des eigenen Bewusstseins erfahren kann“[696].

Angesichts hiervon sei Seitelbergers Kritik an der Aussage von *dem* Bewußtsein hervorgehoben: „Der Qualität der subjektiven, bewußten Zugänglichkeit unseres Verhaltens gab man aber und gibt leider noch immer, verleitet durch die sprachliche Substantivierung als *das* Bewußtsein oder *der* Geist, eine falsche Substantialisierung, eine nicht vorhandene Gegenständlichkeit. Man muß feststellen, daß dieses sprachbedingte Mißverständnis allen dualistischen Konzepten und philosophischen Systemen zugrunde liegt, die Leib und Seele oder Gehirn und Geist als zwei Wesenheiten einander gegenüberstellen. Der substantielle Dualismus von Leib und Seele ist ein Scheinbild, bedingt durch die in den bewußten Vorgängen gegebene duale Weise des subjektiven Erlebens von etwas. Die duale Komplementarität, also die besondere Weise der Einheit unserer Seinsweise, wird im dualistischen Denken verkannt und geleugnet.“[697]; „Zunächst zum *Wort »Bewußtsein«*: In sprachlicher Hinsicht ist Bewußtsein ein sogenanntes *Abstrakt-Nomen* mit prädikativ-adjektivischer Bedeutung, dessen substantivische Form einer Scheinobjektivierung, bzw. einer *Nominal-Fiktion*, Vorschub leistet. Es gibt demnach zwar *bewußte Sachverhalte*, aber es gibt nicht *das* Bewußtsein als einen

[692] Seitelberger F 1983: S.184
[693] Seitelberger F 1992: S.255
[694] Seitelberger F 1983: S.184
[695] Seitelberger F 1983: S.185
[696] Seitelberger F 1983: S.185
[697] Seitelberger F 1983: S.185

Gegenstand naturwissenschaftlicher Beschreibung und Untersuchung. Fichte formuliert das äußerst klar: »In allem Bewußtsein ist etwas, dessen man sich bewußt ist, und das nicht das Bewußtsein selbst ist«. Also: Bewußtsein ist immer Bewußtsein von etwas. Aus dieser wesensmäßigen Unbestimmtheit ergibt sich, daß es zahlreiche Definitionen von Bewußtsein geben kann, die beliebige Begriffe von Bewußtsein, aber keine existente Sache definieren und daher allesamt an dem Mangel solcher Begriffe leiden, den schon Aristoteles klar bezeichnet hatte, daß nämlich ihre Definition keineswegs auch die Notwendigkeit ihrer realen Existenz enthält"[698].

Die Darstellungen zur Position Seitelbergers seien mit einigen seiner Betrachtungen bezüglich dem Selbstbewußtsein abgerundet. „Vom *neurophysiologischen* Standpunkt kann Selbstbewußtsein prinzipiell aus der funktionellen Organisation der Großhirnrinde verstanden werden"[699]. Sogleich betont Seitelberger, daß es sich bei „Selbstbewußtsein" um etwas dem Menschen Spezifisches handelt: „Es ist dabei vorauszusetzen, daß der Prozeß der repititiven modularen Bearbeitung des gesamten Inputs auf der den Tiergehirnen mangelnden metamodalen Ebene der sprachgetragenen Informationsverarbeitungsprodukte stattfindet. Das wird durch die großen Rindengebiete des Stirnlappens ermöglicht, die von der Evolution für neue Ebenen der Integration bereitgestellt wurden. Sinngemäß sind unter »reflektiven Schleifen« als Substrate des Selbstbewußtseins nicht zusätzliche nervöse Fasersysteme von spezifischer Funktion zu verstehen, sondern die Operationalisierung von Programmen zur Autoanalyse der eigenen Tätigkeit und Zustände, also zur *Selbstreferenz*"[700]. Insofern das Selbstbewußtsein als subjektbezogen reflexiv und objektbezogen intentional zu verstehen ist, gilt: „Auf dieser höchsten Stufe der Reflexion erscheint die im Individualbewußtsein gegebene Dualität von Subjekt und Objekt durch die Erfahrung ihrer dialektischen Rückführung auf das selbstbewußte Individuum überwunden. Dieses bringt das *Ich* in seiner Weltbeziehung hervor und konstituiert, was ich eine *integrierte Dualität* von Subjekt und Objekt nennen möchte: *Die menschliche Person*"[701].

Hierzu sei aus Seitelbergers Beitrag in dem Buch „Gehirn, Bewußtsein und Erkenntnis"[702] hinzugefügt: „... ist der Selbstbezug des Individuallebens dem biologischen Bewußtseinsbegriff inhärent; seine Ausprägung und Klarheit ist jedoch nicht nur in der Phylo-, sondern auch innerhalb der Ontogenese eine verschiedene. Das undeutliche Selbstgefühl wird zum Selbstbewußtsein. Das Menschenkind erreicht erst gegen Ende des ersten Lebensjahrzehnts die Stufe der Ich-Behauptung. Diese besteht nach Kant in der »Bezeichnung des Gegenstandes des inneren Sinnes«, in der »Beziehung der inneren Erscheinungen auf das unbekannte Subjekt derselben«. Im Erleben des Selbst als das eigene Ich deckt sich die Ich-Vorstellung als Bewußtseinsinhalt weitgehend mit der Anschauung des eigenen Leibes. Im Selbstbewußtsein verbindet sich somit elementar Psychisches mit der kognitiv-transformierten Leiblichkeit (sog. Leib-Apriori). Die einheitsstiftende Funktion des Bewußtseins begründet damit in objektiver Hinsicht die Konstitution der Gegenstandswelt wie in subjektiver Hinsicht die des Ich". Am Ende seiner Ausführungen zum Selbstbewußtsein schreibt Seitelberger: „Der individuelle Lebensprozeß, der sich auf der somatischen Ebene als formbildend und in der Tätigkeit des Nervensystems als informationsverwandelnd manifestiert, erscheint im Selbstbewußtsein in seiner Ganzheit: Das handelnde Ich *ist* der individuelle Lernprozeß: »Es kann kein stehendes oder bleibendes Selbst in diesem Flusse innerer Erscheinungen ge-

[698] Seitelberger F 1992: S.242
[699] Seitelberger F 1992: S.256
[700] Seitelberger F 1992: S.256
[701] Seitelberger F 1992: S.256
[702] Oeser E & Seitelberger F 1988: S.115

ben« (Kant)“[703]. In seinem Aufsatz aus dem Jahre 1992 beschließt Seitelberger die Darstellungen zum Selbstbewußtsein mit dem Satz: „Das *Selbstbewußtsein* ist daher nicht nur Spiegelung der individuellen Existenz, sondern zugleich wahrer Schauplatz der Welt: Es ist die Instanz der *Einheit* über der Vielheit von außen und innen, die man unter *Geist* versteht“[704].

Angesichts der gebrachten Darlegungen von Seitelberger sei nun auf die entsprechende Position von Erhard Oeser geblickt. Im Zentrum hiervon steht Oesers Beitrag in „Gehirn, Bewußtsein und Erkenntnis“[705]: „Bewußtsein und Erkenntnis“[706].

Sogleich ist zu betonen, daß Oesers Position bzw. seine „neuroepistemologische“ Position eigentlich nur bedingt der EE zuzuordnen ist, wie zunächst anhand folgender Aussage verdeutlicht sei: „Das Vorhandensein des menschlichen Bewußtseins als realer und realitätskonstruierender Hirnfunktion ist kein Rätsel und kein Wunder mehr und ebenso wenig seine, wie noch Darwin sagte, »gottähnlichen« Leistungen, die weit über die ursprünglichen Überlebensfunktionen hinaus den gesamten Bau des Weltalls zu umfassen beginnen. Es sind Bewußtseinsleistungen, die einmal evolutionär in der Stammesgeschichte des Menschen entstanden sind und seitdem ständig neu in der Ontogenese oder Lebensgeschichte jedes menschlichen Individuums entstehen können und tatsächlich auch immer wider entstehen. | Die zentrale Frage aber, die auch das Kernstück von Kants »Philosophie des Gehirns« bildet und die *weder evolutionsbiologisch noch entwicklungspsychologisch zu lösen* ist, lautet: Wie, d.h. nach welchen Regeln und Gesetzmäßigkeiten, leistet das menschliche Bewußtsein als höchste integrierende Hirnfunktion die Erkenntnis in allen ihren Formen von den einfachsten Alltagserfahrungen bis zu den abstraktesten und kompliziertesten wissenschaftlichen Erkenntnissen?“[707]

Zunächst hält Oeser ganz allgemein fest, daß die Neuroepistemologie aus dem Umstand erwächst, daß eine „reine“ philosophische Erkenntnistheorie, beschränkt sie sich auf die subjektive Selbstanalyse des Bewußtseins, inhaltsleer ist, wohingegen die „objektive“ physikalisch-chemisch-neurophysiologische Bewußtseinsanalyse – auf sich alleine gestellt - zu keinen exakten Vorhersagen kommen kann, insofern eine vollständige Bestimmung den jeweiligen Systemzustand verändern würde, womit (ad infinitum) neu bestimmt werden müßte: „Kombiniert man aber beide Betrachtungsweisen, die neurobiologische und erkenntnistheoretische, zu einer einheitlichen Disziplin im Sinne der »Neuroepistemologie«, dann ergibt sich aus der Kombinatorik von theoretischem Vorgriff auf Grund der Analyse der tatsächlich vor-

---

[703] Oeser E & Seitelberger F 1988: S.116

[704] Seitelberger F 1992: S.257

[705] Oeser E & Seitelberger F 1988; im folgenden (für besagten Text Erhard Oesers) angeschrieben als Oeser E (& Seitelberger F) 1988

[706] Hiermit ist zugleich auf Oeser 1985a und b und 1987 zu verweisen, da diese Arbeiten in dem zu betrachtenden Text wesentlich Anführung finden.

[707] Oeser E (& Seitelberger) 1988: S.168f; Hervorhebung durch den Autor; siehe zudem: „So grundlegend und unentbehrlich die phylogenetische Erklärung des Bewußtseins auch sein mag, so erreicht sie dennoch nicht das Ziel einer vollständigen Erklärung der Entstehung des Bewußtseins und seiner Leistungen“ (S.164); „Damit endet aber auch der phylogenetische Erklärungsanspruch der evolutionären Erkenntnistheorie im engren Sinn. Sie muß ergänzt werden durch eine zweite Stufe, in der gezeigt wird, wie kognitive Systeme prinzipiell aufgebaut sein müssen, um jene rationalen Erkenntnisleistungen vollbringen zu können, die weit über die ursprünglichen Überlebensfunktionen, die das Bewußtsein zu einem selektionsrelevanten Basisphänomen gemacht haben, hinausreichen“ (S.165). Inwieweit Oesers Einschätzung der Reichweite der „Evolutionären Erkenntnistheorie im engeren Sinn“ allgemein von den Vertretern dieser Theorie geteilt wird, wird noch darzulegen sein.

liegenden Erkenntnisleistungen und der Suche nach den dazu adäquaten Gehirnprozessen eine konstruktive stufenweise Annäherung an die Lösung jenes kompliziertesten Problems in unserem Universum, das Schopenhauer so treffend den »Weltknoten« genannt hat"[708].

In folge positioniert Oeser die Neuroepistemologie zwischen Empirismus und Rationalismus, wobei sie, basierend auf einem „Zerebralismus" zwischen dem empirischen Sensualismus und vom reinen Geist ausgehenden Rationalismus („Noologismus") vermittelt: „Daß man Kant als den eigentlichen Begründer eines erkenntnistheoretischen »Zerebralismus« ansehen kann, hat schon Schopenhauer gewußt und ist, ..., in der Hirnforschung selbst spätestens durch Theodor Meynert[709] anerkannt worden"[710]. Sogleich hebt Oeser an Kants Überlegungen hervor, daß sie auf der funktionalen Ebene geführt werden, wobei Kant, in der Zusammenführung der geistigen Bewußtseinsphänomene und der sensorischen und neuronalen Strukturen eine materialistische Identitätstheorie ebenso vermeidet wie einen kartesianischen Dualismus. Zudem sieht Oeser in folgenden Punkten der Kantischen Position bis in die Gegenwart neurobiologischer Forschung zu beachtende Eckpfeiler möglicher Überlegungen zu dem anstehenden Problem: Kants Annahme, daß die Realität des Bewußtseins nur im Funktionszusammenhang der Erkenntnis gegeben ist, tritt gegenwärtig im Gewand der dynamischen Theorie der Hirnfunktionen auf; die moderne Terminologie der funktionalen Neuroanatomie läßt sich mit Kants Unterscheidung mehrer Instanzen des Bewußtseins in Beziehung setzen; die Spontaneität des Verstandes, wie sie Kant betont, wird in der modernen Gehirnphysiologie durch die Aussage bezüglich der Grade der Unabhängigkeit des neuronalen Erregungszustandes von Umweltreizen gestützt; Kants Aussage des Vernunftursprungs der Freiheit findet sich insofern in den modernen Aussagen bezüglich der aktiven Informationsverarbeitungsprozesse im Gehirn wieder; zudem führt Oeser folgende Punkte an: „im kognitiven Bereich bedeutet Freiheit die prinzipielle Möglichkeit, Theorien als Modelle der Welt zu bilden, welche die unmittelbare Sinneserfahrung weit überschreiten"; „Daraus resultiert jedoch eine wesentliche, in der Kantliteratur jedoch noch weitgehend umstrittene Einsicht, daß Kants Auffassung von den apriorischen Formen der Erfahrung keineswegs eine Garantie für die Wahrheit liefert, sondern lediglich die Struktur dessen, was wahr oder falsch sein kann"; „Und schließlich läßt sich auch sagen, daß im Jahrhunderte alten Streit zwischen sensualistischem Empirismus und Rationalismus die erkenntnistheoretische Position Kants auf irreversible Weise durch die moderne Hirnforschung betätigt worden ist. Denn das empirische Faktum der »Enzephalisation«, ..., zeigt, daß die Entscheidung über wahr oder falsch nicht an der Peripherie, sondern im Zentrum erfolgt (Oeser 1985)"[711].

Nachdem Oeser, aufbauend auf dem soeben Angeführten, Fragen der methodischen Begründung und Themen der terminologischen Festlegung der Neuroepistemologie diskutiert, wendet er sich dem zentralen Thema seiner Ausführungen zu, dem „Bewußtsein", zu dem man sogleich erfährt: „Jede genaue Analyse des Bewußtseinsbegriffs zeigt, daß es sich nicht um einen einheitlichen Begriff handelt, sondern um drei genau unterscheidbare Begriffe, die sich zwar alle auf dasselbe Phänomen beziehen, aber dazu jeweils einen völlig verschiedenen Zugang besitzen"[712]. Besagte drei Begriffe sind: „introspektiver Bewußtseinsbegriff", „empirisch operationaler Bewußtseinsbegriff" und „nichtempirisch-intentionaler Bewußtseinsbegriff" (= „intentionaler Bewußtseinsbegriff"); lediglich der letztere Begriff ist für die Ausführungen von Oeser von Bedeutung.

[708] Oeser E (& Seitelberger) 1988: S.124
[709] Meynert T 1892
[710] Oeser E (& Seitelberger) 1988: S.125
[711] Oeser E (& Seitelberger) 1988: S.126f
[712] Oeser E (& Seitelberger) 1988: S.137

Zunächst konkretisiert Oeser das mit diesem Begriff zu verbindende Verständnis von Intentionalität, das ursprünglich aus der aristotelischen Scholastik stammt, das aber, um in einer transdisziplinären Hirnforschung angewendet werden zu können, von dem traditionellen scholastischen Begriffsinhalt – wie er an die Substanzmetaphysik gebunden ist - ebenso befreit werden muß, wie von seinem modernen sprachanalytischen Gebrauch: „In der Neuroepistemologie geht es dagegen primär um die funktionale Intentionalität, die als Leistung und Produkt der Hirntätigkeit angesehen wird und einen fundamentalen Charakter hat, auf den die Intentionalität als Prädikation erst aufgebaut werden kann. Das intentionale Bewußtsein ist also genauso, wie es für den Bewußtseinsbegriff überhaupt in allen seinen Formen gilt, kein »Alles oder Nichts«-Phänomen"[713].

Es gibt also Stufen der Intentionalität: die erste Stufe ist jene der Akt- oder Handlungsintentionalität, die zweite Stufe ist die „kognitive Intentionalität" bzw. „Repräsentation" (ehemals: „materiale" oder „Gegenstandsintentionalität"); das reflexive Selbstbewußtsein wird als „dritte Stufe des intentionalen Bewußtseinsbegriffs" bezeichnet. Die erste Stufe ist auch im vormenschlichen Bereich anzutreffen, „und zumindest bis zu jenen Lebewesen [zurück] reicht, die eine neuronale Ausstattung besitzen"[714]. In Anlehnung an Brentano verweist Oeser darauf, daß Intentionalität eben in jedem Akt der Zu- bzw. Abwendung gegeben ist, da sich immer jemand zu- bzw. abwendet. „Bei den komplexeren Formen der Verhaltens- oder Handlungsintentionalität, insbesondere beim menschlichen Verhalten, ist nicht nur der »Gehalt« des intentionalen Zustandes, sondern, wie Searle richtig bemerkt hat, auch sein bestimmte Modus oder Typ zu unterscheiden. Intentionen können Wünsche, Überzeugungen und Absichten sein und hängen jeweils auf Grund verschiedener »Erfüllungsbedingungen« mit dem zusammen, was wir die »reale Welt« nennen"[715].

Zu der zweiten Stufe erfährt man von Oeser zunächst, daß für die Kognition – als intentionalem Bewußtseinszustand – der Begriff der Repräsentation „unentbehrlich" ist: Hierin liegt, daß, wiewohl eine bestimmte neuronale Ausstattung unentbehrliche Voraussetzung für Erkennen und Bewußtsein ist, genau zwischen Leben und Erkennen zu unterscheiden ist; mit Searle hält Oeser daher fest, daß man „die Geheimnisse der Intentionalität dadurch meistern kann, daß man so detailliert wir möglich beschreibt, wie diese Phänomene von biologischen Vorgängen verursacht und zugleich in biologischen Systemen realisiert werden"[716]. Diese allgemeine biologische Charakterisierung reicht aber nicht aus, sondern es muß eine Spezifizierung auf jenes Organ – seine Funktion und Struktur – auftreten, in dem alleine Kognition auftritt: das Zentralnervensystem, als dem einzigen Organ, „dessen Produkte nicht selbst wieder organisch sind". „Durch diese notwendige Spezifizierung unterscheidet sich die Neuroepistemologie von jeder anderen Form einer biologischen Erkenntnistheorie, die nicht den Unterschied von Leben und Erkennen, Autopoiese und Kognition usw. macht"[717].

Angesichts hiervon blickt Oeser auf den Begriff „genetische Information", der eine chemische Botschaft bezeichnet, bei der nicht zwischen Information und dem Träger der Information unterschieden ist. Trotzdem, so wird hervorgehoben, handelt es sich hierbei um einen objektivierbaren Informationsbegriff, im Sinne des modernen, nichtdeterministischen Weltbildes und der Wahrscheinlichkeitstheorie; Informationen entstehen, insofern die Welt nicht determiniert ist, sondern Alternativen bietet. Dies gilt es auch bezüglich Information als Repräsentation bzw. bezüglich „Repräsentation" als Funktion des Zentralnervensystems bzw. Ge-

---

[713] Oeser E (& Seitelberger) 1988: S.145
[714] Oeser E (& Seitelberger) 1988: S.145
[715] Oeser E (& Seitelberger) 1988: S.145
[716] zitiert nach Oeser E (& Seitelberger) 1988: S.147
[717] Oeser E (& Seitelberger) 1988: S.147

hirns zu beachten: „Repräsentation ... ist daher niemals mit einem mechanischen passiven Abbildungsprozeß zu verwechseln, sondern ist vielmehr stets ein Akt der kognitiven Intentionalität und als solcher ex definitione eine Bewußtseinsleistung, bei der eine Entscheidung zwischen Alternativen getroffen wird“[718]: „Die »Mechanik des Gehirns«, ..., legt als solche mit ihrer Signalfunktion auf der neuronalen Ebene noch nicht fest, was Information ist. Informationen als mentale Repräsentationen, die Sinn und Bedeutung haben, sind relativ zum kognitiven System, das selbst aktiv entscheidet, was als Information zu gelten hat, indem es diese als Repräsentation von etwas anderem konstruiert im Sinne eines Informationsverarbeitungsprozesses“[719].

Selbiges gilt auch für alle hierauf aufbauenden Prozesse repräsentationaler kognitiver Intentionalität. Angesichts hiervon hält Oeser mit Searle fest, daß ein intentionaler Zustand „seine Erfüllungsbedingungen nur relativ zu einer riesigen Menge anderer intentionaler Zustände festlegt“[720], jeder intentionale Zustand ist also als Teil eines „Netzes anderer intentionaler Zustände“ zu begreifen. Damit, so Oeser, wird auch das reflexive Selbstbewußtsein – als besagte dritte Stufe – verständlich: „Es ist das ganzheitliche Phänomen der Selbstreferenz, das in einem komplexen System auftreten muß, wenn es selbst mit seinen eigenen elementaren intentionalen Zuständen interagiert. Die selbstreferentielle Intentionalität ist also die Art und Weise, wie ein komplexes System mit den Mitteln dieses Systems selbst sich dazu bringen kann, über sich selbst zu sprechen“[721]. Selbstreferenz, als Beispiel zyklischer Operationen, kommt, so Oeser, durchgehend von biologischen Systemen über kognitive und soziale Systeme bis hin zu den Systemen abstrakter wissenschaftlicher Theorien vor.

Damit ist ausgesagt: „Das gesamte selbstreferentielle Netz der Intentionalität funktioniert nur auf der Grundlage eines Systems, das sich selbst aus nichtintentionalen Zuständen zusammensetzt, die eben nichts anderes sind als das, was sie selbst tun. Und auch das Gehirn selbst ist kein autonomes System im Sinne der Selbsterhaltung. Denn es bedarf eines Trägerorganismus, der es erhält und der selbst wieder abhängig ist von den Nahrungs- und Energiequellen seiner Umwelt“[722]. Hierauf folgt in den Ausführungen Oesers: „Weil das Selbstbewußtsein nichts anderes ist und nichts anderes sein kann als der Funktionszusammenhang der intentionalen Akte und Repräsentationen, oder, kantisch ausgedrückt, das »Ich, das alle meine Vorstellungen begleiten muß«, ist es als solches rein und leer für sich überhaupt nicht erkennbar“[723]. Mit Mandler[724] spricht Oeser daher von so etwas wie einem „psychologischen Unbestimmtheitsprinzip“, im Lichte davon, daß der Akt der Introspektion mit den Inhalten der Bewußtseinskonstruktion interagiert: „Es ist offensichtlich, daß eine Mitteilung über einen Bewußtseinszustand Bewußtseinskapazität in Anspruch nimmt, was die für das betrachtende Phänomen zur Verfügung stehende Kapazität reduziert und sie folglich verändert. | Das Selbstbewußtsein oder die selbstreferentielle Intentionalität ist daher selbst nicht, wie man angenommen hat, eine feste Bühne, auf der die unterschiedlichsten Repräsentationen auf- und wieder abtreten, sondern gleicht vielmehr, wie William James[725] sagt,

---

718 Oeser E (& Seitelberger) 1988: S.148
719 Oeser E (& Seitelberger) 1988: S.148
720 Searle JR 1984: S.68
721 Oeser E (& Seitelberger) 1988: S.149
722 Oeser E (& Seitelberger) 1988: S.149f
723 Oeser E (& Seitelberger) 1988: S.150
724 Mandler G 1975
725 James W 1920: S:158

dem Leben eines Vogels, in dem ein ständiger Wechsel von flüchtiger Bewegung und Ruhe herrscht"[726].

Angesichts dieser Darstellung des intentionalen Bewußtseins stellt Oeser die Frage: „wie entsteht Bewußtsein?", wofür eine genetische Erklärung gegeben wird, und sodann die Frage: „wie leistet Bewußtsein Erkenntnis?", wofür eine funktionale Erklärung gegeben wird – sie enthält auch den Kern der Neuroepistemologie.

Die genetische Erklärung umfaßt die phylogenetische Dimension, sie wird in der EE thematisiert, und die ontogenetische Dimension, sie wird in der genetischen Erkenntnistheorie thematisiert; beide Theorien zeigen, „daß die Struktur und Funktion des Menschenhirns selbst seine eigene generelle wie individuelle Geschichte enthält, die in der generellen und individuellen Entstehung des Bewußtseins ein weiteres mit naturwissenschaftlichen Methoden nicht mehr erfaßbares funktionales Äquivalent auf der metaorganischen Ebene des kognitiven Systems besitzt"[727]. Dieserart läßt sich die Frage nach der Entstehung des Bewußtseins konkretisieren, indem zunächst die Entstehung kognitiver Funktionen aus organischen Funktionen erklärt wird. Als Ausgangspunkt hierfür zieht Oeser die Tembrocksche[728] Analogie von „Stoffwechsel" und „Informationswechsel" heran: „Darauf aufbauend läßt sich die Evolution und Entwicklung des Bewußtseins als Folge eines sich ständig steigernden Mechanismus des Informationswechsels darstellen, der nach bestimmten Gesetzmäßigkeiten funktioniert".

Im Lichte hiervon fragt Oeser, worin die grundsätzliche Gemeinsamkeit von biologischen und kognitiven Funktionen besteht, außer darin – wie die EE unzureichend feststellt -, daß beide zum Überleben beitragen? Die Antwort, Oeser gibt sie mit Piaget[729], liegt darin, daß beide eine „Inkorporation" des Objektes durch das Subjekt bedeuten. Dies ist explizit in Abkehr von dem vorkantischen *adaequatio intellectus ad rem* zu verstehen, demgemäß das Erkenntnissubjekt der Intention nach – also abbildtheoretisch - zum Erkenntnisobjekt wird. Kant hingegen – so Oeser – sieht in der Erfahrung keinen passiven Abbildungsprozeß, wie er auch keine Vergegenwärtigung der wesentlichen Form der Dinge bedeutet; „Erkenntnis ist, wie Piaget korrekt Kant interpretierend sagt, eine Integration des Objektes in innere Formen des Subjektes (oder Formen a priori)"[730]. Das Organ dieser funktionalen Inkorporation des Erkenntnisobjekts ist das Nervensystem. An der Schwelle von der organischen zur kognitiven Funktion steht die Reizbarkeit (Irritabilität); ihr Gegenstück, die Sensibilität (Bereitschaft, Reize zu beantworten), trägt bereits kognitiven Charakter. Gerade den Begriff der Irritabilität ersetzt Tembrock mit seinem Begriff des „Informationswechsels", der somit auch eine Konkretisierung von Piagets Begriff „funktionale Inkorporation" ist, insofern er in Analogie zu „Stoffwechsel" konzipiert ist.

Das Phänomen des „Informationswechsels" tritt erstmalig – im Horizont der phylogenetischen Betrachtung gesehen – bei den instinktiven Verhaltensregulationen niedriger Lebewesen auf und reicht bis zu den höheren kognitiven Leistungen im Menschen. Mit Lorenz spricht Oeser in diesem Zusammenhang von Augenblicksinformationen auswertenden Mechanismen, die eine Kontroll- und Steuerungsfunktion besitzen, und selbst „nicht organische Strukturen [sind], sondern angeborene funktionale Strukturen oder Mechanismen von bereits angepaßten organischen Strukturen"[731]. Diese sind strukturelle Informationen, die in ihrer genetisch bedingten Grundstruktur unveränderlich sind: „Aber es lassen sich über diesem an-

726 Oeser E (& Seitelberger) 1988: S.150
727 Oeser E (& Seitelberger) 1988: S.151
728 Tembrock G 1982
729 Piaget J 1974b
730 Oeser E (& Seitelberger) 1988: S.154
731 Oeser E (& Seitelberger) 1988: S.156

geborenen Grund in ständig aktiv funktionierendem Informationswechsel onto- oder epigenetisch konstruktive Modifikationen aufbauen, die selbst nicht vererbbar, aber durch Überlieferung und lernen übertragbar sind"[732]. In diesem Sinne fängt jedes Individuum mit seinem konstruktiven Modifikationen bei dem artmäßig vorgegebenen Grund an.

Bewußtsein im Akt der Erkenntnis ist damit noch nicht bezeichnet, wiewohl der Beginn hiervon in einer Steigerung der Mechanismen des Informationswechsels zu suchen ist. „Ein bedeutsamer Schritt in der Evolution des Bewußtseins" – er tritt erst bei höheren Organismen mit einem Zentralnervensystem auf – ist die Trennung von Bedeutungsbelegung und Wirkungseinschätzung, die zu einer internen Entscheidung für alternative Verhaltensweisen führt: „Die Reaktion auf ein Umweltereignis hängt dann nicht schon von der Bedeutungsbelegung, sondern auch gerade von dem jeweiligen internen Zustand des individuellen Organismus ab. So kann ein bestimmtes Individuum bei gleicher Bedeutungsbelegung (z.B. »Luftfeind«) fliehen, ein anderes Individuum der gleichen Art sich durch Regungslosigkeit »unsichtbar« zu machen versuchen, wieder ein anderes vielleicht zu einer aktiven Verteidigung übergehen, wenn der Art mehrere Verhaltensmuster zur Verfügung stehen"[733]. Eine derartige Plastizität bedarf der Koordinierung bzw. Steuerung, die bei vielen niederen Tieren darin besteht, daß besagte Instanz differentiell die an sich dauernd in Bereitschaft stehenden Verhaltensprogramme hemmt, in Anpassung an die Augenblicksinformationen von außen. Mit derartigem nimmt also die mit dem Bewußtsein verbundene Evolution ihren Anfang, wobei Oeser explizit die Bedeutung des Lorenzschen Prinzips hervorkehrt, daß Neues in der Evolution durch die Kombination von Gegebenem auftritt, ohne daß das Gegebene dabei selbst verloren geht (vgl. oben).

Im Lichte hiervon diskutiert Oeser nun die Evolution der kognitiven Repräsentation und die Entstehung der begrifflichen Gegenstandsintentionalität, sowie die Evolution der Symbolfunktion und die Entstehung der selbstreferentiellen Intentionalität. Zu letzterem schreibt Oeser: „Phylogenetisch ist damit [mit der Vereinigung von Kommunikation und Repräsentation zu einer Symbolfunktion] erst der entscheidende Schritt zur Menschwerdung, d.h. zum selbstreflexiven symbolisierenden Bewußtsein, geschehen. Das daraus resultierende Verhalten ist zunächst äußerlich kaum von den nichtreflexiven Instinkthandlungen, die der Kommunikation im vormenschlichen Bereich dienen und die wie die sog. Bienensprache sehr komplex sein können, zu unterscheiden. Trotzdem handelt es sich um zwei ihrer Funktion und ihren physiologischen Grundlagen nach völlig verschiedene Leistungstypen des zentralen Nervensystems, die allgemeiner ausgedrückt als instinktive genetisch determinierte Automatismen einerseits und als höhere kognitive Leistungen andererseits einander in ihrer Entwicklung bis zu einem gewissen Grad den Weg verlegen"[734]. Dieses „den Weg verlegen" versteht Oeser im Sinne der Lorenzschen Ausführungen zum Vikariierungsprinzip[735]: „Man kann dieses Prinzip als »Vikariierungsprinzip« dem Prinzip der Integration von einfachen Funktionen, die in den höheren Funktionen beibehalten werden, gegenüberstellen und Lorenz folgend in einer gesetzesartigen Verallgemeinerung formulieren, »daß zumindest in bezug auf Extremtypen der Herausdifferenzierung entweder von Instinkthandlung oder höherer psychischer Leistungen eine umgekehrte Proportionalität zwischen beiden besteht« (Lorenz 1939)"[736].

---

[732] Oeser E (& Seitelberger) 1988: S.156
[733] Oeser E (& Seitelberger) 1988: S.157; in Anlehnung an Tembrock G 1982
[734] Oeser E (& Seitelberger) 1988: S.163
[735] Lorenz K 1939
[736] Oeser E (& Seitelberger) 1988: S.163f

Oeser schließt hieraus: „Das aber bedeutet, daß, wenn wir, nach der phylogenetischen Entstehung des Bewußtseins fragend, immer höher in der Organismenreihe aufsteigen, wir feststellen müssen, daß die Automatismen immer einfacher und weniger differenziert werden und die übergeordnete Instanz der höheren kognitiven Leistungen immer mehr die Oberhand gewinnt. D.h. es handelt sich um divergente Entwicklungsrichtungen, die, einmal eingeschlagen, in extremer Form ausgebildet werden, weil sie sich gegenseitig in ihrer Funktion vertreten können“[737].

Mit diesem Ergebnis wendet sich Oeser der ontogenetischen Erklärung zu, woraus zitiert sei: „Die hinreichenden Bedingungen sind nicht in der genetischen Bedingtheit oder – Kantisch ausgedrückt – im »angeborenen Grund« zu suchen, sondern in epigenetischen, selbstorganisierenden Prozessen (Roth 1986), die in der Ontogenese des Individuums auftreten und gerade nicht einfach milieudeterminiert sind, wie die alte Alternative lautet. Vielmehr beruhen solche selbstorganisierenden Prozesse auf den internen Gesetzmäßigkeiten eines komplexen Systems, das mit der Umwelt in Kontakt kommt und dadurch sich selbst verändert. | In diesem Sinne ist daher eine ontogenetische Erklärung des Bewußtseins, die sich nach den Worten Piagets mehr an die »organisierende« als an die »organisierte Organisation« hält, eine notwendige Ergänzung der phylogenetischen Erklärung“[738]. Zudem sei zu dieser Thematik zitiert: „Nur so ist es erklärlich, warum es so etwas wie eine kreative Entwicklung in der Geschichte der menschlichen Erkenntnisfähigkeit gibt. Die Ontogenese und die Lebensstadien des menschlichen Gehirns zeigen deutlich, daß jedem einzelnen Individuum die Entwicklung seiner persönlichen Erkenntnisfähigkeit noch einmal frei zur Verfügung gestellt ist. Wobei die Reihenfolge der einzelnen Schritte der morphologischen Reifung des Gehirns, wie gezeigt, zwar einer allgemeinen chronologischen Ordnung unterliegt, individuell aber in bestimmten kritischen Entwicklungsphasen durch den jeweils spezifischen Umweltreiz bestimmt wird“[739].

Damit kann zur Betrachtung von Oesers „funktionaler Erklärung“ von „wie leistet Bewußtsein Erkenntnis?“ übergegangen werden. Wie bereits erwähnt, führt Oeser in den nun zu behandelnden Überlegungen das Kernstück der Neuroepistemologie – als einer „naturalistischen“ Erkenntnistheorie - an, weswegen er sogleich um folgende methodologische Klarstellung bemüht ist, „irreführende Spekulationen“ von vornherein ausschließend: „(1) Jede in diesem Rahmen getroffene erkenntnistheoretische Aussage muß eine neurobiologische Referenz besitzen, oder sie muß (2) zumindest so formuliert sein, daß es prinzipiell möglich ist, Beziehungen zu neurobiologischen Aussagen herzustellen. (3) Erkenntnistheoretische Aussagen, die auf diese Weise methodisch mit neurobiologischen Aussagen verknüpft sind, können nur miteinander akzeptiert und nur miteinander verworfen werden“[740]. Explizit distanziert sich Oeser mit den genannten „Regulae philosophandi“ von jeglichem linguistischen Parallelismus, wie er von Popper[741] zu Recht kritisiert worden ist; es wird also die Annahme zurückgewiesen, die mentalistische und die physikalische Sprache seien gar nicht ineinander übersetzbar. „Im Gegensatz dazu geht es in der Neuroepistemologie gerade um die Integration zweier Terminologien, die neurobiologische und erkenntnistheoretische, wobei hier keineswegs eine parallele Verknüpfung zweier Begriffsreihen in einem lückenlosen 1:1-Vehrältnis gemeint ist. Vielmehr ist es von allem Anfang an klar, daß es viele neurobiologische Begriffe und Aussagen gibt, die erkenntnistheoretisch völlig irrelevant sind, und erkenntnistheo-

[737] Oeser E (& Seitelberger) 1988: S.164
[738] Oeser E (& Seitelberger) 1988: S.165
[739] Oeser E (& Seitelberger) 1988: S.165f
[740] Oeser E (& Seitelberger) 1988: S.170
[741] In: Popper KR & Eccles JC 1982

retische Probleme, die von vornherein nicht auf die neurobiologische Terminologie rückführbar sind"[742]. Genauerhin erfolgt die Integration beider Sprachen weder durch Reduktion einer auf die andere Sprache, noch durch die Anführung bloßer Analogien, sondern indem auf eine „höhere begriffliche Ebene" ausgewichen wird, zu einer abstrakteren Terminologie gelangend, „die mit den anderen beiden kompatibel ist": „Das geschieht dadurch, daß man in der funktionalen Neuroanatomie das Gehirn als Informationsverarbeitungssystem versteht"[743].

Im Lichte hiervon verweist Oeser darauf, daß die Grundidee der funktionalen Analyse des intentionalen Bewußtseins als Informationsverarbeitungssystem nicht aufzugeben ist, wohl aber die Meinung, das in den Raum Gestellte leisten zu können, indem eine einseitige Bezugnahme auf Automaten und der Vorstellung der Programmierung getroffen wird, „die gerade nicht zur Bewußtseinsproblematik hin, sondern von ihr wegführt".

Im Lichte hiervon zitiert Oeser nun aus Leibnizens Monadologie § 17: „[könnte man in die natürliche Maschine des Gehirns wie in eine Mühle eintreten, so würde man] bei ihrer Besichtigung nichts weiter finden als einzelne Stücke, die aneinanderstoßen – und niemals etwas, woraus eine Perzeption zu erklären wäre". Oeser übersetzt dies in die Sprache der modernen Neuronentheorie: „jede einzelne Nervenzelle ist sowohl eine Recheneinheit als auch ein Kommunikationsapparat für sich. Nicht das Gehirn ist ein Computer, sondern es besteht vielmehr aus Milliarden von Computern, von denen jeder eine interne, höchst komplexe Struktur und chemoelektrische Funktion hat und die alle zusammen ein Netz von Interaktionen bilden, dessen Gesamtzustand uns immer unbekannt bleiben wird"[744].

Die Programmauffassung der Interaktionen der Nervenzellen muß also der realen Struktur und Funktion eines selbstorganisierenden lebenden Systems mit „massiver Parallelität und *grenzenlos verteiltem Bewußtsein*" entsprechen. Die Grundlagenforschung der Informatik bietet Verständnismodelle hierfür, insbesondere die allgemeine Netztheorie von Petri[745], das Oeser in der Darstellung von Brauer[746] anführt: „In der Netztheorie geht man vom »verteilten« System aus und beschreibt sein internes Verhalten durch Informationsflussdiagramme, die lokale Bedingungen und Ereignisse oder die Funktionseinheiten und ihre Relationen wiedergeben"[747]. Der Grundbegriff der Netztheorie ist dabei die „Nebenläufigkeit"[748]: „es wird genau beschrieben, was sequentiell abhängig voneinander ist und was nicht, was also daneben herläuft oder parallel geschehen kann. Die Beschreibung der Abhängigkeiten geschieht durch Aufweis von lokalen Beziehungen zu einer beschränkten Anzahl von Nachbarelementen. Diese Abhängigkeiten selbst sind dann immer kombinatorischer, als nichtinfitesimaler, nichtstochastischer Art"[749].

Oeser versteht Aussagen wie diese explizit im Sinne eines Überkommens einer nicht zielführenden Programmanalogie, die nur für bestimmte Netzausschnitte und eng umgrenzte Funktionen berechtigt angewendet werden kann; auch kann es nicht darum gehen, mittels einer schwächeren Logik, die Wahrscheinlichkeiten und Ungenauigkeiten zuläßt, das Menschenhirn als einen „unvollkommenen Computer" zu bedenken. Gefragt ist eine „andere Art

---

742 Oeser E (& Seitelberger) 1988: S.170f

743 Oeser E (& Seitelberger) 1988: S.171; Oeser erinnert hierbei daran, daß dieser Zugang auch schon seinen Ausführungen zu „Erkenntnis als Informationsprozeß" in Oeser E 1976 zugrunde liegt.

744 Oeser E (& Seitelberger) 1988: S.173

745 Petri CA 1962, 1967, 1975, 1982

746 Brauer W 1986

747 Oeser E (& Seitelberger) 1988: S.173

748 Vgl. Voss K, Genrich HJ & Rozenberg G (Hrsg.) 1987

749 Oeser E (& Seitelberger) 1988: S.173

von Logik“, „die dem durch ‚massive Parallelität' ausgezeichneten Netzcharakter des neuronal getragenen kognitiven Systems des Menschen gerecht werden kann“. Es ist hierbei der zeitliche Aspekt, der in dieser Logik Beachtung finden können muß: „Denn die Logik der Neuronen geschieht nicht nur in einem in einem Netzwerk hoher Komplexität, sondern ist selbst ein Prozeß, der in der Zeit abläuft“[750]. Es muß also der Logik der Prozesse die „Priorität“ zugesprochen werden können: „denn sie bezieht sich auf die realen erkenntnispragmatischen Bedingungen, unter denen Wahrheitswerte von Aussagen überhaupt zustande kommen und unter Umständen auch wieder abgeschafft werden können“[751].

Diese Logik der Prozesse basiert auf zwei Grundbegriffen: „Ereignis“ und „Bedingung“. „An die Stelle des Gegenstandes [im Sinne der Aussagenlogik] tritt eine Reihe von Ereignissen. ... Die grundsätzliche Bedeutung dieser Reduzierung der Dinge, Gegenstände oder Sachverhalte auf den Begriff des Ereignisses wird jedoch erst dann deutlich, wenn man sich den Unterschied von Ereignis und Gegenstand vor Augen hält: Ein Gegenstand ist ein Ding, das wir wieder erkennen können und wieder antreffen. Ein Ereignis geht vorüber und ist verschwunden“[752]. Angesichts hiervon thematisiert Oeser die auf Pawlow zurückgehende Unterscheidung von „starkes und schwaches Nervensystem“: „Ein »schwaches« Nervensystem ist sensibler als ein starkes. Es antwortet auf Reize, dessen Intensität für ein starkes Nervensystem nicht effektiv ist. Ein starkes Nervensystem ist daher widerstandsfähiger. Denn es ist besser in der Lage, hohe Reizintensitäten zu tolerieren. Auf das Gehirn-Bewußtsein-Problem angewendet heißt das, daß Bewußtsein ein »schwaches«, d.h. sensibles Nervensystem voraussetzt, denn funktional ist es gerade durch einen sehr hohen »Informationswechsel« charakterisiert“[753]. Gerade im Lichte hiervon, bzw. um willen davon, Ordnung in das somit anzunehmende „Chaos“ neuronaler Ereignisse bringen zu können, bedarf es des zweiten Grundbegriffes, der Bedingung“: „Um die strukturellen Beziehungen zwischen den Ereignissen erfassen zu können, muß ein zweiter Grundbegriff eingeführt werden, der sich nicht nur auf die zeitliche, sondern auch auf die kausale Struktur des Ablaufs der Ereignisse untereinander bezieht. Dem einen Teilstück einer Prozesslogik, der Logik der Ereignisse, der im »Eventismus« von Whitehead vorgebildet worden ist, entspricht daher ein zweites Teilstück: die Logik der Bedingungen“[754].

Historisch gesehen ist dieses zweite Teilstück aus einer Formalisierung der induktiven Logik hervorgegangen[755] und „ermöglicht es nun, ohne Rückgriff auf inhaltliche Bestimmungen in beliebiger Präzisierung die formale Struktur eines Kausalzusammenhanges in einem Prozeß durch die Abfolge seiner Elemente darzustellen, wobei jeweils ein Ereignis die Bedingung für das nächste darstellt“[756]. Oeser bringt dies wie folgt mit der Netztheorie Petris in Zusammenhang: „Dem Netzcharakter des neurokognitiven Systems entsprechend muß man aber dabei von zahllosen nebenläufigen Prozessen ausgehen, die zueinander in lokaler Beziehung stehen. Für diese lokalen Beziehungen bietet die Darstellung der Grundsituationen von Veränderungen in der Netztheorie Petris (Reisig 1982[757]) eine präzise Beschreibung, die sich bereits in intuitiver Annäherung auch für den Entwicklungsprozeß der Erkenntnis-

---

[750] Oeser E (& Seitelberger) 1988: S.174
[751] Oeser E (& Seitelberger) 1988: S.175
[752] Oeser E (& Seitelberger) 1988: S.175
[753] Oeser E (& Seitelberger) 1988: S.176
[754] Oeser E (& Seitelberger) 1988: S.176
[755] Wright GH 1951
[756] Oeser E (& Seitelberger) 1988: S.176
[757] Reisig W 1982

produkte, d.h. in der Darstellung der Theoriendynamik, bewährt hat (Oeser 1976, 1979[758])“[759].

Angesichts hiervon wendet sich Oeser der logischen Analyse des Bewußtseinsstrom zu. Die entsprechenden Überlegungen basieren auf dem von William James im 19. Jahrhundert geprägten Begriff „Bewußtseinsstrom“, dem ein nicht mehr hintergehbares biologisches Faktum zugrunde liegt: „Es besteht darin, daß ein biologischer Apparat, wenn er einmal angelaufen ist, ununterbrochen Tag und Nacht weiterläuft, bis er stirbt“[760]. Sogleich führt Oeser eine weitere „unentbehrliche“ Entdeckung James’[761] für die Darstellung des intentionalen Bewußtseinsbegriffs an, nämlich die Unterscheidung der „substanzartigen“ Ruhe-Stellen und der „transitiven“ Bewegungsstellen des Bewegungsstromes: „[hierin liegt] nichts weniger als die Erkenntnis der diskreten Struktur des scheinbar, phänomenologisch betrachtet, einheitlichen kontinuierlichen Bewegungsstromes“. Auf introspektivem Wege, so Oeser, ist diese Erkenntnis nicht zu erreichen, da die transitiven Stellen der Selbstbeobachtung nicht zugänglich sind. Entscheidend ist, daß diese Unterscheidung von Zuständen (*state-elements*) und Übergängen (*transitional forms*) auch den Petri-Netzen zugrunde liegt, die die Zustände eines Automaten während und nach der Schaltung wiedergeben; auf formal-logischer Ebene handelt es sich hierbei um die erwähnten Ereignisse und Bedingungen: „Auf dieser Ebene ist die allgemeine Netztheorie nicht nur auf Computer Science beschränkt, sondern dient »der Beschreibung, Analyse und Synthese von Systemen und Prozessen in der realen Welt« (Petri) überhaupt“[762]. Oeser leitet hieraus ab: „Ihre beiden Trägermengen, Bedingung und Ereignis, bilden zusammen mit der Flußrelation eine Logik der Prozesse, die man auf direkte Weise, ohne den automatentheoretischen Ballast, auf den Bewußtseinsstrom als Informationsprozeß anwenden kann. Dies läßt sich auf plausible Weise mit den bereits dargestellten Ergebnissen der funktionalen Neuroanatomie und der Neurophysiologie in Verbindung bringen“[763].

Voraussetzung dafür, die Neuronenaktivierungsmuster als die organischen Trägerelemente des metaorganischen Bewußtseinsstrom ansehen zu können, ist es also, die Neuronen und die cerebralen Module *zugleich* als Verarbeitungsinstanzen *und* Kommunikationsapparate ansehen zu können, wobei zu unterscheiden ist zwischen den verobjektivierbaren organischen Funktionen und den (naturwissenschaftlich) nicht verobjektivierbaren kognitiven Funktionen: „Unter der Voraussetzung jedoch, daß alle kognitiven Funktionen gehirngetragene und somit von den neuralen Strukturbedingungen abhängige Prozesse darstellen, läßt sich dann die Frage nach dem Funktionieren von Bewußtsein im Erkenntnisprozeß auf der logisch-abstrakten Ebene der allgemeinen Netztheorie stellen“[764], wobei diese Frage mit jener identisch ist, wie „Bedeutung“ (= semantisch-pragmatische – also systemrelative und systemimmanente – Information) im Gehirn entsteht. Die Antwort hierauf lautet: „Bedeutung oder Intentionalität entsteht konstruktiv aus elementaren bedeutungslosen Neuronenaktivitäten, die selbst immer auch in ihren komplexesten Interaktionsmustern bedeutungslos bleiben, aber schrittweise, indem sie die Strukturen der einfacheren Ebene mitnehmen, zu Trägersystemen von »Bedeutungen« werden können, durch die sich das intentionale Bewußtsein selbst konstruiert oder iterativ aufbaut“[765]. Hieran schließt Oeser, die informationell-funktionale Realität dieser

[758] Oeser E 1976, 1979
[759] Oeser E (& Seitelberger) 1988: S.176
[760] Oeser E (& Seitelberger) 1988: S.177
[761] James W 1920
[762] Oeser E (& Seitelberger) 1988: S.178
[763] Oeser E (& Seitelberger) 1988: S.178
[764] Oeser E (& Seitelberger) 1988: S.179
[765] Oeser E (& Seitelberger) 1988: S.179

Iteration thematisierend, an, daß sie diese in dem Sinne ist, daß „fließende Information oder »Ereignisse« sich zu Zuständen oder struktureller Information verfestigen, die die Bedingung oder den strukturellen Rahmen bilden in denen weitere Ereignisse, d.h. fließende Information auftritt". Intuitiv-heuristisch ausgedrückt bedeutet dies: „der Bewußtseinsstrom schwillt im Erkenntnisprozeß an und steigt auf immer höhere Leistungsebenen, womit auch gleichzeitig das verbunden ist, was man die Helligkeits- oder Wachheitsgrade bezeichnet"[766].

Am Ende seiner Ausführungen kommt Oeser auf das Thema „Die Selbstkonstruktion des Bewußtseins" zu sprechen: „Das Gesetz der Iteration von fluktuierender und struktureller Information liefert nun auch am Schluß einen allgemeinen kohärenten Erklärungsrahmen für die Selbstkonstruktion des Bewußtseins im Erkenntnisprozeß"[767]; dies gilt, da von besagtem Gesetz nicht nur der evolutionäre Bau des Menschengehirnes bestimmt ist, sondern auch (z.B.) Empfinden, Denken und Wille.

Im Lichte hiervon erinnert Oeser an den Satz von Theodor Meynert, wonach die Gehirnleistungen nur angesichts der Einsicht verstanden werden können, daß das Menschengehirn in Bau und Funktion ein Abbild seiner Phylo- und Ontogenese ist, relativiert diese Meynertsche Feststellung aber sogleich wie folgt: „Dabei ist hier eher von jenem Satz des Neuropsychiaters Paul Flechsig (1896) auszugehen, der wie eine Umkehr des Satzes von Meynert klingt: »Im Aufbau unseres Geistes, in den großen beharrenden Zügen seiner Gliederung, spiegelt sich klar und deutlich die Architektur unseres Gehirns wider«"[768]. Dieser Satz ist Grundlage, insofern es die Neuroepistemologie unternimmt, „von der zweifelsfreien Existenz des intentionalen Bewußtseins und seinen faktisch vorliegenden Er-kenntnisleistungen auf die zugrundeliegenden neuralen Mechanismen zurückzuschließen"[769].

Folgende Ausführungen führt Oeser hierzu aus: Zunächst verweist er darauf, daß menschliches Bewußtsein, als metaorganische Realität zu seiner Selbstkonstruktion, immer das andere Bewußtsein – im Rahmen einer sozialen Interaktion und Kooperation (Kommunikation) braucht. Weiters erfährt man: „Geht man also von einem solchen allgemeinen Iterationsgesetz von fließender und struktureller Information aus -... -, dann kommt man zu einem statischen synchronen Stufenmodell, das sowohl die Bedingungen als auch die Folgen der dynamischen Selbstkontrolle des menschlichen Bewußtseins wiedergibt. | Dynamisch betrachtet handelt es sich bei diesen Strukturen immer um Prozesse, bei denen quasizirkuläre positive Rückkoppelungsprozesse spiralenförmig auf eine höhere Ebene ausscheren, in der sich nicht nur die Qualität der Information und ihre Quantifizierungsgrundlage, sondern auch die Richtung des Gesamtprozesses verändern"[770]. In folge wendet sich Oeser gegen die Ansicht Maturanas[771], wonach die Operationen nur durch Korrelationen zwischen Sensoren und Effektoren oder Korrelationen von Korrelationen zwischen Sensoren und Effektoren bestimmt sind „und nicht aus »Informationen« errechnet werden"[772]. Dies zurückweisend hält Oeser fest: „Das, was am Anfang jedes Erkenntnisprozesses steht, sind also noch gar keine wenn auch noch so simple Repräsentationen im Sinne von perzeptiven Einheiten, sondern lediglich invariante Elementarinformationen, die jede für sich vollkommen bedeutungslos sind und erst in ihrem kohärenten Zusammenhang, der im Innern des Systems selbst hergestellt werden muß, etwas bedeuten können. »Repräsentation« ist also immer als Infor-

766 Oeser E (& Seitelberger) 1988: S.179
767 Oeser E (& Seitelberger) 1988: S.185
768 Oeser E (& Seitelberger) 1988: S.185
769 Oeser E (& Seitelberger) 1988: S.185
770 Oeser E (& Seitelberger) 1988: S.186
771 Maturana HR 1982
772 Oeser E (& Seitelberger) 1988: S.187

mationsverdichtung zu verstehen, bei der die weitaus größte Anzahl potentieller Informationen unterdrückt wird“[773].

Im Lichte hiervon thematisiert Oeser: „Das Gehirn selbst arbeitet also primär als eine ungeheure Informationsvernichtungsmaschinerie, in der systemrelativ und systemrelevant nur ein Bruchteil von elementaren Informationen als mögliche Bestandteile von Nachrichten aus der »Umwelt« des Gehirns, zu der auch der eigene Körper gehört, zugelassen werden. Dazu ist jedoch noch lange kein Bewußtsein nötig“[774]. Die Annahme von Bewußtsein muß ganz explizit gemäß dem Ockhamschen Rasiermesserprinzip getroffen werden. Dem wird wie folgt entsprochen: „An dieser Stelle ergibt sich erstmals die funktionale Notwendigkeit, das Bewußtsein als integrierende und steuernde Aktintentionalität für adäquates Verhalten des Organismus anzunehmen. Der konstruktive Ursprung des Bewußtseins liegt daher in einer Spaltung der Intentionalität in zwei Bereiche, die sich aus der Struktur und Funktion des Organismus ergibt. Denn es ist der Organismus selbst, der in seinem Inneren die Differenzierung von Nervensystemen und Körper entstehen läßt. Durch Zentralisierung und Enzephalisation bildet sich ein eigenes Organ mit der spezifischen Funktion der Informationsgewinnung ...: aus dem eigenen Körper und aus der »äußeren« Welt der Dinge, die nicht zum Körper gehören“[775]. Hierauf folgt: „Durch diese umfassende repetitive Erregungsverteilung[776] erfaßt das zentrale Nervensystem Zustände seiner selbst, weil intern generierte Signale auf dieselbe Weise in den Informationsfluß eintreten können wie die externen Signale. Dieser Verteilungs- und Wiedereinspielungsprozeß bildet die Grundlage für die Selbstkonstruktion des intentionalen Bewußtseins, das auf einer neuen dynamisch-funktionell aufgebauten Integrationsstufe steht“. Mit Seitelberger[777] betont Oeser in diesem Zusammenhang, daß die beschriebenen „Reflexionsschleifen“ und Verteilungsmuster nicht als neue Nervenbahnen zu verstehen sind, sondern als „Funktionsverdichtungen“[778]. Angesichts hiervon schreibt Oeser den bemerkenswerten Satz: „Da das Gehirn auf diese Weise kein Spiegel der Außenwelt ist, kann auch die Funktion des Bewußtseins nicht in der für die Erfahrung der realen Außenwelt nutzlosen Erkenntnis der eigenen neuralen Verarbeitungsmechanismen bestehen“[779].

Damit kann die Betrachtung von Oesers hier konsultiertem Beitrag in „Gehirn, Bewußtsein und Erkenntnis“ abgeschlossen werden. In mehrfacher Hinsicht bietet das Oevre Oesers Möglichkeiten der Vertiefung der gebrachten Gedankengänge, zum Beispiel bezüglich der Beziehung von Computerwissenschaften und Neuroepistemologie[780]. Der Rahmen, der der vorliegenden Arbeit gesetzt ist, gebietet aber eine Konzentration auf besonders hervorragende Arbeiten und als eine solche ist Oesers „Tractatus Neuro-Epistemologicus“ zu verstehen, der hier also aufzugreifen ist. Dieser Text ist eine „Umformulierung“ von Wittgensteins Tractatus logico-philosophicus[781], die von Oeser bereits 1988 auf einem Wittgenstein Symposium vorgetragen worden ist und hier nach einem Abdruck aus dem Jahre 1992 dargestellt werden soll.

---

[773] Oeser E (& Seitelberger) 1988: S.187
[774] Oeser E (& Seitelberger) 1988: S.187f
[775] Oeser E (& Seitelberger) 1988: S.188
[776] Im Sinne der Funktionsinterpretation der Großhirnrinde, die dem Modulsystem „Großhirnrinde“ eine ungeheure Verteilungsfunktion zuspricht.
[777] Seitelberger F 1983
[778] Oeser E (& Seitelberger) 1988: S.189
[779] Oeser E (& Seitelberger) 1988: S.189
[780] Vgl. Oeser E & Peschl MF 1993
[781] Wittgenstein L 1963

Zunächst zitiert Oeser folgende Sätze Wittgensteins: 4.111 Die Philosophie ist keine Naturwissenschaft. 4.1121 Die Psychologie ist der Philosophie nicht verwandter als irgendeine Naturwissenschaft. 4.1122 Die Darwinsche Theorie hat mit der Philosophie nicht mehr zu schaffen, als irgendeine andere Hypothese der Naturwissenschaft. 5.641 Das philosophische Ich ist nicht der Mensch, nicht der menschliche Körper oder die menschliche Seele, von der die Psychologie handelt, sondern das metaphysische Subjekt, die Grenze nicht ein Teil der Welt.

Kategorisch schließt Oeser an die Zitierung dieser Sätze an: „Die folgenden Ausführungen behaupten genau das Gegenteil"[782]. Drei Sätze stehen im Mittelpunkt des „Tractatus Neuro-Epistemologicus": „1 Das philosophische Ich ist nicht nur die Grenze, sondern auch ein Teil dieser Welt (Naturalisierungsprinzip)"; „2.1 Das Bewußtsein hat als Teil der Welt seinen Ort im Menschenhirn. Es gibt nur die »große Lokalisation« des Bewußtseins im Gehirn, nicht die »kleine Lokalisation« in den Teilen des Gehirns"; „3 Das Bewußtsein konstruiert sich selbst im Erkenntnisprozeß und erzeugt dadurch die kognitive Welt (Prinzip des *internen Realismus*)"[783].

Aus den Ausführungen zum ersten Satz sei die Feststellung Oesers hervorgehoben, daß die „Neuroepistemologie" als Teil der Hirnfoschung die „konsequenteste Form der Naturalisierung der Erkenntnistheorie" ist (1.22), bei der es sich grundsätzlich um die Theroie von den Bedingungen der Möglichkeit der Erfahrung (Kant), also des logischen Aufbaus der kognitiven Welt handelt (1.2). Wie bereits bekannt, führt Oeser nun an, daß die Neuroepistemologie im Sinne eines Zerebralismus (1.23) bzw. als transzendentale Hirntheorie im Sinne von Kant (1.24) zu verstehen ist; Oeser führt nun auch die ebenfalls schon bekannten Regulae philosophandi an (1.31 – 1.33) und verdeutlicht das Verhältnis von Neuroepistemologie zu Neurobiologie und Epistemologie mittels Eulerscher Kreise (1.331). In Folge wird der Leser darauf verwiesen: „Alles Nichtempirische oder Metaempirische ist aus dem Empirischen durch kategoriale Transformation entstanden" (1.4). Dieses Prinzip der kategorialen Transformation ist aber nicht das Komplementaritätsprinzip Bohrs – wiewohl im subatomaren Bereich die Beschreibung mittels zweier einander ausschließender Begriffssysteme (Welle – Teilchen) zielführend sein mag – (1.41), auch nicht das Heisenbergsche Unbestimmtheitsprinzip (1.42)[784], und auch nicht das „Auslöseprinzip" Schrödingers, wie es die gesamte mechanische Unbestimmtheit von der Mikroordnung in die Makroordnung hinübergleiten läßt (1.43)[785]. Ins Positive gewendet ist die kategoriale Transformation also gemäß den bereits angeführten Termini „selbstorganisierende Parallelschaltung, „fluktuierende neurale Information", „diskontinuierlicher Phasenübergang zur mentalen Information" und „massive Nebenläufigkeit" zu verstehen (1.44)[786].

[782] Oeser E 1992: S.21

[783] Hervorhebung durch den Autor

[784] „Denn, um die Frage nach der Freiheit des menschlichen Bewußtseins positiv beantworten zu können, reicht es nicht aus, ein probabilistisches »Loch« in der Kausalkette physischen Geschehens nachzuweisen. ... Kein Prinzip der Zufälligkeit kann daher einer Theorie der Freiheit des menschlichen Bewußtseins nützen" (1.42).

[785] „Denn der damit prinzipiell auf der Makroebene gewonnene Spielraum des materiell physikalischen Geschehens bietet nur dann eine Erklärungsbasis für die Wirkung des Bewußtseins in der realen Welt, wenn man angeben kann, auf welche Art und weise sich das Bewußtsein mittels des Gehirns sich dieses Spielraumes bedient" (1.43).

[786] „Die individuelle Struktur des Nervennetzwerkes entsteht also ganz im Sinne der sog. »Hebbschen Synapse« erst während und durch die Benutzung" (1.44).

Zu seinem zweiten Satz führt Oeser unter anderem aus, daß das Bewußtsein als komplexe Systemeigenschaft im gesamten Gehirn verteilt ist (2.13) und als Teil der Welt in dieser in einem Evolutionsprozeß entstanden ist (2.2), wobei zunächst – sensomotorisches Niveau – Handlungsintentionalität (für planvolles Handeln in Raum und Zeit) aufgetreten ist (2.21), sodann die Gegenstandsintentionalität (begriffliche Repräsentation) (2.22) und letztlich selbstreferentielle Intentionalität (im Rahmen der Etablierung der Symbolfunktion, wie sie bewußte Kommunikation ermöglicht) (2.23). Dies ist im Sinne des Emergenzprinzips zu verstehen: Das reflexive Bewußtsein ist demnach dem Menschen in der Evolution passiert (2.24), es ist also ohne Plan und ohne Vorbestimmung aus der Komplexität neuraler Ereignisse aufgetaucht (2.25). In folge führt Oeser aus, daß die einzelnen Bewußtseinsformen beim Menschen ineinander geschachtelt sind (2.32 & 2.33), wobei auch wieder – in Anlehnung an Pawlow – von dem „schwachen Nervensystem" des Menschen gesprochen wird (2.35).

Zu seinem dritten Satz merkt Oeser konkretisierend an: „Nicht nur erscheinen mit im Erkenntnisprozeß die Gegenstände, sondern in jedem Erkenntnisprozeß erscheine ich auch mir selbst als Handlungszusammenhang des Bewußtseins" (3.1), wobei zunächst ausgearbeitet wird, daß die kognitive Welt der Erscheinungen die interne Konstruktion eines Raum-Zeit-Schema als Leistung des Gehirns voraussetzt (3.11): „Raumund Zeit sind nicht Abstraktionen von den Dingen selbst, sondern interne Konstruktionen" (3.111). Im Rahmen hiervon hält Oeser fest, daß zur Umwelt des Gehirns auch der eigene Körper gehört (3.17) und eine Ding- und Körperwelt zu unterscheiden ist (3.171). Bezüglich der Dingwelt unterscheidet Oeser zwischen Nahwelt und Fernwelt: „Die optische Welt ist begrenzt, die Fernwelt ist nur theoretisch erfaßbar" (3.2), wobei gilt: „Was man an Erweiterung der Welt gewinnt, verliert man an Realität" (3.21). Unter dem Punkt „In der realen Welt gibt es das reale Gehirn" (3.3) ist zu lesen: „Das reale Gehirn erzeugt seine kognitive Welt und zugleich sein Bewußtsein" (3.31); „Dasselbe Bewußtsein entsteht jeden Tag neu" (3.32); „Es besteht ein Unterschied: Wir schlafen gerne, wir sind aber nicht gerne tot" (3.3); „Denn »die Welt und das Leben« sind eins" (3.34); „Meine kognitive Welt ändert sich während meines kognitiven Lebens" (3.35); „Beim Tod ändert sich die Welt nicht, sondern sie hört auf" (3.36).

Damit kann die Darstellung des „Tractatus Neuro-Epistemologicus" abgeschlossen werden, wie auch eigentlich jene der Oeserschen Position zu dem anstehenden Themenbereich. Tatsächlich soll diese aber nicht verlassen werden, ohne nochmals Oesers neuroepistemologische Bezugnahme auf die „Gehirnphilosophie" Kants deutlich hervorzuheben, was anhand einiger Zitate aus Oesers „Psychozoikum" geschehen soll. „Damit erweist sich die Unentbehrlichkeit jener Methode, die Kant als die »transzendentale« bezeichnet hat. Sie ist nicht mit der beschreibenden Methode einer veralteten introspektiven Psychologie zu verwechseln. Sie ist überhaupt keine spekulative, sondern eine logisch-analytische Methode, die von den faktisch vorhandenen menschlichen Erkenntnisprodukten auf die Bedingung ihrer Möglichkeit im Erkenntnisapparat zurückschließt. Sie leistet also eine funktionelle Anatomie der allgemeinen Grundstruktur des menschlichen Bewußtseins, indem sie sich nicht auf die Inhalte der Erkenntnis, sondern auf die Methode ihres Zustandekommens bezieht"[787]. Den damit bezeichneten Funktionszusammenhang der Erkenntnis hat man also mit Kant als „ursprünglich synthetische Einheit der transzendentalen Apperzeption" zu verstehen. Das bedeutet - und dies ist von zentraler Bedeutung! -, daß „das Ich alle meine Vorstellungen begleiten muß, sonst wären sie nicht meine Vorstellungen"[788]. „Dieser Funktionszusammenhang, in dem einzig und allein die Realität des Bewußtseins besteht, wird von Kant durch eine Verdichtung der gesamten Tradition der philosophischen Erkenntnistheorie in ein lückenloses topologisches Schema ge-

[787] Oeser E 1987a: S.98

[788] Kant I 1781, zitiert nach Oeser E 1987a: S.98

bracht, das auf einer dichotomen Typologie beruht“[789]. Dieses läßt Erkenntnisvermögen und Erkenntniskräfte unterscheiden. Die Erkenntnisvermögen, sie besitzen apriorische Formen, sind Sinnlichkeit (Vermögen der Anschauung), Verstand (Vermögen der Begriffs- und Urteilsbildung) und Vernunft (Vermögen, Schlüsse zu bilden; enthält den Grund zur Bildung reiner Ideen, die die Erfahrungserkenntnisse überschreiten); die Erkenntniskräfte sind Einbildungskraft (verbindet Verstand und Sinnlichkeit: faßt die Sinnesempfindungen zu einem Bild und produziert ein Schema, das nicht das Bild selbst sondern das Verfahren ist, „einem Begriff gemäß sich das mannigfaltige Einzelne in einem Bild vorzustellen“), Erfindungskraft („Ingenium“; verbindet Verstand und Vernunft, dadurch, „daß sie zum Besonderen das Allgemeine ausdenkt, d.h. die Identität des Mannigfaltigen, zum Teil Verschiedenen erfaßt“) und Urteilskraft („verbindet umgekehrt Vernunft und Verstand dadurch, daß sie das besondere unter dem Allgemeinen bestimmt, um das Denkvermögen zum Erkennen anzuwenden“).

Angesichts hiervon fragt Oeser, was dieses, aus der Kantischen Transzendentalphilosophie rekonstruierte Modell mit den Ergebnissen der modernen Neurobiologie zu tun hat? Er kommt hierbei unter anderem zu folgendem Ergebnis: „Angewendet auf das Problem der Analyse des menschlichen Bewußtseins ergibt sich dann der Versuch einer Identifizierung der hierarchischen Funktionsschichten des Bewußtseins mit den ebenfalls hierarchisch angeordneten Funktionen der Großhirnrinde“[790]. Den Funktionen des Bewußtseins, wie dieses also eine Systemeigenschaft des gesamten Gehirns ist, lassen sich so verschiedene Rindengebiete zuordnen: „Die spezifischen Sinneswahrnehmungen, wie z.B. ‚Sehen’ oder ‚Hören’, lassen sich den sog. modalen Rindenfeldern zuordnen“; „Die Einbildungskraft im alten aristotelischen Sinn der Phantasia hat ihr Äquivalent in den intermodalen Leistungen, die in den Rindengebieten gestaltet werden, die sich zwischen den modalen Feldern aufspannen und die früher als Assoziationsfelde bezeichnet wurden“; „Der Verstand weist in seiner synthetischen und analytischen Version auf jene supramodalen Leistungen der Hemisphärenspezialisation hin, die sich durchgängig durch alle höheren Erkenntnisleistungen ziehen und auch die Einbildungskraft oder Phantasie in eine produktive und reproduktive Leistung zerlegen“; „Ähnlich verhält es sich mit der Urteilskraft, die nicht nur das Besondere unter das bereits bekannte Allgemeine bringt, sondern als »Erfindungskraft« (Ingenium) das Allgemeine erst konstruktiv erzeugt; was wiederum sehr deutlich mit den holistisch kreativ räumlichen mustererfassenden Leistungen der rechten Hemisphäre zusammenpaßt“; „Die Vernunft dagegen steht als »metamodale« Hirnleistungspotenz über der Hemisphärenspezialisation“[791].

Oeser hält abrundend fest: „Damit ergibt sich nun auch eine evolutionäre Erklärung der Kantschen apriorischen Anschauungsformen und Kategorien. Sie haben ihren »angeborenen Grund« in jenen »Augenblicksinformationen auswertenden Mechanismen« (AIAM), die selbst wiederum Funktionen von Organstrukturen sind und als phylogenetisch entstanden auch im vormenschlichen Bereich bereits vorhanden sind. Ausgebildet werden diese Kantschen Apriori ebenso wie alle genetischen Anlagen in der Ontogenese des menschlichen Individuums“[792]. Jedes Gehirn geht hierbei ontogenetisch seinen eigenen Weg! Abschließend sei folgender Satz Oesers zitiert: „Angesichts dieser komplexen, nie endenden Entwicklungsdynamik des menschlichen Bewußtseins[793], das in der Phylo- und Ontogenese des Gehirns sein

---

[789] Oeser E 1987a: S.98

[790] Oeser E 1987a: S.100; sogleich konkretisiert Oeser: “Damit soll nicht gesagt sein, daß der Cortex allein der Sitz des Bewußtseins ist“.

[791] Oeser E 1987a: S.100f

[792] Oeser E 1987a: S.103

[793] Oeser verweist hierzu auch – Seitelberger F 1981 anführend - auf „nichtdegenerative neue Strukturen“ im Gehirn eines alten Menschen

physisches Äquivalent hat, wird auch klar, daß eine evolutionäre Erklärung des Kantschen Apriori wesentlich komplexer, differenzierter und dynamischer sein muß als die bisherigen Versuche"[794].

Damit seien die Ausführungen zur Position von Oeser abgeschlossen und ein kurzer Blick auf Darlegungen von Wuketits[795] zu „Gehirn, Psyche und Bewußtsein" geworfen, genauerhin auf seine Ausführungen zu dem – aus systemtheoretischer Sicht betrachteten – Thema „Geist ist eine Eigenschaft des Gehirns". Vorweg sei betont, daß diese Ausführungen aus dem Jahre 1985 stammen, also in etwa zu *Beginn* der Oeserschen Formulierung der Neuroepistmeologie – wie sie Oeser aber als bereits in seiner Schrift aus dem Jahre 1976 „Wissenschaft und Information" intuitiv vorkonzipiert versteht! (vgl. oben) -. Zunächst, nachdem Wuketits monistische und dualistische Scheinlösungen des „Geist-Materie"-Problems zurückweist – widmet er sich dem subjektiven Erleben des Individuums: „Dieses Leben umfaßt zweifelsfrei auch die Fülle subjektiven Erlebens. Der Respekt vor dem individuellen Leben – und sollte dieses in dem einen oder dem anderen Fall höchst skurril in den Augen »eines Anderen« sich vollziehen (solange es »dem Anderen« nur nicht schadet!) – ist hier gleichsam die *ethische Minimalforderung*, die nur der ablehnen wird, der lieber von Sklaven als von Menschen umgeben ist"[796]. Gerade also in Anerkennung dieser subjektiven Vielfalt sieht Wuketits die Bedeutung davon, „aus der Sicht einer naturwissenschaftlich orientierten Philosophie *nach rationalen Beschreibungen und Erklärungen der komplexen Bewußtseinsphänomene zu suchen, ja das Irrationale gar zu rationalisieren*"[797]. Diese Stellungnahme, Wuketits verteidigt sie in Auseinandersetzung mit Aussagen Löws[798], bezieht sich auf die Möglichkeit, subjektives Erleben, Introspektion usw. mit „naturwissenschaftlich (rational) begreifbaren physiologischen Vorgängen des Gehirns" in Verbindung zu bringen, und in einem Akt der „Erkenntnis ohne Illusion"[799] die Schwächen unseres eigenen Erkennens transparent zu machen. Wuketits konkretisiert sein Anliegen wie folgt: „Nicht die *Inhalte* subjektiven Erlebens (...) meine ich zum Gegenstand biophilosophischer Reflexionen erklären zu können, sondern die *Voraussetzungen* dafür, daß einem Menschen überhaupt dieses oder jenes (subjektiv) »etwas bedeuten« kann. | Hier also will die Frage einer Antwort näher gebracht werden, worin die biologischen Bedingungen menschlicher ‚Bewußtheit' in ihren vielfältigen individuellen Formen (...) begründet liegen"[800].

Wuketits knüpft hieran an, das subjektive Erleben – ob seiner für jeden einsichtigen Gegebenheit – für real zu nehmen, ebenso wie die Erfahrung des eigenen Selbst, „seines eigenen (subjektiven) Daseins", und die Erfahrung einer außersubjektiven Welt: „Nicht minder *real* ist aber, daß jeder Mensch mit einem biologischen Organ ausgestattet ist, dem Gehirn, welches der Träger allen Erlebens ist"[801]. Wie aber kommt es zur „Entstehung" des Bewußtseins „im" Gehirn? „Da das Gehirn, so wie jede biologische Struktur, das Resultat einer Evolution sein muß, besteht das Problem in der Hauptsache in der Entwicklungsgeschichte des menschlichen Bewußtseins und Erkenntnisvermögens"[802].

---

[794] Oeser E 1987a: S.104
[795] Wuketits FM 1985
[796] Wuketits FM 1985: S.237
[797] Wuketits FM 1985: S.237
[798] Löw R 1982
[799] Wuketits FM 1983b
[800] Wuketits FM 1985: S.239
[801] Wuketits FM 1985: S.240
[802] Wuketits FM 1985: S.240

Wuketits versteht dies im Sinne der EE, als einem der „herausragendsten Konzepte modernen naturwissenschaftlich-philosophischen Denkens", wobei die hierbei einzunehmende systemtheoretisch-emergentistische Perspektive zunächst dreierlei festhalten läßt: „[1] Die Bedingungen für die Ausprägung der Eigenheiten des menschlichen Gehirns liegen in der Bio-Evolution, etwas genauer: in der Evolution der Hominiden. [2] Auch die Entstehung des Bewußtseins fügt sich ein in die Evolution. Zwar sind Bewußtseinsleistungen gegenüber anderen, im Tierreich weitverbreiteten Gehirnleistungen etwas qualitativ Neues, ihrer Entstehung jedoch gehen dieselben Mechanismen voraus wie der Entstehung »evolutiver Neuheiten« im allgemeinen. [3] In der Evolution entstehen zuvor auch ansatzweise nicht vorhandene, vorher nie dagewesene Systemeigenschaften durch spezifische Zusammenschaltungen (Integrationen) von Elementen. Demnach entstand mit der menschlichen Gehirnstruktur als Folge des gleichen Prinzips eine Struktur mit neuen Systemeigenschaften – es entstand also das Bewußtsein durch die Integration von Gehirnelementen (Neuronen bzw. Gehirn-, Nervenzellen)"[803].

An der gewählten emergentistischen Perspektive hebt Wuketits hervor, daß an der Betrachtung des Gehirns und seiner Leistungen nicht so sehr die gigantischen quantitativen Ausmaße – Anzahl der Neurone, Synapsen usw. – beeindrucken dürfen: „Denn die Integration der Gehirnelemente resultiert in etwas *Qualitativem*; es sind die »Bewußtseinsqualitäten« des (menschlichen) Gehirns, die als Systemeigenschaften neu in der Evolution aufgetreten sind"[804]. Trotzdem behält Wuketits die Notwendigkeit der Beachtung der materiellen Basis des Bewußtseins im Auge, zum Beispiel in Zusammenhang mit dem phylogenetischen Anwachsen der Gehirnmasse, wie sie in Verbindung zu setzen ist mit dem (späten) Auftreten kultureller Leistungen des Menschen.

Angesichts hiervon merkt Wuketits an, daß es ihm primär um die „biologischen Vorbedingungen" des Bewußtseins geht, bzw. um die Darstellung des heuristischen Vorteiles der systemtheoretisch-emergentistischen Perspektive der EE. Zur Verdeutlichung hiervon wählt Wuketits zunächst ein Bild, es stammt von Vollmer[805], nämlich die beiden Möglichkeiten der Betrachtung einer Wolke, einerseits von außen – die Wolke hat eine bestimmte Gestalt, Farbe usw. – andererseits von innen – die Wolke erscheint als gestalt- und farbloser Nebel -; so verhält es sich, so Wuketits, auch mit dem Gehirn und seinem Zugang zu seinem Inneren: „Der Innenaspekt, unser eigenes Erleben, liefert uns keinerlei Vorstellungen vom Aufbau, von der Struktur oder von der Farbe des Gehirns; aber dieser Innenaspekt ist unser Erleben, unser *bewußtes* Erleben, es ist untrennbar mit jedem Ich verbunden. Der Außenaspekt, die Untersuchung eines vom übrigen Körper losgelösten Gehirnpräparats, läßt deutlich eine Struktur von bestimmter Farbe erkennen, aber das Bewußtsein, unser Erleben, werden wir darin vergeblich suchen"[806].

Explizit meint Wuketits nun, daß die von ihm gemeinte Untersuchung des Gehirns und seiner Systemeigenschaften, wie sie auf der Evolutionstheorie beruhen, dem äußeren Aspekt entsprechen: „Wir können in der Evolutionstheorie eine gewisse Distanz zum Innenaspekt gewinnen, indem wir eben das Gehirn, so wie es sich uns darbietet, in seiner Struktur, seinen Bauelementen, auf das Plateau der Evolution heben, woraus wir dann wiederum Schlüsse in bezug auf sein »Inneres« ziehen können. Umgekehrt veranlaßt uns gerade dieses Innere, unser Erleben, unser Nachdenken, uns immer wieder in die Rolle des Beobachters zu stellen, uns

803 Wuketits FM 1985: S.240f; in Anlehnung an Wuketits FM 1981
804 Wuketits FM 1985: S.244
805 Vollmer G 1980
806 Wuketits FM 1985: S.246

»der Sache« von außen her zu nähern"[807]. Worauf Wuketits hiermit aufmerksam machen möchte, ist der Kategorienfehler aller dualistischen Zugänge, die nicht erkennen, daß es sich bei dem Innen- und Außenaspekt um zwei Aspekte „der einen und derselben ‚Sache'" handelt.

Die Beobachterperspektive zeigt hierbei die sukzessive evolutive Entfaltung der Erkenntnisprozesse, wobei gilt, daß „alle Organismen bestimmte Ausschnitte der realen Welt in *arterhaltend zweckmäßiger Weise* (teleonom) gleichsam verrechnen, ein »richtiges« Bild von ihrer Umwelt erhalten"[808]. In folge wiederholt Wuketits die vier Riedlschen Hypothesen des ratiomorphen Apparates, zu dem wir also, insofern dieser Apparat nicht nur bei den Menschen auftritt, den Zugang von Außen haben. Dementsprechend sieht sich Wuketits zu der Annahme berechtigt: „Es ist daher eine vordringliche Aufgabe, die vorbewußten Lebensanleitungen zu untersuchen – sie sind die Gegenwart unserer Geschichte, unserer »Vor-Geschichte«"[809]. Hierher gehört auch Wuketits' Anführung des „Drei-Schichten"-Modells des menschlichen Gehirns[810] – wie es also aus der reptilischen, der alt-mammalischen und der neu-mammalischen Schicht zusammengesetzt ist, wiewohl es als eine Einheit zu verstehen ist.

In Folge problematisiert Wuketits den Begriff „Vorstufe" des Bewußtseins, sogleich betonend, daß es ja wohl kein „halbes Bewußtsein" oder sonst dergleichen geben kann: „Was wir im Organismenreich sozusagen unter dem Niveau des (menschlichen) Bewußtseins an scheinbar vernünftigem Verhalten beobachten können, sind dem Bewußtsein *analoge* Verhaltensweisen, die aber damit, was wir als (bewußte) Selbstreflexion, als Vernunft bzw. Rationalität an uns selbst erkennen, nicht zu verwechseln sind und die auch nicht »echte« Vorstufen des Bewußtseins sind"[811].

Im Unterschied zu Oesers Neuroepistemologie betont Wuketits also den phylogenetischen Aspekt und beläßt die Nennung desjenigen, das das Selbstbewußtsein ausmacht, in emergenztheoretisch umzeichneter Ungenanntheit; im Rahmen einer allgemeinen Nennung der abbildenden Funktion des erkenntnisgewinnenden Lebensprozesses.

Angesichts hiervon sei ein Text von Ludwig Huber[812] betrachtet, der wesentlich jüngeren Datums ist, und der diese Unbenanntheit – durchaus in nachvollziehbarer Nähe zu Oesers Position – nicht aufweist; vorweg sei betont, daß sich Huber nicht explizit dem selbstreflexiven Bewußtsein zuwendet.

Am Beginn seines Textes skizziert Huber, sich weitgehend an Freeman[813] anlehnend, das Gehirn als nicht-lineares, dynamisches System. Während der letzten beiden Jahrzehnte, so Huber, hat es in der theoretischen Physik und der Theorie komplexer Systeme eine „explosive" Steigerung der Verwendung jener Gleichungen gegeben, die Beschreibungsmodelle im Sinne der „nicht-lineare Dynamik" ergeben; die Anwendung dieses Zuganges auf das komplizierteste System der Natur – dieser „naheliegende" Schritt also -, ist aber erst in jüngster Zeit probiert worden, wobei Walter Freeman hierbei sicherlich „eine Hauptrolle" spielt: „Der konzeptuelle Neubeginn fußt auf der Definition jenes Terms, der an der Stelle der Zustandsvariablen der Gehirnaktivität, Q, steht. Früher verwendete man Begriffe wie *tierische Seele*, *elektrochemische Energie*, *Feldenergie*, *Information* und *Quantenkohärenz*. Freeman ersetzte sie durch die Aktivitäts-Dichte-Funktion, also jene »Kraft«, welche nur im Sinne einer Be-

---

807 Wuketits FM 1985: S.247
808 Wuketits FM 1985: S.247
809 Wuketits FM 1985: S.251
810 Vgl. Mac Lean PD 1970, Restak RM 1981
811 Wuketits FM 1985: S.256
812 Huber L 2000
813 Freeman WJ 1995

ziehung zwischen Materie, Zeit und Distanz verstanden werden kann. Neben dem Verhalten eines erkennenden Subjekts stellt diese Einheit der Neuroaktivität die zweite Möglichkeit einer Verbindung zwischen dem materiellen Gehirn und dem immateriellen Geist dar"[814].

Wesentlich ist hierbei die von Freeman eingeführte makroskopische Betrachtungsweise, im Unterschied zu der früheren mikroskopischen Betrachtungsweise der Neurobiologie, die sich primär auf das einzelne Neuron und seine Beziehung zur Umwelt konzentriert: „Die gleichzeitige, gemeinschaftliche Aktivität von Millionen Nervenzellen, welche über weite Gehirnareale verteilt sind, kann in Beziehung zu distinkten Umweltmustern gesetzt werden und so als Einheit der Wahrnehmung untersucht werden. Ein wesentliches Charakteristikum einer solch übergreifenden Aktivität ist ihr chaotisches Verhalten. Statt genau geregelter, kontinuierlicher Vorgänge, wie sie uns durch die mikroskopische Betrachtungsweise suggeriert wurden, entdeckt man bei einer globalen Analyse sprunghafte Zustandsänderungen riesiger Neuronengruppen. Dieses synchrone, blitzartige Verhalten von großen Gehirnteilen bei externer Erregung, das nicht in die klassische Vorstellung der sukzessiven Abarbeitung eingelangter Informationen paßt, sondern vielmehr das System als Ganzes im Auge hat, ist gerade ein Merkmal chaotischer, selbst-organisierender Systeme"[815].

Anhand der Aktivitäten des Riechsystems von Kaninchen wurde im Rahmen hiervon ein Modell entwickelt, zu dem Huber festhält: „Es ist evident, daß dieses Bild der Gehirnaktivität nicht in die klassischen Vorstellungen von Wahrnehmung und Denken paßt, bei denen Symbole an Hand fixer Regeln manipuliert werden. Die Kontextsensitivität der Wahrnehmung scheint ein essentielles Merkmal des zerebralen Gedächtnissystems zu sein, in welchem jede neue Erfahrung den gesamten Speicher geringfügig ändert"[816]. Huber spricht hier auch von einer „perzeptuellen Drift", womit jene Zustandsänderung gemeint ist, die Teil einer „kontinuierlichen Entwicklung" des Gehirns während der Erweiterung seiner Fähigkeiten ist: „Jede dieser Zustandsänderungen initiiert die Konstruktion eines lokalen Musters, das auf die gesamte intentionale Struktur wirkt und sie modifiziert, abhängig von den vorauseilenden Erwartungen, den schon gemachten Erfahrungen und dem momentanen affektiven Zustand. Letztlich ist es gerade dieser relative Zusammenhang des Wahrnehmungsaktes, der Bedeutung erzeugt"[817].

Huber reflektiert nun auf die Theorie dynamischer Systeme – im speziellen die Chaostheorie – als einer „attraktiven Möglichkeit" der Beschreibung der globalen, dynamischen Vorgänge im Säugergehirn[818], wobei das Zusammenspiel von stabilen Formen der Aktivitäten (Attraktoren) und Erregungen (Perturbationen) des Systems betont wird; insbesondere sind es chaotische Attraktoren, bei denen das System nicht vorhersehbar reagiert, die von den Forschern herangezogen werden: „Wenn ein System nun mehrere bevorzugte Zustände, in die es einschwingen kann, aufweist, so spricht man von einem globalen Atraktor mit einem Satz von chaotischen Attraktoren. Jeder Attraktor entspricht dem Verhalten des Systems unter Einfluß eines bestimmten Eingangssignals, etwa einem betrauten Reiz. ... Bei einem Wahrnehmungsvorgang springt nun das System – zum Beispiel der Riechkolben – nahezu explosionsartig aus dem Einzugs- oder Sogbereich eines chaotischen Attraktors in den eines anderen. Dabei kennzeichnet der Sogbereich oder das Bassin eines Attraktors den Satz von Ausgangsbedingungen, aus denen heraus das System ein bestimmtes Verhalten annimmt"[819].

---

814 Huber L 2000: S:159
815 Huber L 2000: S.159f
816 Huber L 2000: S.164
817 Huber L 2000: S.165
818 Huber L bezieht sich hierbei auf Abrahman FD et al 1990 und Basar E et al. (Hrsg.) 1983
819 Huber L 2000: S.165

In folge thematisiert Huber mit der Theorie des „synergetischen Gehirns" einen weiteren makroskopischen Ansatz der Betrachtung von Nervennetzen[820]. Hier interessieren nun nicht die technischen Informationen zu solchen Theorien, sondern daß Huber zum Beispiel festhält: „Im Sinne der übergeordneten Theorie dynamischer Systeme ist die Vorstellung von der Abbildung eines externen Reizes im Gehirn unpassend. Diffuse und globale synapische Interaktionen, sowie unzählige Feedback-Schleifen, widersprechen eindeutig einer statischen, auf symbolischen Repräsentationen beruhenden Zuordnung von Input und Output. Stattdessen werden durch den sensorischen Input bloß globale Zustandsänderungen [zum Beispiel] im sensorischen Cortex ausgelöst, die in einer ersten Phase zur Emergenz von endogenen Aktivitätsmustern führen"[821].

In diesem Sinne bewirkt der Umweltreiz lediglich, daß sich der assoziative Cortex in einem seiner Attraktorenbassins befindet – abhängig von den Anfangsbedingungen im Einzugsbereich -, wovon der Output bestimmt wird; dieser wird also nicht vom Input (Eingangsvektor) bestimmt, der lediglich eine Trigger-Funktion besitzt! Im Lichte dieser und hiermit zusammenhängender Aussagen wendet sich Huber nun der „Kategorisierung als Schlüssel zur Wahrnehmung" zu, zunächst festhaltend: „Dies suggerierte eine Entsprechung im Wahrnehmungsapparat im Sinne einer algorithmischen Berechnung auf Basis symbolhafter Repräsentationen. Doch es stellt sich heraus, daß trotz der Annahme von »*Programmen*« im Gehirn (Young 1978[822]) die logische Strukturierung seiner Schaltungen für ein Tier nicht ausriecht, um in seinen ersten Interaktionen adaptiv mit den Dingen dieser Welt umgehen zu können"[823]. Es stellte sich – so Huber – immer deutlicher heraus, daß der Kategorisierung der wahrgenommenen Welt „eine zentrale Bedeutung" zukommt.

Sogleich fügt Huber an, daß mit dieser Neubewertung von Kategorisierung das anthropozentrische Weltbild kollidierte, da man meint(e), alleine der Mensch mit seiner Symbolsprache wäre dazu fähig, die Vielfalt der Welt mittels Klassenbildung beherrschen: „Das führte bald zu der Überlegung, daß der adaptive Wert der Kategorisierung nicht in der Schaffung von logisch durchstrukturierten Weltbildern, sondern in der Bildung von überlebensfördernden Handlungskonzepten liegt"[824]. Dem Tier geht es hierbei nicht um – die erst sekundär entstandene – Informationsverdichtung in der symbolhaften Kommunikation, sondern, entsprechend seiner senso-motorischen Koppelung mit der Welt, um ein „situationsabhängiges Wechselspiel aus Unterscheidung und Verallgemeinerung, von Differenzierung und Abstraktion": „Da zunächst nicht klar ist, was ein Objekt ist, weil es in der Welt außerhalb des erkennenden Subjekts keine semantische Ordnung gibt, muß die Wahrnehmung das Problem induktiv lösen. Somit ist »Wahr-Nehmung« weder wahrheitsgemäß noch –erweiternd, wie die Philosophen glaubten, sondern utilaristisch und selektiv. Sie ist aber immer auch konstruktiv und in der Lage, ständig Neues zu schaffen. Entgegen lang gehegter Vorstellung wird die Welt nicht abgebildet oder rekonstruiert, denn ihre Inhalte sind relativ und wandelbar"[825].

Huber führt nun eigene Untersuchungen an Tauben (*Columba livia*) an, die zu dem Ergebnis geführt haben: „ (1) Lassen sich die Musterklassen nach einem oder einer kleinen Zahl linear kombinierter Merkmale auftrennen, so richten sie ihre Aufmerksamkeit tatsächlich auf diese Merkmale. (2) Sind die Vertreter der Klassen jedoch diffus im Merkmalsraum verteilt,

---

[820] Ein weiterer makroskopischer Zugang wird auch mit der Theorie von Edelman GM 1993, 1995 von Huber angeführt

[821] Huber L 2000: S.166

[822] Young JZ 1978

[823] Huber L 2000: S.169

[824] Huber L 2000: S.169

[825] Huber L 2000: S.169

versuchen sie alle Muster zusammen mit ihrer Klassenzugehörigkeit individuell zu speichern. (3) Letztlich scheinen sie auch mit typologisch strukturierten Klassen ökonomisch umgehen zu können. Entstehen die Vertreter einer Klasse durch kontinuierliche Abwandlung einer Ursprungsform, gewissermaßen als Variationen um ein Thema, so abstrahieren die Tauben einen Prototypen, der dieser Stammform entspricht, und bewerten die Klassenvertreter nach ihrer Ähnlichkeit zu diesem Typus"[834].

Seine Ausführungen resümiert Huber wie folgt: „Was also ist *neu* im Prozeß der Wahrnehmung? Wie wir gesehen haben, besteht in Wahrnehmungsakt nicht im Kopieren eines eingehenden Sinnesreizes, sondern im dynamischen, adaptiven Verädern jener internen neuronalen Strukturen, die sich ständig weiterentwickeln und über das Verhalten in die äußere Welt zurückwirken. In einem materialistischen Sinn können wir das Neue im Anlegen neuer Nervennetze unter dem Einfluß neuer und wichtiger Wahrnehmungsinhalte und Verhaltensaufgabe sehen. Darüber hinaus wird im bezug zu evolutionären Vorgaben und subjektiven Wertigkeiten *Bedeutung* geschaffen, die den Reizinhalten an sich nicht zugemessen werden können. Die Konstruktivität der Wahrnehmung ist in einem trivialen Sinne schon deshalb gegeben, weil die Inhalte der Wahrnehmung ihrer Natur und Beschaffenheit nach nichts mit den Zuständen in der realen Welt zu tun haben können (vgl. Varela et al. 1992, Roth 1994[835])"[836].

6.5 Wissenschaftstheorie und Logik der evolutionären Erkenntnistheorie

Im Zentrum auch dieses Abschnittes des fünften Kapitels hat die Position von Erhard Oeser zu stehen. Insbesondere sei sie anhand einer Arbeit Oesers[837] dargelegt, die aus dem Jahre 1983 stammt – also noch vor der eigentlichen „Geburtsstunde" der (Oeserschen) Neuroepistemologie. Der nun zu betrachtende Text bietet zugleich den Vorteil einer gleichzeitigen Bezugnahme auf das Gehirn-Bewußtsein-Problem, unter besonderer Bedachtnahme auf die Position Kants.

Vorweg aber sollen einige Ausführungen Oesers, die für das Verständnis des Folgenden von Bedeutung sind angemerkt werden. In einem 1996 erschienenen Aufsatz hält Oeser in dem Abschnitt „Completion of E[volutionary] E[pistemology] by a neuroepistemology" fest: „EE or phylogenetic epistemology needs a further addition, over and above ontogenetic epistemology. For a scientifically oriented epistemology it is not enough to be able to assume internal cognitive mechanisms in order to explain cognitive phenomena as such, but one must state on what material organic structures such phenomena rest and how the associated mechanisms function. Such causal explanation of cognitive phenomena cannot occur at an external macro-level, whether behavioral or linguistic, but only at the micro-level generating these macro-phenomena. | The real internal micro-level of natural cognitive systems or organisms is the nervous system"[838]. Hierauf folgt: "It is thus proper, and in tune with Lorenz's intention, to widen EE at the micro-level of neural structures and processes into an evolutionary 'neuro-epistemology'. The more so since Kant, on one hand in his actual genetic analysis of cognition was certain that the apriori forms of intuition and thought are necessary.

[834] Huber L 2000: S.170; basierend auf Huber L 1995 und 1999
[835] Varela et al. 1992, Roth G 1994
[836] Huber L 2000: S.173
[837] Oeser E 1983
[838] Oeser E 1996: S.19f

On the other hand he expected a scientific answer to the question of the functional realization of Apriori forms of thought and cognition through examination of the human brain – which can be shown both from his early precritical writings and from the posthumous work, but above all in his answer to Soemmerlings question of the site of the soul (c. Oeser 1982, 1985, 1987[a]; Oeser & Seitelberger 1988)"[839]. Diese Zitate sollen verdeutlichen, daß Oesers Verhältnis zur EE differenziert zu verstehen ist.

Nun seien noch allgemeine besagten Ausführungen Oesers in „Gehirn, Bewußtsein und Erkenntnis" zum evolutionären Mechanismus in der Wissenschaftsdynamik vorausgeschickt[840]. Zunächst verweist der Autor darauf, daß mit dem Begriff „evolutionäre Erkenntnistheorie" zwei Bedeutungen verbunden sind: einerseits wird darunter eine biologische Theorie verstanden, „die den menschlichen Erkenntnisapparat als Produkt der genetisch-organischen Evolution betrachtet"; sie beschäftigt sich hierbei nicht nur mit der genetisch-organischen Ausstattung des Erkenntnissubjektes, „sondern [versucht] ausdrücklich eine Erklärung der apriorischen Bedingungen der Möglichkeit der Erkenntnis"[841] - hierbei handelt es sich um eine Satelliten-Theorie der biologische Evolutionstheorie -; andererseits bezeichnet besagter Begriff auch jene Versuche, „die den Prozeß der Wissenschaftsentwicklung, d.h. also die sog. »Wissenschaftsdynamik« oder im engeren Sinn die »Theoriendynamik«, strukturanalog zur biologischen Evolution beschreiben und erklären wollen"[842]. Diese Art der „evolutionären Erkenntnistheorie" sollte besser als „evolutionäre Wissenschaftstheorie" bezeichnet werden[843], zu deren Hauptvertretern – neben Erhard Oeser selbst – Popper und Toulmin sowie Mach und Boltzmann zu rechnen sind; Oeser versteht sich hierbei in der Tradition der beiden Letztgenannten. Sowohl den alten als auch den neuen Vertretern der evolutionären Wissenschaftstheorie wird, so Oeser, der Vorwurf gemacht, eine bloß metaphorische Beziehung zur biologischen Evolutionstheorie herstellen und verwenden zu können. Den metaphorischen Charakter hat aber bereits Boltzmann, so Oeser weiter, „insofern überwunden, als er bereits in ganz konkreter Weise die Theoriendynamik auf einen »Mechanismus« zurückführte, der » sich im Menschenkopf entwickelt hat« (Boltzmann 1905). Dieser angeborene Mechanismus ist es auch, der sowohl nach seiner Meinung als auch nach der von Ernst Mach »einmal zur Erkenntnis, das andere Mal zum Irrtum« führt"[844]. Hierher gehört auch: „In jedem Fall aber steht fest, daß die Sonderstellung des Menschen organisch auf der Hirnevolution beruht, was auch deutlich genug von Konrad Lorenz ausgedrückt worden ist: »Die Menschwerdung ist die Fulguration der kumulierbaren Tradition, und das menschliche Gehirn ist ihr Organ« (Lorenz (1973[a]: S.233). | ... Wenn nun Lorenz sagt, daß das *»Apriori«*, das die Erscheinungsform der realen Dinge unserer Welt bestimmt, die *»Funktion eines Organs«* ist, dann ist er auch Boltzmanns Frage nach dem »Mechanismus im Menschenkopf« bereits einen Schritt näher gekommen"[845].

„Mit anderen Worten, der Hinweis, daß auch für die menschliche Erkenntnis, insbesondere auch für die wissenschaftliche Erkenntnis, der elementare Mechanismus von Versuch und Irrtumsbeseitigung bestimmend ist, bleibt solange leer, als man nicht konkret angeben kann, worin eigentlich die Modifikationen dieses ursprünglich allen Lebewesen gemeinsamen Mechanismus bestehen, die es dem Menschen als einziger biologischen Art ermöglichen, sei-

[839] Oeser E 1996: S.20
[840] Oeser E 1987c
[841] Oeser E 1987c: S.61
[842] Oeser E 1987c: S.61
[843] Vgl. zudem Oeser E 1984, 1987a
[844] Oeser E 1987c: S.64
[845] Oeser E 1987c: S.66f

ne kognitive Nische in so drastischer Weise zu überschreiten, wie es v.a. die modernen physikalischen Grundlagentheorien, Relativitätstheorie und Quantenmechanik, demonstrieren“[846]. Angaben, die den dies ergebenden Mechanismus betreffen, sind weder aus der Biologie noch aus der Neurobiologie oder aus der kognitiven Psychologie zu erwarten, es ist „vielmehr ein eigener zusätzlicher Weg zu gehen, mit einer eigenen Methodik“; dieser Weg war weder Mach noch Boltzmann – so Oeser - gänzlich unbekannt: „Dieser Weg ist der der rationalen Analyse und Rekonstruktion der Wissenschaftsgeschichte“. Es handelt sich hierbei um ein regressives Vorgehen, insofern Wissenschaft ja schon – als zu Analysierendes – gegeben sein muß, wie auch gilt: „Aus dieser Analyse der Erkenntnisprozesse, die sich auf die realen Dokumente der Wissenschaftsgeschichte beziehen, ergeben sich die methodologischen Bestandteile des Erkenntnisprozesses, die nachträglich rekonstruktiv zu einer systematisch funktionalen Einheit im Sinne eines Mechanismus zusammengesetzt werden müssen“[847]. Wie aber, so fragt Oeser weiter, ist ein solches Modell zu gewinnen und rechtfertigen, das wohl Grundlage als auch Ergebnis einer „rekonstruktiv-explanatorischen Wissenschaftstheorie sein soll“? Wichtig ist nun folgende, in Zusammenhang mit dieser Frage auftretende Feststellung: „Wenn man nun dieses, von der Evolutionären Erkenntnistheorie völlig unabhängige und von dorther auch nicht ableitbare Modell des Funktionszusammenhangs der wissenschaftlichen Erkenntnismethoden zurückprojiziert auf diese elementaren Mechanismen des »Informations«- oder »Kenntnisgewinns« aller Lebewesen, dann ergibt sich jene von Riedl (...) so überzeugend dargestellte Übereinstimmung dieses Modells mit den Resultaten einer Biologie oder Neurobiologie (...) vormenschlicher und menschlicher Kognitionsprozesse. | Denn man braucht nur in den Kreislauf von Induktion, Konstruktion, Deduktion und Reduktion ein Menschenhirn einzuzeichnen, um den evolutionären Zusammenhang zu erkennen, der zwischen dem Informationsgewinn niederer Lebewesen und dem Wechselspiel von Theorie und Erfahrung in der wissenschaftlichen Erkenntnis des Menschen besteht“[848].

Damit kann nun konkret auf die einleitend zu diesem Abschnitt angesprochenen Ausführungen Oesers aus dem Jahre 1983 geblickt werden. Sogleich konkretisiert Oeser sein Anliegen wie folgt: „[die Studie] versucht eine Verbindung der zwei Formen der evolutionären Erkenntnistheorie, der Theorie des individuellen, subjektiven Alltagsverstandes und der Theorie der kollektiven oder transsubjektiven wissenschaftlichen Vernunft, auf der Grundlage einer elementaren Terminologie (die in der klassischen philosophischen Erkenntnislehre verankert ist) herzustellen“[849]. In diesem Sinne fragt Oeser auch, ob es einen „realgeschichtlichen Zusammenhang“ gibt, dem gemäß sich die biologische Weise tatsächlich bis in den Bereich der Wissenschaftsentwicklung verlängern läßt, hier also nicht bloß von Analogien gesprochen werden braucht. Sogleich wird betont: „Vorausgesetzt ist allerdings, daß diese Verlängerung nicht im trivialen Sinn linear und bruchlos zu verstehen ist“[850].

Angesichts hiervon diskutiert Oeser zunächst die objektive wissenschaftliche Erkenntnis „als Bruch mit der ratiomorphen Vergangenheit“. Hierauf folgt: „Die Alltagserkenntnis des Menschen kann zwar noch immer als eine Fortsetzung des ratiomorphen »einsichtigen Verhaltens« der Tiere verstanden werden, weil sie der Lebenserhaltung dient. Die wissenschaftliche Methode aber überschreitet den Bereich der lebens- und arterhaltenden Funktionen. Denn sie dient der objektiven Erkenntnis“[851]. Insofern stellt die wissenschaftliche Methode gerade-

[846] Oeser E 1987c: S.69
[847] Oeser E 1987c: S.70
[848] Oeser E 1987c: S.71
[849] Oeser E 1983: S.263
[850] Oeser E 1983: S.264
[851] Oeser E 1983: S.266

zu eine „Umkehr" der biologischen Evolution dar, insofern diese eben nur im Bereich der Lebenserhaltung brauchbare Informationen bietet. Bereits in der antiken Philosophie ist der hiermit bezeichnete Bruch erkannt worden; Platons Aussagen von der „zweiten Fahrt" beziehen sich hierauf; Galileis Unterscheidung von *primo aspetto* (Alltagserkenntnis) und *secondo aspetto* (wissenschaftliche Erkenntnis) bringt diese Einsicht in die neuzeitliche Physik ein.

Die Entstehung der Wissenschaft, verstanden als neue Phase der Evolution, ist als – erdgeschichtlich gesehen - extrem junges Ereignis zu begreifen, dem gemäß „der Erkenntnisapparat des Menschen nicht mehr einem natürlichen Ausleseprozeß folgt"; er steht außerhalb dieses Prozesses. Hierin liegt zugleich die „Überwindung" der ursprünglich auf Lebenserhaltung ausgerichteten Erkenntnisfunktionen: „Entscheidend ist jedoch, daß dieser Prozeß der Umkehr und der Selbstüberwindung des angeborenen Weltbildapparates nicht ein einmaliger Vorgang, sondern ein sich in der Entwicklung jedes menschlichen Individuums ständig wiederholender Prozeß ist, so daß man in Entsprechung zum biogenetischen Grundgesetz von Haeckel von einem psychogenetischen Grundgesetz sprechen kann, das besagt, daß das Individuum im Erlernen einer Wissenschaft in verkürzter Weise die gesamte Entwicklungsgeschichte dieser Wissenschaft wiederholt"[852]. Die Grundlage für den hiermit bezeichneten Vorgang auf Niveau der Menschheitsgeschichte und menschlicher Individuen ist eine artspezifische, „nur dem Menschen eigene Fähigkeit des Bewußtseins": die Fähigkeit der Selbstkorrektur subjektiver Erkenntnis als Anpassungsprozeß zugunsten einer objektiven Erkenntnis.

Hierin liegt, daß einer Analyse der wissenschaftlichen Methode eine solche der menschlichen Erkenntnisvermögens voranzugehen hat, womit die reine Erkenntnistheorie gefordert ist, um jenes festlegen zu können, von dem man behauptet, daß es sich evolutiv von der biologischen Basis entfernt hat. Es ist also zunächst, im Unterschied zu einer empirisch-biologischen Betrachtungsweise, der meta-empirische Zugang der reinen Erkenntnistheorie gefordert: „Eine solche reine Erkenntnistheorie ist nicht nur das adäquate Gegenstück zu einer empirischen evolutionären Erkenntnistheorie, die sich auf die Analyse der phylogenetisch erworbenen Grundlagen der menschlichen Erkenntnis bezieht und die Verbindung mit der übrigen vormenschlichen Lebenswelt herstellt, sondern in einem gewissen Sinn auch deren Negation und bewußte Umkehrung. Das heißt: Die reine Erkenntnistheorie im Sinne Kants fängt mit ihrer Problemstellung systematisch genau dort an, wo die evolutionäre Erkenntnistheorie als Explikation der »Naturgeschichte des menschlichen Erkennens« (Lorenz) aufhört"[853].

Sogleich vertieft Oeser den Bezug auf Kant: „Die Evolution der menschlichen Erkenntnisfähigkeit liegt damit auf einer anderen Ebene als der organischen. »Apriorisch« ist die »reine« Erkenntnistheorie deswegen, weil sie weder empirisch die subjektiv-individuelle menschliche Erkenntnisfähigkeit beschreibt, noch sie theoretisch etwa aufgrund der Evolutionstheorie zu erklären versucht, sondern vorschreibt, wie der Erkenntnisprozeß sein soll, damit er zur objektiven Wahrheit führt. Diese präskriptive oder normative Funktion des Apriori war die Grundidee Kants, der mit seiner Lehre vom Verstand als Gesetzgeber der Natur nicht einen »Idealismus« propagierte, sondern eine Kritik des menschlichen Erkenntnisvermögens liefern wollte"[854]. Dieser normative Anspruch muß aber relativiert werden, im Bezug auf die Realität des menschlichen Erkenntnisvermögens und im Bezug auf die Realisierung der erkenntnistheoretischen Normen. Ohne eine solche Relativierung wäre die Erkenntnistheorie zwecklose Spekulation, wobei es der EE zukommt – als einer empirischen Interpretation der reinen apriorischen Erkenntnistheorie -, diese Bezugnahme auf die Realität herzustellen; da-

[852] Oeser E 1983: S.267
[853] Oeser E 1983: S.268
[854] Oeser E 1983: S.268

her auch stellt die EE gegenüber der klassischen Erkenntnistheorie keine Revolution dar: „Sie zeigt vielmehr als biologische Theorie den phylogenetischen Ursprung des menschlichen Erkenntnisvermögens auf und schafft damit in Verbindung mit der (onto-)genetischen Erkenntnistheorie Piagets eine tieferliegende Basis für alle empirische Wissenschaftsforschung“[855].

Im Zentrum der folgenden Ausführungen Oesers steht der Informationsbegriff: „Versucht man für die evolutionäre Erkenntnistheorie, die sich mit den phylogenetischen Grundlagen des menschlichen Erkenntnisvermögens beschäftigt, und für die reine philosophische Erkenntnistheorie eine einheitliche Basis zu finden, so gibt es nur eine Möglichkeit: den Informationsbegriff“[856]. Sogleich expliziert Oeser, daß der von ihm verwendete Begriff „Information“ letztlich jener der Alltagssprache ist, nicht aber jener der Informationsübertgragungs- und –verarbeitungstechnik. „Die elementarste Form des Informationsgewinns liegt auf der Ebene der Selbstorganisation der Lebewesen im Laufe ihrer evolutiven Entwicklung, die bereits bei der Entstehung des Lebens auf der molekularen Ebene existiert. Sie wird als »genetische Information« bezeichnet und besitzt bereits die Hauptcharakteristika eines echten Informationsprozesses, nämlich Verwertung und Entwertung von Informationen, um zu höheren Ordnungszusammenhängen zu kommen“[857]. In diesem Sinne gilt: „Die für die Lebenserhaltung wichtigen Gesetzmäßigkeiten der Umwelt werden durch Versuch und Irrtum nachgebildet und dem Erbmaterial kodiert eingebaut“[858], was, wie Oeser in Anlehnung an Donald Campbell[859] festhält, auf andere Erkenntnisleistungen, wie Lernen, Denken und auf Wissenschaft verallgemeinert werden kann.

Im Lichte hiervon führt Oeser nun die Kritik an der EE an, der EE gemäß müßte Erkenntnis als Anpassungsleistung inkludieren, daß der menschliche Erkenntnisapparat eine niemals abnehmbare „Brille“ darstellt, was der Möglichkeit neuer Erkenntnisse ohne Veränderung der organischen Basis unverträglich ist[860], wie auch von der Kritik hervorgehoben wird, die Anpassungsaussage wäre nur bezüglich einer mehr oder weniger unveränderlichen Umwelt vernünftig vertretbar. Dem hält Oeser die Einsicht Lorenz' entgegen, daß Anpassung nur eine Form des Informationsgewinnes ist, neben jener des kurzfristigen Informationsgewinns: „Dieser Vorgang ist nicht ein Vorgang der Anpassung, sondern vielmehr eine Funktion von körperlichen, nervlichen und sensorischen Strukturen, die bereits fertig angepaßt sind“[861]. Wesentlich an dieser zweiten Form ist, daß sie auf Informationen basiert, die nicht gespeichert werden dürfen, gerade da sie auf rasch wechselnde Umwelten abzielen: „Solche Informationen dürfen aber keinerlei Spuren im physiologischen Apparat hinterlassen; denn die wesentliche Leistung dieses Mechanismus besteht darin, daß er stets fähig bleibt, die eben erstattete Meldung zu widerrufen und durch eine andere, oft durch die entgegengesetzte, zu ersetzen“[862].

Alleine diese funktionelle Struktur kurzfristigen Informationsgewinnes, wie sie notwendig vor aller Erfahrung da sein muß – „und auch von aller Erfahrung wieder entleert werden

[855] Oeser E 1983: S.269
[856] Oeser E 1983: S.269
[857] Oeser E 1983: S.270
[858] Oeser E 1983: S.271
[859] Campbell DT 1974
[860] Oeser bezieht sich hier zum Beispiel auf Ausführungen von Frey G 1980, der sich seinerseits insbesondere auf Vollmer G konzentriert, der „allerdings den Passungscharakter überbetont hat“ (Oeser E 1983: Anmerkung 21)
[861] Oeser E 1983: S.271
[862] Oeser E 1983: S.271; Oeser bezieht sich hier auf Lorenz K 1973a: S.41

muß" -, „kann mit dem Kantischen »Apriori« gleichgesetzt werden". Bei den vormenschlichen Lebewesen sind diese Informationen auf den Erwerb *ganz bestimmter* Informationen ausgerichtet, womit sehr starre, *geschlossene* Programme vorliegen; demgegenüber sind sie beim Menschen offenen Programmen gleich; sie sind nicht auf spezielle Informationen ausgerichtet, „sondern haben universellen Charakter". Zudem hält Oeser in diesem Zusammenhang fest: „Das heißt, daß die Tendenz der Evolution zunächst auf Vermehrung und Perfektionierung der einzelnen spezifischen Sinneskanäle gerichtet war, sich aber mit dem Auftreten des Gehirns insbesondere beim Menschen auf eine verbesserte Verarbeitung und Auswertung der Sinnesdaten verlegte"[863]. Hierin liegt: „Dann aber ist auch vom Organischen her gesehen nicht mehr der Passungscharakter der Wahrnehmungsstrukturen entscheidend, sondern vielmehr die Fähigkeit, konstruktiv Modelle der Realität zu entwerfen, die nachträglich mit Erfahrungsdaten der Wahrnehmung verglichen werden. Und zwar mit den Erfahrungsdaten, die insofern bei weitem den natürlichen Bereich der eigenen angepaßten Sinnesorgane überschreiten, als sie in der Wissenschaft durch theoretisch konstruierte Beobachtungsapparate gewonnen wurden"[864]. Im Lichte hiervon gilt: „Die Kantische Erkenntnistheorie stellt gegenüber diesen biologisch-evolutionären empirischen Erkenntnistheorien den transzendentalen meta-empirischen Weg der Selbstreflexion dar, der zugleich auch die normative Funktion der Selbstüberwindung enthält"[865].

Somit sind nach Oeser drei Ebenen der Information zu unterscheiden: Die erste Ebene bezeichnet die genetische Information, wie sie sich auf die Entwicklung des Gesamtorganismus der Lebewesen bezieht. Die zweite Ebene bezeichnet die Ausbildung eines Informationsverarbeitungssystems und ist an ein Zentralnervensystem gebunden; auf dieser Ebene ist bereits der individuelle Informationserwerb von Bedeutung. Die Information ist auf dieser Ebene eine Eigenschaft von Signalmengen „d.h., sie ist erkenntnistheoretisch gesehen eine Eigenschaft von Eigenschaften oder ein Metaprädikat"[866]. Hierher gehört auch die ratiomorphe Information: „[Diese] liegt aber auf der Ebene des vorbewußten Verhaltens, das noch nicht rationales Erkennen oder bewußtes Handeln ist, aber auch beim Menschen »ontogenetisch wie phylogenetisch eine Voraussetzung des begrifflichen Denkens darstellt und auch weiterhin als unentbehrliche Teilfunktion in ihm erhalten bleibt«[867]"[868].

„Erst die *dritte Ebene* der Information ist die des menschlichen Erkennens und bewußten Handelns. Erst sie kann als die Ebene der »rationalen« oder »intellektuellen« Information bezeichnet werden. Die rationale oder »intellektuelle Information« stellt in der konkreten subjektiv-individuellen menschlichen Erkenntnis einen bestimmten Bewußtseinszustand dar, der zwar im neurodynamischen System ein materielles Äquivalent hat. Das, was als bewußter Erkenntnisakt auftritt, ist jedoch die reine Information, bei der der materielle Träger bereits durch Abstraktion eliminiert ist"[869]. Im Lichte hiervon diskutiert Oeser, daß das Erkenntnissubjekt keinen unmittelbaren Zugang zum materiellen Träger seines Bewußtseins hat und formuliert dies auch mit Kant, dem zu folge das Bewußtsein „Zuschauer" ist, „der die Natur machen lassen muß, indem er die Gehirnnerven und Fasern nicht kennt, noch sich auf Handhabung derselben zu seiner Absicht versteht"[870]. Information ist hier also reine Infor-

863 Oeser E 1983: S.272; Oeser bezieht sich hier auf Seitelberger F 1980: S.189
864 Oeser E 1983: S.272
865 Oeser E 1983: S.272
866 Oeser E 1983: S.273
867 Lorenz K 1973: S.217
868 Oeser E 1983: S.274
869 Oeser E 1983: S.274
870 Kant I 1798

mation bzw. ist sie trägerinvariant und alleine sie ist in der Erkenntnistheorie seit Aristoteles „terminologisch mit dem Begriff der menschlichen Erkenntnis gleichgesetzt [worden]".

Anhand dieses informationellen Aspektes des menschlichen Erkenntnisprozesses präzisiert Oeser die Gemeinsamkeit und Differenz zwischen reiner und evolutionärer Erkenntnistheorie wie folgt: „Der apriorische strukturelle Informationsgehalt ist in der menschlichen Erkenntnis die subjektive Leistung des Bewußtseins. Er bildet die vor aller individuellen Erfahrung gegebene Grundlage für jenen Formungsprozeß, der damit beginnt, daß das »unermessliche Feld« von vorbewußten »dunklen Vorstellungen« an wenigen Stellen durch den Verstand »illuminiert« wird. Dieser Vorgang entspricht genau dem oben erwähnten Vorgang der Ablösung der »reinen Information« von ihrem materiellen Träger, den chemisch-physikalisch-physiologischen Gehirnprozessen"[871]. Wiewohl die Weiterverarbeitung dieser freien Informationen an Gehirnprozesse gebunden ist, so besitzt die damit bezeichnete Darstellungsebene von Information eine neue Ablaufstruktur: „Diese Ablaufstruktur wird von den logischen Gesetzmäßigkeiten der apriorischen Formen des Denkens geleitet. Es handelt sich hier also um die logische Ebene der Informationsverarbeitung"[872]. Wiewohl Kant diese Ebene im Sinne seiner „transzendentalen Logik" von allen empirischen Untersuchungen – womit auch die gehirnphysiologischen Untersuchungen gemeint sind – abgetrennt, ohne hiermit eine völlige Unabhängigkeit des Betrachteten zu meinen: „Denn der Satz vom zureichenden Grund als »materialem Prinzip«, der besagt, daß »in dem, was vorgeht, die Bedingung anzutreffen sei, unter welcher die Begebenheit jederzeit (d.h. notwendigerweise) erfolgt« [Kant], legt diese Beziehung zwischen Erkennendem und Erkanntem eindeutig fest"[873]. Oeser folgert hieraus: „Er bedeutet nämlich dann nichts anderes als das grundlegende, nicht mehr hintergehbare Axiom, daß die Begründung der »Wahrheit« der Erkenntnis als Prozeß dieselbe kausale Struktur haben muß wie jener Prozeß, der die »Existenz einer Tatsache« hervorbringt. Ein Prozeß aber, der selbst weder materieller noch energetischer Art ist und trotzdem eine Kausalstruktur besitzt, wird nach heutiger Terminologie als »Informationsprozeß« bezeichnet"[874].

Hiermit, so Oeser, läßt sich die alte Aporie der klassischen Erkenntnistheorie als Korrespondenztheorie der Wahrheit auflösen: „Erkenntnis bedeutet dann nicht mehr eine ideale Korrespondenz zwischen Dingen an sich, die uns von vornherein nicht bekannt sind, und ihren Abbildern im Bewußtsein, sondern bedeutet die Korrespondenz zweier strukturell gleichartiger Prozesse, die dadurch geschieht, daß eine Zuordnungsbeziehung der Prozeßelemente zustande kommt"[875]. Hierbei wird einerseits der Prozeß im Erkenntnissubjekt ausgesagt, andererseits der in der Umgebung des Erkenntnissubjektes ablaufende Prozeß, wobei die Verbindung zwischen beiden Prozessen vom Erkenntnissubjekt aktiv hergestellt wird: „Dadurch wird auch die Doppeldeutigkeit des Informationsbegriffes verständlich, die er in der erkenntnistheoretischen Subjekt-Objekt-Relation erhält: - auf das Subjekt bezogen hat er einen strukturellen, »apriorischen« Gehalt; - auf das Objekt bezogen hat er eine empirischen, »a posteriorischen« Gehalt"[876].

Daher auch ist Erkenntnis niemals ein abgeschlossener irreversibler Informationsprozeß, in dem sich das Verhältnis von empirischen und strukturellen Informationsgehalt immer verändert. Dafür aber haben beide Prozesse eine diskrete, gleich bleibende Phasenstruktur: „In der Umgebung läuft ein Prozeß ab, der von einem Zustand ausgeht, der die Bedingung für das

[871] Oeser E 1983: S.275
[872] Oeser E 1983: S.275
[873] Oeser E 1983: S.276
[874] Oeser E 1983: S.276
[875] Oeser E 1983: S.276
[876] Oeser E 1983: S.276

Eintreten eines Ereignisses ist, welches einen neuen Zustand schafft, der wiederum Bedingung eines weiteren Ereignisses ist. | – Im Erkenntnissubjekt läuft ein Prozeß ab, der von einer Information über die Umgebung ausgeht, die einen neuen Erkenntniszustand schafft, der durch weitere Informationen in andere Zustände übergeht usw.“[877]. In der Zuordnung beider Prozesse tritt aber insofern eine Phasenverschiebung ein, als man Informationen nur über ein bereits eingetretenes wirkliches Ereignis haben kann.

Hieraus entwickelt Oeser eine Strukturtheorie des Informationsprozesses, bestehend aus dem Informationsfluß im Erkenntnissubjekt, dem Einfluß aus der Umgebung auf das Erkenntnissubjekt, sowie den Prozesselementen „Zustand (des Erkenntnissubjektes und der Umgebung)“ und „reales Ereignis bzw. strukturelle Veränderung des informationellen Erkenntniszustandes durch eine neue Information“: „Die hier vorgeschlagene Strukturtheorie von Informationsprozessen ist kein logischer, sondern ein erkenntnistheoretischer Atomismus. Denn zum Unterschied von diesen (ontologischen) Konzepten werden hier keine Aussagen über den logischen Aufbau möglicher Welten gemacht, sondern lediglich die informationellen Prozesse analysiert, die sich über die reale und real erkennbare Welt aufbauen. Die einzige Voraussetzung, die bezüglich der realen Welt gemacht werden muß, ist diejenige, daß sie prozessualen Charakter hat, d.h. daß sie nur in Raum und Zeit gegeben sein kann. Diese Voraussetzung ist jedoch nichts anderes als die Bedingung der Möglichkeit ihrer Erkenntnis“[878].

Hierher gehört auch die Beachtung der Spontaneität des menschlichen Erkenntnisvermögens, die Kant – wie bereits erwähnt - ebenfalls hervorhebt, gemäß seiner aktivistischen – nicht idealistischen! – Erkenntnistheorie: „Damit gewinnt der zum Informationsprinzip verschärfte Satz vom Grund erst seinen fundamentalen Sinn als Verursachungsprinzip der Erkenntnis. Denn er bedeutet dann, daß die apriorischen Formen des Bewußtseins die strukturellen Bedingungen darstellen, unter denen der Erkenntnisprozeß in seiner kausalen zeitlichen Struktur abläuft. Sie sind notwendig in dem Sinne, daß ohne sie überhaupt keine Erkenntnis als realer Informationsprozeß stattfindet“[879].

In folge hält Oeser fest: „Das »Chaos der Sinnesempfindungen«, von dem Kant spricht, erfährt also genau entsprechend seiner Lehre von den Anschauungsformen bereits eine vorbewußte, aber doch apriorische Formung. In einer modernen probabilistischen Deutung der Signalverarbeitung durch Nervenzellen, wie sie John von Neumann geliefert hat, läßt sich nun die Kantische Vorstellung vom Chaos, aus dem Ordnung durch die Spontaneität der Erkenntnisvermögen entsteht, präzisieren. Denn von Neumann konnte prinzipiell zeigen, wie zuverlässige Systeme aus unzuverlässigen Elementen gebaut werden können“[880]. Mit folgenden Ausführungen leitet Oeser zur eigentlichen Betrachtung der Evolution auf der Ebene der Wissenschaften über: „Trotzdem bleibt aber die Kontinuität des Bewußtseins (das Kantische »Ich denke, das alle meine Vorstellungen begleiten muß«) erhalten, weil jede substantielle Ruhestelle des Bewußtseinsstroms, d.h. jeder Bewußtseinszustand den vorhergehenden enthält. Und zwar nicht auf beliebige Weise, sondern nach bestimmten unveränderlichen strukturell-synthetischen Gesetzen a priori, die die letzte Garantie für die Einheit des Bewußtseins sind. | Bereits dadurch wird klar, daß die Information im menschlichen Erkenntnisprozeß sich nicht additiv durch bloße Hinzufügung entwickelt, sondern stets in Richtung einer zunehmenden konstruktiven Rationalität, die durch einen bestimmten Me-

[877] Oeser E 1983: S.277
[878] Oeser E 1983: S.278f
[879] Oeser E 1983: S.280
[880] Oeser E 1983: S.281

chanismus aufgebaut wird, den bereits Kant auf dem transzendentalen Weg seiner Erkenntnistheorie genau beschrieben hat"[881].

Zu diesem Mechanismus erfährt man: „Hergestellt wird dieser Funktionszusammenhang [zwischen den Teilen des Mechanismus] durch genau im Sinne logischer Operationen bestimmte Erkenntniskräfte, die in dichter Reihenfolge aneinander anschließen und auf diese Weise ein topologisches System mit quasizirkulärem Charakter bilden. Diese funktionelle Einheit aller Erkenntnisvermögen ist genau das, was für Kant das erkenntnistheoretische Subjekt oder das Selbstbewußtsein heißt. Es bildet die apriorische Bedingung der Möglichkeit der Erfahrung, tritt aber selbst erst im Prozeß der Erfahrung in Erscheinung. Das heißt, daß die Realität des Bewußtseins als informationelle Realität aufzufassen ist, die lediglich in diesem ständig wiederkehrenden Funktionszusammenhang besteht"[882].

Dieser Funktionszusammenhang ist zugleich für Oeser der Schlüssel zu einer evolutionären Methodologie der Wissenschaften. Zu deren Darstellung betont Oeser zunächst wieder, daß die wissenschaftliche Erkenntnis eine Umkehr der Alltagserkenntnis darstellt, insofern sie um „objektive Erkenntnis" bemüht ist, wiewohl gilt: „Trotzdem kann aber die Überwindung unseres natürlichen Erkenntnisapparates nur mit Hilfe dieses Apparates selbst geschehen"[883]. Das Fundament hiervon ist eine Iteration des ursprünglichen Verfahrens: „Das heißt, die wissenschaftliche Methode hat dieselbe quasizirkuläre Struktur wie der primitive Mechanismus von Versuch und Irrtumsbeseitigung, wie er bereits bei den niedrigsten Lebewesen feststellbar ist"[884]. Im Unterschied hierzu liegt aber auf dem Niveau bewußter überindividueller Vorgänge Selbstkorrektur vor, die fehlerhafte Informationen beseitigt und richtige Informationen abstraktiv verdichtet. Wie die Alltagserkenntnis auch, basiert auch die wissenschaftliche Information auf den Informationsprozessen Repräsentation und Kommunikation, „sie ist aber auch davon prinzipiell dadurch unterschieden, daß sie von vornherein auf das transsubjektive System der Wissenschaft bezogen ist, das eine relative Selbständigkeit besitzt"[885].

Konkret diskutiert Oeser nun das 3-Stadien-Gesetz der Methodenevolution. Die Basis hierfür ist jener Funktionszusammenhang der Erkenntnisvermögen und Erkenntniskräfte den Kant bereits ganz allgemein festgestellt hat (vgl. oben), und den die EE bereits für niedrigste Lebewesen skizziert hat; bzw. handelt es sich hier um jenen Funktionszusammenhang, der iterativ durch all die damit bezeichneten Ebenen gegeben ist und durch folgendes Diagramm bezeichnet ist: in einem (Quasi-)Kreis ist Theorie mit Prognose, diese mit Information, diese mit Hypothese und diese wiederum mit Theorie verknüpft; der Verknüpfung von Theorie und Prognose dient Deduktion, jener von Prognose und Information die Reduktion, jener von Information und Hypothese die Induktion und jener von Hypothese und Theorie die Konstruktion[886]: „Die Rekonstruktion der historischen Entwicklung dieses Modells stellt die Evolution der wissenschaftlichen Methode dar".

---

[881] Oeser E 1983: S.282; vgl. zudem Oeser E 1982; besagter Mechanismus (vgl. Oeser E 1983: Abb. 8) ist als Kreis darstellbar, der Vernunft, Verstand, Anschauung und Verstand – führt wieder zu Vernunft – verbindet, wobei zwischen Vernunft und Verstand die Urteilskraft, zwischen Verstand und Anschauung die reproduktive Einbildungskraft, zwischen Anschauung und Verstand die produktive Einbildungskraft und zwischen Verstand und Vernunft die Erfindungskraft (Ingenium) verknüpft. Zwischen Vernunft und Anschauung vermitteln diagonal: Prinzipien (Schluß), Urteil, Begriff, Schema und Bild.

[882] Oeser E 1983: S.283

[883] Oeser E 1983: S.285

[884] Oeser E 1983: S.285

[885] Oeser E 1983: S.287

[886] vgl. auch Oeser E 1976 Band 3: S.119

„Das *erste Stadium* der Wissenschaftsentwicklung ist methodologisch als eine prätheoretische Phase charakterisiert". Die induktive Methode ist hier in ihrer einfachsten enumerativ-aufzählenden Form gegeben; es liegt hier eine beschreibende Wissenschaft vor. „Das *zweite Stadium* der wissenschaftlichen Erkenntnis ist durch die Phase der Theorienkonstruktion gekennzeichnet. In dieser Phase wird der Typensprung von induktiv-enumerativ gewonnenen besonderen Aussagen zu allgemeinen Gesetzesaussagen vollzogen"[887]. Hiermit ist eine neue Form der Induktion – über die bloße Enumeration hinausgehend – gefordert, die „immer ein »mysteriöses«, formal-logisch nicht zu rationalisierendes kreatives Element enthält". Im Modell entspricht derartigem ein Übergewicht auf Seite der Verflechtung von Hypothese und Theorie: dem Übergewicht auf induktiv-konstruktiver Seite entspricht also ein Mangel auf der deduktiven Seite. „Erst in einem *dritten Stadium*, das methodologisch durch die Ausbildung der formalanalytischen Methode der Deduktion charakterisiert ist, erreicht die Wissenschaft jenen Grad systematischer Vollkommenheit, der es ermöglicht, Prognosen und Erklärungen individueller Phänomene in einem bestimmten Bereich in ständig gleichbleibender Weise im Sinne eines algorithmischen Lösungsprozesses zu erzeugen"[888].

Mit diesem dritten Stadium verlagert sich das Hauptgewicht von den beobachtenden, messenden und experimentellen Verfahren zur theoretischen Berechnung; „im Modell gesprochen heißt das, daß dem Schwergewicht auf der deduktiven Seite nun eine Abkehr von der induktiv-konstruktiven Methode entspricht"[889].

Hieran schließt Oeser folgende bemerkenswerte Sätze an: „Denn auch eine heuristische Weiterentwicklung oder sogar grundlegende Veränderung der axiomatisch-deduktiven Theorie in ihren Grundbegriffen und Axiomen, wie es die Einsteinsche Relativitätstheorie gegenüber der klassischen Mechanik darstellt, verändert nicht die bis dahin erreichte Grundstruktur der wissenschaftlichen Methodik. An die Stelle eines induktiv-konstruktiven Verfahrens der Heuristik, das noch eng an die unmittelbare Sinneserfahrung gebunden ist, tritt ein spekulativ-konstruktives Verfahren, das weit entfernt vom Boden der Erfahrung Begriffe entstehen läßt, die, wie Einstein selbst sagt, »freie Erfindungen des menschliche Geistes« sind. | Aus diesem Grunde charakterisiert auch Einstein den Weg zu den Axiomen einer hochentwickelten, abstrakten Prinzipientheorie als eine »Sprung«, der mit der traditionellen Vorgangsweise einer schrittweisen Induktion nicht zu rechtfertigen ist. Diese Vorgangsweise ist aber nicht einem Anti-Induktivismus gleichzusetzen, wie ihn Popper in einer Radikalisierung der Einsteinschen Methodenreflexion vertreten hat"[890].

Damit kann die Darstellung der Oeserschen Position abgeschlossen werden, jedoch nicht, ohne abrundend zwei Argumentationsfiguren Oesers anzufügen. Die erste Argumentationsfigur bezieht sich auf den wissenschaftlichen Universalismus[891]: „Eine konkrete Begründung für die Realisierbarkeit einer solchen Vorstellung eines wissenschaftlichen Universalismus läßt sich nun im Sinne der evolutionären Erkenntnis- und Wissenschaftstheorie in drei logisch aufeinanderfolgenden Schritten geben: 1. Schritt: Es gibt einen einheitlichen Mechanismus des Gewinns der Sicherung und Anwendung von Erkenntnissen, der tief im Wesen des Menschen verankert ist und seine materiellen, physiologischen Grundlagen in der Struktur und Funktion des menschlichen Gehirns hat. 2. Schritt: Folglich gibt es auch in der Wissenschaft ein grundlegendes Schema oder Modell, das für jede Art von Wissenschaft Gül-

[887] Oeser E 1983: S.291
[888] Oeser E 1983: S.293f
[889] Oeser E 1983: S.294
[890] Oeser E 1983: S.294f
[891] Der Begriff „wissenschaftlicher Universalismus" ist von Needham J 1979 geprägt worden, auf den sich Oeser auch explizit bezieht.

tigkeit hat, unabhängig von Inhalt und Ziel der Wissenschaft. Sowohl die Unterschiede zwischen den wissenschaftlichen Fachmethoden als auch die Unterschiede in den historischen Entwicklungsstufen innerhalb eines wissenschaftlichen Faches sind nur Variationen dieses einen grundlegenden Modells. 3. Schritt: Folglich ist auch die Wissenschaft kulturinvariant und universal. D.h., sie bildet systematisch eine Einheit, die bewirkt, daß jede wissenschaftliche Leistung, mag sie auch noch so isoliert sein, wie etwa die Erfindung der mathematischen Null durch die Mayas und die des Rades durch die Azteken, ihre Bedeutung für das Erkenntnisvermögen der Menschheit hat (Oeser E 1984)"[892].

An anderem Ort führt Oeser drei Thesen zu seinem Zwei-Stufen-Modell aus, die hier als zweite Argumentationsfigur zitiert seien: „*1. These* Die Ansprüche der evolutionären Wissenschaftstheorie können nur im Rahmen einer Zwei-Stufen-Konzeption eingelöst werden, in der die angeborenen Erkenntnis- und Entscheidungsmechanismen, mit denen sich die biologische Erkenntnistheorie beschäftigt, als notwendige Bedingungen von den erworbenen oder erlernten Mechanismen wissenschaftlicher Erkenntnis als zureichende Bedingungen in terminologisch präzisierter Weise sowohl unterscheiden als auch in ihrem Wirkungszusammenhang aufgedeckt werden. *2. These* Zwischen der ersten, der genetisch-organischen Evolution, und der zweiten, der sog. soziokulturellen Evolution, in die die Wissenschaftsevolution eingebettet ist, hat sich eine Evolution der Evolutionsmechanismen vollzogen, in der die Grundfaktoren des Evolutionsprozesses, Mutation und Selektion, die in der genetisch-organischen Evolution voneinander kausal unabhängig sind, miteinander in immer stärkerer Weise verkoppelt werden. *3. These* Zwischen der Evolution der kognitiven und der moralischen Fähigkeiten der Menschheit besteht eine Diskrepanz, welche die Wissenschaft zu einem höchst ambivalenten Phänomen macht"[893].

In folge sollen Arbeiten von Rupert Riedl und Günter P Wagner betrachtet werden, die sich auch mit wissenschaftstheoretischen Aspekten beschäftigen, primär aber die Logik der EE auseinandersetzen.

Von Riedl soll hier ein Text herangezogen werden[894], der sich mit Spaltung in natur- und geisteswissenschaftliches Denken beschäftigt, ein Thema, das Riedl immer wieder aufgreift und dem er ein ganzes Buch gewidmet hat[895]. Am Beginn des darzustellenden Textes hält Riedl fest: „Ein wissenschaftstheoretischer Vergleich der Natur- und Geisteswissenschaften muß sich um deren Methoden oder Paradigmen kümmern; und die erste Frage lautet: gibt es so etwas wie eine natur- und eine geisteswissenschaftliche Methode, und wenn ja, wie ließe sich die eine von der anderen unterscheiden?"[896] Sogleich bejaht Riedl die aufgeworfene Frage: „Nun, es gibt diese Methodendifferenz". Die Naturwissenschaften – genauer die so genannten „exakten" Naturwissenschaften – bediene sich der szientistischen Methode, wie sie – neuzeitlich - aus dem Positivismus entstanden ist: „Die szientistische Methode baut auf dem Erfolg der Erwartung, ein System (...) ließe sich zureichend aus den Eigenschaften seiner Teile erklären. Man sagt auch: seine Gesetze ließen sich auf jene seiner Bauteile reduzieren. Daher der Name »Reduktionismus«. Die Bewegung ist vom Positivismus getragen, will sich auf das positiv (d.h. meßbar) Feststellbare beschränken und beschränkt die Ursachenformen auf die *causa efficiens*; sie erklärt die Welt aus den Kräften (den Wechselwirkungen der Quanten)"[897]. Die Methode der Geisteswissenschaften ist die Hermeneutik, die zwar, als

892 Oeser E 1987a: S.130
893 Oeser E 1987d: S.159-162
894 Riedl R 1987d, basierend auf Riedl R 1987c
895 Riedl R 1985
896 Riedl R 1987d: S.128
897 Riedl R 1987d: S.128

hermeneutica sacra eine lange Tradition besitzt, ihr gegenwärtiges Gesicht aber ebenfalls erst in der Neuzeit bekommen hat, insbesondere durch Wilhelm Dilthey[898]. Die Hermeneutik basiert auf dem Prinzip der wechselseitigen „Erhellung", wobei Riedl sogleich auf folgenden Umstand hinweist: „Und paradoxerweise werden die kritischen Fragen aus einer geradezu szientistischen Perspektive linearen Ursachendenkens gestellt, die folglich allesamt fehl am Platze sind: Wo endeten diese Zirkel [wechselseitiger Erhellung], bei welchen sei zu beginnen, und an welcher Stelle in jedem einzelnen"[899]. Riedl läßt solche Fragen nicht gelten, da ihm die Hermeneutik „jene Methode ist, welche den (jedenfalls komplexen) Strukturen dieser Welt noch am besten entspricht"[900].

Zunächst weist Riedl zurück, die Hermeneutik würde mit Zirkelschlüssen operieren: „Wieso kann ich den Satz (C) aus Worten (B) und die Worte aus den Sätzen, C aus B und gleichzeitig B aus C, verstehen?" Der Grund hierfür ist eine Unabhängigkeit der beiden Leserichtungen – C zu B und B zu C -, bzw. darin gegeben, daß in jeder der beiden Leserichtungen nicht jeweils eine Theorie ausgebildet wird, die durch eine komplementäre gestützt werden soll, sondern jeweils viele Theorien, die sich untereinander stützen und erst in einem zweiten Schritt zusammengeführt werden, gemäß einer gegenseitigen „Erhellung". Genauerhin gilt: „Das Ganze hat also mit logischen Ableitungen, mit Deduktionen, nur in jedem Halbzirkel jeder der Einzeltheorien zu tun. Alle anderen Hälften gehören in das Gebiet der Induktion, im Sinne der Erwartung, man werde aus ähnlichen Fällen (einer hypothetischen Klasse) etwas für weitere Fälle Prognostizierbares entnehmen können. Diese heuristische Seite hat mit Gestaltwahrnehmung, Assoziation, Phantasie, Erfindungskunst, Begabung, Kenntnissen und Motivation zu tun. In ihr spielt auch der Zufall eine Rolle und ein System aus Hintergrundvermutungen, Gewichtung und Einstellungen, das kaum auflösbar ist. | Zudem hat das Ganze keinen Anfang und keinen Ort der Gewißheit, von dem ausgegangen werden könnte"[901].

Konkretisierend fügt Riedl hinzu: „Freilich illustriert solch eine Vorstellung nicht viel mehr, als man sich unter einem vernetzten System ohnedies vorgestellt haben mag. Damit wird auch das Prinzip der Hermeneutik nicht überholt; denn dieses gibt immerhin eine Handlungsanleitung in bezug auf die induktiv-deduktiven Kreisläufe, bezogen auf die hierarchische Organisation eines Systems. Was man hinzuzunehmen hat, ist das Subsumtionsschema nach Hempel und Oppenheim, das ein hierarchisches, sich verzweigendes Theoriensystem erkennbar macht, in welchem die Theorien einer Ebene wieder zu den Fällen werden, aus welchen sich die nächste Obertheorie entwickeln und jene wieder kontrollieren kann. Jedoch – wie ich fand – in jenem Sinne der Hermeneutik erweitert, als es sich symmetrisch in beide Richtungen der Hierarchie der Systems entwickeln muß"[902].

Die zusammenhängende Begründung hierfür meint Riedl im Sinne seiner Theorie von den Einschüben zwischen Teil und Ganzes geben zu können: „Alle komplexen Systeme entstehen als Einschübe zwischen bereits vorgegebenen Ober- und Untersystemen; dabei enthalten die Untersysteme die Materialbedingungen, aus welchen sich das neue System zusammensetzen kann, die Obersysteme die Rahmenbedingungen, welche die Art seines Zustandeskommens bestimmen. Die Untersysteme bestimmen seine Entwicklung durch die Disposition der

[898] Dilthey W 1883
[899] Riedl R 1987d: S.129; dieserart ungerechtfertigte Fragen führt zum Beispiel Stegmüller W 1979 an.
[900] Riedl R 1987d: S.130
[901] Riedl R 1987d: S.133; Riedl versteht dies als Illustration dessen, das Oeser E 1976 (Band 3: S.119) allgemein als systemtheoretisches Funktionsmodell für die Wissenschaftstheorie angibt.
[902] Riedl R 1987d: S.133

verfügbaren Bauteile (...), neue Systemeigenschaften zu entwickeln. Die Obersysteme bestimmen durch Selektivität (...) die Form oder die Qualität der neuen Systemeigenschaften, die unter den möglichen Disponibilitäten der Bauteile Bestand haben (überleben oder Verbreitung finden) kann“[903]. Angesichts hiervon spricht Riedl auch von der übereinstimmenden Symmetrie des Erkenntnisprozesses (entsprechend der hermeneutischen Symmetrie des Hempel-Oppenheim-Schemas) und des Entstehungsprozesses: „Die Subsumption von Theorien unter Obertheorien, sowohl in der Richtung auf Untersysteme als auch in Richtung auf Obersysteme, die Symmetrie der Erklärung zum vollen Verstehen eines Systems also, zeigt sich in Übereinstimmung mit der Entstehung der Systeme als Einschübe zwischen den jeweils vorgegebenen Ober- und Untersystemen“[904].

Das dieserart Dargelegte unterzieht Riedl nun einer evolutionären Betrachtung, wobei er zunächst festhält: „Diese Spaltung [in szientistische und hermeneutische Methode] hat aber zweifellos tiefere Wurzeln [als jene unterschiedlicher Forschungsobjekte]. Sie geht auf Konflikte zurück, die uns Menschen in dem Gegensatz von erblicher Ausstattung und bewußter Extrapolation entstanden sind. Diese Sicht aus der Perspektive der Evolutionären Erkenntnistheorie ist es ja auch, welche den Syntheseversuch neuerdings rechtfertigt und die herkömmlichen Annahmen verwerfen kann, daß eine der beiden Methoden jeweils durch die andere ersetzt werden müsse“[905].

Den Grund dafür, wieso die szientistische Methode Anklang finden kann und die hermeneutische Methode szientistisch zu begreifen versucht wird, gibt Riedl wie folgt an: „Unsere bewußte Reflexion dagegen suggeriert nur die Verläßlichkeit linearer Zusammenhänge, mit Ursache und Wirkung als deren Anfängen und Enden, ersten Tatsachen und letzten Gründen. Gegenüber einem schwebenden, sich aus sich selbst stabilisierenden Netzzusammenhang drängt sie uns zur Hoffnung auf fixe Punkte absoluter Gewißheit und verläßlichen, selbstevidenten Ableitungen aus diesen. All das gibt es in der Wirklichkeit nicht“[906]. Abschließend ist hierzu zu lesen: „Es bleiben nur die Alternativen zweierlei Metaphysik: Die szientistische scheint mir vom Gefühl der Verläßlichkeit unserer bewußten Reflexion angeleitet zu sein; die hermeneutische dagegen von der Verläßlichkeit unseres nicht reflektierbaren Gefühls. Ich halte beide Alternativen für die notwendigen Konsequenzen jenes Dilemmas, welches nun eine evolutionäre Betrachtung der Lösung nahelegt. Sie muß - ... – wahrnehmen, wo immer wir regelmäßig mit unseren rationalen oder ratiomorphen Prognosen an der Erfahrung scheitern; die naturwissenschaftliche ebenso wie die geisteswissenschaftliche“[907].

Den Abschluß dieses Unterkapitels soll die Betrachtung zweier Texte von Günther P Wagner[908] darstellen, die sich primär mit der logischen Struktur der EE beschäftigen, wobei sich Anknüpfungspunkte an die wissenschaftstheoretische Betrachtung ergeben. Aus Wagners Text aus dem Jahre 1983 sei die darin gegebene Darlegung zur Struktur des evolutionären Arguments betrachtet. Zunächst stellt Wagner die Frage, was man über die Außenwelt erfahren kann, und „worauf gründet sich unser Sprechen und Denken über die Außenwelt?“ Wagner führt nun an, daß es zwei Möglichkeiten zur theoretischen Begründung einer Behauptung – symbolisiert durch das Zeichen IP – gibt. Der erste Weg ist der, daß es eine Theorie gibt, die selbst keiner weiteren Begründung bedarf und in der die Behauptung IP ableitbar ist; als eine solche Theorie mag die Logik angesehen werden: „Bereits der englische Philosoph David

[903] Riedl R 1987d: S.135
[904] Riedl R 1987d: S.136
[905] Riedl R 1987d: S.138
[906] Riedl R 1987d: S.138
[907] Riedl R 1987d: S.139
[908] Wagner GP 1983, 1987; siehe zudem Wagner GP 1984

Hume (1711-1776) hat aber gezeigt, daß genau das unmöglich ist. Es lassen sich Schlüsse von Beobachtungen auf Ereignisse in der Zukunft logisch nicht rechtfertigen“[909]. Der zweite Weg besteht darin, nicht IP zu beweisen, sondern den Satz, „IP ist adäquat“. Auch dieser zweite Weg führt, wie Wagner ausführt, nicht zum Ziel, sondern verschiebt nur das Problem. Daher resümiert Wagner: „Wenn also theoretische Begründungsverfahren scheitern, so bleibt nur noch die Möglichkeit, eine empirische Basis zu suchen“[910]. Genau dies will die EE, „denn sie bezieht sich auf empirisches Wissen, die Evolutionsbiologie, die Verhaltensforschung und die Neurophysiologie, um Aussagen über erkenntnistheoretische Probleme zu stützen“[911].

Ist aber dieser – dritte – Weg tatsächlich zielführend, oder werden hier nicht Voraussetzungen der Erfahrungswissenschaften erfahrungswissenschaftlich gestützt? „Führt dieses Unternehmen nicht in eine logische Katastrophe, zu einem Zirkelschluß?“ An anderer Stelle lautet die Frage: „Wie kann da die Evolutionstheorie einen Beitrag leisten, ohne die logisch notwendige Trennung zwischen der »Objektsprache« der Wissenschaften und der »Metasprache« der Erkenntnistheorie zu mißachten?“[912]

Als Voraussetzung dafür, daß dieser dritte Weg zielführend ist, wird von Wagner das Lorenzsche Äquivalenzpostulat zwischen organischer Evolution und den wissenschaftlichen Erkenntnisprozessen angesehen: „Lorenz sagt sinngemäß: »Die Evolution der Organismen und der wissenschaftliche Erkenntnisprozeß sind in der Hinsicht äquivalent, daß beide zu der Abbildung gewisser Naturgesetze aus einem begrenzten Bereich der Realität führen«“[913]. Die (vermeintliche) Crux hieran ist, daß Aussagen über die organismische Evolution somit in zwei Formen in der EE vorliegen: „Einmal als Aussagen über eine bestimmte Art erkenntnisgewinnender Prozesse, zum anderen als Teil der Aussagen, die die Biologie enthält. Die Biologie ihrerseits ist aber auch Gegenstand der Erkenntnislehre, und zwar als ein Produkt sozialen Erkenntnisgewinns in den Wissenschaften“[914]. Das Problem hieran ist: „Treten nun dieselben Aussagen in der evolutionären Erkenntnislehre an unterschiedlicher Stelle und mit unterschiedlicher Funktion auf, so liegt der Verdacht eines logischen Zirkelschlusses nahe. Wird hier nicht indirekt die Evolutionstheorie mit der Evolutionstheorie begründet?“[915]

Wagner weist dies zunächst mit dem Verweis auf die Unterscheidung von (mindestens) vier Stufen in der evolutionären Argumentation innerhalb der Erkenntnislehre zurück: „(1) Innerhalb der Biologie wird die Evolutionstheorie auf der Grundlage empirischer Befunde aufgebaut. (2) Auf der zweiten Stufe wird die Äquivalenz zwischen organischen Evolutionsprozessen und wissenschaftlichem Erkenntnisgewinn postuliert (das Äquivalenzpostulat von Lorenz). (3) Auf der Grundlage des Äquivalenzpostulats wird dann versucht, die Voraussetzungen wissenschaftlicher Erkenntnis als Evolutionsprodukt zu verstehen (...). Das Resultat ist die evolutionäre Erkenntnislehre im engeren Sinn. (4) Die Vertreter der evolutionären Erkenntnislehre erheben dann den Anspruch, die Methodologie der empirischen Wissenschaften, einschließlich der Biologie, rationalisieren zu können“[916].

Diese Stufenabfolge stellt – wie Wagner heraushebt – keinen Zirkelschluß (*circulus in probando*) dar, da sich die vierte Argumentationsstufe „nicht direkt“ auf die erste Stufe bezieht: „In (4) wird die Methode der empirischen Wissenschaften rationalisiert, wohingegen

909 Wagner GP 1983: S.201
910 Wagner GP 1983: S.202
911 Wagner GP 1983: S.203
912 Wagner GP 1983: S.204
913 Wagner GP 1983: S.204
914 Wagner GP 1983: S.204
915 Wagner GP 1983: S.204
916 Wagner GP 1983: S.205

auf der ersten Stufe ein empirischer Rechtfertigungszusammenhang beschrieben ist"[917]. Stufe (4) bezieht sich also auch auf die Evolutionsbiologie, doch ist zu beachten, daß der Inhalt der Evolutionsbiologie nicht von methodologischen sondern empirischen Gegebenheiten bestimmt ist: „Keine Erkenntnislehre braucht die Wissenschaft zu »begründen«"; die Erkenntnistheorie hilft den an sich Faktum seienden Wissenschaften im Rahmen der Begriffskonsolidierung.

Im Lichte hiervon kommt Wagner auf das Kohärenzpostulat zu sprechen, bzw.: „In der Kohärenzepistemologie versucht man dem Umstand gerecht zu werden, daß selbst in den empirischen Wissenschaften kein Rückzug auf einfach gegebene Fakten, frei von dem Einfluß jeder Theorie, möglich ist. Es werden keine Fakten mit Aussagen verglichen, sondern nur Aussagen über die Realität mit anderen Aussagen"[918]. Hierauf folgt: „In ähnlicher Weise wird in der evolutionären Erkenntnistheorie kein direkter Bezug zur Realität hergestellt, auch wenn das von manchen Vertretern der evolutionären Erkenntnistheorie so impliziert zu werden scheint. Vielmehr läßt sich die logische Grundstruktur der evolutionären Erkenntnislehre in einem Kohärenzpostulat zusammenfassen: Aussagen über die Methodologie der empirischen Wissenschaften dürfen den Resultaten der empirischen Wissenschaften nicht widersprechen".

Expliziter äußert sich Wagner 1987[919] zum Kohärenzpostulat. Seinen argumentativen Weg zu diesem Postulat nimmt Wagner mit dem bereits bekannten Äquivalenzpostulat, wobei der Leser sogleich erfährt, daß dieses Postulat nur in wenigen Schriften zur EE konkrete Erwähnung findet, wiewohl „die zentrale Bedeutung dieses Postulats für die EE evident ist"[920]. Vollmer zum Beispiel löst dieses Postulat insofern sogar auf, als er die wissenschaftliche Erkenntnis gegenüber der mesokosmischen Erkenntnis abgrenzt, womit zwar die Zirkelproblematik – vgl. oben – sicherlich eliminiert ist, „aber letztlich auch die EE selbst": „Denn entweder fällt damit die wissenschaftliche Erkenntnis vollständig aus dem Kompetenzbereich der EE heraus, was einer Aufgabe der erkenntnistheoretischen Ansprüche der EE gleichkommt (s. auch Stegmüller, 1985), oder man akzeptiert eine Verdoppelung des Realitätskonzepts in mesokosmische und wissenschaftliche Realität, was dem Konzept des hypothetischen Realismus widerspricht"[921]. Angesichts derartiger Unstimmigkeiten hält Wagner fest: „Was fehlt, ist die adäquate logische Form, die den inhaltlichen Einsichten der EE gerecht wird"[922].

Die Darstellung hiervon im Sinne des Äquivalenzpostulates beginnt Wagner mit einer Diskussion von Passung und Geltung, bzw. nur von „Passung", da die Analyse von „Geltung" letztlich dem Fachphilosophen überlassen bleiben soll. Zunächst sei hieraus Wagners Stellungnahme für eine „biomorphe" Denkweise herausgegriffen: „Der eigentliche Wert der EE, wie der jeder naturalisierten Erkenntnistheorie, liegt nicht darin, daß in einer anthropomorphen Weise über Evolution und Wahrheit geredet wird. Ich glaube vielmehr, daß die EE Anlaß sein sollte, das Erkenntnisproblem in einer »biomorphen« Weise zu betrachten"[923]. Angesichts dieser Positionierung formuliert Wagner folgendes Problem: „Woher wissen wir, welche Teile unserer kognitiven Ausstattung Anpassungen sind und welche nicht?" Dieses

---

917 Wagner GP 1983: S.205f

918 Wagner GP 1983: S.206

919 Wagner GP 1987

920 Wagner GP 1987: S.64

921 Wagner GP 1987: S.64

922 Wagner GP 1987: S.65

923 Wagner GP 1987: S.65; Wagner versteht hierunter, die Erkenntnisleistungen als eine von vielen Arten von Lebensleistungen betrachten zu müssen, „in der Erwartung, daß sich allgemeine strukturelle Merkmale von Lebensvorgängen auch im Erkenntnisprozeß wiederfinden lassen (z.B. die rückbezügliche Struktur aller Lebensvorgänge, Varela 1981)".

Problem ist im Lichte einer grundsätzlichen Thematik bezüglich dem Nachweis von Passung in der Biologie zu sehen, wobei letztlich gilt: „Es ist nicht eine Anpassung [zum Beispiel] an das Wasser [den die stromlinienförmige Form des Delphinkörpers darstellt], denn viele Knochenfische sehen ganz anders [als stromlinienförmig] aus, sondern an eine Lebensweise, d.h. die Verhaltensweisen des Tieres in seiner Umwelt. Das Verhalten der Tiere bestimmt, wie die Umwelt auf die Gestalt der Organe rückwirkt, nicht die Umwelt, sondern das System Organismus-Umwelt den Passungscharakter der Merkmale“[924].

Zudem verweist Wagner auf die Bedeutung davon, in der biologischen Erforschung von Passung auf die Funktionsanalyse zurückzugreifen und sich im Rahmen hiervon um Referenzwissenschaften außerhalb der Biologie, zum Beispiel der Physik, zu bemühen: „Welche Disziplin übernimmt [aber] für die EE jene Rolle, die die Physik im Rahmen der Funktionsanalyse für die Biologie spielt?“[925]. Die Physik hilft in diesem Falle nicht weiter: „Die einzige Quelle für externe Referenz ist dann die Logik, die Wahrscheinlichkeitstheorie und die anderen Disziplinen der traditionellen Erkenntnistheorie“. Damit ist Wagner beim Kohärenzpostulat angelangt, zu dem man sogleich erfährt: „Dieses Verfahren des Vergleichs zwischen empirischen Befunden und metatheoretischen Einsichten ist natürlich nicht geeignet, eine Passung mit der objektiven Realität zu zeigen. Es ist ein Kohärenzargument. Es wird gefordert, daß unterschiedliche Zugänge zu ähnlichen Problemen zu kohärenten Resultaten führen. In diesem speziellen Fall wird eine Kohärenz zwischen empirischen Wissen, z.B. der Beschreibung einer kognitiven Leistung, mit metatheoretischem Wissen, z.B. aus der Logik, gefordert“[926].

Das Kohärenzpostulat besagt hierbei: „Aussagen über die Methodologie der Wissenschaften dürfen den Ergebnissen der empirischen Wissenschaften nicht widersprechen“[927]. Explizit wird auf den Umstand verwiesen, daß das Kohärenzpostulat nur in Verbindung mit dem Äquivalenzpostulat sinnvoll ist, wie auch festgehalten wird: *„Geltung* gründet sich in der EE also nicht auf Korrespondenz, dieser Anspruch kann nicht eingelöst werden, sondern auf Passung und Kohärenz“[928].

Wagner schließt nun noch aus, mit seinen Ausführungen die gesamte erkenntnistheoretische Kompetenz letztlich wieder in die Hände der traditionellen Erkenntnistheorie gelegt zu haben. Er schließt dies unter Beachtung des psychologischen Induktionsproblems aus, das, im Gewand des Sprechens vom ratiomorphen Apparat, nicht von einer Erkenntnistheorie gelöst werden kann, die den evolutionären Standpunkt ausblendet, das Induktionsproblem also ausschließlich als logisches Induktionsproblem versteht. Die hierbei von Wagner, gemäß dem Kohärenzpostulat geforderte rationale Betrachtung des psychologischen Induktionsproblems ist oben im Rahmen der Darstellung des Aufsatzes von Wagner GP & Ackermann G angeführt worden.

---

[924] Wagner GP 1987: S.66
[925] Wagner GP 1987: S.67
[926] Wagner GP 1987: S.67
[927] Wagner GP 1987: S.68; diese Aussage ist auch schon in Wagner GP 1983 zu finden; Wagner wendet sich hiermit explizit gegen das Vollmersche (1975) Bild des Regelkreises zwischen EE und Einzelwissenschaften, da dies wenig hilfreich ist.
[928] Wagner GP 1987: S.68

6.6 Kultur, Kunst, Metaphysik und Religion im Lichte der evolutionären Erkenntnistheorie

Im Zentrum dieses Unterkapitels – wie es also Kapitel 5 beendet - werden wieder jene Autoren, nämlich Erhard Oeser, Rupert Riedl und Franz M Wuketits stehen, die bereits das vorangegangene Kapitel dominiert haben; zudem sollen Ausführungen des Neurologen Franz Seitelberger umfangreicher beigezogen werden, im Sinne der Bedeutung, die insgesamt in diesem Buch der Neuroepistemologie beizumessen ist.

Zunächst sei mit der Darstellung von Argumenten Wuketits' begonnen, der in „Zustand und Bewußtsein“[929] seinen Ausführungen zum Menschenbild im Sinne der EE eine Kritik der Menschenbilder „Der Mensch, ein Ebenbild Gottes“ und „Der Mensch, eine Maschine“ vorangehen läßt. Letztere Kritik wird in den weiteren Ausführungen nicht interessieren und zum genaueren Verständnis zu den Wuketitsschen Darlegungen bezüglich „Ebenbild Gottes“ sei zunächst auf einen Text dieses Autors zu den „evolutionären Ursprüngen der Metaphysik“[930] geblickt.

Einleitend weist der Autor darauf hin, in seinen Ausführungen nicht von der philosophischen Disziplin »Metaphysik« zu berichten; „den Ausdruck »Metaphysik« verwende ich in seiner allgemeinen Bedeutung als Reflexion eines möglichen Urgrunds der Welt, als Spekulation über mögliche Ursachen und Zwecke jenseits der Erfahrungswelt. So gesehen impliziert die Metaphysik Formen mythischen Denkens“[931]. Im Lichte hiervon diskutiert Wuketits nun die „Metaphysik der Neandertaler“: „Eines der stärksten Motive der Metaphysik schon beim frühen Menschen war gewiß die Erkenntnis, sterblich zu sein: Das *Todesbewußtsein.* Daß dieses Bewußtsein den Menschen in tiefste Bedrängnis versetzte, ist ja so unverständlich nicht“[932]. Der Mensch habe sich gleichsam, in Auseinandersetzung mit der Unumgänglichkeit des biologischen Todes, die Illusion einer Unsterblichkeit gemäß einem Leben nach dem Tode, geschaffen. Hierfür gibt es, so Wuketits, deutliche Belege, zum Beispiel in Form bestimmter Bestattungs-, Bärenkult- und Schädelkult-Funde; die verfügbaren Funde erreichen ein Alter von maximal 60.000 Jahren. „Somit können wir festhalten, daß spätestens auf der Stufe des Neandertalers – von früheren Repräsentanten unserer Gattung fehlen hierfür eindeutige Befunde – metaphysische Vorstellungen verbreitet waren“[933]. Hieran schließt Wuketits an: „Das Erwachen des *homo metaphysicus* muß untrennbar verbunden gewesen sein mit einer gewissen Erklärungsnot (FM Wuketits, 1987e): In eine Welt gestellt zu werden, die voller Rätsel ist, mußte dem frühen Menschen – neben der unmittelbaren, biologischen Lebensbewältigung – Schwierigkeiten besonderer Art bereiten, die ihn angesichts so mancher Naturereignisse wohl zum Entsetzen trieben“[934]. Ist also, so fragt Wuketits weiter, der Metaphysik

---

[929] Wuketits FM 1985

[930] Wuketits FM 1987d

[931] Wuketits FM 1987d: S.220f

[932] Wuketits FM 1987d: S.223

[933] Wuketits FM 1987d: S.223

[934] Wuketits FM 1987d: S.224. Die Anfänge mit der Selbstreflexivität werden auch von anderen Vertretern der EE eigentümlich „katastrophentheoretisch“ verstanden; Wuketits sieht sich hier in Einklang mit Riedl, so daß er festhalten kann: „»Die Entdeckung des eigenen Ichs«, schreibt K. Lorenz (1973a), »der Beginn der Reflexion, muß ein einschneidendes Ereignis ... gewesen sein. Nicht zu Unrecht hat man den Menschen als reflektierendes wesen definiert«. Aber diese Entdeckung des Ichs war auch, wie R. Riedl (1976) vermutet, die »erschütterndste Entdeckung, die der Mensch in seiner Geistesgeschichte gemacht hat; ein Auf-

eine lebenserhaltende Funktion zuzuweisen? „Durchaus. Denn die Projektion von Ursachen als *Absichten* in Sphären des Unerfahrbaren hat für den Menschen stets eine gewisse Befriedigung bedeutet, »eine gewisse Beruhigung in einer unsicheren Situation: ‚Es hat doch alles seinen tieferen Sinn' – und ist dieser ‚Sinn' nicht unmittelbar einsichtig, dann eben wird er der Absicht eines ‚höheren Wesens' zugesprochen« (FM Wuketits 1987e). ... Sicherheit zu gewinnen also in einer alles in allem unsichtbaren Welt – das war (und ist) ein Grundbedürfnis des Menschen, und erfüllt wurde dieses Bedürfnis am ehesten offenbar durch die Projektion von Absichten ins Unerfahrbare"[935].

Soweit es gegenwärtigere Formen besagter Projektion anbelangt, findet Wuketits zu einer eindeutig negativeren Bewertung: „Er [der Mensch] kann sich mit oft billigem Trost über die geringe Rolle hinwegtäuschen, die er im kosmischen Geschehen spielt, er kann sich aber auch die »Krone der Schöpfung« aufsetzen. Letzteres hat er denn auch fortgesetzt getan. Das Resultat seiner Selbstverherrlichung ist: Der Mensch, ein Ebenbild Gottes"[936]. Beispiele einer solchen Apotheose sind Wuketits der medizinisch-philosophische Entwurf von Paracelsus, die Proportionslehre des Vitruvus, Leibnizens „Theodicee" und die christliche Religion – wie sie einen persönlichen Gott aussagt -. „Es ist interessant und bezeichnend festzustellen, daß der Mensch, indem er sich selbst als Abbild Gottes sieht, meist seine Vernunft hierfür ins Spiel bringt, und zwar insofern, als diese nicht nur das entscheidende Wesensmerkmal seiner selbst sein soll, sondern gleichzeitig ein Attribut Gottes; denn jeder postulierte göttliche Regent der Welt, der Schöpfer des Kosmos, bekommt die Eigenschaft zugesprochen, weise zu sein, weise und allmächtig"[937].

Wuketits meint nun, daß derartige Anschauungen „Kinder jener alten, im Menschen früh erwachten Sehnsüchte sein [müssen], sich selbst als tiefsten Ausdruck der Gesetzlichkeiten einer von Gott inspirierten Welt sehen zu dürfen. ... | *Paradox ist, daß menschliches Leben dabei auf einen postulierten Gott projiziert wird, um sich dann selbst aus diesem zu erklären*! Der Mensch deutet sich so als *Abbild* eines von ihm selbst gezeichneten Bildes"[938]. Der tiefere Gehalt solcher Projektionen wird von Wuketits nun psychologisierend darin gesehen, daß der Mensch nicht „nur" Mensch sein wolle, sondern „in der Welt eine ausgezeichnete Position innezuhaben [wünscht]". „Dünkt sich der Mensch als gottähnliches Wesen, dann lauert darin stets ein offensichtliche, von vielen aber offensichtlich auch verkannte Gefahr: die Gefahr, seine Macht in der Natur überzubewerten und daran früher oder später zugrunde gehen zu müssen (wobei es keinen Unterschied macht, ob das Erhabenheitsgefühl dem

---

tauchen aus einem tierischen Realismus; zu begreifen, selbst Spiegel dieser Welt, die Ursache vieler Dinge, selbst der Träger von Zielen und Zwecken zu sein«" (1987d: S.220).

[935] Wuketits FM 1987d: S.224; da an dieser Stelle zunächst der Aufsatz von Wuketits verlassen werden soll, ist es angebracht, eine Stellungnahme zu diesem von Erhard Oeser einzuflechten: „Die Inhalte, Unsterblichkeit der menschlichen Seele und der Jenseitsglaube schlechthin, sind zwar die gleichen [in den archaischen vorformen der Metaphysik und in der gleichnamigen philosophischen Disziplin], der Erklärungs- bzw. Begründungsanspruch ist jedoch völlig unterschieden .... An dieser Stelle sollte man, was sicherlich auch im Sinne des Vortrages von Wuketits [damit ist der betrachtete Aufsatz gemeint] ist, die Beschränkung des Anspruchs der EE akzeptieren: Sie liefert kein naturalistisches Modell der Gültigkeit, sondern bleibt auch in diesem bereich eine rekonstruktiv-explanatorische Theorie, die sich lediglich auf die archaische Vorform der metaphysica specialis bezieht" (Oeser E 1987f: S.274)

[936] Wuketits FM 1985: S.269

[937] Wuketits FM 1985: S.270

[938] Wuketits FM 1985: S.272f

Menschen von den Propheten religiöser oder »weltlich«-ideologischer Systeme eingeflößt wird)“[939].

Damit ist eine Überleitung zu einem allgemein ethischen Problemhorizont gegeben, wozu sogleich festgehalten sei: „Ich stimme aber ganz mit Vollmer[940] überein, wenn er die Evolutionäre Erkenntnistheorie von der Ethik entbindet. ... Man kann aus »Seinsaussagen« keine »Sollensaussagen« ableiten (vgl. auch Löw 1980)“[941]. Jedoch: „Der Weg von einer Evolutionstheorie zur Ethik ist daher, um es so auszudrücken, ein »indirekter«. Die Evolution können wir als »Haltegriff« bei der Etablierung eines ethischen Systems benützen, in folgendem Sinne: wenn der Mensch überleben *will*, dann wird er seine Einsichten in die Evolution, der er entsprungen ist, als Basis nehmen müssen für eine realistische Kalkulation jener Bedingungen, unter denen er überleben *kann*; denn in die Evolution liegen nicht nur die Möglichkeiten dafür, daß sich eine Spezies wie der Mensch ... entwickeln konnte; auch die Grenzen einer *Fortentwicklung* dieser Spezies liegen in der Evolution mit ihren Systembedingungen“[942]. Hieran schließt Wuketits aus einer anderen Arbeit von ihm: „Darin schließlich ist unsere Sollenserfahrung eingebettet, als Basis für eine zukunftsweisende Ethik. Diese kann weder allein durch die Faktizität der Evolution noch ohne Bezug auf unser evolutives Werden etabliert werden. Evolution ... ist nicht der »Grund« für eine Ethik, sehr wohl aber jener Bereich, in dem wir uns selbst erfahren können als rationale, reflektierende Wesen mit Sollenserfahrungen uns selbst und der Evolution gegenüber“[943].

Was mit diesem „indirekten Weg“ und den auf diesem zu erreichenden Zielen genauer gemeint sein soll, erfährt man in „Zustand und Bewußtsein“. Sogleich betont Wuketits die Bedeutung davon, sich realistisch als Teil der Natur, bzw. sich in dieser, verstehen zu können: „Sich *in* der Natur kraft des Bewußtseins zu begreifen und nicht als Wesen *außerhalb* der Natur (Gott oder Maschine) zu deuten, ist für den *homo sapiens* vordringliches Postulat“[944]. In diesem Sinne geht es Wuketits um die „Einheit von Leben und Geist“. Hieraus leitet Wuketits wiederum – diesmal drei – Haltegriffe für das Selbstverständnis des Menschen ab: „[1] Wir sind dank der Erkenntnisse aus Evolutionsbiologie, Paläoanthropologie und verwandter Disziplinen in der Lage, unseren Werdegang als *biologische* Spezies zu rekonstruieren. [2] Es ist uns aber auch möglich, die Entstehung des Bewußtseins mit dieser Entwicklungsgeschichte in Verbindung zu bringen und das psychophysische Problem somit jenseits eines Dualismus wie auch eines Monismus (...) anzusetzen. [3] Indem wir uns nun auf diese Weise Zugang verschaffen zu uns selbst, Zugang »von außen«, aus dem Blickwinkel objektiver Erkenntnis, leugnen wir niemals unser »Selbst«, sondern versuchen gerade dieses Selbst zu beleuchten, wohl bedacht, daß »Außen« und »Innen« zwei Seiten ein und derselben Wirklichkeit sind, jener Wirklichkeit, die wir als Menschen fortgesetzt *erleben*“[945].

Insbesondere den dritten Haltegriff hebt Wuketits als der weiteren Betrachtung wert hervor, zunächst auf die Bedeutung davon verweisend, die Subjektivität des individuellen Menschen ausreichend würdigen zu können: „Daß eine »Anthropologie der Subjektivität« noch den weitaus größten Teil ihres Weges vor sich hat, ist zuzugeben, wenigstens sollte an dieser Stelle aber auf diese erhellende Perspektive hingewiesen sein. Keine das Bewußtsein vereinfachende oder gar es leugnende Automatentheorie wird hierfür die Basis abgeben können,

---

[939] Wuketits FM 1985: S.275
[940] Vollmer G 1983: S.50
[941] Wuketits FM 1983d: S.364
[942] Wuketits FM 1983d: S.364f
[943] Wuketits FM 1981: S.327
[944] Wuketits FM 1985: S.292
[945] Wuketits FM 1985: S.292

sondern ausschließlich die Reflexion des *erlebenden, denkenden* Menschen"[946]. Sogleich fordert Wuketits ein, den Menschen nicht bloß anhand einiger seiner Wesenszüge verstehen zu dürfen, sondern zu beachten, daß der heutige Mensch Folge „komplexer biologischer und soziokultureller Entwicklungsprozesse" ist; dies entspricht Wuketits' Forderung danach, den „*ganzen* Menschen in der Evolution"[947] sehen zu müssen.

„Biologische" *und* „soziokulturelle" Evolution! Hier werden zwei Stufen angedeutet, worin liegt, daß die biologische Betrachtung nicht schon den ganzen Menschen ins Blickfeld geraten läßt; dies, wie Wuketits betont, wird auch nicht in der EE vertreten, gemäß ihrem Fulgurationsprinzip[948]. An anderer Stelle führt Wuketits aus, daß das Ineinandergreifen der biologischen und soziokulturellen Faktoren so zu verstehen ist, daß die Psycho-Evolution als „Teilaspekt" der biologischen Evolution zu begreifen ist, „während die Entwicklung des Bewußtseins im biologischen Bereich wurzelt, sich aber in die »kulturelle Sphäre« gleichsam entäußert"[949]. In diesem Sinne ist das Menschenbild wesentlich von einem Interferenzproblem bestimmt: „Den Weg der Entwicklung des Menschen als einen Weg vom instinktgebundenen zum rational-reflektierenden Verhalten nachzugehen, als einen Weg »von der Vorprogrammierung zur Selbststeuerung« (Hernegger 1982), einen Weg, auf dem ein Lebewesen »Besitz ergreift« von seiner Umwelt, diese Umwelt zu seinen Zwecken gestaltet (und verunstaltet), einen Weg, der nicht vorgezeichnet war, den der *evoluierende* Mensch selbst gangbar gemacht hat – das muß das grundsätzliche Anliegen einer umfassenden Anthropologie werden: einer Anthropologie, die sich am Leitfaden des *Menschen* orientiert und damit »Außen« und »Innen«, Objektivität und Introspektion vereint, einer Anthropologie als Ort der Bewegung der »zwei Kulturen«"[950].

Im Lichte hiervon verweist Wuketits nun explizit auf die Bedeutung davon, den Menschen als „lebendigen" Menschen verstehen zu müssen, was keine Selbstverständlichkeit ist: „um den Preis seines Lebendigseins kaufte er sich, neben den vielen Annehmlichkeiten des Alltags, die Kontrolle über sich selbst, ... Der Mensch ist langsam ein Sklave seiner Bedürfnisse nach Machbarkeit geworden"[951]. Damit hat Wuketits den „indirekten Weg" von der Evolutionstheorie zur Ethik geschafft, und stellt demgemäß fest: „So werden wir wieder auf die Notwendigkeit einer *Ethik* zurückgeführt".

Sogleich hebt Wuketits hervor, daß die Evolution dem Menschen weder seinen Weg noch seine Pflichten auf diesem Wege vorgeschrieben hat: „Nirgends im Kosmos steht vermerkt, was wir zu tun haben". Zugleich „können wir uns nicht entbinden von den Erfordernissen ethischen Sollens, woran uns unsere Vernunft, wenn vereint mit Humanität, gemahnt"[952]. Angesichts hievon führt Wuketits nun aus, daß bei den höheren Tieren (Vögeln und Säugetieren) „nicht nur das Töten von Artgenossen vorkommt, sondern vielfach eine *Tötungshemmung* existiert". Beim Menschen ist die hiermit bezeichnete Ganzheitlichkeit verloren gegangen, wie in Anlehnung an hiermit übereinstimmende Aussagen Lorenz' (vgl. oben) unter Betonung der diesbezüglichen Bedeutung von Fernwaffen (als einem Produkt des Denkens) dargelegt wird. Das *ganzheitliche* Menschenbild „duldet" aber solche Zerfallserscheinungen „nicht": „Als der Mensch – wann immer das war, sicher aber vor mehreren Jahrzehntausenden – erstmals seiner selbst gewahr wurde, sah er sich gleichzeitig sowohl vor die

[946] Wuketits FM 1985: S.293
[947] Wuketits FM 1983d: S.365
[948] Wuketits verdeutlicht dies anhand von Aussagen in Lorenz K 1976
[949] Wuketits FM 1985: S.298
[950] Wuketits FM 1985: S.298ff
[951] Wuketits FM 1985: S.300
[952] Wuketits FM 1985: S.300

Möglichkeit seiner Vernunft als auch vor die daraus *naturgemäß* erwachsene Pflicht gestellt: die Pflicht als Moral. Vernunft und Moral haben eine *gemeinsame kognitive* Basis, aber im Verlaufe der Entwicklung spezifischer soziokultureller Kontexte sind sie auseinandergefallen"[953]. Gemäß Wuketits ist dies ein Ergebnis einer vom Menschen „selbst" wiederholt „vollzogenen" Spaltung in natur- und geisteswissenschaftliches Denken, das den Menschen nicht ganzheitlich verstehen läßt, sondern einseitig reduktionistisch bzw. illusionär als „Maschine", als „Ebenbild Gottes" und so weiter.

Konkret schließt Wuketits also aus, daß der „Grund" für menschliche Moral in der Evolution „entsprungen" sein könnte: „nur insofern, als auch unser kognitiver Apparat der Evolution entsprungen ist, mit ihm also auch die Moralität ihre tiefen Wurzeln in der Evolution unserer Gattung hat"[954]. Daher auch sagt uns die Evolution weder, „*warum* wir uns ethisch auf diese oder jene Weise verhalten sollen", wie auch nicht, „*ob* wir überhaupt eine bestimmte ethische Pflicht zu erfüllen haben". Aus der Evolution können wir aber „lernen", daß der Mensch „*das Vermögen, sich moralisch zu verhalten, nicht als Widerspruch zu seinen rationalen Fähigkeiten erworben hat*"[955].

Im Lichte hiervon reflektiert Wuketits wieder auf den altsteinzeitlichen Menschen, den seine „natürlichen Instinkte" dazu brachten, weitgehend in Einklang mit der Natur und den anderen Kreaturen zu leben: „Aber die Altsteinzeit ist lange vorbei und jene Instinkte haben wir so gut wie verloren"[956]. Dieser Verlust darf also weder im Sinne von „Mensch als Ebenbild Gottes noch gemäß „Mensch als Maschine" kompensiert bzw. ausgenutzt werden, wobei konkret für theistische Menschenbilder gelten soll: „Jeder theistische Versuch einer Ethik resultiert zwar in *Normen*, keiner dieser Versuche vermag aber *Werte* zu begründen, und zwar Werte, die der Mensch als solche zu erkennen in der Lage ist und akzeptieren kann, ohne daß sie ihm gewaltsam eingeimpft werden"[957]. Nicht „Normentabellen, nicht Tafeln mit Geboten und Verboten, Paragraphen" sind es, die Werte vermitteln können, und demgemäß falsche Normen besagen; besagte Werte kommen alleine aus der Bedachtnahme auf die Natur, von der der Mensch als lebendiges Wesen ganzheitlich ein Teil ist: „Mit Lorenz lautet die Diagnose: »Die allgemeine und rasch um sich greifende Entfremdung von der lebenden Natur trägt einen großen Teil der Schuld an der ästhetischen und ethischen Verrohung des Zivilisationsmenschen«"[958]. Wird diese Entfremdung überwunden, so ist der Weg geebnet für: „Ist sich der einzelne Mensch des Wertes seines eigenen Lebens bewußt, und ist er sich zugleich bewußt, daß dieses *sein* Leben eingeflochten ist in das Netzwerk des Lebens auf der Erde, dann wird er, so ist zu vermuten, eher in der Lage sein, *alles Leben an und für sich als wertvoll zu empfinden*"[959].

Hierin liegt zugleich der Gedanke der Weiterentwicklung des Menschen, wozu bei Wuketits auch zu lesen ist: „ ... auch das Erkennen und Denken des Menschen sich evolutiv fortentwickeln. Diese in den Vervollkommnungsideen der Aufklärung wurzelnde Vorstellung gewinnt mit der Evolutionären Erkenntnistheorie erneut an Bedeutung. Zwar ist es klar, daß unser Erkennen und Denken von stammesgeschichtlich in uns programmierten Mechanismen begrenzt wird, daß aber zugleich der Mensch durch seine Rationalität und die dieser ent-

[953] Wuketits FM 1985: S.301
[954] Wuketits FM 1985: S.302
[955] Wuketits FM 1985: S.302
[956] Wuketits FM 1985: S.303
[957] Wuketits FM 1985: S.304
[958] Wuketits FM 1985: S.304f; Wuketits zitiert hier aus Lorenz K „Die acht Todsünden der zivilisierten Menschheit; München 10. Auflage; S.28.
[959] Wuketits FM 1985: S.305

sprungene Wissenschaft die Grenzen seiner angeborenen Anschauungsformen zu übersteigen vermag"[960].

Für die dargestellte Argumentation Wuketits' ist eine zweistufige Argumentation, die Kognition und Ethik in unmittelbarer Nähe sieht, von zentraler Bedeutung, wiewohl sie lediglich in Andeutungen dargelegt wird. Dies verhält sich bei Oeser anders: Er gibt eine ausgearbeitete Darstellung einer zweistufigen Evolutionstheorie – wovon bereits die Rede war! -. „Im Rahmen einer derartigen universalen Evolutionstheorie stellen die biologische Evolutionstheorie und die Theorie der soziokulturellen Evolution zwei Stufen dar, die nicht aufeinander reduzierbar sind. Die soziokulturelle Evolution ist zwar aus der genetisch-organischen Evolution hervorgegangen, ist aber keineswegs als deren lineare Fortsetzung zu betrachten. Sie ist vielmehr als die Abzweigung (oder Bifurkation) eines zweiten Entwicklungsprozesses anzusehen, der eine eigene Geschwindigkeit und eigene Produkte aufweist, während der »darunter« liegende Prozeß weiterläuft"[961]. Auf der ersten Stufe werden, so Oeser die „Startbedingungen" der soziokulturellen Evolution festgelegt.

Oesers Ausführungen zur Zwei-Stufen-Theorie nehmen immer mit der Betrachtung der Wissenschaftstheorie ihren Anfang, bzw. mit der EE, wie sie in der zweiten Stufe mit der evolutionären Wissenschaftstheorie „gleichzusetzen" ist. Hierauf aufbauend gelangt Oeser zur evolutionären Ethik: „»Erkenntnis« allein ist auch kein Garant für die Zukunft. Nach der evolutionären Erkenntnistheorie genügt es nicht zu wissen, was wahr und vernünftig ist, sondern es geht auch um das vernünftige Handeln. Das vernünftige, moralisch begründete Handeln ist der Gegenstand der evolutionären Ethik. Auch in diesem Bereich gilt die Zwei-Stufen-Konzeption"[962]. An anderem Ort heißt es hierzu: „Es gibt daher auch im Bereich der evolutionären Ethik die Zwei-Stufen-Konzeption: Auf der ersten Stufe der evolutionären Ethik geht es analog zur ersten Stufe der evolutionären Erkenntnistheorie um die genetische Propensität unseres moralischen Verhaltens"[963]. Bezüglich der Verflechtung von Kognition und Moral relativ zur zweiten Stufe ist zu lesen: „Die epigenetische Überformung unserer genetisch determinierten Neigungsstruktur ist eine artspezifische Leistung des menschlichen Bewußtseins, das zu kulturellem Lernen befähigt ist. Diese soziokulturelle Entwicklung der Moral ist mit unseren kognitiven Leistungen aber nur insofern verkoppelt, als durch die Steigerung unserer Erkenntnisfähigkeiten auch neue Dimensionen des Guten und Bösen eröffnet werden. Sie ist also nicht das Resultat einer rationalen Planung und Festlegung"[964]. An anderem Ort führt Oeser aus, daß kognitives und emotionales Verhalten „eng miteinander verbunden"[965] sind, was auch neurophysiologisch belegt werden kann.

Der Ausgangspunkt jener Bifurkation, der gemäß Oeser die zweite Stufe von der ersten Stufen abheben läßt, wird für die Ethik – in Anlehnung an „kognitive Nische" (Mesokosmos) – als „moralische Nische" des Menschen verstanden: „Sie besteht in der Kleingruppenmoral der Hominiden des späten Pleistozän und ist bestimmt durch die Art der Auseinandersetzung zwischen den Gruppen und Sozietäten, die die damaligen ökologischen Nischen besetzten"[966]. In „Psychozoikum" heißt es hierzu: „Die korrekte Rekonstruktion des sozialen Verhaltens zur Zeit der genetischen Programmierung des homo sapiens ist daher von größter Bedeutung.

[960] Wuketits FM 1987a: S.18; diesen Gedanken führt Wuketits auch in 1987e aus, wo namentlich der Geschichtsphilosoph Condorcet Erwähnung findet.
[961] Oeser E 1987d: S.53
[962] Oeser E 1987d: S.55
[963] Oeser E 1987a: S.46
[964] Oeser E 1987a: S.48
[965] Oeser E 1987g: S.152
[966] Oeser E 1987d: S.56

Denn sie gibt Auskunft über jene angeborenen, d.h. genetisch determinierten Verhaltensweisen, mit denen wir noch heute rechnen müssen“[967]. Unter Berücksichtung dieser Veranlagung muß also die evolutionäre Ethik zweiter Stufe Normen formulieren, „die den Menschen nicht überfordern. Ähnlich wie im kognitiven Bereich gilt auch hier, daß das Verlassen der »moralischen Nische« der Kleingruppenmoral nur schrittweise erfolgen kann. Die Entwicklung abstrakter Regeln für Verhaltensweisen in den Großgruppen, in denen der Mensch heute lebt, ist daher eine Überlebensnotwendigkeit“[968]. Dies gilt im Lichte davon, daß: „keine der uns bekannten Verhaltensweisen und Mechanismen stellt daher eine Garantie für ein unbegrenztes Überleben dar“[969]. Hierher gehört auch, daß die Ethik im Horizont der zweiten Stufe als „Ethisierung“ zu verstehen ist, gemäß einer „für sein [des Menschen] Überleben notwendige[n] biologische[n] Anpassung“[970].

Im Lichte hiervon sei folgende „These“ Oesers gelesen: „Zwischen der Evolution der kognitiven und der moralischen Fähigkeiten der Menschheit besteht eine Diskrepanz, welche die Wissenschaft zu einem höchst ambivalenten Phänomen macht“[971]. In den Ausführungen zu dieser These hält Oeser unter anderem fest: „Nach dem evolutionären Erklärungsschema liegt auf rein theoretischer Erkenntnis ohne Anwendung kein Selektionsdruck“; dieses Wissen dient nicht dem Überleben der biologischen Art Mensch. Hierin liegt das Primat des praktischen und technischen Wissens: „Damit erklärt sich auch der ungeheure Erfolg und die Durchsetzungskraft der naturwissenschaftlichen Erkenntnis gegenüber Philosophie und Geisteswissenschaft“[972]. Im Lichte hiervon seien Ausführungen Oesers in „Psychozoikum“ zu „allgemeine Erkenntnis“ betrachtet: „Der eigentliche Wendepunkt innerhalb der soziokulturellen Evolution stellt jedoch das Auftauchen der zielorientierten Gruppe dar, die nicht nur dem eigenen Überleben und dem der Gruppe als konkrete Fortpflanzungsgemeinschaft, sondern allgemeinen Erkenntnissen dient, die keinen direkten Überlebenswert besitzen: Sie ist die bedeutendste Kulturerfindung des Menschen und hat ihre Grundlage in der natürlichen Kleingruppe der familiären Verwandtschaft“[973]. An wiederum anderem Ort schreibt Oeser hierher Gehörendes unter dem Begriff „Erkenntnisoffenheit“: nachdem Oeser zunächst festhält, daß, wie die vergleichende Verhaltensforschung zeigt, das Menschenhirn primär eine „Überlebensmaschinerie“ ist, schreibt er: „Zugleich ist es [das Menschenhirn] aber auch ein Extrem- oder Überschußorgan, das nicht nur wie bei anderen Lebewesen an eine bestimmte ökologische Nische angepaßt ist, sondern im Unterschied zu den menschlichen Sinnesorganen, die sehr enge Begrenzungen aufweisen, erkenntnisoffen ist, und zwar auf Grund der eigenen internen funktionalen Mechanismen“[974]. Oeser spricht daher auch von einer „universalen Lernfähigkeit des Menschen trotz seiner ihn einschränkenden genetischen Strukturen“[975].

Angesichts hiervon verweist Oeser – was bereits angemerkt worden ist – darauf, daß jeder Mensch „von Geburt an bei jenem Punkt [beginnt], an dem die genetisch-organische Hominidenevolution »aufgehört« hat“[976]. Angesichts hiervon kommt Oeser wieder auf die

---

967 Oeser E 1987a: S.46
968 Oeser E 1987d: S.56
969 Oeser E 1987a: S.48
970 Oeser E 1987a: S.48
971 Oeser E 1987d: S.62
972 Oeser E 1987d: S.62
973 Oeser E 1987a: S.126
974 Oeser E 1987g: S.151
975 Oeser E 1987g: S.151
976 Oeser E 1987g: S.152

Bedeutung der Kleingruppen-Moral zu sprechen: „Das heißt, wir sind in unseren grundlegenden kognitiven wie emotionalen Grundstrukturen die gleichen geblieben wie im späten Pleistozän. So entspricht dem linearen Kausaldenken ohne Rückkoppelung ein destruktives Ausbeuteverhalten, und beide kennzeichnen die Mentalität herumschweifender kleiner Gruppen, die in einer weitgehend gleichförmigen Welt genügend Lebensraum hatten, um von den ausgebeuteten Plätzen zu neuen Territorien aufbrechen zu können. Diese Mentalität hat bis in unsere Zeit die Entwicklung der menschlichen Zivilisation gekennzeichnet“[977].

Ein wesentliches Element der evolutionären Ethik ist insofern mit der Beachtung der Kleingruppe verbunden, als sie in dieser die Möglichkeit dafür sieht, das Verhalten des Menschen *tatsächlich* als moralisch verstehen zu können, insofern eine Übersteigung eines reinen Egoismus - Pflicht etc. in das Blickfeld bekommend – ausgesagt werden kann. Das Entsprechende wird von Oeser, in Anlehnung an Hegel, als „Trick der kollektiven Vernunft“ bezeichnet und basiert auf der „inclusive fitness“-Konstruktion: „Es bedeutet, daß die genetische *fitness* eines Individuums nicht nur am Überleben und an der Reproduktion seiner selbst und seiner Nachkommen gemessen wird, sondern auch an der Förderung der *fitness* genetisch Verwandter und darüber hinaus der adoptierten Mitglieder der sozialen Gruppe (...). Unter den Bedingungen des späten Pleistozän, in dem die günstigen ökologischen Nischen von dem sich rasch expandierenden Homo sapiens besetzt worden sind, entstand eine genetisch festgelegte Neigungsstruktur sowohl für Aggression als auch für Friedfertigkeit, sowohl für Egoismus als auch für Altruismus“[978]. In „Psychozoikum“ erfährt man hierzu genauer, daß die Überlegenheit des Frühmenschen nicht auf dessen Fähigkeit zur Herstellung von Werkzeugen und Waffen basiert, sondern „vor allem in seinen sozialen Fähigkeiten und dem dazu verwendeten »sozialen Werkzeug« der Sprache“[979]. Hieran schließt an – im Lichte der Anführung der „inclusiv fitness“-Konstruktion -: „Nach einer evolutionären Theorie des sozialen Verhaltens ist die Gruppenbildung beim Menschen ursprünglich ein artspezifischer Selbstorganisationsprozeß, der nicht durch äußere »künstlich« oder rational festgelegte Normen bestimmt ist, sondern durch die internen Beziehungen der Gruppenmitglieder untereinander“[980]. Zwänge, die sich innerhalb der Gruppe ergeben, ergeben sich hierbei „von selbst“, wobei Oeser mit dem evolutionär orientierten Soziologen Claessens[981] vier notwendige Arten von Zwängen unterscheidet: „Zwang zur Selbstdarstellung“, „Zwang, den anderen registrieren zu müssen“, „Zwang zur Bildung eines Binnenselbstverständnisses der gesamten Gruppe“ und „Zwang zur Außendarstellung“.

Zum „Zwang zur Bildung eines Binnenselbstverständnisses der gesamten Gruppe“ merkt Oeser an: „Das ursprüngliche Konkurrenzstreben des einzelnen Mitglieds, der Egoismus, wird über den Zwang der gegenseitigen Anpassung zur Kooperation umgeformt. In der Gruppe werden dann auch nach objektiven Maßstäben die einzelnen Fähigkeiten gemessen. Sie führen oft zur Korrektur der Selbstdarstellung des einzelnen Mitglieds sich selbst gegenüber. Man erkennt sehr schnell in der Gruppe, ob man etwas beherrscht oder nicht. Neue Situationen können neue Qualitäten der Mitglieder aufdecken oder hervorbringen. Der Selbstdarstellungsprozeß läuft daher immer weiter“[982].

Angesichts hiervon führt Oeser nun jene quasizirkuläre Prozessualität an, die bereits aus vorangegangen betrachteten Schriften dieses Philosophen als Rückgrat evolutiven Wandels

---

[977] Oeser E 1987g: S.152
[978] Oeser E 1987d: S.56
[979] Oeser E 1987a: S.127
[980] Oeser E 1987a: S.127
[981] Claessens D 1976
[982] Oeser E 1987a: S.128

bekannt sind: „Das Menschenhirn ist das genetisch »fertige« Organ, dessen grundlegende Leistungspotenzen echte phylogenetische Verwandtschaftsähnlichkeiten mit allen anderen Lebewesen, die ein zentralisiertes Nervensystem besitzen aufweisen, aber darüber hinaus auf Grund höherer Komplexität artspezifische Systemeigenschaften besitzt, die sonst nirgendwo vorkommen und für die menschliche Kulturentwicklung charakteristisch sind. Alle diese Eigenschaften lassen sich durch eine grundlegende Fähigkeit erklären, die das Menschenhirn schon seiner materiellen Struktur nach im höchsten Ausmaß besitzt: Es ist die Fähigkeit einer iterativen Verarbeitung von Informationen auf hierarchisch einander übergeordneten Ebenen, die in den makro- und mikroanatomischen Strukturen verankert sind (s. Oeser 1987h)". Oeser verweist nun darauf, daß „Iteration" nicht einfach „Wiederholung" bedeutet, sondern – gemäß besagter Quasizirkularität – Rückkehr zum Ausgangspunkt auf nächst höherem Niveau.

Zunächst diskutiert Oeser diese Iteration für den kulturellen Bereich „Wissenschaft", sodann festhaltend: „Das gleiche [wie für die Wissenschaft und Erkenntnis] gilt für den zweiten großen Bereich der soziokulturellen Evolution, Moral und Recht"[983]. Diese sind „im Sinne der Theorie komplexer Systeme von F. v. Hayek ‚evolutionär entstanden'. D.h., die Entwicklung von Moral und Recht ist im wesentlichen ein »Prozeß, in dem die Individuen genauso durch Zufall und Schicksal ausgewählt werden, wie in der biologischen Evolution« (v. Hayek 1983, S.175). Die Rationalisierungen dieser Prozesse durch explizit reflektierte Regeln, Gesetze oder Normen kamen sozusagen hinterher"[984]. Oeser verweist zur Verdeutlichung hiervon auf den Juristen Rudolph von Ihering[985], dessen evolutionärer Erklärungsversuch des Rechts auch von Franz Wieacker[986] als „zutreffend" bezeichnet wird. Ihering berichtet von einem Kampf ums Recht gemäß einem Auslesemechanismus, „der von selbst zu einer Steigerung der Lebensformen der Gesellschaft führt, weil sich nur jene sozialen Verhaltensgewohnheiten, die sich im Laufe der Geschichte als zweckmäßig erwiesen haben, behaupten können. Es bedarf daher nach Ihering nicht irgendwelcher übergeordneter, abstrakter Ideen wie die der Menschlichkeit, um die Gewalt zur Selbstbindung an Regeln zu bewegen, sondern es ist der egoistische Selbsterhaltungstrieb der ganzen Gesellschaft, der mit zwingender Macht den einzelnen zu seinem Recht kommen läßt"[987]. Worauf dies also basiert, das ist der angeführte „Trick der kollektiven Vernunft".

Hierauf aufbauend führt Oeser die evolutionäre Argumentation in die Nähe Kants: „Wenn man bedenkt, daß auch der Ausgangspunkt von Kants Ethik, der kategorische Imperativ, gerade in der Verallgemeinerungsfähigkeit, d.h. Gesetzes- oder Normenfähigkeit der subjektiven Handlungsmaxime besteht, und außerdem berücksichtigt, daß Darwin selbst in der »Abstammung des Menschen« explizit auf Kant zurückgreift, um einen Ansatz zu seiner evolutionären Ethik und Sozial- und Rechtstheorie zu gewinnen, dann dürfte klar sein, daß es sich bei diesem evolutionären Argumentationsschema nicht um den vielbeschriebenen Biologismus handelt, sondern um eine Erklärung der Entwicklung der praktischen Vernunft von ihrem Ursprung her"[988].

Dieser Ursprung liegt also in praktischen Einsichten – gemäß subjektiven Reflexionen! – zur realen Handlungswelt, woraus praktische Regeln abgleitet werden, die „erfahrungs-

---

983 Oeser E 1987g: S.156

984 Oeser E 1987g: S.156

985 Dieser hat 1872 in Wien einen Vortrag mit dem Titel „Kampf ums Recht" gehalten; der Abdruck hiervon ist in 18 Sprachen übersetzt und in mehreren Auflagen veröffentlicht worden.

986 Wieacker F 1981

987 Oeser E 1987g: S.157

988 Oeser E 1987g: S.158

gestützte Leitlinien“ des Verhaltens im Sinne der *inclusiv fitness* sind; diese werden zunächst nicht aufgeschrieben, aber trotzdem beachtet. Hierüber lagern sich jene Überzeugungen, die – immer noch im Bereich des Subjektiven – die moralische Identität einer Person bedeuten: „Aus den persönlichen Überzeugungen entstehen dann intersubjektive Gesinnungen, die anderen Menschen, auch wenn sie nicht akzeptiert werden, zumindest verständlich gemacht werden können“[989]. Auf der Seite des geschriebenen Rechts korrespondiert diesen Gesinnungen allgemeinverbindliche Normen, „die Handlungen fordern, erlauben oder verbieten, unabhängig von bestimmten Situationen“. „Erst nach Abfolge dieser Entwicklungsschichten, die zu immer schärferen Präzisierungen und Festlegungen von Gesetzen und Normen führen, tritt das auf, was man »Werte« oder »Prinzipien« nennt. Gerade das aber ist jene Ebene, auf der die abendländische Ethik etwa im Sinne der Platonischen Ideenlehre erst angefangen hat“[990]. Die Ethik würde hiermit an jenem Punkt beginnen, an dem die Moral - als evolutiver Prozeß – zu einem „relativen Abschluß“ gekommen ist.

Im Sinne hiervon gibt Oeser folgendes Verständnis von Ethik: „Die Ethik ist somit die Reflexion der theoretischen Vernunft über den Entwicklungsprozeß der praktischen Vernunft“. Zur Rechtsphilosophie fügt Oeser an: „Und das gleiche läßt sich von der Rechtsphilosophie sagen, die ebenfalls eine Theorie der praktischen Vernunft ist, in dem Sinne, daß sie nur das reflektiert, was in der praktischen Jurisprudenz, genauer im Entscheidungsmodell des Richters, bereits entwickelt worden ist“[991].

Damit ist die Position Oesers zu dem hier Thematisierten hinreichend skizziert, wobei – im Sinne der Vergegenwärtigung der Bedeutung der Oeserschen Neuroepistemologie – einige Worte des Neurobiologen Franz Seitelberger[992] angeschlossen werden sollen. „Zum Begriff der dem Ich-Bewußtsein nahestehenden *Personalität* sei in diesem Zusammenhang lediglich gesagt, daß sich in ihm der Zusammenschluß aller Vorgänge des bewußten Lebens zu einem Ganzen kundtut, und zwar in dreifacher Hinsicht. Einmal durch Vereinigung der Mannigfaltigkeit in der Subjektivität, d.h. bezogen auf das besondere geschichtliche Ich, dann auch durch Setzung der »Intersubjektivität«, also bezogen auf die Kommunikationsgemeinschaft menschlicher Individuen, sowie schließlich durch Gegenüberstellung zur Objektivität, somit in Bezogenheit auf die Gegenstände und auf die Welt als Ganzes“[993]; in der Person werden also, so Seitelberger, das Ich, die Gemeinschaft und die Welt als innere Einheit „konstituiert“. Hierbei würde sich das Ich-Bewußtsein auf die formale Struktur beziehen, wohingegen das Persönlichkeitsbewußtsein Selbstidentifikation, verbunden mit Selbstherstellung und Selbstwertgefühl, bezeichnet: „Personalität ist in diesem Sinn der Inbegriff der spezifischen Seinsweise des Menschen und die reale Mitte seiner Lebensform“[994]. Gemäß Seitelberger liegt hierin, daß „Ich“ lediglich die Einzigartigkeit seiner selbst gegenüber der Mit- und Umwelt bezeichnet, wohingegen mit Person „Mensch“ bezeichnet ist, wie „wie er sich seines Selbst in umfassender Beziehung und objektiver Auffassung wie in intersubjektiver Anschauung bewußt ist, und könnte die *Person* als »entspezialisiertes Individuum« oder als *das über transindividuelle Intentionalität verfügende Wesen* bezeichnen“[995].

---

[989] Oeser E 1987g: S.158

[990] Oeser E 1987g: S.158

[991] Oeser E 1987g: S.158f

[992] Die folgenden Ausführungen Seitelbergers stammen aus dessen Beitrag zu Oeser E & Seitelberger F 1988 und werden zitiert als (Oeser E &) Seitelberger F 1988.

[993] (Oeser E &) Seitelberger F 1988: S.116f

[994] (Oeser E &) Seitelberger F 1988: S.117

[995] (Oeser E &) Seitelberger F 1988: S.117

Im Lichte hiervon kommt Seitelberger auf die Willensfreiheit, als dem „schärfsten Ausdruck" der Intentionalität des Selbstbewußtseins, zu sprechen, wobei der Leser sogleich erfährt, daß das Erlebnis der Willensfreiheit – in ihr „rechnet" sich der Mensch Wahl und Handlungsfreiheit im Rahmen von Verantwortlichkeit „zu" - zwingende subjektive Gewißheit besitzt. Seitelberger betont nun, daß man nicht vernünftig fragen kann, „was Willensfreiheit in Wirklichkeit sei", ebenso wie man nicht vernünftig nach der Realität des Bewußtseins fragen könne: „Willensfreiheit ist ein subjektives Bewußtseinsphänomen und erscheint als solches nur im hirnbegabten Individuum, das zweifellos ein Bestandteil der empirischen Welt und daher einschließlich seiner Gehirnvorgänge restlos kausal determiniert ist"[996]. Seitelberger erinnert nun an den modularen Charakter der Informationsverarbeitung – basierend auf strukturbedingten und erworbenen Programmen – und führt aus, daß bei solchen Freiheit im Sinne der Wahl zwischen alternativen realitätsenthobenen Modellen besteht: „Die Freiheit liegt aber dabei eigentlich nicht sosehr in der letztlichen Wahl einer von mehreren Möglichkeiten in der betreffenden Entscheidungslage, sondern in der Kreation der zur Wahl stehenden Alternativen für ein selbstgewähltes Handlungsziel"[997]. Daher auch ist Freiheit nicht A-Kausal, sondern die optimierend-vergleichende Bewertung „auf höchster Informationsstufe" aufgrund eines zugänglichen Wertmaßstabes. „Wert" bedeutet hierbei Anpassungstauglichkeit und ist nicht nur kognitiv sondern auch emotional belegt. Die Bedingungen für eine Wahlentscheidung treten großteils nicht ins Bewußtsein ein, was Seitelberger anhält, Schopenhauers Aussage zu zitieren, wonach der Mensch zwar tun kann, „was er will, er kann aber nicht wollen, was er will". „Das Problem der Willensfreiheit liegt in der Tatsache des Bestehens zweier verschiedener Zusammenhangsreihen: der subjektiv-motivischen und der objektiv-kausalen, zwischen denen kein unmittelbarer Übergang, keine Identität und Parallelität besteht, sondern die nur zeitlich alternativ ins Bewußtsein treten können, was zur Annahme einer wechselweisen Einwirkung führt, wobei das empfundene Motiv in der Vorstellung als Ursache interpretiert wird"[998].

Seitelberger erinnert nun an Kants Aussage, wonach der Willensfreiheit ein Vernunftursprung, aber kein Ursprung in der Zeit nachgesagt werden kann: sie kann nicht kausal aus irgendeinem vorhergehenden Zustand kausal abgeleitet werden, wiewohl eine aus freier Entscheidung begangene Handlung sehr wohl auf eine Naturursache zurückgeführt werden kann: „Das intentionale Selbstbewußtsein fungiert gleichsam als Dirigent der kausal determinierten Programme des Verhaltens"[999]. Seitelberger führt weiter aus: „Das Verfügen über den Willen fällt daher mit der Annahme des eigenen Wesens in der Person zusammen". Erst im Handeln, so wird hieraus abgeleitet, in dem die eigene verantwortliche Existenz in die Welt verwirklicht wird, und wie es aus Freiheit geschieht, „wird das Verhalten personalisiert und gewinnt Bedeutung und Sinn".

»Sinn« impliziert hierbei Verantwortung, wobei die „Weite und Vielfalt des menschlichen Weltbildes" das Gewicht der subjektiven Entscheidungssituation als „*Gewissen* besonders deutlich spürbar" macht. Hieraus wird abgeleitet: „In der Willensfreiheit kommt somit offenbar die hohe Adäquatheit der menschlichen Wirklichkeitserkenntnis, ihre Wahrheit also, zum Ausdruck, die den Menschen ermächtigt und nötigt, wirklichkeitskonforme, richtige und verantwortungsvolle Entscheidungen zu treffen"[1000]. In diesem Sinne bedeutet »Freiheit« „das Verfügen über Wahrheit in der Entscheidung" und »Verantwortung« bedeutet die „innere

[996] (Oeser E &) Seitelberger F 1988: S.117
[997] (Oeser E &) Seitelberger F 1988: S.117
[998] (Oeser E &) Seitelberger F 1988: S.118
[999] (Oeser E &) Seitelberger F 1988: S.118
[1000] (Oeser E &) Seitelberger F 1988: S.119

Notwendigkeit, in Freiheit das erkannte Wahre als beste Möglichkeit zu wählen und zu tun, „wie es in der philosophischen Gleichsetzung von Freiheit und Notwendigkeit seit Platon postuliert wird“[1001].

Diese, in mehrfacher Hinsicht bemerkenswerten Sätze (hierauf wird zurückzukommen sein), rundet Seitelberger mit einer Ausführung an, die unmittelbar an das Oesersche Zwei-Stufen-Modell erinnert: „Diese *Freiheit des Menschen* als nicht mehr bloß biologisch interpretierbare Selbstbestimmung muß daher letztlich selbst als *biologische Notwendigkeit* betrachtet werden. Die metabiologische Dimension des Problems der Willensfreiheit kommt im Wort Spinozas als das Erstaunen zum Ausdruck, daß »unser Leib so eingerichtet ist, daß durch ihn mit Freiheit gewirkt werden könnte«“[1002].

Abschließend sei auf die Position Riedls geblickt, der ebenfalls zwischen erster und zweiter Evolution unterscheidet und an einem Ort die Frage, inwieweit biologische und kulturelle Evolution verschieden bzw. gleich sind, wie folgt beantwortet: „Es ist naturgemäß so, daß der Zoologe von der Stammesgeschichte der menschlichen Ausstattung ausgeht: es ist honett, bei seinem Leisten zu bleiben. Will er einen fachübergreifenden Beitrag in Richtung auf die Nachbardisziplinen höherer Komplexität leisten, zu Psychologie, Anthropologie und Soziologie, sowie zu den Kulturwissenschaften, dann muß er sich auf seine Einsicht, auf das Hindurchreichen biologischer Gesetzlichkeit, berufen. Denn es gilt als ausgemacht, daß alle Gesetzlichkeit tieferer Schichten durch alle höheren hindurchreicht“[1003]. Einen solchen „Beitrag“ - über die Biologie hinaus – liefert Riedl in dem (allerdings weitgehend populärwissenschaftlichen) Buch „Kultur – Spätzündung der Evolution“[1004], aus dem einige Überlegungen zusammengetragen seien. Der Beginn hiervon sei mit einer Aussage Riedls genommen, in der sich – in Zusammenhang mit der Analyse der Kunst getroffen – der ganze Anspruch seiner Denkweise zeigt: „Seither [seit 1975] hat sich diese Szene sprunghaft erweitert, die ganze evolutionäre Theorie von der Erkenntnis« entstand; und nun wird eine holistische Sicht der bildenden Kunst als Ganzes versucht. ... Aber nicht, weil hier eine »Biologie der Kunst« entwickelt werden soll, sondern - ... – weil unser neue Biologie zum Kernstück eines sich entfaltenden neuen Holismus geworden ist“[1005].

Im Sinne dieses holistischen Anspruches ist es wohl auch zu verstehen, wenn Riedl wie folgt einen Dialog mit dem Kreationismus versucht: „Schöpfungs- und Evolutionskonzept differieren zunächst nur hinsichtlich des Zeitpunktes, zu dem jene erfahrungsjenseitige Bedingung in das Geschehen dieser Welt eingegriffen haben soll. Da sieht es nun so aus, als hätte die Gesetzgebung, im Sinne der Evolutionisten, nur einmal, nämlich zu allem Anfang (vor dem Urknall) in das Weltgeschehen eingegriffen. Alle weiteren Entwicklungen seien nur Konsequenzen. Bei den Kreationisten dagegen liest man (im 1. Buch Moses) vom Sechstagewerk. Umgekehrt aber sieht der Evolutionismus ein fortgesetztes Mitwirken der Entwicklungsgesetze vor: stündlich und in jedem Grashalm. Wogegen der Kreationist sich auf seltenere Ereignisse meint berufen zu müssen: Augenblicke der Erleuchtung, sei es der Propheten oder des erfüllten Gebetes. Ist da der Unterschied so groß? Und wie groß man ihn sehen mag, ist er nicht eher ein Zeichen unserer Ratlosigkeit als eines der Einsicht in eine Alternative? Im wesentlichen trauen wir Gelehrten einander ja noch immer nicht“[1006]. Angesichts hiervon kommt Riedl auf „Symbolik“ zu sprechen, festhaltend, daß sowohl der Evo-

[1001] (Oeser E &) Seitelberger F 1988: S.119
[1002] (Oeser E &) Seitelberger F 1988: S.119
[1003] Riedl R 1987e: S.76
[1004] Riedl R 1987f
[1005] Riedl R 1987f: S.312
[1006] Riedl R 1987f: S.232f

lutionist wie auch der Kreationist das zu dem Rande des Vorstellbaren Festgehaltene – für den Evolutionisten die Summe der Gesetze dieser Welt – symbolisch bedenkt: „Man bedenke, daß vieles dieser merkwürdigen, ambivalenten Historie überhaupt erst durch den sich evolvierenden Kosmos verständlich wird: die Ambivalenz aller Merkmale der Kreatur, die das wirklich Gute nur aus dem wirklich Bösen verstehen läßt, so, wie das Symbol des Teufels. So, wie Ordnung und Chaos, begriffe, mit denen die Evolutionisten heute operieren, auch Symbole sind aus der kleinen Alltagswelt, die wir eben noch begreifen“[1007]. Inwieweit auch die Gestalt Jesu im Horizont von Symbolik zu verstehen ist, ist aus Riedls Perspektive schwieriger zu beantworten: „Gewiß, die Berichte von der Auferstehung lassen Zweifel offen. Aber was bedeutet das schon? Sind wir nicht alle, wie es heißt, gemacht nach Seinem Bild, mit Seiner Gnade versehen, nämlich von Ihm erhört, erleuchtet und beauftragt werden zu können? Prophet oder Gottessohn; ob wir Kinder Gottes sind oder Kinder einer ebenso kaum fasslichen Evolution, mögen wir Gottes Sohn oder Seine Propheten so begreifen, wie jene uns Menschenwürde und Humanität auferlegen“[1008].

In diesem Zusammenhang diskutiert Riedl auch die Frage „Wohin gehen wir?“ „Es ist nun das Verdienst von Teilhard de Chardin, dies in dem weiten Zusammenhang der Entwicklung der Menschheit zu sehen [nachdem sich zuvor die christliche Lehre alleine auf den Beitrag des Einzelmenschen konzentriert hat]. Er sieht uns als Kreaturen am Wege zum Ziele dieser Evolution, dem Punkt Omega, zu dem alle Evolution in das Heil, das Gute, in Gott zusammenstrebt. Ein wundervolles Symbol unseres Lebensgefühls und unserer Hoffnung“[1009]. Jacques Monod weist demgegenüber die Existenz eines solchen Omega vollständig zurück, von dem völlig des Sinnes entbehrenden Universums sprechend. Dem kann Riedl unter Verweis auf die Existenz intraorganismischer Evolutionsmechanismen nichts abgewinnen und leitet seine Ausführungen wie folgt ein: „Dies ist mein eigenes Forschungsgebiet. Und besäße ich nicht Lösung des Problems, ich hätte es kaum wagen dürfen, in die Evolutionismus-Kreationismus-Debatte überhaupt einzutreten. Aber ich besitze die Lösung der Sache wie die Begründung der Schwierigkeit, sie zu verstehen“. Damit verweist Riedl auf seine Systemtheorie der Evolution und die EE, wie sie die vernetzte Kausalität im Horizont der biologisch-organischen Evolution im Horizont des Erkenntnisgewinns weiter denkt. „Hier genügt die Erkenntnis, daß alle Evolution Richtung hat, so auch die unsere; daß Teilhard recht hat und Monod irrt“. „In aller Evolution entsteht durch die Degradierung von niederer Ordnung immer höhere, immer einmaligere. Und ob man diesen Endpunkt, auf den ihre höchsten Formen zustreben, jenes Omega, mit dem Symbol des Schöpfers versieht oder mit dem Symbol der höchsten diesem Kosmos möglichen Ordnung und Harmonie, das ist noch einmal der ganze Unterschied zwischen den Standpunkte“[1010].

Hieran seien nun einige Ausführungen Riedls zur Moral, sie stehen im Anschluß an Riedls Bezugnahme auf Kants „kategorischen Imperativ“ als einer Feststellung, die dem Wechselbezug zwischen Rechtssetzung Rechtsbegründung und Rechtsdurchsetzung Rechnung tragen kann, angefügt: „Man hat zu wenig darauf geachtet, woher das Recht und die Moral wohl kämen; woher der Souverän das Recht nähme, Recht zu setzen. Oder war der überzeugendste Führer nicht stets der, der die Gesetze seiner Gruppe am sklavischsten befolgt? ... Es geht um die Entwicklung und Verantwortung eines kollektiven Kultur- und Lebensgefühles, das aus dem Ganzen auf den Einzelnen ebenso wirkt, wie es von uns allen einzelnen auch für das Ganze vertreten werden muß. Es hat somit Wurzeln, die zunächst bis

[1007] Riedl R 1987f: S.234
[1008] Riedl R 1987f: S.235
[1009] Riedl R 1987f: S.238
[1010] Riedl R 1987f: S.240

in die Anfänge unserer Sozietäten reichen. Und auch diese einfachsten, gesetzlichen Einschränkungen, wie sie wechselweise zum Schutz des Individuums und seiner Sozietäten aus beider Ursachen entstanden sind, haben Vorläufer im sogenannten moral-analogen Verhalten unserer vormenschlichen Vorfahren"[1011]. Hieran knüpft an: „Unsere moralische Freiheit enthält eine Eingrenzung unserer schöpferischen Freiheit. Und diese Eingrenzung nimmt wieder Gesetze wahr – nun Gesetze unserer kulturellen Ideale. Sie ist wieder eine Nutzenabschätzung, nun auch des Nutzens einer humanen Kultur, in der Hoffnung auf ein humanes und kulturelles Leben jeder einzelnen wie aller Kreaturen. Und da diese, wie wir hoffen, allmählich human werdende Kultur ein Produkt all unserer schöpferischen Freiheit ist wie auch der Nutzen, den wir in ihr so verschieden mitgeschaffen haben, wie wir ihn verschieden schätzen, sind wir auch frei wie verantwortlich dafür, wie wir diese Freiheiten im einzelnen wägen"[1012].

Im Lichte hiervon baut Riedl in seine Theorie auch die Bedeutung des erwachenden Bewußtseins des Menschen und die Beziehung dieses Bewußtseins zu Langzeit-Kurzzeit-Kalkulationen im Horizont von Egoismus und Altruismus ein, wozu es abschließend heißt: „So erleben auch wir zweierlei Freiheit. Eine schöpferische, in der jede Eingrenzung ein Hindernis bedeutet, und ihr gegenüber die Auflage, jene selbst einzugrenzen, um den Gesetzen unserer Kultur zu entsprechen. Und wir sind auch in dieser moralischen Entscheidung frei. Auch wenn es sich um eine Nutzenabschätzung handeln mag. Und zwar frei aus zwei Gründen: einmal, weil wir im Netzwerk der Lang- und Kurzzeit-Folgen, und die Gründe unübersehbar wurden, die gegeneinander abzuwägen sind. Ein andermal, weil wir mit unserer Schöpferischen Freiheit, zu welch bescheidendem Anteil auch immer, diese Kultur mitgeformt haben, und weil daher unserer Kreationen von dieser Kultur ebenso gewogen werden, wie wir sie wägen"[1013].

Damit kann die Darstellung miteinigen Ausführungen Riedls zur Kunst beendet werden: „Was also konnte Kunst anderes sein als zuerst Beschwörung, dann Deutung der Welt des Menschen, seiner Gesellschaft und Gefühle, mit der ihr speziell gegebenen Symbolik. Und ist ihr diese Aufgabe, mit immer feinerer Differenzierung der Ausdrucksmittel, nicht geblieben über zweieinhalb Jahrtausende unsere Geschichte, über fünfunddreißig Jahrtausende der bildnerischen Ausdrucksformen der Menschen?"[1014] „Fast scheint es so". Lediglich in der Gegenwart – im „letzten Jahrhundert des 35. Jahrtausends" – sind mit den Kunstdeutern, Philosophen und Wissenschaftern – Personen auf den Plan getreten, die der Kunst ebenso wie der Kommunikation von Künstler und Betrachter Probleme bereiten. Diese neue Instanz – „Kulturvormund" – spricht aber in einer anderen Sprache als die Kunst selbst, da nun an die Ratio, an Logik und absichtsvolle Reflexion appelliert wird; „wo doch die Kunst an die zweite Seele in unserer Brust appellierte, an jene transrationale, viel tiefere Schicht des Gefühls, der Synthese und Empfindung, die sagen kann, was das Wort noch nicht wie auch nicht mehr enthält"[1015]. Riedl verdeutlicht dies im Lichte der Beachtung einer „menschlichen Universalie" – der gemäß die Menschen immer nach Gesetzlichkeiten suchen, was überlebensdienlich sein soll -: „Es möchte mir darum scheinen, daß es bislang immer ein Anliegen der Künste war, nach den Maßen ihrer Ausdrucksmittel einigen oder allen dieser Erwartungen der Menschenseele symbolhaft, ja überhöht zu entsprechen: in de Gesetzlichkeit des einfachsten Ornaments oder Rhythmus, in der einfachsten Magie der Gestalt des Wildes oder der Fruchtbarkeit und deren Sinn für die menschliche Kreatur ebenso wie in den höchsten Differenzierungen

[1011] Riedl R 1987f: S.332
[1012] Riedl R 1987f: S.333
[1013] Riedl R 1987f: S.334
[1014] Riedl R 1987f: S.307
[1015] Riedl R 1987f: S.308

der Künste“[1016]. Komplementär werden die Künste hierbei ihrerseits von Überraschendem, Unvorhergesehenem belebt, ganz so, wie derartiges die Lebensgeister ganz allgemein in Form von Neugier und Exploration belebt. Insofern hat die Kunst auch eine leitende – die Exploration und Orientierung leitende – Funktion: „Hatten die Werke der Kunst nicht bislang jene doppelte Aufgabe, einmal mit der Konstanz ihrer Stilformen als Orientierungs- und Entscheidungshilfe zu wirken, zum anderen mit ihrem Wandel in die nächste Zeit zu weisen? Was sind die Künste für die Unsicherheit der Kreatur, wenn sie sich auch diesen Funktionen entziehen?“[1017] Riedl stellt diese Frage im Lichte seine Ausführungen, wonach „Unverständlichkeit kein Kriterium von Kunst sein kann – wiewohl diese Unverständlichkeit bei „zeitgenössischen Produkten“ der Kunst gegeben sein kann -, wie auch die Veränderung in der Kunst ein bestimmtes Verhältnis der Innovation zum Ordnungsgehalt eines Systems beachten muß“[1018], um sinnvoll sein zu können[1019].

[1016] Riedl R 1987f: S.309

[1017] Riedl R 1987f: S.310f

[1018] Riedl R 1987f: S.310

[1019] Am Rande sei hier eine Stellungnahme von Lötsch B 1998: S.366f zu den Ausführungen Riedls angemerkt: „Als Rupert Riedl (1987f) in seinem vielbeachteten Plädoyer für die Gegenständlichkeit in der Kunst die Forderung nach Erkennbarkeit, Sinn und Bedeutung von Bildinhalten zum menschlichen Grundrecht jedes Kunstbetrachters erklärte, gab er uns – ohne es zunächst zu beabsichtigen – auch einen Schlüssel zum Verständnis des Schönen in die Hand ... | Was Riedl hier als allgemein menschliche Forderung unseres angeborenen Weltbildapparates formulierte, ist letztlich das Kantsche *a priori*, ... | In unseren ästhetischen Überlegungen bot die evolutionäre Erkenntnistheorie den Schlußstein für die klaffende Erklärungslücke zwischen den simplen Signalen der Geometrie, Spiegel- und Radiärsymmetrie, Augensymbolik, Kontrast- und Plakatfarbigkeit einerseits und den subtileren Schönheiten des Organischen andererseits, die in keines dieser Modelle passen: der gemeinsame Nenner für das Schöne in der menschlichen Wahrnehmung liegt in der Fähigkeit des *Homo sapiens* zum »denkenden Schauen«, »sich auf alles, was er sieht, einen Reim zu machen«“.

7 Resümee

Folgt man der Argumentation Riedls, so ist die EE mehrfach – in verschiedenen wissenschaftlichen Disziplinen – entwickelt worden, und präsentiert sich als weitgehend einheitliches Theoriengebäude. Bereits innerhalb der EE wird dieses einfache Schema, wie gezeigt, nicht vorbehaltlos übernommen. Zudem sind Elemente der Veränderung innerhalb der EE zu beachten, zum Beispiel wenn Oeser festhält, daß bei Mach und Boltzmann die Bezugnahme auf die Evolutionstheorie zur Erklärung von Vorgängen in der Wissenschaftsentwicklung primär – wiewohl nicht ausschließlich - metaphorischen Charakter hat, anders als in der modernen EE, wie auch, wenn Riedl schreibt, daß Lorenz noch in einer Weise vom Darwinismus beeindruckt war, daß er hierüber dem Systemgedanken nicht hinreichend Beachtung schenken konnte, oder auch, wenn Wuketits für seine eigene Entwicklung angibt, zunächst zu sehr vom Adaptionismus beeindruckt gewesen zu sein.

Hier gilt es aber auch an Oesers Aussage zu erinnern, zwischen Leben und Erkenntnisverarbeitung unterscheiden zu müssen, was in der EE – so Oeser - nicht immer hinreichend beachtet wurde und was erst mit dem „Zwei Stufen"-Modell – wird es hinreichend in Betracht gezogen – befriedigend erbracht werden kann. Es wird noch zu diskutieren sein, inwieweit gerade dieses Argument nicht bloß eine Änderung innerhalb der EE bezeichnet, sondern die Sinnhaftigkeit der ganzen EE in Frage stellt.

Das mit dem Angeführten Thematisierte soll um eine Perspektive erweitert werden, die von außerhalb der EE stammt. Irrgang schreibt nämlich: „Oesers Evolutionäre Erkenntnistheorie zweiter Stufe als Wissenschaftsprogramm ist eine konsequente Umformulierung des Riedlschen Programms und füllt damit ein wichtiges Defizit der Evolutionären Erkenntnistheorie aus" [1020]. Dieser Gedankengang sei hier aufgenommen, wiewohl damit *noch nicht* der Irrgangschen Kritik an der EE - unabhängig welcher spezifischen Ausprägung -, zugestimmt sei. Immerhin legen nämlich die bisherigen Ausführungen nahe, die Position Oesers innerhalb der EE insofern abgrenzen zu müssen, als sie nicht von einer Betrachtung biologischer Gegebenheiten zu einer spezifisch menschlichen Leistung – Wissenschaftliches Denken – vordringt, sondern ausgehend von der spezifisch menschlichen Ebene auch auf etwas blickt, das zudem in der Biologie Thema ist. Es wird noch zu zeigen sein, daß hiermit nicht bloß perspektivische Unterschiede gegeben sind, die man mit dem Mantel der Homogenität der EE zudecken kann.

Das hiermit grundsätzlich bezeichnete Problem liegt darin, inwieweit der Verweis auf die Evolution ganzheitlich einen Beginn in einer empirischen Wissenschaft – der Biologie – erlaubt, dieserart zu etwas vordringend, das an sich der Biologie nicht mehr zugänglich ist bzw. sein soll – vgl. zum Beispiel Riedls „keine Biologie der Kunst" -, oder der Beginn in einer empirischen Wissenschaft bereits von *vornherein* um etwas zu ergänzen ist, das außerhalb der damit bezeichneten Sphäre liegt – vgl. hierzu Oesers Anerkennung der transzendentalen Methode Kants -.

Der dieserart bezeichnete Umstand soll zum Anlaß genommen werden, das zu erbringende Resümee mit einer Analyse der Position Lorenz' zu beginnen und hieran eine Analyse der Positionen von Riedl und Wuketits – für den Zeitraum von 1973 bis 1983 –anzuschließen. Hiermit wird mit jenen Autoren begonnen, die mehr oder weniger unmittelbar aus der Biologie heraus argumentieren. Hieran wird, in bewußter Abgrenzung hiervon, die Betrachtung der Position Oesers - für eben diesen Zeitraum - angeschlossen. An das damit Erarbeitete wird

[1020] Irrgang B 1993: S.126

eine Analyse der gegenwärtigen Situation der EE angegliedert werden. Die Positionen Machs und Boltzmanns werden an jeweils gegebener Stelle immer wieder mit eingeflochten.

Versucht man sich der Lorenzschen Position zur EE zu nähern, ist es zunächst angeraten, sich dem Lorenzschen Anfang innerhalb der Ethologie zuzuwenden bzw. wogegen er sich in der Ethologie wendet und aufgrund wovon er meint, diese als naturwissenschaftliche Disziplin etablieren zu können. Wogegen sich Lorenz wendet, das ist der Vitalismus ebenso wie der Behaviorismus und Mechanismus sowie die Kettenreflexlehre. Die beiden Pfeiler, auf denen Lorenz' Kritik ruht, sind die Evolutionstheorie und die Bühlersche „Du-Evidenz"-Konstruktion. Lorenz' Bezugnahme auf die Evolutionstheorie ist hierbei wesentlich von dem Darwinismus und der sich entwickelnden Synthetischen Evolutionstheorie geprägt. Damit kommt dem Adaptionismus bzw. der Umweltselektion eine zentrale Bedeutung zu, in dem Sinne wie beide genannten evolutionstheoretischen Positionen intraorganismische Evolutionsmechanismen ablehnen; beide Positionen verstehen den Organismus und in Folge Populationen aber nicht naiv als Ansammlung von Merkmalen, sondern sehen – wiewohl primär mit den Möglichkeiten der Populationsgenetik – hier kanalisierende Interdependenzen zwischen den Merkmalen, wie sie letztlich einen Organismus (als integrativen Teil einer Population) ergeben. In dem hiermit bezeichneten Sinne ist daher auch Lorenz' Aussage von dem „Genom als System" zu verstehen, wie auch – was wichtiger ist – Lorenz' Feststellung von dem Zusammenwirken (quasi)determinierter und variabler Merkmale im evolutiven Horizont. Die stammesgeschichtlich determinierten Merkmale stellen Rahmenbedingungen für die Variabilität in anderen Merkmalen dar, die diese ebenso einengt – Begrenzung der Freiheit –, wie erst aus dieser Eingrenzung heraus die Variabilität zu organismisch-zweckvollen Ausformungen gelangen kann. Hierin liegt zugleich die Basis für Lorenz' Ablehnung eines idealistisch-typologischen Denkens – unter anderem wird Platons Ideenlehre explizit in diesem Zusammenhang genannt -: Treten im Bereich des Lebenden quasideterministische Bereiche auf, so nicht, da hierin eine Transzendierung der Zeitlichkeit gegeben ist, sondern im Horizont der Zeitlichkeit etwas entstanden ist, das aktuell der Veränderlichkeit entzogen ist.

Im Sinne hiervon versteht Lorenz „Leben" als etwas, das von Anbeginn an Systemcharakter besitzt – hierher gehört auch, daß es mittels „Regelkreis"- und „Homöostasie"-Konstruktionen zu verstehen ist - und reproduktionsfähig ist, womit insgesamt Angepaßt-sein und die Möglichkeit des Angepaßt-bleibens ausgesagt sein soll. In diesem Zusammenhang verweist Lorenz explizit auf Boltzmann und seine Entropie-Lehre, festhaltend, daß Leben gleichsam Ordnung „frißt", worunter zu verstehen ist, daß es seine eigene Ordnung aufbauen kann, insofern es seiner Umgebung Ordnung entzieht, wofür es zugleich der Energieaufnahme bedarf, so daß letztlich gilt: desto besser Leben Energie verzehren kann, umso effektiver kann es seinem „Verzehr von Ordnung" nachkommen und umgekehrt; beide Aspekte sind also Teile einer positiven Rückkoppelung. Insgesamt ist mit dem Gegeben-sein dieser Rückkoppelung Angepaßtheit, im Sinne von „Abbildung der Umwelt" ausgesagt.

Wesentlich ist hierbei, „Abbild" nicht naiv realistisch verstehen zu dürfen: Die Grundlage für die Lorenzsche Abbildtheorie ist keine naiv verstandene Korrespondenz zwischen Abgebildetem und Bild, sondern eine Konstruktion, der gemäß es Lorenz dabei belassen kann, *sämtliche* Abbildungsinhalte als „Arbeitshypothesen" verstehen zu können. Dies gelingt ihm gemäß seiner Fulgurationslehre und seiner Aussage, wonach Bild bzw. Abbildendes und Abgebildetes Teile einer einzigen Welt sind: „reale und phänomenale Welt" sind Teile einer Welt. Lorenz hält hierbei drei große Fulgurationen fest: mit der ersten entsteht Leben, mit der zweiten großen Fulguration Beseeltheit und mit der (einstweilen) letzten großen Fulguration der menschliche Geist.

Hierin ist Lorenz' Ablehnung des Satzes, wonach die Natur keine Sprünge macht dahingehend enthalten, daß mit einer Fulguration geradezu gewaltige Sprünge gemacht werden können, wiewohl diese keine naturwissenschaftlich nicht greifbare Wunder darstellen. Explizit ist hieran zu beachten: Mit der Aussage von der Fulguration – bzw. allgemeiner: mit der Aussage davon, daß Neues „sprunghaft" in der Natur durch die Kombination von Bestehendem auftritt (hierin liegt, um dies zu betonen, verankert, an die Grenzen dessen zu gehen, das in der Synthetischen Evolutionstheorie noch gedacht werden kann!) – etabliert Lorenz im Sinne seiner „eine Welt"-Theorie ein Szenario, dem gemäß „Abbild" im Sinne von „alles ist Arbeitshypothese" dahingehend als Versuch zu verstehen ist, den Informationserwerb nicht als naiv-realistisch, wiewohl abbildtheoretisch konzipiert, bedenken zu können, insofern der Beginn des „abbildenden" Informationserwerbs aus der nicht hintergehbaren Isomorphie, wie sie in der „eine Welt"-Theorie zum Ausdruck kommt, erwächst, und selbst gemäß Fulguration gar keine Prozessualität entsprechend „Erwerb" darstellt.

In dem hiermit bezeichneten Sinne – so Lorenz - ist die Rede von „Ding an sich" als Basis für „Abbild" dahingehend zurückzuweisen, als dem Informationserwerb – wie er Teil dessen ist, das Abgebildet wird – prinzipiell nichts gegenübersteht, das entsprechend der oben angeführten Rückkoppelung nicht erreicht werden könnte, wiewohl zugleich – gemäß „alles ist Arbeitshypothese" – gilt, daß der mögliche Erwerb lediglich eine asymptotische Näherung an die Realität ist, wobei die Differenz zur Realität niemals Null werden kann; das Bild ist immer „irgendwie" Abbild und man kann nicht wissen, wie groß die Differenz zudem Abgebildeten aktuell ist.

In anderen Worten: Lorenz verwendet in seiner Abbild-Theorie das bekannte Bild von dem Spiegel: in der Informationsverarbeitung des Lebewesens spiegelt sich die Realität, womit also ein dementsprechender „Spiegel" im Organismus anzunehmen ist: „eine Welt"-Theorie. Gemäß dem bisher Dargelegten ist dieser Spiegel im Sinne organismischer Funktionalität zu verstehen; in dem Spiegel tritt kein korrespondenztheoretisch bedenkbares Bild auf, sondern ein solches, in dem die Welt in Chiffren etc. wiedergegeben wird, wobei auch Erfindungen hinzugefügt werden können (wie zum Beispiel die Farbe „Purpur"). Hierin manifestiert sich besagte Funktionalität, wie sie Anpassung an eine „mittlere Welt" bedeutet, also an die Welt, mit der der jeweilige Organismus umzugehen hat, um überleben zu können.

Hier wird also dem „Spiegel" eine gewisse Eigenständigkeit zuerkannt – wiederum gilt in diesem Zusammenhang, daß die Denkweise der Synthetischen Evolutionstheorie bis an die Grenzen des in ihr Möglichen ausgelotet wird -, was sich ganz grundsätzlich in der Normierungsleistung des „Spiegels" zeigt – auch die Erfindung der Farbe „Purpur" ist ein Resultat hiervon -, wie sie aus der Redundanz der Information aus der Umwelt erwächst, als Fundament der „Verobjektivierung" des enormen Stromes einzelner Informationsdaten aus der Umwelt: Ergebnis dieser „Verobjektivierung" ist eben die Abstraktion von „Objekten" gegenüber einem Hintergrund an Informationen; das Fundament hiervon ist die Gestaltwahrnehmung, der Lorenz größte Bedeutung beimißt und die er dem ratiomorphen Leistungsvermögen zuordnet. Hierauf wird zurückzukommen sein.

Zunächst gilt es eine ganz andere Besonderheit des „Spiegels" zu betrachten; sie hängt mit der zweiten großen Fulguration gemäß Lorenz zusammen, ist also mit der Ausbildung des Seelischen verknüpft. Gemäß seiner „eine Welt"-Theorie versteht Lorenz das Seelische in Parallelität zu dem Physiologisch-Materialen. Das Seelische ist an das Physiologisch-Materiale geknüpft, ohne dies selbst zu sein, weshalb auch gilt, daß es Physiologisch-Materiales ohne Verknüpfung mit Seelischem gibt, die Umkehrung dieses Satzes aber nicht möglich ist. Bei dem Seelischen handelt es sich in diesem Sinne um eine eigene Seinsebene bzw. eigentlich *Geschehens*ebene, wie Lorenz in kritischer Anlehnung an Nicolai Hartmann feststellt. Überhaupt orientiert sich Lorenz mit seinem Fulgurationismus stark an Hartmann, wobei er dessen Annahme von Seinsebenen zurückweist, bzw. in das Reden von Geschehensebenen modifiziert. Im Lichte hiervon spricht Lorenz auch von aufeinander aufbauenden (ontologischen) Ebenen – „Schachteln" -, wobei die jeweils basalere „Schachtel" Fundament der darauf aufbauenden „Schachtel" ist, diese aber ihre eigenen – wiewohl nicht an sich möglichen – Gesetzlichkeiten aufweist. Daher auch, so Lorenz, bringt die kausale Analyse des physiologischen Apparates das Verständnis des Seelischen, also des subjektiven Erleben, keinen Schritt voran.

Zu der hiermit ausgesagten Parallelität ist genauerhin mit Lorenz festzuhalten, daß es dem Menschen an der Möglichkeit fehlt, sie zu vergegenwärtigen – es fehlt an der entsprechenden Wahrnehmungsmöglichkeit -, so wie man sich auch nicht den Pylorusreflex bewußt machen kann: Objektive und subjektive Erkenntnis sind für die Vergegenwärtigung durch eine „Wand" voneinander geschieden. In dem Übersehen dieses Umstandes wurzelt der Irrtum, es müsse jedem Element auf der subjektiven Seite ein solches auf der objektiven Seite entsprechen; eine derartige Eins-zu-Eins-Relation existiert nicht.

Ebenso entscheidend ist es, so Lorenz, einzusehen, daß, indem es sich bei dem Auftreten des Seelischen um ein Fulgurationsereignis in der Evolution handelt, dieses im Sinne der Überlebensfunktionalität des Organismischen zu verstehen ist; dies gilt auch für das Auftreten des Geistigen sowie der Introspektion in Verflechtung mit dem Ich-Verständnis. Hier ist Lorenz' Bezugnahme auf die Bühlersche Vorstellung der Du-Evidenz zu beachten, der gemäß hier nichts angesprochen wird, das als Übernatürliches zu verstehen wäre, bzw. als die „eine Welt"-Theorie Übersteigendes. Insofern Tiere – wenn auch nicht alle – über ein Zentralnervensystem und entsprechende Sinnesorgane verfügen, wie sie auch vom Menschen bekannt sind, ist ihnen zuzugestehen, über etwas zu verfügen, das beim Menschen subjektives Erleben bedeutet – eben aufgrund der anatomisch-physiologischen Ähnlichkeiten mit den entsprechenden Strukturen beim Menschen! -, wiewohl ein Ich-Verständnis alleine der Mensch besitzt.

Betont sei, daß Lorenz das Geistige also als *weiteres* Evolutionsprodukt sieht und daher primär im Lichte seiner Funktionalität. Eine wichtige Rolle spielt hierbei die Sprache, inwiefern sie ein neuer Datenträger – gegenüber dem genetischen Code – ist, der die Neuerung mit sich bringt, individuell erworbene Informationen zu tradieren, woraus ein enormer Zeitgewinn für die fortgesetzt – „irgendwie" - abbildtheoretisch zu verstehende Anpassung an die „mittlere Welt" erwächst; keinesfalls erwächst hier aber etwas, das „alles ist Arbeitshypothese" transzendieren läßt. Wovon hier die Rede ist, das ist die evolutive Ausbildung einer Form von einsichtigem Verhalten, erwachsend aus zentraler Repräsentation, Spezialisation auf Nicht-Spezialisation sowie Domestikation und Weltoffenheit. Gemäß der Fulgurationsargumentation sind die Grundlagen hierfür bereits im evolutiven Vorfeld des Menschen angelegt, wobei dem Lernverhalten größte Bedeutung zukommt. Es basiert, was Lorenz mehrfach betont und im Sinne der anfangs hervorgehobenen Verflechtung von „ererbt" und „variabel" zu verstehen ist, auf der Kombination von phylogenetisch Entstandenem und der Verarbeitung von Augenblicksinformation, die zu keiner Modifikation des an sich in der Generation unverändert bleibenden Ererbten führt.

Ein besonders hervorzuhebendes Resultat der hier betrachteten evolutiven Abläufe ist das Entstehen des Ich-Bewußtseins, wiewohl Lorenz die in der Beachtung hiervon liegende Potenz zu einem Narzißmus betont: Indem der Mensch zu einem Ich-Bewußtsein gelangt, weist er sich einen besonderen Stellenwert in der Natur zu, ja einen diese geradezu übersteigende Bedeutung. Demgegenüber gibt Lorenz auch angesichts des Ich-Bewußtseins seine organismisch-funktionale Perspektive nicht auf und hält fest, daß es kein spezielles zentralnervöses Zentrum bzw. genauer „kein Zentrum im Gehirn“ für das „Ich“ gibt. Es gibt lediglich zwischen den afferenten und efferenten Bahnen einen zentralsten Bereich, den man sich aber am besten feldtheoretisch vorstellt. Lorenz prägt hierbei das Bild von dem Ich-Bewußtsein als einer „Spinne“, die in ihrem Netz – es symbolisiert die Vielzahl eintreffender und zu beantwortender inhaltlicher Informationen - je nach aktueller Situation herumläuft, was unterschiedlichen – situationsadäquaten - Vergegenwärtigungen des Ich entspricht. In diesem Bild ist zugleich enthalten, daß die Inhalte des Ich-Bewußtsein bzw. reflexiven Bewußtseins selbst nicht spezifisch sein dürfen, da sie ansonst nicht dafür eigenen, mit der enormen Fülle jener inhaltlich spezifizierten Informationen umzugehen, die in den afferenten und efferenten Bahnen bewältigt werden müssen; Lorenz verweist im Bild darauf, daß eine Spinne eben nur acht Beine aber ein Netz aus weitaus mehr Fäden besitzt.

Ein derartiges Bild eignet nun tatsächlich nicht zur Ausbildung eines Narzißmus, wie auch nicht jenes, in dem Lorenz das Ich mit einem „Hahn am Mist“ vergleicht. So eigentümlich solche Bilder auch anmuten, das eigentlich Entscheidende an ihnen ist, daß sie das Ich insofern von narzißtischen Selbstüberschätzungen fern halten, als sie das Ich als kaum mehr erscheinen lassen, als eine Verrechnungsstelle für die inhaltlichen sensorischen Daten und motorisch-sensorischen Reaktionen hierauf.

Mit einer solchen Interpretation würde man der Lorenzschen Denkweise aber *nicht vollständig* gerecht, wie sich anhand seiner Ausführungen zum Erkenntnisprozeß – insbesondere auf wissenschaftlicher Ebene - zeigt. Hier vertritt Lorenz nämlich die Auffassung, daß der Induktion ein unbedingter Wert – wiewohl im Sinne von „alles ist Arbeitshypothese“! – zuzuerkennen ist, was sich bereits aus seinem „Drei Stadien“-Gesetz der Wissenschaft ergibt, das eine zunehmende Verdichtung an Information aus einer zusammengetragenen empirischen Basis bedeutet; zugleich koppelt Lorenz diese induktive Leistung an eine deduktive Prüfung, wobei Induktion und Deduktion in einer Beziehung positiver Rückkoppelung stehen. Ganz im Sinne seiner Vorsicht gegenüber dem Anfangsproblem – und dies ist nun eigentlich von Interesse - beläßt es Lorenz aber nicht bei besagter Verflechtung, sondern stellt ihr die Intuition bei: intuitiv erkennt der Wissenschaftler, arbeitet er in ausreichendem Maße induktiv-deduktiv, die Gesetzlichkeit der Realität, wiewohl – um dies wieder zu betonen! – nicht an sich, sondern gemäß „alles ist Arbeitshypothese“. Die Intuition ist daher nichts Übernatürliches, sondern im Sinne der Gestaltwahrnehmung zu verstehen und insofern nur in ihrem Ergebnis vergegenwärtigbar, ganz im Sinne davon, daß das reflexive Bewußtsein nicht mit allen informationellen Einzelheiten konfrontiert werden darf. Zugleich gilt, daß der intuitive Akt anders als der rationale Akt unvergleichlich größere Datenmengen verarbeiten kann, insofern also leistungsfähiger ist, da er daher auch Lösungen „sieht“, die man rational nicht erreicht. Grundsätzlich ist Intuition aber im Lichte von Fulguration zu verstehen, womit das Anfangsproblem gemäß „die Natur macht Sprünge“ gelöst sein soll. Damit ist mit Intuition eine gewisse Emanzipation von faktischer Inhaltlichkeit gegeben, wie sie auch in der Beachtung der Du-Evidenz auftritt; dies ist es zugleich, das Lorenz' Denken als zumindest der Intention nach einen reinen Pragmatismus – „Verrechnungsstelle“ – abwenden lassen wollend entgegentreten läßt.

Insofern hier von Lorenz ein allgemeiner Evolutionsmechanismus aufgerufen ist, bedarf Lorenz auch nicht „Ich“ als jenem Ort sicherer Erkenntnis, wie er „narzißtisch“ in der Philosophie herbeiargumentiert wird – so Lorenz -; in der Philosophie würde dieses Ich-Verständnisses bedurft, als Ermöglichung davon, die ungeheure Menge an sensorischen Informationen begründungstheoretisch in einen Ordnung bedeutenden Raster zu bekommen: indem die Philosophie aber dieserart verfährt, kreiert sie ein „Ich“, das im Verhältnis der „zwei Welten“-Theorie Kants zur Umwelt steht. In der Philosophie wird also ein sicherer Ort unter Mißachtung davon kreiert, mit „Arbeitshypothesen“ das Auslangen finden zu können, da diese gemäß ihrer evolutiv zu verstehenden systemischen Vernetztheit miteinander insgesamt das Ergebnis eines Prozesses sind, der von Anbeginn an nicht in völliger Getrenntheit zu dem ihm Umwelt seienden steht – „Abbild“ -.

Dieserart führt die Philosophie aber nur in die Irre und ist das reduktionistische Gegenstück zu einer zu ihr komplementären mechanistischen Naturwissenschaft. Nicht für eine solche Philosophie tritt Lorenz ein, sondern für eine materialistische Philosophie, die gleichsam den Überbau zu den induktiv-deduktiven Fachwissenschaften darstellt und sich selbst primär der Intuition bedient, wie sie zugleich aber auch den Fachwissenschaften nicht gänzlich fremd ist. Insofern, und dies ist zuvor gemeint gewesen mit „man wird Lorenz nicht vollständig gerecht“, hat die Philosophie also bei Lorenz nicht bloß den Charakter einer formalen Prüfinstanz für die Fachwissenschaften!

Es gilt hier zu betonen, daß Lorenz die philosophische Bezugnahme auf das Ich, als dem Ort der Sicherheit im Argumentieren, zurückweist, und diesen in einem evolutionistischen Denken verortet, dessen begründungstheoretische Basis in einer umfassenden empirischen Basis für induktives Denken und abstrakten Überlegungen beruht. Dieser Verweis auf abstrakte Überlegungen ist zugleich im Lichte der Lorenzschen Ausführungen bezüglich dem reflexiven Bewußtsein zu verstehen, wie es sich weitgehend frei von speziellen Informationen halten muß, wie auch im Lichte der Lorenzschen Feststellung der Intuition, wie sie ebenfalls in einer gewissen Enthobenheit von aktuellen Informationen bedacht wird – somit also „enthoben“ von dem Regelkreis „Induktion – Deduktion“ -. „Abstrakt“ ist im Sinne dieser „Enthobenheit“ zu verstehen und insofern primär nicht als Ausdruck eines formal-abstrakten Denkens. Das Ich ist hierzu – so Lorenz – fähig, insofern es in der Evolution entstanden ist, und somit gemäß der „eine Welt“-Theorie über ein abstraktes Vermögen – im Sinne der Denk-Ökonomie verstanden – verfügt. Dieserart, um dies zu betonen, löst Lorenz also das begründungstheoretische Anfangsproblem mittels einer „frei von speziellen Inhalten“-Konstruktion, der der explizite Umgang mit diesen Inhalten gegenübergestellt werden kann, ohne dieses Gegenüberstellen als einen Bruch bzw. Diskontinuität in der evolutionären Beachtung verstehen zu brauchen.

Dieses Ich-Verständnis ist natürlich auch für die ethischen Überlegungen von Lorenz von Bedeutung, doch soll auf diese erst weiter unten zu sprechen gekommen werden.

Damit sei nun auf die Position Riedls geblickt, der sich insofern gegenüber Lorenz abgrenzt, als dessen Position des systemtheoretischen Zugangs ermangele, worin zugleich eine dementsprechende Konzentration auf ein primär an Darwin und der Synthetischen Evolutionstheorie orientiertes Evolutionsverständnis begründet sein soll. Riedls evolutionstheoretisches Verständnis ist demgegenüber wesentlich systemtheoretisch konzipiert. Wie groß ist der damit bezeichnete Unterschied aber tatsächlich? Diese Frage stellt sich schon insofern, als auch Riedl seine systemtheoretische Evolutionstheorie explizit auf der Synthetischen Evolutionstheorie aufbaut und zudem darauf hinzuweisen war, daß Lorenz seinerseits das Gedankengebäude der Synthetischen Evolutionstheorie bis an dessen Grenzen auslotet. Ohne hier detailliert auf die Entwicklung innerhalb der biologischen Evolutionstheorie einzugehen, ist festzuhalten, daß der Synthetischen Evolutionstheorie – und davor bereits dem Neodarwinismus – fortgesetzt vorgeworfen worden ist, in einer Weise auf die Umweltselektion zu reflektieren, die der Komplexität des evolutiven organismischen Wandels nicht gerecht wird[1021]. Wiewohl von Seite der Synthetischen Evolutionstheorie insbesondere mit den Methoden der Populationsgenetik diesem Vorwurf zu begegnen versucht worden ist, führte besagte Kritik fortgesetzt zu Überlegungen bezüglich der Existenz intraorganismischer, richtunggebender

[1021] Vgl. für Literaturangaben Senz W 1996, 1997a, 1999, 2001a, im Druck

Evolutionsmechanismen; diese würden zwar nicht die Umweltselektion ersetzen, aber in ihrer Bedeutung eingrenzen.

In den Kanon derartiger Überlegungen stimmt auch Riedls Werk „Die Ordnung des Lebendigen“ ein, das explizit um eine empirische, naturwissenschaftliche Lösung des Problems bemüht ist, fernab metaphysischer aber auch vitalistischer „Spekulationen“. Der Ausgangspunkt von Riedls Überlegungen ist besagte Komplexitätsthematik, wobei nicht von der Frage ausgegangen wird, wie kompliziert ein Vorgang sein kann, um nicht mehr alleine mittels einer Umweltselektion geordnet ablaufen zu können, sondern von der abstrakten Feststellung, daß eine Systemisierung im Bereich des Lebendigen insofern sinnvoll ist, als sie das Suchfeld für einen auf den schöpferischen Zufall angewiesenen Änderungsprozeß derart nachhaltig eingrenzt, daß eben hierin ein entscheidender Selektionsvorteil liegt.

Im Zentrum dieser Systemisierung – wie sie also im Lichte einer reinen Ökonomie-Überlegung zu verstehen ist – befindet sich Riedls Aussage von dem imitatorischen Epigenotypus. Dieser erwächst aus der Verflechtung von „Entscheidung“ und „Ereignis“, gemäß einer positiven Rückkoppelung, und ergibt ein systemisches Binnenmilieu, das, wiewohl mit den Umweltbedingungen verflochten, selbst Selektionsbedingungen bestimmt; die Außenselektion wird somit internalisiert und im Rahmen hiervon eine gewisse Abkoppelung von der Umwelt erzielt, was im Sinne von Selbstorganisation zu verstehen ist. Der Betonung verdient, daß Riedl den jeweiligen Anfang der Ausbildung eines Elementes des Epigenotypes gleichsam im Bereich des „Gleichgültigen“ verortet: zu Beginn ist eine entsprechende Verknüpfung zweier Elemente des Genotypus nicht bebürdet, sie wird es gleichsam erst im Laufe der Ausgestaltung des dieserart begonnenen Vorganges.

Dieses Evolutionsverständnis weist tatsächlich Differenzen zu jenem Lorenz' auf, wiewohl diese nicht einfach mit dem Hinzukommen von systemtheoretischen Überlegungen erklärt werden können. Dies ergibt sich bereits aus den gebrachten Ausführungen zu Lorenz' Verständnis von dem Erkenntnis-„Spiegel“, der keineswegs eine naive Abbildtheorie bedeutet, wie sie bei einer alleinigen Beachtung der Umweltselektion gegeben wäre. Wiewohl hier die Verhältnisse komplizierter sind, trifft es aber zu, daß Lorenz, wie er auf die Bedeutung der Einsicht in die „Kleinheit“ der einzelnen Mutationsschritte verweist, zugleich der Fulguration bei der Ausbildung von Neuem eine wesentliche Bedeutung zuweist, den Vorgang der Einordnung und Ausdifferenzierung des dieserart Entstandenen betont, und insofern dem Systemcharakter des Organischen nur unwesentlich richtunggebende Bedeutung in der Evolution beimißt.

Angesichts hiervon sei zudem daran erinnert, welche Bedeutung für Lorenz sein Fulgurations-Konstrukt in Zusammenhang mit der Begründungsproblematik zukommt. Beachtet man dies hinreichend, so wird evident, daß sich die Lorenzsche Fulguration zwar hinreichend gegen metaphysische Konstruktionen abgrenzen läßt, zugleich aber Raum für Möglichkeiten zu einer umfassenderen – als bei Lorenz gegebenen - rationalen Erfassung offen läßt; in anderen Worten: das Fulgurations-Konstrukt kann auch als „Platzhalter“ verstanden werden und insofern als Vorbereitung der Lösung der Begründungsproblematik. Riedls systemische Lösung ist offensichtlich der Versuch, besagte Möglichkeit zu realisieren, wobei Riedls eigener Umgang mit der Begründungsproblematik die Lösung in einer „Belanglosigkeit“-Konstruktion gibt.

Bei Lorenz *und* bei Riedl ist somit einheitlich die Verflechtung von „quasideterminierten“ und „variablen“ Strukturen gegeben, wobei der teleonome phylogenetische Verlauf aus einem ausgewogenen Verhältnis beider Aspekte resultieren soll. Mit der Ausbildung quasideterminierter Strukturen ist hierbei einheitlich eine Eingrenzung der Zufallsmöglichkeiten ausgesagt, wobei die Thematisierung davon, diese Eingrenzung nicht naiv abbildtheoretisch verstehen zu brauchen, ebenso einheitlich aus einer Abkehr von Vorstellungen im Sinne einer exekutiven Kausalität abgeleitet wird. Hat Lorenz in diesem Zusammenhang von Regelkreisen, positiver Rückkoppelung und Homöostasie gesprochen, so thematisiert Riedl insbesondere die Rückkoppelung von „Entscheidung“ und „Ereignis“, worin er zugleich die Ermöglichung davon sieht, dasjenige systemisch bedenken zu können, das Lorenz noch im Horizont seiner „Parallelismus“-Ausführungen darstellt.

Dieser Rückkoppelungsmechanismus wird bei Riedl zum zentralen Element seiner Anschauungen und zwar in dem Sinne, wie er eine Rationalisierung gemäß weiterentwickelter Systemisierung gegenüber Lorenz bezeichnet. Im Lichte hiervon ist zu betonen, daß Riedl wie Lorenz im Horizont der Erkenntnisverarbeitung von einer asymptotischen Näherung an die Realität spricht, die nicht von einem sicheren Anfang – „alles ist Arbeitshypothese“ - ihren Ausgang nimmt; sie braucht diesen aufgrund der ausgesagten Rückkoppelung von Erwartung und Erfahrung bzw. Entscheidung und Ereignis nicht. Riedl versteht seinen grundsätzlichen Rückkoppelungsmechanismus von „Erwartung – Erfahrung“ („Entscheidung – Ereignis“) daher durch das Gesamt des Lebendigen – vom präzellulären bis zum kulturellen Bereich – durchreichend, wiewohl auf den einzelnen hiermit bezeichneten Schichten in jeweils spezieller Ausgestaltung. Im Sinne dieser „Durchreichen“-Theorie ist es daher auch zu verstehen, daß Riedl die Denkordnung als Anpassungsprodukt an die Naturordnung versteht, woraus die Isomorphien zwischen beiden Bereichen abzuleiten sind, deren zentrales Element die Einengung der Zufallsbedingungen ist. Genauerhin ist hieran zu beachten, daß Riedl die Systemisierung im Rahmen des Erkennens explizit aus einem Ökonomieprinzip ableitet, wie dieses auch schon auf dem präzellulären Niveau gelten soll, was Lorenz' Aussagen entspricht, wonach auch das Bewußtsein aus Gründen des Anpassungsvorteiles entstanden ist. Dies speziell tritt – in sehr ähnlicher Darlegung – auch bei Riedl auf, wenn er die Ausbildung der Sprache, insbesondere in ihrer Verflechtung mit einem entwickelten Bewußtsein, darin begründet sieht, daß hierdurch der evolutiven Anpassung die Möglichkeit größerer Schnelligkeit gegeben ist.

Bezüglich Lorenz' Position war ein Rekurs auf abstrakte Aussagen, als der Ermöglichung davon, die „alles ist Arbeitshypothese“-Aussage nicht ad absurdum zu führen, festzustellen. Auch dies gilt für Riedls Position, für die zum Beispiel Aussagen wie „der einzig sichere Satz ist scheinbar der, daß die Welt in Zufall und Notwendigkeit geteilt ist“, „man kann von der Welt lernen“, „die Welt ist bezüglich ihres Informationsgehaltes redundant“ unbedingt nötig sind, da ansonst die Thematisierung des fehlenden sicheren Anfangs im Bedenken zu einem Problem für die Verwendung von „Rückkoppelung“ im heuristischen Sinne führt. Hier ist auch zu beachten, daß Riedl die Anführung des Rückkoppelungsprozesses insofern als Problemlösung versteht, als sie die Spaltung des Weltbildes, in einen Zweig der sich lediglich der causa efficiens und einen Zweig der sich lediglich der causa finalis beachtet, überwindet. Dieses „Spaltung“-Motiv tritt ebenfalls bereits bei Lorenz auf, wie auch das Eintreten für die Notwendigkeit einer Zusammenschau von Natur- und Geisteswissenschaft.

Ebenso wie Lorenz, versteht auch Riedl in diesem Zusammenhang die Ideenlehre Platons als den Beginn eines Umganges mit der Vielheit in der Welt – wie sie sensualistisch wahrgenommen wird -, der zu einer Zwei-Welten-Theorie führt, anstatt, wie nötig, *eine* Welt aussagen zu können – sie umfaßt Abgebildetes und Abbildendes -; diese Kritik an Platon (und dem Idealismus) ist von Riedl und Lorenz dahingehend konzipiert, in dem Vielen etwas auffinden können zu müssen, das „alles Arbeitshypothese“ bzw. - um es mit Riedl zu formulieren – „ein System von Vor(aus)urteilen“ als nicht mehr Hitnergehbares begreifen läßt. Dieses „System“ basiert also, wie es sicherer Anfang sein soll, auf Wahrscheinlichkeiten, die aber insofern genügen, als jede Arbeitshypothese, jedes Vor(aus)urteil sein eigenes Überkommenwerden ohnedies potentiell in sich trägt. Dies soll die Bedeutung des hypothetischen Realismus ausmachen, wobei zu betonen ist, daß in diesem eine Weiterentwicklung des Adaptionsgedanken im Sinne des Neodarwinismus enthalten ist: insofern wird auch im hypothetischen Realismus Riedls von einer partiellen Abbildbarkeit der Welt gesprochen, wiewohl nicht dieser an sich, sondern gemäß der Lorenzschen „mittleren Dimension".

Wenn sich Riedl daher explizit dem Menschen zuwendet, so fällt zunächst auf, daß er das reflektorische Bewußtsein, wie es als phylogenetisch „sehr junge" Ausbildung zu verstehen sein soll, primär als eine „evolutiv" wenig erprobte und dementsprechend fehleranfällige Ausbildung versteht. Nicht nur darf daher das reflexive Bewußtsein in seiner Bedeutung nicht überschätzt werden, es ist auch explizit in Verflechtung mit den Leistungen des ratiomorphen Apparates zu verstehen, die ihm unbedingt zugrunde liegen. Gerade in Zusammenhang mit Bewußtsein, Sprache bzw. Menschwerdung allgemein zeigt sich an Riedls Argumentation, daß mehreres, bereits stammesgeschichtlich vor dem Menschen Existierendes ausgesagt wird, das sich beim Menschen – im Rahmen seines phylogenetischen Auftretens, zu einem neuen Ganzen zusammenschließt, was grundsätzlich im Lichte der Lorenzschen „Fulguration"-Konstruktion verstanden werden kann, genauerhin aber im Sinne der Riedlschen „imitatorischer Epigenoptypus"-Konstruktion, wie sie entsprechend dem Ausgeführten eine rationalisierende Darstellungsweise der Lorenzschen Konstruktion ist.

Hierin liegt zugleich, daß Riedl, insofern ihm die „Fulguration"-Konstruktion nicht unmittelbar zur Verfügung steht, das Hauptgewicht seiner Argumentation auf die quasizirkuläre Rückkoppelung legt, wie sie einheitlich durch die Schichten des Lebenden reicht. Im Rahmen hiervon reicht auch das Ökonomie-Prinzip durch eben diese Schichten, wird daher Vernunft – wie sie für den ganzen Bereich des Lebenden anzunehmen sein soll – im Sinne einer Problemlösungskapazität verstanden, bis hin zum Ich bzw. dem Ich als Teil einer Sozietät.

Generell weist Riedl dem „Ich" keine große Bedeutung zu, wie dies ja auch schon von Lorenz bekannt ist. Der „Einzelmensch" ist nach Riedl nicht angebbar: der Mensch ist immer Teil einer Sozietät; in dem damit bezeichneten Sinne reflektiert Riedl sogleich wieder auf sein Rückkoppelungs-Konstrukt, wobei er diesmal – sich in Übereinstimmung mit der Soziologie wissend – Individuum und Sozietät in gegenseitiger Verknüpfung sieht. Betont sei, daß auch diese Rückkoppelung wiederum im Sinne einer pragmatischen Problemlösungsstrategie verstanden wird. Dies führt Riedl auch explizit für „Kultur" aus, die im Lichte von „Ökonomie der Seele" bedacht wird, wobei es gerade der evolutionstheoretische Zugang zu „Kultur" sein soll, die ihre Besonderheit – bzw. die Besonderheit von „Mensch" – transparent werden lassen soll.

Riedl betont also den durchreichenden Charakter des allgemeinen Evolutionsmechanismus bis in die kulturelle Schicht und gerät hierbei in dem Sinne in Distanz zur Lorenzschen Position, wie er eine Rationalisierung von Fulguration vornimmt: indem nämlich Lorenz' Position die Möglichkeit der Rationalisierung offen läßt, argumentiert sie nicht notwendig vage im defizitären Sinne, sondern dahingehend zurückhaltend, die von Riedl ergriffene Möglichkeit vermeidend, um willen davon, die in dieser Möglichkeit gegebene Betonung pragmatisch-ökonomischer Aspekte fernzuhalten, in Verflechtung mit der Betonung der „Du-Evidenz"-Konstruktion als Ausdruck davon, das Person-sein – wie es also in besagtem Sinne nicht bloß auf den Menschen zu beziehen ist – nicht betont pragmatisch bedenken zu brauchen. Damit sind Riedl und Lorenz durchaus nicht in expliziter Differenz zueinander zu verstehen, wiewohl die angemerkte Distanz an sich festzuhalten ist.

Das Fehlen einer expliziten Differenz zeigt sich bereits daran, daß Riedl – in „Strategie der Genesis" - bezüglich der menschlichen Gesellschaft festhält, daß gesellschaftliche Gruppen keinen Selbstzweck darstellen und Brüderlichkeit ebenso wie Egoismus zum Verhalten des Menschen gehören, wozu auf Seiten der Lorenzschen Argumentation gehört, daß – um die Riedlsche Terminologie beizubehalten – „Brüderlichkeit“ und „Egoismus“ beide ihre Bedeutung für das menschliche Leben haben, wie auch an Lorenz’ Aussagen bezüglich der wesentlichen Bedeutung der genetischen Ausstattung des Menschen für sein Verhalten – auch im moralischen Berech – zu denken ist. Beide Argumentationen begreifen das Ich im ethischen Raum im Lichte eines nutzen-kalkulierenden Fundaments; zugleich besteht zwischen beiden Argumentationen aber die angemerkte Differenz.

Damit sei auf das in Abschnitt 4.2 besprochene Buch von Wuketits „Biologie und Kausalität“ geblickt. Dieses Buch ist nicht einer Betrachtung unterzogen worden, da es in besonderem Maße neue Einsichten darbietet oder neue Perspektiven eröffnet, sondern da es höchst bezeichnend für die EE zu Beginn der 80er-Jahre des 20. Jahrhunderts ist, daß in ihrem Rahmen eine ganze Monographie zum Kausalitätsdenken im Horizont kybernetischen und - vor allem – systemtheoretischen Denkens erscheint. Wuketits’ Buch verdeutlicht also eindrucksvoll, welch große Bedeutung dem abstrakten Regelkreisdenken innerhalb der EE zukommt, wobei Wuketits mit Lorenz auch von der „Allgegenwart“ von Regelkreisen im Bereich des Lebendigen spricht, sowie - mit Oeser - von dem menschlichen Erkenntnisapparat als einem „Ensemble“ von Rückkoppelungsprozessen. Darüber hinaus verdeutlicht Wuketits’ Buch aber auch, wie sehr die Bezugnahme auf das kybernetische und systemische Denken in der EE auf den Leistungen von Forschern außerhalb der Reihen dieser Position aufbaut, allen voran wohl jenen von Ludwig von Bertalanffy.

In einem bestimmten Aspekt weicht Wuketits aber von Riedl ab, wiewohl nicht davon zu sprechen ist, daß sich beide Autoren in einem Widerspruch zueinander befinden. Wie erinnerlich läßt Riedl „Vernunft“ für das gesamte Reich des Lebendigen gelten, wohingegen Wuketits Vernunft erst mit dem Überschreiten-können des ratiomorphen Denkens in mesokosmischer Dimension veranschlagt, wobei er auch von dem menschlichen Bedürfnis nach einem auf „Rationalität gegründeten Weltbild“ spricht. Hiermit hängt wohl zusammen, daß Wuketits zumindest pointierter als Riedl die vier Aristotelischen Ursachen primär als Denkbehelfe gemäß einer Denkökonomie versteht, die letztlich in *einen* Ursachenkreis aufzulösen sind, wie Wuketits auch pointierter als Riedl die exekutive Kausalität dem ratiomorphen Denken zuweist, das im Horizont der Ratio überwunden werden muß – wiewohl von der phylogenetisch *jungen* Errungenschaft „Ratio“! -; nochmals sei betont: mit keiner der beiden Aussagen steht Wuketits im Widerspruch zu Riedl, wiewohl Wuketits der Ratio durchaus mehr Bedeutung beimißt als Riedl; er sieht sie nicht nur als phylogenetisch „junge“ – und demgemäß noch nicht ausgereifte – Errungenschaft. In eben dem hiermit bezeichneten Sinne ist es daher auch zu verstehen, daß Wuketits von der Notwendigkeit spricht, in der philosophischen – insbesondere erkenntnistheoretischen – Analyse, evolutionstheoretisches Gedankengut aufzunehmen, im Lichte davon, daß der „Mensch ein Wesen *in* der Natur“ ist.

Worauf hiermit verwiesen sein soll, das ist die Möglichkeit innerhalb der EE, das menschliche Erkenntnisvermögen bzw. sein Bedenken insgesamt als ein Evolutionsprodukt verstehen zu können, wie auch, es mittels Beiziehung der Evolutionstheorie besser verstehen zu lernen; der *enorme* Unterschied zwischen beiden Alternativen wird noch explizit darzulegen sein.

Angesichts hiervon ist mit der nun zu besprechenden Position Erhard Oesers eine solche gemäß der zweiten Alternative gegeben. Im Lichte hiervon ist sogleich eine Spannung – im positiven Sinne des Wortes - in Oesers Position festzuhalten: Einerseits verweist Oeser auf die Notwendigkeit, die phylo- und ontogenetische Erforschung der Erkenntnisfähigkeit von einer evolutionären Betrachtung der Erkenntnistheorie unterscheiden zu müssen, wozu auch gehört, daß die Betrachtung der Naturgeschichte der Erkenntnisfähigkeit die Erkenntnistheorie nicht ersetzt; andererseits fordert Oeser eine Logik der Veränderung, die – so Oeser - nicht neu erfunden zu werden braucht, da sie überall dort bereits vorliegt, wo an Erfahrung gelernt wird, was von den ratiomorphen Leistungen niederer Tiere bis hin zum wissenschaftlichen Denken des Menschen festgestellt wird. Somit wird einerseits zwischen der erkenntnistheoretischen Leistung und der evolutionären Betrachtung, wie sie erfahrungswissenschaftlich konzipiert ist, eine Distanz ausgesagt, andererseits die erfahrungswissenschaftliche Konstruktion „ratiomorphe Leistung" *unmittelbar* an „wissenschaftliches Denken" angelegt. Die hiermit gegebene Spannung läßt sich natürlich sofort auflösen, wenn das erkenntnistheoretische Denken in dem Sinne gegenüber dem erfahrungswissenschaftlichen Denken abgegrenzt wird, daß alleine letzteres kontinuierlich mit dem „ratiomorphen" Denken zu verbinden ist, wobei sich der Bezug des erkenntnistheoretischen Denkens mit evolutionärem Denken in Parallelität zu jener Thematisierung der Evolution ergibt. Damit wäre eine Situation gegeben, die ebenso an Lorenz' Verständnis von Philosophie als der „Königin der Wissenschaften" erinnert, wobei noch offen zu lassen ist, inwieweit diese Übereinstimmung nicht bloß oberflächlicher Natur ist, wie es in Distanz zu Riedls *einheitlicher* „Spirale" von der präzellulären bis zur kulturellen Ebene ist, der gemäß das rationale Denken primär als ein phylogenetisch wenig erprobtes evolutives Produkt zu verstehen ist.

Zur genaueren Beleuchtung des damit in den Raum Gestellten ist zunächst Oesers Konzentration auf die Analyse erfahrungswissenschaftlichen Forschens zu beachten, die von Oeser also – von Anfang an – in analoger Parallelität zur biologischen Evolutionstheorie verstanden wird; explizit betont Oeser, daß die Wissenschaftstheorie eigenständig zu evolutionären Betrachtungen gelangt.

Um willen einer evolutionstheoretischen Denkweise in der Erkenntnistheorie verweist Oeser zunächst auf die Bedeutung des Informationsbegriffes für die Wissenschaftstheorie, wie auch die Analyse ratiomorpher Leistungen, wobei Information im ursprünglich semantisch-pragmatischen Sinne dieses Begriffes verstanden wird – was Parallelen bei Lorenz und Riedl besitzt. Hierauf aufbauend bzw. auf dem damit gegebenen „nicht hintergehbaren Fundament", wendet sich Oeser Bertalanffys Systemtheorie bzw. Theorie offener Systeme zu. Sogleich ist es die in Bertalanffys Systemtheorie liegende Komplementarität, von den „Systemen der Natur" und der „Natur der Systeme" zu sprechen, die Oeser aufgreift. Hieran ist hervorzuheben: die Feststellung dieser Komplimentarität erweckt den Eindruck, als würde sich mit „System" von etwas sprechen lassen, das die Erfahrungsebene und eine hierzu aus begründungstheoretischen Überlegungen notwendig gegebene abstrakte Ebene zu einem Eines verbinden läßt, über das also aus zwei Perspektiven gesprochen werden kann; als würde gleichsam Eines in zwei Formen vorliegen, die somit von Anbeginn an nicht in faktischer Getrenntheit zueinander stehen können; die Bedeutung einer solchen Konstruktion innerhalb der EE ist bezüglich Lorenz' Position bereits angemerkt worden!

Angesichts hiervon ist entscheidend, daß Bertalanffys Systemtheorie nur derartige Ausführungen als relevant ansieht, in denen aus empirischen Darlegungen heraus systemtheoretisch reflektiert wird, wie zudem gilt, daß spezielle systemtheoretische Modelle einander isomorph sein müssen. Die Bedeutung hiervon wird sofort evident, wenn man Oesers Ausführungen ins Gedächtnis ruft, wonach die biologische Evolutionstheorie analog der evolutionären Betrachtung in der Erkenntnistheorie sein soll: wiewohl also nicht einfach von demselben in zwei Formen gesprochen wird, ist Analogie gemäß besagter Isomorphie festgehalten. Dies ist insofern von Gewicht, als Oeser in der Theorie offener Systeme die Möglichkeit sieht, den Menschen in seiner materialen Ebene betrachten zu können, *und zugleich* im Horizont seines Verhaltens, was das rationale Bedenken des Menschen inkludiert; Oeser verweist in diesem Zusammenhang explizit auf Riedls „Die Ordnung des Lebendigen". Gerade angesichts dieser Nennung verweist Oeser aber umgehend auf die Unmöglichkeit davon, die Erkenntnistheorie empirisch begründen zu können: empirische Ausführungen dienen erkenntnistheoretischen Ausführungen *lediglich als Stütze.*

Die Basis hierfür ist also besagte Komplementarität in der Systemtheorie, wobei hervorzuheben ist, daß Oeser – mit Bertalanffy – die Systemtheorie als einen ersten Schritt zu einer Mathesis universalis versteht, wie er notwendig ist, um komplexe Zusammenhänge, die sich mit einer exekutiven Kausalität nicht bedenken lassen, verstehen zu können. Die Systemtheorie bietet insofern also Analogie-Modelle, wobei die Gefahr zu beachten ist, aus der begründungstheoretischen Distanz zur empirischen Ebene, diese Ebene so sehr aus den Augen zu verlieren, daß letztlich keine Analogie-Modelle geboten werden, sondern bloß Spekulationen. Um derartiges zu vermeiden, gilt es also, Begriffe zu verwenden, die Äquivalente zu Begriffen der empirischen Betrachtungsebene sind; „System" und „Information" sind bereits solche Äquivalenz-Begriffe. Indem Oeser auf derartige Begriffe verweist, wendet er zugleich für das Bedenken einen Anfang ab, der mittels Subjekt-Objekt-diskriminierenden Begriffen gestaltet ist; entsprechende Begriffe wären: „Ich", „Seele", „Bewußtsein". Die Systemtheorie – gemäß ihrer Komplementarität – erübrigt die Verwendung solcher Begriffe, die letztlich wider die „eine Welt"-Konstruktion sensu Oeser ist.

Hier gilt es genauer zu blicken, bzw. die Zurückweisung von „Ich" als Beginn der Überlegungen hervorzuheben, da diese auch bei Lorenz und Riedl auftritt; Vergleichbares ist zudem bei Mach und Boltzmann gegeben, somit bei den Anfängen der EE (wie sie hier betrachtet wird), so daß folgende Überlegung angeführt sei: Wie dargelegt, hält Mach fest, daß die Welt eine „zusammenhängende Masse" aus Empfindungen ist, die im Ich lediglich „stärker" miteinander verknüpft sind. Mach wendet sich damit gegen den Versuch, das Bedenken von dem Ich als den Anfang des Bedenkens an sich zu nehmen, ein Anliegen, das auch bei anderen Vertretern der EE gefunden werden konnte. Inwiefern tritt es somit aber auch bei Oeser auf bzw. inwiefern ist Oesers Systemmodell, wonach jegliches System von einer Umwelt umgeben ist, die selbst ein System ist, so daß es durch die Randelemente begrenzt werden muß, was somit auch für das Ich gelten muß, inwiefern also, steht dies in der Tradition Machscher Entgrenzung des transzendentalphilosophischen Ich-Begriffs und Machscher Hauttheorie – inwiefern ist also Oesers „Randelemente" mit Machs „Haut"-Konstruktion in Beziehung setzbar? *Zunächst* genügt es festzuhalten, diese Frage begründet stellen zu können, wiewohl sofort evident ist: eine Gleichsetzung der Machschen und Oeserschen Argumentation verbietet sich bereits aufgrund Oesers Anerkennung der transzendentalen Methode Kants.

Hieran sei eine weitere Anmerkung angeschlossen, die ebenfalls primär ein Problem in den Raum stellt, ohne es sogleich einer Lösung näher zu bringen – diese wird, wie bezüglich dem „Ich"-Problem, im zweiten Teil des Buches zu geben versucht. Folgendes sei hiermit angesprochen: Wie erinnerlich führt der hypothetische Realismus von Lorenz und Riedl zu einer „alles ist Arbeitshypothese / Vor(aus)urteil"-Konstruktion, die, um sich nicht selbst ad absurdum zu führen bzw. das begründungstheoretische Fundament zu unterwandern, mit Sätzen in Verbindung gebracht wird, die abstrakten Charakter besitzen bzw. a priori einsichtig erscheinen sollen. Zwischen diesen Sätzen und den empirischen Befunden, die bei Riedl und Lorenz im Mittelpunkt stehen, insofern sie explizit angeben, als Naturwissenschaftler zu argumentieren, wird somit aber so etwas wie ein Äquivalenz-Verhältnis angenommen – anders können beide Bereiche gar nicht miteinander in Beziehung gesetzt werden. Insbesondere bei Riedl wird daher aber „System" in einer Weise empiristisch verankert – kombiniert mit einem Ökonomieprinzip -, daß die Bertalanffysche Komplementarität der Systemtheorie erst gar nicht zu tragen kommt; es kommt also nicht dazu, daß – um es mit Lorenz zu formulieren – eine „Königin der Wissenschaften" ausgesagt wird, die eigenständig auf „evolutionär" reflektiert, sondern es wird gemäß einer einheitlich-durchreichenden Spirale argumentiert. „Einheitlich-durchreichend“ bedeutet hier also den Verzicht auf eine Rückkoppelung zwischen „Königin der Wissenschaften“ und „Erfahrungswissenschaften – ratiomorph“. Natürlich sagt auch Lorenz nicht schon aus, was Oeser darlegt, doch zeigt schon die Möglichkeit, hier Lorenzsche Terminologie aufgreifen zu können, daß zwischen Oeser und Lorenz eine größere Nähe als zwischen Oeser und Riedl konstatierbar ist, auch wenn diese darin beruhen mag, daß Oesers Position eine Rationalisierung – wiewohl nicht notwendig in unmittelbarem historischem Anschluß - von etwas bei Lorenz undifferenziert Angelegtem ist; es würde somit aber – wie bereits einmal anzudeuten war - eine andere Form der Rationalisierung Lorenzscher Ausführungen vorliegen als bei Riedl.

In der Ablehnung des Popperschen Falsifikationismus stimmt Oeser mit Riedl *und* Lorenz überein, bzw. stimmen hierin alle drei Autoren im Sinne ihres hypothetischen Realismus überein, wofür also ihre Verwendung wahrscheinlichkeitstheoretischer und induktionstheoretischer Annahmen ausschlaggebend ist. Speziell für die Oesersche Position sind hierbei folgende Ausführungen von Bedeutung: Ende *und* Anfang im erfahrungswissenschaftlichen Prozeß ist die epistemische Reduktion; es besteht eine Quasizirkularität zwischen Theorie und Information bzw. Induktion und Deduktion, wobei Theorien stabilisierende Elemente des Prozesses sind; Informationen werden parallel in verschiedenen Disziplinen verarbeitet, wobei aus der Zusammenführung des dieserart Gegebenen – hiermit ist gegenseitige Anpassung auf theoretischer Ebene bezeichnet! – neue wissenschaftliche Einheiten entstehen; der hiermit bezeichnete Vorgang gelangt aber niemals zu einem endgültigen Ergebnis, sondern ist immer relativ zu einer gegebenen Datenmenge zu verstehen; der Sprung auf eine neue Ebene ist auch im Sinne einer Intuition umgreifende Superinduktion (wie sie eine einfache Induktion im Sinne von *colligation of facts* übersteigt) zu verstehen; die so erreichte neue Ebene stellt eine neue axiomatisch-deduktive Theorie dar, die eine höhere Informationskapazität als die Vorgänger-Ebene aufweist, zugleich aber die Vorgängerebene in veränderter Form beinhaltet; eine neue Ebene ist hierbei auch im Lichte von Strukturbrüchen – relativ zu einer Vorgänger-Ebene - zu begreifen, wobei Wissenschaft insgesamt als dissipatives System funktioniert. In diesem Sinne bezeichnet Oeser Wissenschaft auch als „Organismus“, insofern als besagte neuen Ebenen als Ergebnis von Strukturbrüchen zu poststabilisierten Ordnungen führen – abseits von Planung -. Innerhalb dieses „Organismus“ und seiner Ordnung ist kein Experimentum crucis möglich, sondern wahrscheinlichkeits- und bewährungstheoretisch zu verstehende aktuelle positive oder ablehnende Stellungnahmen.

Damit ist aber keinem Irrationalismus das Tor geöffnet: Wiewohl der Rückkoppelungsprozeß von Induktion und Deduktion, wie er in Form der sich in seinem Rahmen ausbildenden Theorien aktuell stabilisierende Elemente aufweist – ein solches ist auch die deduktive Logik – keinen Anfang hat und daher insgesamt nur „Arbeitshypothesen“ vorliegen, werden zwar keine Wahrheiten gefunden, die im Horizont von „alle möglichen Welten“ Gültigkeit besitzen, sehr wohl aber Abbildungen in Relation auf die wirkliche Welt, wie sie der Mensch in seinem Bedenken vorfindet, festgestellt; in diesem Sinne liegen also erfahrungsrelative Wahrheiten vor, die immer aber – insofern sie bewährungstheoretisch zu verstehen sind – prinzipiell revidiert wie auch rehabilitiert werden können.

Oesers Feststellung zur stabilisierenden Funktion von Theorien erinnert sofort, insofern diese Funktion im Lichte von „alles ist Arbeitshypothese“ zu sehen ist, an entsprechende Aussagen bei Lorenz und Riedl[1022], wobei Oesers Thematisierung der Erfahrungsbezogenheit von Theorien mit Ausführungen zur „Mesokosmos“-Konstruktionen bei Riedl und Lorenz in Be-

[1022] Vgl. aber auch Machs Aussagen bezüglich den Theorien als „dürren Blättern“ des „Organismus“ Wissenschaft, die, nachdem sie diesen eine gewisse Zeit lang in „Atmen gehalten haben“, abfallen.

ziehung gesetzt werden kann. Deren Verweis auf die lebensdienliche Relevanz von „Arbeitshypothesen“ trägt zudem jene Zurückweisung der Beachtung von „alle möglichen Welten“ in sich, von der also auch Oeser berichtet. Das damit zu zeichnende einheitliche Bild scheint dadurch komplettierbar zu sein, daß Oesers „kein Anfang“ und seine hiermit verbundene Thematisierung von Rückkoppelungsprozessen auch bei Lorenz und Riedl zu finden ist – von diesen zum Teil von Oeser übernommen worden ist.

Zugleich bleibt aber, daß *alleine* Oesers Position eine Betrachtung der Systemtheorie aufweist, *aus der heraus* die empirischen Informationen *ganzheitlich* interpretiert werden können, so daß das „kein Anfang“ auf den hiermit bezeichneten Bereich beschränkt werden kann, der somit tatsächlich keine Letztbegründung bieten braucht und daher auch nicht davon bedroht ist, durch „keine Arbeitshypothese“ unterwandert zu werden. Das ist: Alleine Oeser unternimmt eine Bezugnahme auf die Systemtheorie, die – gemäß der Komplementarität der Bertalanffyschen Systemtheorie – nicht aus empirischen Analysen erwächst, sondern in einem analytischen Verhältnis zu diesen stehen soll, dergestalt, daß aus diesem Verhältnis die Unendlichkeit des empirischen Bereiches – im Sinne von „kein Anfang“ – akzeptiert werden kann, hierbei die Unmöglichkeit der exekutiven Kausalität bedenkend, ohne trotzdem in dieser Ebene nach etwas suchnen zu müssen, das eigentlich durch „kein Anfang“ unterwandert wird bzw. derart ist, daß es hierzu äußerlich ist, da es aus lediglich formal eingesehenen (bedachten) Zwängen aufgewendet wird.

Angesichts hiervon sei nochmals betont, daß Oesers Position gegenüber jener Riedls als eine alternative Form der Rationalisierung der Lorenzschen Position verstanden werden kann – wiewohl sie zum Teil weit über jene Lorenz’ hinaus führt -, wobei gerade deshalb zu Fragen ist: was bedeutet es, daß Oeser das Verhältnis von Erkenntnistheorie und Erfahrungswissenschaft im Sinne von Äquivalenz versteht und was es bedeutet, daß Oeser eine Hintanhaltung der Betrachtung des Ich betreibt, die so sehr an jene bei Lorenz und Riedl (sowie Mach) – zumindest – erinnert. Die Beantwortung dieser Fragen wird für die Argumentation im zweiten Teil des Buches von zentraler Bedeutung sein.

Zunächst gilt es, im Rahmen des vorliegenden Resümees, die EE in ihrer gegenwärtigen Ausbildung zu betrachten. Hierzu ist sogleich auf die Probleme zu verweisen, die innerhalb der EE bezüglich der Zuordnung der eigenen Position im Spektrum von Naturwissenschaft – insbesondere Biologie – und Philosophie bestehen; hiermit ist zugleich die Frage nach der mehrfachen Ausbildung der EE verknüpft! Kaspar versteht die EE explizit als biologische Theorie und wendet sich auch kritisch gegen die Annahme ihrer Mehrfachausbildung, also ihrer Ausbildung auch außerhalb der Biologie. Auch Wuketits versteht die EE als biologische Theorie, konstatiert ihr aber Potential, „befruchtend“ auf die Philosophie zu wirken, was von Kaspar kritisch kommentiert wird. Gemeinsam mit Riedl hält Wuketits zudem fest, daß die EE einem kritischen Empirismus entspricht, der sich sowohl auf die Erkenntnissubjekte wie auch –objekte bezieht, was wohl im Sinne des Lorenzschen Bildes von der Erkennbarkeit „der Rückseite des Spiegels“ zu verstehen ist und worauf sich auch Kaspar gemäß seiner Ausführung zu der diesbezüglich ebenso nötigen wie möglichen „Anordnung der Spiegel“ bezieht. Hierfür bzw. grundsätzlich für den – vage formuliert – Biologie und Philosophie „übergreifenden“ Charakter der EE ist das Verständnis der Vertreter der EE von Erkenntnis und Kenntnis im Horizont von Information maßgebend, demgemäß die EE nicht bloß um die Architektur der Erkenntnis aus der Vernunft bemüht ist, was sie, wie Wuketits festhält, tiefer blicken läßt als Kant, als einem der – so gesehen – besagten „Architekten“.

Auch in der Position von Erhard Oeser wird dieser „übergreifende“ Charakter evident, jedoch in weitaus differenzierter bedachter Form: Oeser vertritt explizit ein „Zwei Stufen“-Modell – in vager Formulierung tritt es auch bei anderen Vertretern der EE auf -, dem entsprechend die EE von der biologischen Evolutionstheorie abhängt – insofern ist sie nicht voraussetzungslos wie die Lehre Kants -, wobei die erste Stufe der EE, sie reicht bis inklusive dem ratiomorphen Vermögen des Menschen, der Biologie zuzurechnen ist, was für die zweite Stufe der EE nicht mehr gilt.

Oeser denkt hierbei daran, daß die EE – insbesondere jene der zweiten Stufe – zwar des biologischen Nachweises der Hominidenevolution bedarf, jedoch insofern dieser zeigt, wie in der Evolution etwas entsteht, das in scharfer Abgrenzung gegenüber dem Vorangegangenen existiert: das die ratiomorphen Leistungen Übersteigende ist, anders als das evolutiv Vorangegangene, nicht mehr einfach als Überlebensleistung Erbringendes zu verstehen. In diesem Sinne weist Oeser der evolutionsbiologischen Analyse einen wissenschaftlichen Realismus zu, den Vorgängen, wie sie auf der ersten Stufe der EE betrachtet werden, einen hypothetischen Realismus und den im Rahmen der zweiten Stufe der EE betrachteten Vorgängen einen internen Realismus. Dieser interne Realismus, er gilt also insbesondere für das wissenschaftliche Denken, basiert auf der mesokosmischen Informationsverarbeitung der ersten Stufe der EE, wie auch auf der evolutionären Verflechtung von Subjekt (Mensch) und Objekt (Umwelt), und zeichnet sich (unter anderem) durch das Fehlen eines festen Bestandes a priori geltender Gesetze aus; nicht derartige liegen also als begründungstheoretisches Fundament vor, sondern besagte mesokosmische Basis, wie sie im Horizont der wissenschaftliche Reflexion modifiziert wird.

Hiermit ist zugleich jene Verinnerlichung der Informationsverarbeitung ausgesagt, die in der Bezeichnung „interner Realismus“ ihre Betonung findet. Im Vergleich mit den Positionen anderer Vertreter der EE ist hieran zu beachten: auch von Riedl wird ein, wiewohl *graduell* stärker werdender, Vorgang der Verinnerlichung in der Evolution ausgesagt; gerade hierauf basiert ja die Riedlsche Feststellung von der Systemisierung, wie sie aber nicht erst mit dem „internen“ (wissenschaftlichen) Realismus ihren Anfang nehmen soll. Demgegenüber betont Oeser, daß auf der ersten Stufe der EE abbildtheoretisch—adaptionistisches Geschehen bestimmend ist, weswegen Oeser für diese Stufe auch „genetische Propensität“ als zentralen Begriff wählt, wohingegen „epigenetische Überlagerung“ typisch für die Vorgänge auf der zweiten Stufe sein sollen. Nochmals sei daher hervorgehoben: Die von der Evolutionsbiologie kommenden Vertreter der EE, und hier sei insbesondere an Günther Wagner[1023] gedacht, betonen, daß Systemisierung, insofern hiermit eine „epigenetische Überlagerung thematisiert ist, bereits für den biologischen Bereich der Evolution auszusagen ist.

Liegt hier also ein kardinaler Unterschied zwischen den Positionen von Riedl und Wagner einerseits und jener Oesers andererseits vor? Eine derart strikte Trennung ist wohl nicht vornehmbar. Zunächst ist zu beachten, daß die Riedlschen Ausführungen zur Evolutionsbiologie, also die Riedlsche systemtheoretische Evolutionstheorie, den Versuch einer Modifikation des Adaptionismus der Synthetischen Evolutionstheorie darstellen, worauf letztlich auch Wagners Ausführungen abzielen, wiewohl über Riedls Ansatz weit hinausgehend; versteht man daher Oesers Ausführungen zur ersten Schicht der EE als an die Argumentation der Synthetischen Evolutionstheorie angelehnt, so können sie, insofern auch diese Theorie keinen ausschließlich naiven Adaptionismus vertritt, in dem Sinne als nicht im Widerspruch zu Wagner und Riedl verstanden werden, als auch deren Ausführungen, eine gemeinsame Basis mit der Synthetischen Evolutionstheorie besitzen.

Insgesamt läßt sich aber fortgesetzt von jener Spannung sprechen, die zwischen der Position Oesers einerseits und andererseits jenen Vertretern der EE, die unmittelbar aus der Biologie argumentieren existiert, wiewohl diese nicht sogleich als echter Gegensatz entgegentritt.

[1023] Vgl. Zum Beispiel Wagner GP 1988a, b, 1996

Angesichts hiervon sei an die gebrachten Ausführungen zu Psyche und Bewußtsein von Naturwissenschaftlern, insbesondere Schleidt, Maderthaner, Heschl, Huber und Wagner erinnert. Schleidt spricht sich für das Auftreten von Bewußtsein bei Tieren aus, wobei ihm die wissenschaftliche Erfaßbarkeit hiervon insbesondere aus der Überwindung des Denkens in den Kategorien Leib, Seele und Geist erwächst. Dies eröffnet unter anderem den Blick dafür, erkennen zu können, daß zum Beispiel Tauben zur Bildung von Kategorien – Zum Beispiel »Baum« - fähig sind – hierauf verweist auch aus der Perspektive neurobiologischer Überlegungen Ludwig Huber -, und was also – wie betont wird - ohne der Verwendung von Sprache geschieht; Schleidt weist daher auch eine philosophische Überbewertung der Sprache zurück, wie auch des „Ich". Die Ich-Vorstellung wird aus der Leistung des Gewahrseins abgeleitet: Das Selbst wird als ein Element der aufeinander wirkenden Eines in der Natur begriffen. Auch Maderthaner wendet sich gegen eine Überbewertung von Sprache; die Sprachvermittlungstheorie – der gemäß nur jenes bewußt erlebt wird, das sprachlich vermittelt wird – wird zurückgewiesen. Grundlegend für das menschliche Bewußtsein ist Maderthaner die Verselbstständigung des informationsverarbeitenden Systems gegenüber dem sensomotorischen System. In dem hiermit bezeichneten Autonomie*zuwachs* sieht Maderthaner zugleich die evolutive Wurzel des freien Willen. Hierbei liegt den entsprechenden Ausführungen immer auch zugrunde, das Betrachtete im Horizont von etwas verstehen zu können, das pragmatisch-überlebenstechnisch Vorteile bietet.

In diesem Sinne ist es auch zu verstehen, daß Heschl, der sich auf die phylo- und ontogenetische Dimension von Bewußtsein bezieht, dieses im Horizont von »Problemlösungsermöglichung« versteht, wie sie speziell Vorstellungskapazität erfordert. Betont sei: auch Heschl wendet sich gegen eine Überbewertung der Sprache. Ebenso gehört hierher, daß Wagner um eine rationale Darstellung des adaptiven Charakters dessen bemüht ist, das im Lichte des „psychologischen Induktionsproblemes" wesentlich für das Verständnis der Riedlschen Hypothese des anscheinend Wahren ist und zudem in dem damit Bezeichneten eine Ermöglichung davon sieht, die Wahrscheinlichkeitstheorie, aber auch die Logik, als jene Referenzstelle anführen zu können, die die EE ebenso braucht, wie die biologische Evolutionstheorie, der eine solche Referenzstelle zum Beispiel in der Physik gegeben ist.

Zunächst ist allgemein zu den angeführten Darlegungen festzuhalten, daß sie (zumindest weitgehend) einheitlich gegen eine Überbewertung der Sprache auftreten, einen pragmatischen Ökonomiegedanken relativ zu „Problemlösung" beinhalten, Internalisierung im Horizont von zunehmender Komplexität verstehen, wobei im Horizont von Phylo- und Ontogenese in einer Weise bis hin zur Beachtung des freien Willen gelangt wird, daß die Frage, ob in das Angeführte noch eine „zweite Stufe" der EE eingeflochten werden könnte, kaum noch mit „Ja" zu beantworten ist.

Um so interessanter ist daher Wagners Verweis auf die Notwendigkeit einer Referenzstelle für die EE außerhalb der empirischen Forschung. Zunächst scheint dies problemlos mit der Oeserschen Aussage in Einklang zu bringen sein, wonach der wissenschaftliche Realismus zwar mit dem internen Realismus gekoppelt ist, jedoch nicht derart, daß er des internen Realismus zur Rechtfertigung bedarf.

Um der hier tatsächlich vorliegenden Übereinstimmungen und etwaigen Dissonanzen gewahr werden zu können, gilt es tiefer zu blicken, wozu zunächst die gebrachten Aussagen von Franz Seitelberger in Erinnerung gebracht seien. Allgemein stellt Seitelberger fest, daß das Gehirn des Menschen ein Lernorgan ist, was im Lichte des progressiven Verlustes ererbter Verhaltensanweisungen im Rahmen der Menschwerdung zu verstehen ist, also auch – in Nähe zur Argumentation von Konrad Lorenz – in Zusammenhang mit einer Entspezialisierung. Hierher gehört wohl auch der Hinweis von Seitelberger, die Bedeutung des Bewußtseins in dem Sinne nicht überbewerten zu dürfen, als es in Verflechtung mit vorbewußten Leistungen zu verstehen ist; Seitelberger verweist zur Verdeutlichung hiervon auf entsprechende Aussagen von Freud.

Wesentlich ist nun Seitelbergers Hinweis auf die Besonderheit des Organs Gehirn, Leistungen zu erbringen, die gleichsam eine metaorganismische Ebene bezeichnen; angesichts hiervon wird auf den trägerinvarianten Charakter der neurobiologischen Information verwiesen, sowie darauf, die neurobiologische Information aus dem genannten Grund mit „Information", wie sie in der allgemeinen Informationstheorie verstanden wird, in Beziehung setzen zu können. Die neurobiologische Information besteht also in den neurodynamischen Prozessen, wie sie sich im Gehirn abspielen, wobei das Gehirn hiermit aber Trägerorgan für Vorgänge ist, die an sich kein material-organisches Substrat haben; insbesondere hält Seitelberger dies für die höheren Hirnleistungen fest. Hierauf aufbauend unterscheidet Seitelberger die Phänomenebene „physiologisches Gehirngeschehen" und die Phänomenebene „hirngetragenes psychisches Erleben", die beide zueinander in interdependenter Komplementarität stehen. Dies bedeutet, daß nicht das Gehirn denkt, sondern die Person, wie sie also aus der zweiten Phänomenebene heraus zu verstehen ist.

Genauerhin ist dies im Lichte der metamodularen Funktion „Bewußtsein" zu begreifen, der keine eigenen Cortex-Module im Gehirn zuordenbar sind, sondern die sich als eigene Qualität aus der Komplexität und Entwicklungshöhe der Gehirnvorgänge ergibt. Zugleich gilt, daß sich das Auftreten von Bewußtsein nicht notwendig mit einer bestimmten Komplexitätsstufe bzw. Entwicklungsstufe verknüpfen läßt; „Bewußtsein" ist dispositionell zu verstehen, insofern sein Auftreten adaptiven Charakter im Rahmen eines evolutiven Prozesses besitzt.

Zum Selbstbewußtsein schreibt Seitelberger bemerkenswerte Sätze, in denen von der dialektischen Verschränkung von Subjekt und Objekt berichtet wird, wie sie im Selbstbewußtsein – insofern es objektbezogen intentional und subjektbezogen reflexiv ist – als Einheit entgegentritt und worin sich das Ich in seiner Weltbezogenheit manifestiert; die menschliche Person als „integrierte Dualität von Subjekt und Objekt", bzw.: „Der Mensch ist jenes Lebewesen, das seien Einheit nur in der Dualität des Erlebens der Welt und des eigenen Bewußtseins erfahren kann". Daher auch versteht Seitelberger das Selbstbewußtsein *nicht* als Spiegelung des Vielen, sondern als den eigentlichen Schauplatz des eigenen bedenkenden Bemühens.

An den genannten Ausführungen Seitelbergers sei die in ihnen liegende Verflechtung biologisch-phylogenetischer Argumentation einerseits – dispositioneller Charakter des Bewußtseins, Bewußtsein als Anpassungsprodukt – und Aussagen zum Selbstbewußtsein andererseits hervorgehoben, die dieses in einer Metaebene zur biologischen Ebene zeigen, somit auch in einer Überschreitung biologisch erfassbarer adaptiver Veränderlichkeit, woraus also besagte Möglichkeit der Interpretation der Gehirnleistungen im Lichte der Informationstheorie erwächst. „Entspezialisierung", „trägerinvariant" etc. verweisen hierbei auf einen Bruch mit adaptiv-evolutionärer Bedingtheit, wiewohl es eben der durch diese Bedingtheit charakterisierte Prozess sein soll, der das zu ihm in Inhomogenität Stehende ergeben hat. Im Zentrum des dieserart Entstandenen ist also die „Bühne" „Selbstbewußtsein".

Dies eröffnet, fragen zu können, inwieweit diese Inhomogenität zum Beispiel von dem Fulgurationskonzept von Lorenz erfaßt wird und inwieweit sich Seitelbergers Ausführungen zum Selbstbewußtsein tatsächlich als Rationalisierung des Lorenzschen Bildes von dem „Ich" als einer „Spinne in ihrem Netz" – das Spinnennetz als Bühne – verstehen lassen bzw. zu verstehen sind, oder ob hier nicht andere Erklärungsmöglichkeiten Platz greifen können. Explizit stellt sich diese Frage im Lichte davon, Seitelbergers Ausführungen zur Metaebene „Gehirnleistung" und der Interpretation der neurobiologischen Information im Lichte der allgemeinen

Informationstheorie auch bezogen auf eine transzendentalphilosophische Argumentation lesen zu können, wie sie die „eine Welt"-Konstruktion – wie sie auch Lorenz einfordert – bezüglich Denken und Sein als Basis für ein Umgehen-können mit der Begründungsproblematik (Anfang-Problematik) beinhaltet, ohne Beachtung der Evolutionstheorie als Ausgangspunkt der Überlegungen, jedoch auch ohne notwendiger Mißachtung der Evolutionstheorie.

Das dieserart zu Seitelberger Festzuhaltende wird im Lichte der Position von Erhard Oeser noch deutlicher zum Thema. Zunächst sei Oesers durchaus kritische Stellung zur EE betont; in ihrem Sinne fordert Oeser zum Beispiel einen kritischeren Umgang in der EE mit Kants Lehre ein, und weist darauf hin, daß nichts gewonnen ist, wenn auf der Ebene der Beachtung der kognitiven Leistungen in Anlehnung an die biologische Evolution naiv von Überlebensdienlichkeit gesprochen wird. Komplementär hierzu ist es Oeser aber wichtig, die besondere Bedeutung der Evolutionslehre für die Philosophie zu betonen, wovon sein „Tractatus" insbesondere Zeugnis ablegt.

Wie Seitelberger, so betont auch Oeser, daß das Gehirn das einzige Organ ist, dessen Leistung nicht im Horizont der biologischen Ebene zu verstehen ist. Nicht die Mechanik des Zentralnervensystems bzw. Gehirns ist nämlich dafür entscheidend, was Information ist: daher auch kann „Repräsentation" nicht abbildtheoretisch verstanden werden kann. Angesichts hiervon betont Oeser den Unterschied zwischen Leben und Erkennen und weist darauf hin, daß dieser Unterschied insbesondere mittels seinem „Zwei Stufen"-Modell der EE bedacht werden kann. Zugleich ist bei Oeser zu lesen, daß der Informationsbegriff auf dem Niveau des Selbstbewußtseins ebenso anzuwenden ist wie auf der Ebene genetischer Gegebenheiten, wobei letztlich drei Ebenen auseinandergehalten werden: der genetische Informationsbegriff, der Informationsbegriff bezüglich ratiomorpher Leistungen – Information ist hier als Eigenschaft einer Signalmenge zu verstehen – und drittens der Informationsbegriff in Zusammenhang mit Bewußtseinszuständen; dieser hat zwar eine materiale Basis, ist diese aber gemäß „Trägerinvarianz" nicht. Hierin liegt zugleich, weshalb das Ich keinen direkten Zugang zur materialen Basis seines Bewußt-seins hat. Besagte Trägerinvarianz versteht Oeser auch im Lichte von „reine Information": sie löst sich von der materialen Basis, wiewohl nicht vollständig, und wird somit von den logisch-apriorischen Formen des Denkens geleitet. Eben deshalb bedarf es der Verflechtung einer reinen Erkenntnistheorie mit einer evolutionären Erkenntnistheorie.

Wesentlich ist hierbei Oesers Verständnis von der „nicht vollständigen Ablösung" der Information von ihrem Träger, wie sie auch fehlende vollständige Unabhängigkeit der Information bedeutet. Was nämlich im Rahmen der Ablösung bleibt, das ist die Kausalstruktur des vor der Ablösung Gegebenen, und was erst erlaubt, zum Beispiel die Objektwahrnehmung ebenso informationstheoretisch zu betrachten, wie die „abgelöste" neurobiologische Information. Hierin liegt zugleich die Möglichkeit, das erkenntnistheoretische „adaequatio ad rem" überkommen zu können, bzw. eine Verflechtung von Denken und Sein – Begründungs- und Anfangsproblematik beleuchtend - auszusagen, die sich nicht an dem ohnedies nicht eruierbaren Ding an sich orientiert. Besagte Möglichkeit besteht also in der Aussagbarkeit davon, in der Umwelt (Objekt) und im Bedenken - im Horizont des Bewußtseins - jeweils eine Prozessualität annehmen zu können, die auf eine gemeinsame Basis zurückzuführen sind – „eine Welt"-Theorie -, wobei die Bezugnahme des Subjektes auf das Objekt aktiv von diesem herbeigeführt wird. Damit, und dies ist entscheidend, wird eine Verflechtung von Denken und Sein ausgesagt, der keine Annahmen über den logischen Aufbau der Welt zugrunde liegen, sondern Aussagen über informationelle Prozesse, also über Voraussetzungen der Bedenkbarkeit; dies beinhaltet aber auch Oesers Anführungen dazu, nicht mit Begriffen zum „Ich" die Ableitung beginnen zu dürfen (vgl. oben).

Hieran ist sogleich hervorzukehren, daß Oeser somit eine Position einnimmt, die nicht unmittelbar jene Riedls ist, insofern dieser von Feststellungen zur „Ordnungen des Lebendigen" ausgeht, auf die Verflechtung von Denken und Sein im *nachhinein* treffend: „das Jüngere (Informationsverarbeitung) ist das Selektionsprodukt am Älteren (Welt)".

Worauf Oeser seinerseits gemäß seinem Umgang mit dem Anfangsproblem abzielt, das ist: das Chaos der Sinnesdaten wird durch die Spontaneität des Erkenntnisvorganges gemeistert, wobei gilt: am Anfang der Erkenntnis sind nicht noch so einfache Repräsentationen, sondern Elementarinformationen. Das Gehirn ist daher *kein Spiegel der Außenwelt*, wie auch gilt: das Gehirn spiegelt nicht die Phylogenese, sondern im Geist spiegelt sich der Aufbau des Gehirns.

Den hierin gegebenen Zugang zum begründungstheoretischen Anfangsproblem greift auch wesentlich das Oesersche Argument des Bewußtseinsstromes auf, das alle aktuelle Spontaneität einer Person als Eine verstehen läßt, womit letztlich nicht für Aktuelles ein Anfang gefunden werden braucht, sondern für das Eine synthetisch-apriorische Gesetze als Basis angenommen werden können. In dieser Eines seienden Prozessualität, wie sie also Element der Aussagen zur Übereinstimmung von Denken und Sein ist, liegt zudem die Darlegung davon, daß sich das Bewußtsein in der Prozessualität fortgesetzt aufbaut, was also letztlich für das Ich gilt, wie es, wie Oeser mit Kant festhält, alles Denken begleitet. Das Bewußtsein bzw. Ich ist somit nichts, das zu dem Bedenken hinzukommt, dem es also äußerlich sein könnte, bzw. diese Äußerlichkeit erst durch Zusatzkonstruktionen – womit wieder die Problematik Monismus-Dualismus im Raum stünde – abgewehrt werden muß.

In diesem Sinne spricht auch Oeser – wie Seitelberger (vgl. oben) - von der Bühne „Selbstbewußtsein", bezeichnet sie genauerhin – und wohl nicht im Gegensatz zu Seitelberger – als „dynamische" Bühne, die also nichts ist, auf dem etwas Auf- und Abtritt, wodurch wieder das Problem der Äußerlichkeit gegeben wäre. Daher auch ist das Ich bzw. Selbstbewußtsein nicht leer und rein zu denken, bzw. als irgendwo im Organismus seiend. Aus dieser dynamischen Betrachtungsweise folgt auch das psychologische Unschärfeprinzip, dem gemäß das Ich sich nicht an sich anschauen kann: im Akt der Anschauung sieht es sich nicht als abbildbares Objekt.

An dem gebrachten Verweis auf Kant bzw. insgesamt an der Oeserschen Argumentation zu einer Prozessdynamik, die im Lichte des Versuches dargelegt wird, die begründungstheoretische Anfangsproblematik durch eine Entgrenzung von Aktualität in der Zeitlichkeit zu lösen, sei das darin enthaltene Argument hervorgehoben – bzw. wieder in Erinnerung gerufen -, wonach die wissenschaftliche Erkenntnis zwar einen Bruch mit der ratiomorphen Alltagserkenntnis bedeutet, wiewohl sie aus dieser mit den in dieser gegebenen Möglichkeiten entstanden ist. Der insgesamt damit bezeichnete Informationsverarbeitungsprozeß ist hierbei aber von einer quasizirkulären Struktur, die es erlaubt, mit den Kantischen Termini zu den Erkenntnisvermögen und –kräften bezeichnet zu werden. Hierin liegt für Oeser besagte Anerkennung der transzendentalen Methode Kants, die es unmöglich sein läßt, die Entstehung des Bewußtseins naturwissenschaftlich erklären zu können – hier hilft auch nicht die EE 1. Stufe-; wiewohl jegliche Aussage zu diesem Thema verknüpfbar mit der Terminologie der Neurobiologie sein muß. Beide somit zu fordernden Sprachen, jene der reinen Erkenntnistheorie und jene der Neurobiologie, sind verflechtbar, ohne deshalb dafür eintreten zu brauchen, daß die einzelnen Aussagen beider Sprachen einander 1:1 entsprechen.

Der Verflechtung beider Sprachen dient stattdessen eine Sprache höheren Abstraktheitsgrades. Oeser sieht diese Ebene in der allgemeinen Informationstheorie, wie sie unter anderem zur Etablierung von Petri-Netzen führt, und der Prozesslogik gegeben, wie sie auf den Termini „Ereignis" und „Bedingung" gründet. Hierbei werden die „Gegenstände", wie sie in der Aussagenlogik verwendet werden, in „Ereignisse“ aufgelöst und zudem von „Bedingungen“ gesprochen, insofern die Ereignisse nicht in völliger Chaotizität zueinander gedacht werden können, womit die formallogische Erfassbarkeit hiervon mittels einer induktiven Logik gegeben ist. Dieserart wird letztlich von einem fließenden Informationsstrom gesprochen, und es fällt der Netztheorie zu, im Lichte der neurobiologischen und erkenntnistheoretischen Vorgaben, aus diesem Fluß den Aufbau von Bedeutungen – Informationen – verständlich werden zu lassen, ohne zugleich auf „einfachste Repräsentationen“, wie sie Oeser zuvor bereits zurückgewiesen hat, zurückgreifen zu brauchen.

Der reinen Erkenntnistheorie kommt es hierbei insbesondere zu, logisch-analytisch die faktisch gegebenen menschlichen Erkenntnisprodukte auf die Bedingung ihrer Möglichkeit hin zu untersuchen, was also mit Kant zu unternehmen ist. Die Beifügung neurobiologischer und evolutionstheoretischer Befunde, wie sie also zu besagter Metasprache – deren Grundbegriff jener der Information ist - führt, um willen der Verflechtbarkeit, soll sicherstellen, daß die reine erkenntnistheoretische Position nicht zu Spekulationen verkommt.

Zwei Argumente Oesers bedürfen noch der speziellen Anführung. Erstens: jeder Mensch, so Oeser beginnt ontogenetisch sein Bedenken mit jenem Anfang, der stammesgeschichtlich bei der Menschwerdung herausgebildet worden ist. Zweitens: Die Verarbeitung kurzfristig von Bedeutung seiender Informationen ist auch schon von Tieren bekannt - vgl. „AIAM“ – und somit etwas, das beim menschlichen Bewußtsein insofern von Bedeutung ist, als es etwas ist, das keine Spuren im Trägerapparat hinterlässt, diesen also nicht ändert; bei den Tieren sind die entsprechenden Vorgänge mit geschlossenen Programmen verknüpft, beim menschlichen Bewußtsein mit offenen Programmen.

Die Ausführungen zu Oeser seien nun in jenem Lichte betrachtet, in dem zuvor bereits grundsätzlich zu Seitelbergers Position Stellung bezogen worden ist. Zunächst ist daher zu fragen: Oeser spricht von dem metaorganischen Charakter des Bewußtseins, wie es nicht ohne materialen Träger gedacht werden kann – jedoch gemäß „fertiges Organ Gehirn“ -, spricht von einem Bewertungsaufbau ohne Abbildfunktion, jedoch in Äquivalenz zu empirischen Daten, in dem Sinne wie aus der Verflechtung von Denken und Sein heraus gemäß einer Verflechtung von reiner und evolutionärer Erkenntnistheorie zu argumentieren ist, wie auch davon, nicht mit Meynert aussagen zu brauchen, daß das Gehirn seine Phylogenese abbildet, sondern sich im Geist die Struktur des Gehirns wiederspiegelt; bedarf diese Argumentation – so also die Frage – tatsächlich einer evolutionären Betrachtungsweise, oder genügt nicht die Kantische transzendentale Methode unter Beachtung davon, daß das Selbstbewußtsein - das Ich – in zwei modalen Ebenen zu bedenken ist, wobei eine dieser Ebenen jenes nicht an sich Selbstand Bedeutende ist, wofür Oeser so sehr um Darstellbarkeit gemäß seinen Ausführungen im Lichte der begründungstheoretischen Anfangsproblematik bemüht ist? Damit wäre immer noch eine Neuroepistemologie im Sinne Oesers gegeben, wobei aber die Verflechtung von in Transzendentalität zu Aktualität Gegebenem – Oeser thematisiert es gemäß „grenzenloses Bewußtsein“, „fertiges Organ Gehirn“, „Prozesslogik“ etc. – und Aktualität – also jenem das im Rahmen des Bewertungsaufbaues kontingente Orientierungsgrundlage auf informationeller Ebene ist – primär im Lichte der Konstruktion „dialektische Differenz“ betrachtet würde, wie sie also weder das Reden von Evolution noch von vorbewußten Elementen des Bedenkens erübrigt.

Mit dem hiermit bezeichneten Problem – es wird im zweiten Teil des Buches einer Lösung zuzuführen versucht -, hängt zugleich für die Beachtung der Geschichte der EE zusammen, Oesers Position, insofern sie besagte Fragestellung provoziert, in Distanz zu anderen Vertretern der EE, sie seien hier als jene bezeichnet, die nur vage von dem „Zwei Stufen“-Modell der EE sprechen bzw. primär von empirisch-biologischen Überlegungen ausgehen, verstehen zu können. Hierin liegt, nachsehen zu müssen, inwieweit Oesers Position tatsächlich der Konstruktion „objektive Außenposition“ biologische Evolution bedarf, inwiefern Oesers Position also tatsächlich einer EE erster Stufe bedarf, mesokosmisch-ratiomorphe Anfänge des Bedenkens aussagend, die in der zweiten Stufe gleichsam entgrenzt werden.

Natürlich bietet Oesers Position die Möglichkeit einer derartigen Verbindung zur Evolutionsbiologie, seine Aussagen zum Beispiel zu den drei Ebenen der Information legen hierfür Zeugnis ab, wie auch gilt, daß Oesers Aussagen zum Bruch mit der ratiomorphen Vergangenheit auch fulgurationstheoretisch *interpretiert* werden können. Auch läßt sich anführen, daß zumindest eine vage Formulierung des „Zwei Stufen“-Modells immer auch gemäß dem „Blick von unten“ der Biologen – wie in Anlehnung an Lorenz gedacht werden kann – interpretierbar ist, bzw. gemäß den äußeren Systemschichten der Welt, von denen aus – jeweils Ober- und Unterschicht meinend - auf die zentralere Schicht „Bewußtsein“ geblickt wird. Dieser „Blick von unten“ bzw. „von der Peripherie“ bezeichnet aber in dem Sinne nicht einfach eine andere Perspektive als die Oesersche, die letztlich gemäß der mittels Fulguration bezeichneten Grenze zum Bewußtsein dieses nur mehr undeutlich erkennen läßt, als Oeser die Entsprechung von Sein und Denken primär aus der Betrachtung des Bedenkens ableitet, wohingegen die „biologische“ Perspektive – wie sie also nur vage argumentiert – sehr wohl von Aussagen zur empirischen Ebene ausgeht, weshalb sie auch – wiewohl immer darum bemüht, Naivität zu vermeiden – mit dem Abbild-Konstrukt Probleme hat, nicht da sie es akzeptiert und sich dementsprechend zu verteidigen hätte, sondern da sie es gerade nicht akzeptieren möchte, wiewohl sie nicht zeigen kann, wie sie um seine Verwendung tatsächlich herum kommt. Hierauf also wird im zweiten Teil des Buches zurückzukommen sein.

Damit kann diese Thematik zunächst verlassen werden, und sich den Aussagen in der EE zu Religion, Kultur und Ethik zugewendet werden. Am Beginn der entsprechenden Betrachtungen sei an Riedls Ausführung erinnert, wonach die EE bzw. Biologie im Zentrum eines neuen holistischen Denkens steht. Wohl um willen davon, im Lichte hiervon eine möglichst breite Basis für sein Denken finden zu können, führt Riedl eine geradezu aufreizend unkritische Nähe zur Theologie aus, in der Jesus Christus ebenso evolutionstheoretisch interpretierbar verstanden wird, freilich ohne ernsthafter Auseinandersetzung mit christlich-religiösen und –theologischen Inhalten, wie auch jenes Omega, auf das sich gemäß Teilhard de Chardin die Welt zu bewegt. Wesentlich kritischer setzt sich Wuketits mit Religion und Theologie auseinander. Einerseits spricht er von der Sinnhaftigkeit eines metaphysischen Bestrebens bei den Neandertalern; diese hätten sich in einer von ihnen letztlich rational nicht verstandenen Welt wiedergefunden, hätten zudem mit dem Problem des Wissens um ihren individuellen Tod zu kämpfen gehabt, und daher Jenseitsprojektionen entwickelt, um willen davon sich den Schein von Sicherheit geben zu können. Andererseits sieht Wuketits für die Gegenwart in metaphysisch-religiösem Denken eher ein – gefährlich werden könnendes – Hemmnis, in dem sich zudem menschliche Selbstherrlichkeit wiederspiegelt: der Mensch ist eitel genug, sich im Lichte einer Sinnhaftigkeit bedenken zu wollen, die über jene eines Lebewesens auf einem Planeten am Rande einer Galaxie hinausreicht. Dieser Vorwurf der Überheblichkeit wird auch von anderen Vertretern der EE erhoben.

Das Bild vom Menschen als Ebenbild Gottes (bzw. als Maschine) ist gemäß Wuketits also abzulehnen, wobei in dieser Ablehnung die Zurückweisung davon gegeben ist, den Menschen nicht als Teil der Natur zu sehen. Die Ermöglichung hiervon ist für Wuketits' Ethik von zentraler Bedeutung, erlaubt sie doch, den Menschen *ganzheitlich* zu sehen; als Lebewesen zu sehen. Damit wird der Mensch also im Lichte der Evolution verstanden, womit zwar noch keine normativen Inhalte für das Handeln festlegbar sind – die Evolution schreibt keine solchen Normen vor -, doch wird man sich seiner eigenen Möglichkeiten bewußt; „Betrachtung der Evolution als Haltegriff" für Überlegungen zur Ethik: Mit dem Blick auf die Natur und den Menschen als Teil der Natur wird nämlich evident, daß in der Natur eine Harmonie existiert – Tiere haben gegebenenfalls nicht nur einen Aggressionstrieb sondern auch eine Tötungshemmung -, um deren Beachtung man bemüht sein muß. Die damit bezeichnete Ganzheitlichkeit – wie sie dem Altsteinzeitmenschen noch instinktiv gegeben war – bedeutet den Besitz von Werten, aus dem Normen aktuell abgeleitet werden können. Diese Werte-Basis fehlt, wenn der Mensch nicht ganzheitlich betrachtet werden kann, woraus zum Beispiel religiöse Gesetzestafeln voller Normen resultieren, die ohne jegliche Basis bleiben – hier ist auch an Lorenz' Argument der Notwendigkeit einer phylogenetischen Relativierung der im Dekalog enthaltenen Normen zu erinnern. Das Auftreten solcher Normentafeln – wie sie auch im Lichte des Bildes des Menschen als Maschine gegeben sind – führt Wuketits auch auf die Etablierung der Zivilisation zurück, wie sie eine Naturentfremdung bedeutet, der zu folge die gemeinsame kognitive Basis für Pflicht und Moral – wiewohl nicht an sich - verloren gegangen ist.

Soweit es die Ethik anbelangt, argumentiert Riedl fortgesetzt im Sinne seines generellen Verständnisses von Evolution, Moral – bzw. moralische Freiheit – als Eingrenzung schöpferischer Freiheit verstehend, das dieserart gegebene Gesamt im Horizont von Nutzenkalkulierung bedenkend, wozu auch der Hinweis auf moral-analoges Verhalten bei Tieren gehört. Hierher gehört aber auch, daß Riedl kulturelle Äußerungen, wie sie von Menschen geschaffen werden und auf diese rückwirken, im Lichte seines systemtheoretischen Gefüges aus Ober- und Unterschichten bedenkt.

Hier ist explizit hervorzuheben, daß innerhalb der EE von biologischer Seite die Untauglichkeit davon betont wird, das Bedenken von dem „Ich" ausgehen zu lassen. Bis hin zur Ebene moralischen Verhaltens wird das Vorliegen einer pragmatisch-ökonomischen Prozeßualität angenommen; Maderthaner sieht den freien Willen als Resultat eines Autonomiezuwachses in der Phylogenese, der damit einher geht, daß immer mehr Kann- und Soll-Zustände an Bedeutung gewinnen. Damit ist zugleich eine auch begründungstheoretisch zu beachtende Emanzipation von der Aktualität thematisiert. Sie ist auch bei Schleidt zu finden, wenn er aus der Objektpermanenz das Gewahrwerden und letztlich reflexives Bewußtsein als Ermöglichung davon ableitet, sich selbst als einen Teil der in der Natur vorgehenden Abläufe zu verstehen und dementsprechend in den pragmatischen Kalkulationen einzubringen. Dies ist natürlich auch wesentlich im Lichte der Beachtung der Ethik zu verstehen, die hier jene pragmatische Auskleidung gemäß evolutionärer Zugang zu der Gesamtproblematik findet, wie sie zuvor schon bezüglich Lorenz und Riedl anzuführen war.

Dieser Verweis auf die Bedenkbarkeit von Ethik im Horizont nutzenkalkulierender Prozeßualität tritt auch bei Oeser auf, letztlich im Gewande seiner „Trick der kollektiven Vernunft"-Konstruktion, die auf seinem „Zwei Stufen"-Modell basiert. Wie für den kognitiven Bereich, so wird auch für die Ethik – von der grundsätzlich zu sprechen ist, insofern Erkenntnis nicht um ihrer selbst willen auftritt, sondern als Teil von Handlungen – von einer ersten Stufe (nun der evolutionären Ethik) gesprochen, die die Grundlagen gemäß „moralische Nische" – dem Gegenstück zu „kognitive Nische" gemäß „Mesokosmos" – jener Vorgänge betrachtet, die mittels der zweiten Stufe (der evolutionären Ethik) betrachtet werden und im Horizont der soziokulturellen Evolution anzusiedeln sind; ebenso wird übereinstimmend zu den beiden Stufen der EE in der evolutionären Ethik von der ersten Stufe als Basis gemäß genetischer Propensität gesprochen und im Zentrum der zweiten Stufe epigenetische Überlagerung hiervon gesehen.

Die erwähnte moralische Nische ist die Kleingruppenmoral, wie sie bei den Menschen des Spätpleistozäns aufgetreten ist und für die ein Handeln gemäß einer exekutiven Kausalität charakteristisch ist. Mit dieser Kleingruppenmoral sind aber auch soziologische Zwänge gegeben, wie auch ein Ineinandergreifen von ererbtem Egoismus und Altruismus zu veranschlagen ist. Gemäß der Etablierung des im Horizont der zweiten Schicht der evolutionären Ethik zu Betrachtenden, tritt ein Handlungsraum auf, in dem moralische Werte ausgebildet werden, mittels Mechanismen im Sinne von inclusiv fitness, wie sie also nicht das Individuum alleine, sondern als Teil einer Verwandtschaftsgruppe bezeichnen und die letztlich unter dem Begriff „Trick der kollektiven Vernunft" zusammengefaßt werden. Dieses Gesamt erübrigt zugleich die Annahme abstrakter Ideen – zum Beispiel „Menschlichkeit" – als Grundlage der Werteausbildung. Explizit diskutiert dies Oeser – unter anderem - anhand der Entwicklung von Moral und Recht, wobei der entsprechende quasizirkuläre Prozeß in eben jenen Termini darstellbar ist, die generell für die soziokulturelle Evolution und somit auch im Bereich der kognitiven Entwicklung gelten.

Abschließend sei an die Ausführungen Riedls zur Kunst erinnert – Riedl führt sie im Sinne seines Holismus-Konstruktes an, wiewohl festhaltend, daß es ihm nicht um eine Biologie der Kunst geht -. Riedl läßt die Kunst eine eigene Symbolik haben, die von der Sprache der Ratio zu unterscheiden ist: die Kunst appelliert an die „zweite Seele" in uns; ihre Symbolik richtet sich an unsere Gefühle und Empfindungen, wo das Wort also nicht hingelangt. Trotzdem aber geht es auch in der Kunst um das Ersehen von Gestalten und Gesetzlichkeiten, weswegen sie auch mit dem Satz von dem proportionalen Verhältnis von Etabliertem und Neuem, das gegeben sein muß um das Ganze sinnvoll sein zu lassen, bedacht werden kann.

In den gebrachten Ausführungen zur soziokulturellen Evolution zeigt sich – dies sei hier betont -, daß für die Vertreter der EE auf eigentümliche Weise ein nutzenkalkulierendes Element denkbestimmend ist, wiewohl letztlich „Nutzen" nicht alles sein soll, es wird ja auch von Werten gesprochen, und soziobiologisches Denken ebenso zurückgewiesen, wie der Versuch, den Menschen als Maschine oder Automaten zu verstehen.

2. Teil
Die „Wiener“ evolutionäre Erkenntnistheorie im Lichte transzendentalphilosophischer Überlegungen

8 Einleitung

In diesem zweiten Teil des Buches wird also die EE einer kritischen Würdigung unterzogen. Hierzu ist einleitend festzuhalten: dieses Unterfangen geschieht (natürlich) aus einer bestimmten Position heraus. Wiewohl diese in dem folgenden Kapitel hinreichend skizziert werden wird, sei einleitend angemerkt, daß es sich um eine philosophische Position handelt, die für sich in Anspruch nimmt, ein Fundament jeglichen philosophischen Bedenkens zu sein, wobei die Philosophie als Fundamentalwissenschaft verstanden wird[1024].

Im Zentrum der sogleich zu skizzierenden Theorie steht die noetische Dialektik Platons; diese ist es also, die als unhintergehbare Basis jeglichen Denkens verstanden wird[1025]. Die noetische Dialektik Platons ist dies, um dies hier explizit zu betonen, da sie *auch* die Evolutionstheorie grundlegt[1026]. Sehr wohl aber regt das evolutionstheoretische Denken zu bestimmten Modifikationen der Position Platons an, die aber allesamt im Sinne davon zu verstehen sind, das zentrale Anliegen Platons uneingeschränkt hervortreten zu lassen; aus der Sicht des Autors ist dies in den Schriften Platons noch nicht der Fall ist[1027].

Im Rahmen besagter Modifikation erfährt gerade der Ich-Begriff – wie er in den vorherigen Seiten immer wieder als Probleme bereitend angedeutet worden ist – eine zentrale Bedeutungszuwendung im Horizont der Grundlegung jeglichen Bedenkens[1028]. Als eines der zentralen Probleme erweist sich hierbei diese Würdigung des Ich-Begriffs bei *gleichzeitig* notwendiger Würdigung der Evolutionstheorie; es wird noch zu zeigen sein, daß das Bedenken – fernab jeglicher Form von Narzißmus – mit dem Ich-Begriff zu beginnen hat (womit eine entsprechende Sonderstellung von »Ich« verknüpft ist), *woraus erst* die Basis einer adäquaten Beachtung des Evolutionsgedankens erwächst[1029].

Aus derartigen Überlegungen wird sich zugleich die besondere Bedeutung ergeben, die der Position Erhard Oesers zuzuordnen ist, wobei die Frage zu diskutieren sein wird, inwieweit die Oesersche Position innerhalb der EE dieser erst ein Fundament gibt bzw. inwieweit sie hierbei zugleich zur *Überwindung* der EE wird. Hiermit wird zudem die Frage verflochten sein, inwieweit die Position Oesers dadurch gewinnt, daß sie gleichsam von einigen ihrer evolutionstheoretischen Wurzeln abgetrennt betrachtet wird, diese also alleine als (notwendige?) Hilfskonstruktionen im Rahmen der Ausbildung der Position verstanden werden sollten. Die Beantwortung dieser Fragen werden im Zentrum des letzten Kapitels stehen.

Die letzten Sätze signalisieren bereits, daß sich der Autor in ebenso großer Nähe zur Position Erhard Oesers versteht, wie zugleich in ebensolcher Distanz zu den übrigen Ausprägungen der EE. Der Grund hiervon wird sich aus den folgenden Ausführungen ergeben.

1024 Senz W 1999b, 2003a
1025 Senz W 2000a, 2001b, c
1026 Senz W 1999a
1027 Senz W 1997b, 2000a, 2001b, c, 2002a
1028 Senz W 2002b
1029 Senz W 2003b

9 Allgemein transzendentalphilosophisch-dialektische Ausführungen

Die folgenden Ausführungen geben einen Abriß der noetisch-dialektischen Position des Autors, wie sie – insbesondere in Auseinandersetzung mit der Position Platons – als Basis jeglichen Bedenkens verstanden wird. Auf Details wird im Rahmen dieser Arbeit nicht eingegangen; sie können in den Arbeiten nachgelesen werden, die in der Einleitung zum zweiten Teil angeführt sind.

Den Ausgangspunkt der folgenden Überlegungen stellt folgende Feststellung dar: Reflektiert man über sich und die Welt, so ist man mit dem Problem konfrontiert, Aussagen zu etwas treffen zu müssen, das veränderlich und zusammengesetzt ist, bzw. vermittelt der »Blick in die Welt« – wovon man sich selbst als Teil verstehen muß – dieses Bild. Zugleich wird man sich aber sogleich vergegenwärtigen, daß mit besagter Veränderlichkeit und Zusammengesetztheit nicht vollständige Chaotizität – also *uneingeschränkte* Veränderlichkeit – gemeint sein kann: diese ließe sich gar nicht bedenken. Wiewohl also Veränderlichkeit und Zusammengesetztheit – und insofern Faktizität – festzustellen ist, muß zugleich Determiniertheit bzw. zumindest Quasideterminiertheit vernünftig aussagbar sein. Bereits ein flüchtiger Blick in die entsprechende Literatur verdeutlicht aber, daß das hiermit Thematisierte von Menschen offensichtlich verschieden verstanden werden kann; im Bedenken hiervon kann also geirrt werden, denn die Meinungen hierzu sind derart unterschiedlich, daß sie – so ist zunächst festzuhalten – nicht alle stimmen können.

Hierin liegt aber, daß somit auch das Veränderliche von einem Ich nicht notwendig hinreichend verstanden sein muß, denn irrtümliche Aussagen zu dem Nicht-Veränderlichen basieren auch auf dem Verständnis von dem Veränderlichen. Beachtet man dieses daher genauer, so ist zunächst hervorzuheben: Das Veränderliche bzw. die – sensualistisch – wahrgenommene und bedachte Faktizität bezeichnet Begrenztes, insofern es im Hier und Jetzt Faktizität ist, also Grenzen hat; und insofern gehört zum Begrenztes-sein das Verweisen auf anderes Begrenztes, wie es neben (räumlich) und vor oder nach (zeitlich) Anderem ist. Hierin kommt zum Ausdruck, daß ein jetzt gegebenes Begrenztes, wie es also veränderlich und zusammengesetzt ist, mit anderen Begrenzten interagiert, Teile von anderem aufnimmt, bzw. von Anderen zu einer Veränderung veranlaßt wird, bzw. seinerseits Grund der Veränderung von Anderem sein kann. Im Horizont des hiermit Ausgesagten liegt zugleich besagter Umstand, nicht möglicher völliger Chaotizität. Komplementär hierzu gilt aber: ein Begrenztes verweist auf andere Begrenzte, die ebenso auf wiederum weitere Begrenzte verweisen, *und dies ad infinitum.* Hier läßt sich also keine letzte Grenze einziehen; der Bereich des Begrenzten stellt insofern eine Ganzheit – ein Eines – dar.

Dieses Eines, so gilt es nun zu vergegenwärtigen, kann keinen Selbstand haben, wobei, zur Darstellung hiervon, zu beachten ist, daß das hier Bedachte den Bereich des Bedenkens betrifft, wie er sich auf die ontologische Ebene bezieht, nicht aber diese selbst. Dies beachtend ist zu betonen: Das zu analysierende Bedenken von Begrenzten bezieht sich auf Leistungen des Ich, wie es – bedenkend – am Werke ist, also Begrenztes bedenkt, ohne in der Freiheit zu stehen, sich für oder wider dieses Bedenken zu entscheiden, womit mit diesem Notwendigkeit verbunden ist. Dies ist entscheidend und im Lichte davon zu beachten, daß das angeführte Bedenken von Begrenztem sofort im Bereich des Gleichgültigen anzusiedeln wäre, wenn besagte Ganzheit abseits der Selbstand-Thematik bedacht wird – wenn also mit dieser Ganzheit Letztbegründung gar nicht verknüpfbar sein soll –. Tatsächlich ist mit dieser Ganzheit aber zu verbinden, daß sie keine uneingeschränkte Chaotizität und somit also Regelmäßigkeit aufweist. Wie aber soll diese Nicht-Chaotizität bedacht werden, denn außer daß sie auszusagen ist, kann sich ihr aufgrund des bisher Ausgesagten noch nicht genähert werden.

Den Schlüssel dafür, dies überschreiten zu können, trägt der angeführte Verweis auf Notwendigkeit in sich: er verweist nämlich auf die Bedeutung, die hierbei dem Ich zukommt. Das ist: In dem Blick in die Welt – mit dem Ich, wie es sich hierbei vergegenwärtigt, als Teil dieser Welt – nimmt das Ich nichts wahr, das es einen sicheren Anfang des Bedenkens finden läßt, also besagte Regelmäßigkeit so verstehen läßt, daß „Begrenztes verweist ad infinitum auf Begrenztes" thematisch-methodisch unreduziert auf einen nicht herbeiargumentierten Anfang beziehen läßt. In der Thematisierung davon, nicht in der Freiheit zu stehen, sich für oder wider das Bedenken des Begrenzten entscheiden zu können, reflektiert das Ich auf sich selbst und kann ihm Rahmen hiervon erkennen, daß erst aus seinem Bedenken die angeführten Probleme erwachsen, so daß gilt: an dem Bedenken des Ich bzw. an dem hiermit in den Raum gestellten »Ich bin« kann nicht gezweifelt werden und offensichtlich liegt in dem Aussagen hiervon ein *sicherer Anfang*, der in analytischer Beziehung zu den thematisierten Problemen, wie auch besagter Regelmäßigkeit in der Ganzheit »Begrenztes« steht.

Dieses Aussagen von »Ich bin« zeigt zunächst, daß das Ich in der Lage ist, Sätze zu formulieren, die letztrechtfertigender Natur sind, wiewohl sie eine Thematisierung von Letztrechtfertigung bedeuten, in der die ontologische Ebene auf eigentümliche Weise thematisiert ist: Es wird ja eine Da-Sein-Aussage getroffen, die aber zugleich offensichtlich das Sein ganzheitlich bezeichnen muß, da anders Letztrechtfertigbarkeit nicht gegeben ist, wird sie doch im Lichte der Beachtung von etwas gesucht, das sich seinerseits auf die ontologische Ebene bezieht und verstanden werden soll. Daher also muß die Aussage »Ich bin« als Da-Sein-Aussage verstanden werden, die analytisch in sich trägt, nicht alleine als solche verstanden werden zu brauchen, wiewohl dies nicht bedeuten kann, in der Thematisierung des somit analytisch Enthaltenen etwas erreichen zu können, das die mit »Ich bin« gegebene Einschränkung letztlich überkommen läßt: die Notwendigkeit, sich zunächst auf »Ich bin« zurückziehen zu müssen, um den Anfang des Bedenkens vergegenwärtigen zu können, bleibt natürlich gegeben, kann also an sich nicht hintergangen werden.

Damit ist ein Verzicht-üben-müssen ausgesagt, wie es zugleich auch damit gegeben ist, Begrenzte auszusagen, die eine nicht an sich Selbstand besitzende Ganzheit ergeben, womit etwas vorliegt, das das mittels den Begrenzten Bedachte nicht an sich vergegenwärtigen läßt, worin also ein Verzicht liegt. Das Ich muß diesen Verzicht üben, verfügt zugleich aber über die Fähigkeit letztrechtfertigende Sätze zu formulieren, und ist somit in seinem Verzicht-üben-müssen *nicht an sich* von dem Bereich der Notwendigkeit getrennt.

Was ist hiermit ausgesagt? Das Ich bedenkt mit den Faktizität bezeichnenden Begrenzten eine Ganzheit, die nirgendwo Letztrechtfertigung erlaubt, außer diese Ganzheit wird als etwas verstanden, das eine an sich Selbstand besagende Ebene in zu jener modal anderen Form bedeutet; beide Ebenen wären also zwei Ausbildungsformen eines Eines: dieses muß somit in dialektischer Differenz zu sich noch einmal bedacht werden. Insofern das Ich aber auch in seinem Bedenken der Notwendigkeit Verzicht üben muß, wiewohl differentiell, denn es ist nicht getrennt von dem Bereich der Notwendigkeit, ist dieses Motiv der dialektischen Differenz auch auf das Ich als ontologisches Eines anzuwenden, bzw. die zuvor gebrachte Anführung hiervon auf das nun zu Erklärende dialektisch-analytisch zu entfalten.

Das ist: Das Ich ist ein Eines, das nicht an sich Selbstand aufweist, sondern ein Eines in dialektischer Differenz zu *das* Eines, also *dem* Bereich der Notwendigkeit. In anderen Worten: *Das* Eines ist eben dieses, insofern es in dialektischer Differenz zu sich in zwei zueinander modal verschiedenen Ebenen ist, wobei die nicht an sich Selbstand besagende Ebene von *das* Eines, jene ontologisch Begrenzten Eines bedeutet, wovon das Ich eines ist.

Insofern das Ich dieserart ist, spiegelt sich im Bedenken des Ich diese dialektische Differenz in analytischer Entfaltung wider – das Bedenken von epistemologisch begrenzten Eines und notwendiger Aussagen ergebend -, bzw. erfährt sich das Ich in seinem Bedenken gemäß der dialektischen Differenz als dieses Bedenken, zu dem analytisch – gemäß dialektische Differenz! – eine materiale Basis gehört, so wie entsprechend zu *das* Eines eine materiale Basis gehört, die – in diesem Horizont bedacht – das Gesamt der ontologischen Eines, unter anderem also das Ich, ist.

Alleine dieserart läßt sich das Bedenken des epistemologisch Begrenzten im Lichte davon verstehen, daß es Aussagen über das Sein treffen kann, ohne selbst dasjenige aufbieten zu können, das Anfang hiervon ist: dies ist also möglich, insofern das Vorliegen von Regelmäßigkeiten in dieser Ganzheit nichts bedarf, das wider die Unendlichkeit von „Begrenztes verweist auf Begrenztes" ist, da in dieser Ganzheit das an sich Selbstand Bedeutende in dialektischer Differenz zu sich gegeben ist – besagte Regelmäßigkeiten bedeutend -; in diesem Sinne also enthält diese Ganzheit Anfang, jedoch nicht Anfang an sich, womit das Bedenken des Ich also sein Auslangen findet, da es zugleich über Notwendigkeit bedeutende Sätze verfügt, die in dem Sinne an die Sätze zu besagter Ganzheit angelegt werden können, daß diese thematisch-methodisch nicht-reduktionistisch begründbar sind. Dies ist also gegeben, gemäß dem Sein des Ich als einem ontologisch Begrenzten.

Als ein solches verfügt es somit – so hat es der Autor genannt – im Bedenken über eine unthematische und eine thematische Begriffpyramide. Die unthematische Begriffpyramide bezeichnet die Sätze der Philosophie und ergeben sich aus der analytischen Entfaltung der anfänglichen Daß-Aussage »Ich bin«, wie sie zu *der* Daß-Aussage führt, das Verhältnis des Eines »Ich« und von *das* Eines betreffend. In dieser Entfaltung werden jene Eines evident, sie seien als Paradigmata bezeichnet, die der Analyse im Horizont der thematischen Begriffpyramide Letztrechtfertigung sind. Diese Begriffpyramide beinhaltet jene begrifflichen Eines, die sich auf die Analyse des epistemologisch Begrenzten beziehen, wie es die – wiederum vom Autor so genannte - Werdewelt bezeichnet. Diese Werdewelt-Analyse ist ebenso der Kompetenzbereich der Fachwissenschaften, wie auch des entsprechenden alltäglichen Bedenkens und bezieht sich auch auf das Ich, wie es *auch* Teil der Werdewelt ist.

Zu dem Ich, wie es ontologisches Eines ist, ist speziell festzuhalten: Indem zuvor bereits von dem Am-Werke-sein des Ich bezüglich der Werdewelt-Analyse zu sprechen war und es sich hierbei um ein begriffliches Eines der thematische Begriffpyramide handelt, muß es hierzu eine Entsprechung im Bereich der unthematische Begriffpyramide geben, insofern diese in dialektischer Differenz zu der thematische Begriffpyramide steht, womit alle Eines dieser Pyramide nur aussagbar sind, insofern sie auf etwas der an sich seienden Begriffpyramide bezogen werden können. Das ist: Das Am-Werke-sein des Ich ist der materiale Ausdruck – gemäß dialektische Differenz – von Um-sich-bemüht-sein. Hiermit ist also bezeichnet, daß der Umgang mit Gütern, wie er das Am-Werke-sein kennzeichnet, die wie besagt zu verstehende materiale Basis des Umganges mit dem Guten ist, womit keine inhaltslose Idee ausgesagt ist, sondern ein Eines der unthematische Begriffpyramide, wie es analytisch aus *der* Daß-Aussage abzuleiten ist.

Diese Ausrichtung, bzw. die Beibehaltung dieser Ausrichtung auf *das* Eines / *das* Gute – denn von Anfang an muß sie vorliegen, worauf sogleich zurückzukommen sein wird – ist zugleich das Ziel des Um-sich-bemüht-seins und erweist die Ethik als die erste Wissenschaft. Das ist: Gemäß seinem »nicht das Gründende an sich sein« bedenkt sich das Ich *ganzheitlich* mittels etwas, der Werdewelt, in dem es nicht als solches sondern in dialektsicher Differenz hierzu entgegentritt wobei sein hierin enthaltener Umgang mit Gütern dahingehend letztentscheidend ist, als es mögliches Anderes immer aus der Ich-Perspektive erfaßt, nirgendwo also etwas abseits dieser Perspektive erfassen kann; insofern erweist sich also alles Bedenkbare als Ausdruck dieser Perspektive und der an sich seiende Ausdruck dieser Perspektive ist im Horizont von Um-sich-bemüht-sein gegeben.

Daher auch ist festzuhalten, daß das Um-sich-bemüht-sein alleine unter der Voraussetzung von Konsequenzen vernünftig bedacht werden kann – in jedem anderen Fall verkommt es zu einer reinen Beliebigkeit, wofür sich kein Argument finden läßt -; was mit »Konsequenzen« genauerhin ausgesagt ist, kann hier aus Raumgründen nicht dargelegt werden[1030], doch ist festzuhalten, daß sich diese auf das Ich als ein Eines beziehen und ebenso notwendig festzulegen sind, wie sie als in der Transzendentalität zur Werdewelt verankert zu verstehen sind.

Hierher gehört auch, daß das Ich die Möglichkeit des Bestehens des Um-sich-bemüht-seins nicht erst erlernen braucht, wie es insgesamt das Verfügen über die unthematische Begriffpyramide – wie auch der thematischen Begriffpyramide – nicht erst zu erlernen braucht: als Person – also als Ich, wie es ontologisches Eines ist – verfügt es anfänglich hierüber. Sehr wohl aber, und dies ist der zentrale Korpus des Um-sich-bemüht-seins, muß es zur diskursiven Vergegenwärtigung des Genannten vordringen, da auch eine thematisch-methodische Verzerrung hiervon einem Ich genügen kann: der defizitäre Charakter hiervon im Bereich des ethischen Raumes ergibt hierbei, daß das Person-sein des Menschen in diesem Falle nicht hinreichend bedacht wird, was also ein Verfehlen des Um-sich-bemüht-seins bedeutet.

Hieran ist sogleich zu konkretisieren: Das Vordringen-müssen zu der unthematische Begriffpyramide und insofern die Vergegenwärtigung von *das* Eines – und *das* Gute – bedeutet keinen Intellektualismus, denn insofern dieses Vordringen selbst als Begriff der unthematische-Begriffpyramide zu verstehen ist, handelt es sich um einen Begriff der analytisch-dialektisch zu entfalten ist, bzw. erst im Lichte dieser Entfaltung hinreichend verstanden werden kann. Im Rahmen hiervon ist zwischen an sich diskursiver Vergegenwärtigung von *das* Eines und nicht an sich diskursiver Vergegenwärtigung zu sprechen, wobei letztere begrifflichen Eines mit der Theologie und der Kunst in Verbindung zu bringen sind.

Es wäre nun gänzlich falsch, Kunst und Theologie als „schwächere“ – oder sonst dergleichen - Formen philosophischen Denkens zu verstehen; dies verbietet sich schon deshalb, da jegliches quantifizierende Denken von der unthematische Begriffpyramide fernzuhalten ist: diese steht in dialektischer Differenz zu derartigem. Die Bedeutung der Kunst und der Theologie ergeben sich genauerhin daraus, einem Ich abseits an sich diskursiver Bemühungen die Möglichkeit des Gelingens des Um-sich-bemüht-seins zusprechen können zu müssen, insofern dieses Gelingen universal das Person-sein des Ich bezeichnet. (Gemäß „beste aller Welten“ mag zwar das Schicksal einer Person, wie sie sich auf deren materialer Ebene darstellt, unterschiedlich sein, doch betrifft dies nicht das Gelingen-können des Um-sich-bemüht-seins, wie es in transzendentaler Differenz zu den Zufälligkeiten dieser materialen Ebene gegeben ist.)

Hierher gehört auch das vom Autor so genannte »Theages«-Problem: ein Ich mag zwar »an sich diskursiv« zu thematisch-methodisch reduktionistischer Vergegenwärtigung von *das* Eines gelangen – und sich auch in seinem Handeln dementsprechend verhalten -, doch bedeutet dies nicht notwendigerweise ein Verfehlen bezüglich Um-sich-bemüht-sein, sondern Defizite im Bedenken eines an sich uneingeschränkten Bemühens um das Gelingen des Um-sich-bemüht-sein[1031].

[1030] Vgl. insbesondere Senz W 2003a

[1031] Die Bezeichnung »Theages«-Problem leitet sich daraus ab, daß die entsprechenden Ausführungen in Auseinandersetzung mit dem Platonischen Dialog „Theages“ erarbeitet worden sind; vgl. Senz W 2003a und b.

Nun gilt es noch den Begriff Universalität des Person-sein genauer zu betrachten. Zunächst ist festzustellen, daß aus der Aussage »Ich bin« analytisch die Existenz mehrerer Ichs folgt – das Ich kann sich nicht als einziges Ich denken[1032] -, wobei die gebrachten Aussagen bezüglich Um-sich-bemüht-sein, Am-Werke-sein, dem Bedenken der beiden Begriffpyramiden etc. universal für jegliches Ich anzunehmen sind. Hierin liegt, daß das Person-sein des Ich, insofern es sich hierbei um einen Begriff der unthematischen Begriffpyramide handelt, nicht mit einem Mehr oder Weniger verflochten bedacht werden kann: ein mehr oder weniger Person-sein ist nicht vernünftig bedenkbar. Daher ist von einer genealogischen Ich-Kette zu sprechen, die universal Person seiende Ichs miteinander verknüpft.

Zugleich ist jeder Begriff der unthematische-Begriffpyramide notwendig als Bezeichnung eines dialektisch sich entfaltenden Eines zu verstehen[1033]; auf der materialen Ebene des damit Ausgesagten erweist sich »Entfaltung« als Zeitlichkeit bzw. Veränderung in der (dieserart konstituierten) Zeitlichkeit. Für die Eines »Ich« und »genealogische Ich-Kette« bedeutet dies: die dialektische Entfaltung von Ich als Person erweist sich auf der materialen Ebene von Ich als dessen ontogenetischer Wandel, wobei die materialen Grenzen des werdeweltlichen Ich – also Zeugung und Tod – materiale Repräsentation des Begrenztes-sein des Person-sein sind; die dialektische Entfaltung von »genealogische Ich-Kette« ist material gemäß Phylogenese und somit auch Evolution repräsentiert. Wiewohl es somit keinen Sinn macht, von »der Evolution zu dem« und »der Ontogenese des« Ich *als Person* zu sprechen, ist es notwendig, dessen materiale Basis im Lichte eben dieser thematischen Eines zu bedenken; insofern ist also notwendig von diesen zu sprechen.

Ebenso notwendig ist daher die »Inversion der Betrachtungsrichtung«, wie sie der Autor an anderem Ort genannt hat[1034], zu beachten: Ist es also auch notwendig, von der Evolution zu sprechen, so darf dies nicht dahingehend mißverstanden werden, von dieser und somit von der Analyse primitivster Lebensformen auszugehen, hiervon zur Betrachtung des Menschen vordringend, sondern es muß vom Ich ausgegangen werden, das Sprechen von Evolution begründend, wiewohl dies bedeutet somit, auch vom Menschen auszugehen, worin eine Inversion der Betrachtungsrichtung gegenüber der biologischen Denkweise liegt.

Tatsächlich steht dies aber nicht im Widerspruch zu einer biologischen Argumentation, sofern sich diese davon fernhalten kann, *das Fundament des Bedenkens* in der Evolutionslehre zu suchen. Insofern nämlich philosophisch mit der Analyse des Ich begonnen wird, wird dieser Anfang im Bereich dessen genommen, das in dialektischer Differenz zu »Mensch« steht, dieser Begriff als die materiale Basis von Ich als Person genommen, wobei die Analyse von »Mensch« jeglicher evolutionären Betrachtung dahingehend vorausgehen kann, insofern zunächst das Eines »Ich« und »genealogische Ich-Kette« betrachtet wird, von wo aus auch deren Charakter als zu Entfaltende aufgenommen werden kann, womit, soweit es die materiale Basis betrifft, die Evolutionslehre problemlos ihren Anfang bei der Analyse primitiver Lebewesen nehmen kann, den evolutiven Weg *zum* Menschen nachzeichnend.

Damit sind in knappen Zügen jene noetisch-dialektischen Überlegungen zusammengestellt, die als Basis für die nachfolgende Analyse der EE fungieren sollen.

[1032] Vgl. insbesondere Senz W 1997b

[1033] Vgl. insbesondere Senz W 2001b, c, 2003a

[1034] Vgl. Senz W 2003b

10 Der Trick der evolutionären Erkenntnistheorie – die Falle, in der sich die evolutionäre Erkenntnistheorie befindet

Wie bereits dem Titel dieses Kapitels zu entnehmen ist, wird letztlich zu einem negativen Urteil bezüglich der EE zu kommen sein. Um so wichtiger ist es daher, dem zu Betrachtenden möglichst positiv entgegenzutreten. Die Basis hierfür ist, gemäß Universalität des Personseins[1035], zunächst nach jenem in der EE Ausschau zu halten, das als Vergegenwärtigung dessen zu gelten hat, das – wie die noetische Dialektik zeigt - notwendig auszusagen ist, unabhängig davon, wie sehr es in der EE thematisch-methodisch reduziert bzw. verzerrt dargeboten wird. Bevor das hiermit Anvisierte ausgearbeitet werden soll, gilt es zu betonen, daß in dem vorliegenden Text die Ebene, wie sie mit dem »Theages«-Problem bezeichnet ist – vgl. Kapitel 9 -, nicht diskutiert wird; es bleibt also unbedacht, *wieso* innerhalb der EE zu einer Position gelangt wird – wie zu zeigen sein wird -, die das Ich nicht im Lichte seiner Freiheit gemäß Um-sich-bemüht-sein-müssen zeichnet[1036].

Die zuvor aufgeworfene Frage, worin sich in der EE das gemäß der noetischen Dialektik notwendig Auszusagende finden läßt, soll zunächst anhand einer Analyse der Position von Konrad Lorenz[1037] beantwortet werden; entsprechend den vorangegangenen Ausführungen folgt hierauf eine Betrachtung der biologischen Ausrichtung innerhalb der EE. Die Position von Erhard Oeser wird hingegen erst im folgenden Kapitel einer Betrachtung unterzogen werden.

Nähert man sich entsprechend den gemachten Vorgaben der Position von Konrad Lorenz, so ist zunächst seine phylogenetische Auflösung der Kantschen Aprioris bei gleichzeitiger Anerkennung Kants als dem „Entdecker der angeborenen Denk- und Anschauungsformen“ hervorzukehren; dies inkludiert – insofern hierauf also im Lichte der Hervorkehrung an Positivem in der EE geblickt wird – freilich keine Anerkennung dahingehend, Lorenz könnte Kant richtig verstanden haben. Lorenz’ Irrtum in seiner Kant-Interpretation zeigt sich schon an seiner Meinung bezüglich Kants angeblicher „zwei Welten“-Theorie. Daß Lorenz hier irrt, braucht nicht eigens erörtert zu werden – einerseits da hier nicht Kants Position unmittelbar interessiert, andererseits da bei Erich Heintel das hierzu Festzuhaltende bereits nachzulesen ist[1038]. Entscheidend ist, daß Lorenz meint, in seiner Kritik an Kant einem Denken entgegenzutreten, das zur Darstellung dessen, das im Lichte der begründungstheoretischen Anfangsproblematik – im Horizont des Bedenken des Vielen, wie es sensualistisch wahrgenommen wird - etwas anführt, das zu dem Vielen in *faktischer Getrenntheit* steht; es würde von Kant gleichsam etwas hinzukonstruiert – „Aprioris“ - , das ebenso herbeiargumentiert ist, wie es der Ordnung, wie sie im Bereich der Veränderlichkeit vorliegt, nicht gerecht werden läßt. - In dem hiermit bezeichneten Sinne modifiziert Lorenz auch Nicolai Hartmanns *Seins*ontologie in eine *Geschehens*ontologie.

[1035] Vgl. Senz W 2002b, 2003a

[1036] Dieser Thematik soll an anderem Ort nachgegangen werden.

[1037] In Senz W 2003c hat sich der Autor bereits mit der Position von Konrad Lorenz auseinander gesetzt. In diesem Text ist Lorenz’ Position kritisch an jene von Johann G. Fichte angelegt worden, zu dem Ergebnis gelangend, Lorenz’ Position zwar nicht als Fundament entsprechender Betrachtungen verstehen zu können, wiewohl sie einer transzendentalphilosophischen bzw. noetisch dialektischen Analyse Impulse bieten kann, *insofern* also auch positiv zu bewerten ist.

[1038] Heintel E 1995

Worauf Lorenz hiermit abzielt, das ist eine *hinreichende* Beachtung von Veränderlichkeit, wozu auch gehört, eben diese Veränderlichkeit selbst – gemäß „eine Welt"-Theorie – Basis des Bedenken-könnens sein zu lassen; die Grundlage dafür, die Lösung des begründungstheoretischen Anfangsproblems finden zu können, darf also nicht in etwas gesucht werden, das die umfassende Bedeutung von Veränderlichkeit eingrenzt – „Geschehens-" statt „Seinsschichten"! -, wiewohl Lorenz konstatiert, daß es innerhalb der Veränderlichkeit Bereiche größerer und geringerer Variabilität, bis hin zu quasideterminierten Strukturen gibt; „Aprioris" aber, wie sie nicht aus Veränderlichkeit erklärt werden, werden von Lorenz zurückgewiesen.

Worauf aber reflektiert Lorenz hiermit? Offensichtlicher Weise reflektiert Lorenz hier auf den Umstand, in der Werdewelt-Analyse nichts annehmen zu dürfen, das letztbegründendes Eines ist, wie auch diesbezüglich nichts anzunehmen ist, das in faktischer Getrenntheit zu der Werdewelt-Analyse steht. Unter dem Eindruck der Evolutionslehre und der damit gegebenen Möglichkeit der Beachtung von Veränderlichkeit wendet Lorenz diese Lehre auch auf das Bedenken an, woraus sich für ihn die Möglichkeit dafür ergibt, zunächst mit der Rückkoppelung von Induktion und Deduktion das Auslangen zu finden, also einem heuristischen Prinzip, das Prozessualität dahingehend aufwendet, einen Anfang im Bedenken, wie er die Beachtung von Veränderlichkeit anscheinend unterwandert, abzuwenden. Lorenz wendet hier also ab, in der Werdewelt-Analyse Anfang an sich annehmen zu müssen, und hierin ist ihm an sich zuzustimmen[1039]. Die Übereinstimmung Lorenz' mit der noetisch dialektischen Argumentation ist zudem dahingehend zu vertiefen, daß es Lorenz nicht bei besagter Rückkoppelung – wie sie sich unmittelbar an werdeweltlichen Faktizitäten orientiert – beläßt, fügt er dieser doch »Intuition« bei, wie sie ebenfalls die Notwendigkeit der Annahme von Anfang an sich in der Werdewelt-Analyse abwenden soll und zudem in gewisser Hinsicht in Distanz zu dem unmittelbaren Kontakt mit der Faktizität steht, so wie ja auch in der noetischen Dialektik mit der unthematische-Begriffpyramide eine – insoweit! - entsprechende Konstruktion auszusagen ist.

Wenn daher Lorenz davon spricht, daß „alles Arbeitshypothese" ist – nirgendwo also im Bedenken das So-Sein an sich bedacht werden kann -, wiewohl zugleich aber in gewisser Hinsicht dem Denken ein Abbild-Charakter zukommen soll, so läßt sich auch dies in die Sprache der noetischen Dialektik transformieren, insofern eben die Werdewelt-Analyse nirgendwo das So-Sein erreicht, zugleich aber nicht in faktischer Getrenntheit von diesem verstanden werden kann. Die Übereinstimmung zwischen der Lehre Lorenz' und der noetischen Dialektik läßt sich auch dahingehend ausweiten, daß die noetisch dialektische Aussage davon, der Ursprung des Bedenkens-könnens könne kein Lernergebnis sein, bei Lorenz insofern eine Entsprechung findet, als der Beginn der Möglichkeit davon, im Lernen „abbildend" vorzugehen, selbst nicht das Ergebnis eines abbildenden Vorganges ist, sondern einer Fulguration, die – die Entsprechung von den Denken und Sein thematisierend – Leben von Anbeginn an als systematische Prozessualität verstehen läßt, für die besagte Fähigkeit eben konstitutiv ist.

Gemäß dem einem Ich Aufgabe seienden diskursiven Vordringen zum Bereich der Notwendigkeit (*das* Eines) ist die Möglichkeit, die genannten Übereinstimmungen zwischen Lorenz' Position und der noetischen Dialektik anführen zu können, keine Selbstverständlichkeit, sondern Ausdruck einer Leistung des Lorenzschen Denkens, wie es also zu den ge-

---

[1039] Sogleich ist darauf hinzuweisen, daß sich für Lorenz aus der Beachtung der Evolutionslehre auch die Möglichkeit dafür ergibt, transzendentalphilosophische Überlegungen, wie sie das Ich in den Mittelpunkt des Interesses stellen, als Ausdruck eines zu überkommenden Narzißmus zu werten, was fatale Konsequenzen für Lorenz' Denken hat; hierauf wird zurückzukommen sein.

nannten Denkinhalten vorgedrungen ist[1040]. Komplementär hierzu darf hierüber nicht übersehen werden, daß besagte Übereinstimmungen nicht den Ausgang des Bedenkens betreffen. Das ist: Das „Ich“, wie es Ausgang des Bedenkens sein muß, findet bei Lorenz keine entsprechende Beachtung; im Gegenteil: das Ich dieserart als Ausgangspunkt zu verstehen, ist für Lorenz Ausdruck eines Narzißmus, wobei es gerade die Evolutionstheorie sein soll, die gegen diesen antritt!

Dies beachtend gilt es zu erkunden, was es genau mit Lorenz' Bezugnahme auf die Evolutionslehre auf sich hat. Lorenz blickt auf sie als Naturwissenschaftler, bzw. als ein Naturwissenschaftler, der aufgrund seiner Einsichten in eine fachwissenschaftliche Disziplin – der Ethologie – zur Analyse von Bedenken und Person-sein des Menschen vorgedrungen ist. In diesem Sinne akzeptiert Lorenz auch nur eine materialistische Philosophie, wiewohl diese als „Königin der Wissenschaften“ in gewisser Distanz zur Analyse der Faktizität verstanden wird. In seinem diesbezüglichen Verständnis spiegelt sich einerseits eine Konstruktion von Philosophie wider, das sich aus Leistungen der Abstraktion von Inhalten zur Werdewelt ergibt, wie es zugleich auch mit jenem Bedenken zweier Denkebenen verbunden werden kann, das zuvor schon bezüglich der Ebene „Deduktion – Induktion“ und der Ebene „Intuition“ bezeichnet worden ist. So sehr dieses Motiv der beiden Ebenen tatsächlich auch aus noetisch dialektischer Perspektive einsichtig ist, dazu, diese beiden Ebenen im Lichte der dialektischen Differenz zu betrachten, dringt Lorenz nicht vor; er kann es auch nicht, da er die Beachtung der Evolutionslehre nicht bloß als Basis des Bedenkens versteht, sondern – darüber hinaus – die Evolutionslehre als jenes begreift, das ein adäquates Beachten des Ich als Anfang des Bedenkens zurückweist.

In anderen Worten: Lorenz' Anfänge in der Ethologie sind ihm etwas, das ihn gemäß einem Unverständnis in den Geltungsbereich einer Fachwissenschaft zur Analyse des Menschen kommen läßt, die Bedeutung der Philosophie nicht hinreichend einsehend. Dieserart also reflektiert Lorenz auf die Evolutionstheorie nicht gemäß dem Umstand der Notwendigkeit der Beachtung hiervon, wie es die noetische Dialektik darlegt, sondern versteht die Notwendigkeit davon, die Evolutionslehre verwenden zu müssen, als Ermöglichung dafür, sämtliche speziellen Denkinhalte gemäß „alles ist Arbeitshypothese“ im Sinne der Einsicht in den Umstand konzipieren zu können, in der Werdewelt-Analyse keinen Anfang an sich haben zu können.

Lorenz mißversteht somit, worin die Bedeutung der Evolutionslehre – bzw. die Bedeutung davon, die Evolutionslehre notwendig aussagen zu müssen – liegt! Besagte Notwendigkeit ist nämlich nicht derart, daß sie erübrigt, zu jenem diskursiv *vordringen* zu müssen, das diese Notwendigkeit bedenkt; die Notwendigkeit, wie sie also Lorenz anführt, ist hintergehbar und somit keinesfalls Basis dafür „alles ist Arbeitshypothese“ nicht zu einem selbstauflösenden Satz werden zu lassen.

Hierin liegt zugleich jenes, das in der Kapitelüberschrift als „Trick“ (und zugleich „Falle“) der EE bezeichnet ist: Sehr wohl ist Lorenz darum bemüht, Tiere nicht als Maschinen zu verstehen, sondern bereits bezüglich diesen Lebewesen etwas anzuführen, das zwischen dem Individuum an sich und seiner materialen Basis unterscheiden läßt – wie im Sinne der noetischen Dialektik festzuhalten ist -, wozu Lorenz also besagte Ausführungen zur Du-Evidenz, zum psychisch-physiologischen Parallelismus und der Wozu-Frage dienen; auch hier ist wieder die dialektische Differenz thematisiert, und wieder mißlingt es Lorenz, sie adäquat zu vergegenwärtigen. Der Grund hierfür liegt darin, daß Lorenz seinen Anfang in einer Natur-

[1040] Vgl. oben; wiewohl ein Ich nicht in Getrenntheit von dem zur noetischen Dialektik Ausgesagten denken kann, kann es aber *ganzheitlich* thematisch-methodisch reduktionistisch bedenken!

wissenschaft nimmt, ohne hinreichend deren Geltungsbereich zu beachten. Seine Ausführungen zu den Tieren sind ihm hinreichend Beleg dafür, auch über den Menschen sprechen zu können, wiewohl nicht ohne jegliches philosophische Problembewußtsein, wie zum Beispiel seine Ausführungen zu Descartes' »Zirbeldrüse«-Theorie zeigt. Tatsächlich wird Lorenz aber sein Anfang in der Biologie zu besagter Falle: Der Grund hierfür ist, angesichts der Tiere des Person-seins nicht unmittelbar bewußt zu werden, wobei zugleich – insofern ja auf werdeweltlichem Niveau notwendig von Evolution zu sprechen ist – mit der Selektionstheorie etwas vorliegt, das den Kenntniserwerb thematisieren läßt bzw. im Lichte hiervon hinreichend über das Sich-orientieren im Bereich der Tiere - auf individuellem Niveau und auf dem Niveau der genealogischen Kette - gesprochen werden kann. Es würde natürlich keinen Sinn ergeben, sich bezüglich einem Paramecium – wie es in der Lorenzschen Formulierung Erwähnung findet, daß das Bewußtsein irgendwo zwischen Paramecium und Schimpanse aufgetreten ist – vorzustellen, es wäre um reflexive Letztbegründung von irgendetwas im Horizont von Kenntnis bemüht; ebenso wenig Sinn macht es, sich vorzustellen, ein Paramecium würde seine Handlungen gegenüber anderen Paramecien reflektieren.

Dies führt aber bei Lorenz zu einer pragmatisch verzerrenden Denkweise, insofern als aus dem Umstand, bei den Tieren nicht auf Person-sein, in dem Sinne wie es beim Menschen angetroffen wird, zu treffen, etwas als das Bedenken des damit Betrachteten fundamental Grundlegendes verstehen zu können, das sich in eben dem Sinn auf die Werdewelt bezieht, wie diese ins Zentrum des Blickfeldes gerät, inwiefern hierdurch die Notwendigkeit der transzendentalphilosophischen Betrachtung von Person-sein ins Abseits gerät. Was hiermit also kompensatorisch ins Blickfeld gerät, das ist jenes selektionistische Prinzip, das im Darwinismus[1041] und in der Synthetischen Evolutionstheorie bestimmend ist für das Verstehen-können des geordneten evolutiven Wandels. Lorenz begnügt sich hiermit also auf nur scheinbar unproblematische Weise, darauf abzielend, innerhalb des Tierreichs nicht mit dem Problem einer Letztrechtfertigung konfrontiert zu sein und es hierdurch bei besagter Anführung eines heuristischen Prinzips belassen zu können: der transzendentalphilosophische Anspruch bei der Beachtung der Begründungsproblematik wird also von Lorenz als überzogen mißverstanden, inwiefern er meint, das transzendentalphilosophische Problembewußtsein resultiert aus dem Nichtbedenken des (stammes)geschichtlichen Geworden-seins des Ich; das Nichtbedenken hiervon würde gleichsam im Horizont einer „alle möglichen Welten"-Fiktion zu kompensieren versucht werden (wobei die Beachtung der Stammesgeschichte zugleich diskreditiert würde).

In anderen Worten: Lorenz' Bedachtnahme auf einen Bereich des Lebendigen, in dem diskursive Letztrechtfertigung keine Rolle spielt, scheint ihn dahingehend bedenken zu lassen, Letztrechtfertigung abseits der Beachtung selektionistischer Vorgänge in der Zeit, wie sie anscheinend notwendig anzunehmen sind, nicht als vernünftig aussagbar bedenken zu brauchen. Hierbei übersieht Lorenz freilich – und damit begibt er sich in besagte „Falle" -, daß Aussagen über welchen Bereich des Lebenden auch immer zunächst Aussagen sind und als solche in dem oben dargestellten Sinn im Lichte des Letztrechtfertigungsanspruch stehen, ganz unabhängig davon, was der Inhalt dieser Aussagen sein mag.

Die *eigentliche* Schwäche der Lorenzschen Position zeigt sich, wenn es nämlich gilt, den Übergang von den Tieren zum Menschen zu bedenken. Nun kann nämlich die transzendentalphilosophische Perspektive nicht mehr hinreichend eingeholt werden – wiewohl sie also von Lorenz in Ansätzen mitgedacht wird! – bzw. macht sich nun das Fulgurationsprinzip

[1041] Darwins Position ist aber weit davon entfernt, einen naiven Selektionismus zu beinhalten bzw. ist sie letztlich als reduktionistischer Versuch *innerhalb* der Theologie zu verstehen; vgl. Senz W 2003b gemäß ihrem Leerformel-sein bemerkbar, als es nicht erkennen läßt, den selektionistischen Gedankengang, wie er aufgewendet worden ist, um ein allgemeines Evolutionsprinzip zu erhalten, nur derart auf den Menschen übertragen werden kann, daß dessen Person-sein defizitär bedacht wird.

Natürlich sieht Lorenz im Menschen »kein weiteres« Paramecium oder »keinen weiteren« Schimpansen, doch ist ihm die Sonderstellung des Menschen nichts, das impliziert, das selektionistische Prinzip lediglich auf die Güterverrechnung anwenden zu können, also auf das – um es mit Platon zu formulieren – „um willen von etwas", und daher gerade auf jenes, das nicht an sich Selbstand hat; also im Horizont von jenem, das gemäß der dialektischen Differenz auf das Selbstand Bezeichnende bezogen werden muß. Lorenz bedenkt dies nicht, da er grundsätzlich nicht zu einer adäquaten Vergegenwärtigung bzw. überhaupt zu einer Vergegenwärtigung der dialektischen Differenz vordringt. *Insofern* vermeidet es Lorenz, das Person-sein des Ich zu betonen: das pragmatisch-selektionistische Prinzip wird bis in den Bereich der Kultur getragen!

Lorenz' Aussagen zur Notwendigkeit des Egoismus ebenso wie der des Altruismus, der Sinnhaftigkeit einer phylogenetischen Relativierung der Sünde im religiösen Sinn, sind hierbei lediglich Ausdruck davon, Überlebensdienlichkeit im biologischen Sinn auf den Menschen anzuwenden bzw. vor diesem Hintergrund auch jenes verstehen zu können, das in der Evolution an eigenständig menschlichen Qualitäten aufgetreten sei. Tatsächlich berichtet Lorenz auch hiervon, so wie er sich auf seine Perspektive auf den Menschen „von unten" zurückzieht, doch gilt es hier ganz genau zu beachten, daß *alles*, das somit an eigenständig Menschlichem ausgesagt sein mag, immer dispositionellen Charakter hat, da es ja unmittelbar aus der Evolution verstanden wird. Im Rahmen der Lorenzschen Position muß es sich hierbei immer um etwas handeln, das aus der Prozessualität „Evolution" verstanden wird, anstatt – wie notwendig - aus der Teilhabe des Menschen am Gründenden.

Hier gilt es auch explizit zu beachten: Lorenz betont diese Prozessualität als ein Eines gegenüber dem Eines „Ich" in dem Sinne, wie er sich die Bedeutung des „Ich" nicht vergegenwärtigen kann. Wenn Lorenz daher festhält, daß „Wahrheit" im Bedenken bedeutet, den Weg für weiteres Bedenken offen zu halten, so läßt sich hierzu zunächst festhalten, daß damit gar kein Kriterium angegeben ist, das diese Option anzeigt, so wie ja auch das Reden von der asymptotischen Näherung an das Ding an sich keinen Sinn macht, da es wiederum des Kriteriums fehlt, festhalten zu können, woran somit tatsächlich angepasst wird. Für Lorenz stellt sich das Problem des fehlenden Kriteriums hierbei insofern nicht, als der evolutive Prozeß kein Omega hat, auf das er zustrebt und aus dem heraus ein Kriterium abgeleitet werden könnte. Die Problematik hieran ist somit die, daß dieses Denken gar nicht eignet, eine vernünftige Ethik aufbauen zu können, denn diese ist – wie gezeigt worden ist – sehr wohl mit Letztrechtfertigung auszustatten und zwar relativ zu dem Ich, also nicht relativ zur genealogischen Kette.

Hierzu dringt Lorenz aber nicht vor, wobei ihm letztlich der Umstand, bei den Tieren ein nicht entfaltetes Person-sein anzutreffen, dahingehend zur Falle wird, daß er meint, im Rahmen der biologischen Evolution den geltungstheoretischen Problemen dahingehend keine wirkliche Bedeutung schenken zu brauchen, als es lediglich gilt eine „eine Welt"-Theorie festlegen können zu müssen. Der dieserart defizitäre Umgang mit der Begründungsthematik – der also nicht daraus erwächst, da doch davon auszugehen wäre, Tiere wären (im kognitiven und ethischen Bereich) um Letztrechtfertigung bemüht – ist es letztlich, der im Bereich des Bedenken des menschlichen Bedenkens ergibt, es bei einer heuristischen Methode bewenden lassen zu können, womit zwar eingesehen wird, daß es in der Werdewelt tatsächlich keinen Anfang an sich gibt, zugleich aber übersehen wird, daß sie diesen Anfang in nicht an sich seiender Form sehr wohl aufweist, und daher gemäß der dialektischen Differenz nach dem Anfang an sich zu fragen ist; Lorenz' (quasi)determinierte (und ererbte) Strukturen leisten dies freilich nicht, da sie ja im Sinne eines Evolutionsimus konzipiert sind, der gerade die Ausblendung der diskursiven Vergegenwärtigung der dialektischen Differenz bedeutet.

Wenn daher Lorenz meint, das Selbst mit einer „Spinne in ihrem Netz" vergleichen zu können, darauf hinweisend, daß es in einem Netz mehr Fäden als Beine an der Spinne gibt, so thematisiert er damit die Differenz des Selbst zur Faktizität auf völlig defizitäre Weise – wiewohl Thematisierung hiervon sehr wohl vorliegt! -, insofern dieser Gedankengang alleine im Lichte der pragmatischen Abstraktionstheorie im Sinne des Selektionismus konzipiert ist und das differentielle Vergegenwärtigen-können des Bereichs der Notwendigkeit völlig unbedacht läßt. Dieser ganze Bereich von notwendig zu Bedenkendem bleibt somit ausgeblendet wobei genauerhin zu beachten ist: die Lorenzsche Position bzw. sein hypothetischer Realismus – Lorenz' EE – bieten hier auch keine Näherung an das eigentlich Auszusagende gemäß „Blick von unten", denn – um dies zu betonen – das Bedenken hat von dem Person-sein des Ich auszugehen und also nicht von den Tieren hierzu zu finden; eine Näherung auf diesem Wege gibt es nicht nur nicht, versucht man doch diesen Weg anzutreten, so verfehlt man bereits das Person-sein, wie es bezüglich der Tiere auszusagen ist.

Faßt man die Aussagen zu Lorenz' Position zusammen, so bleibt, daß sie tatsächlich in manchen Punkten das eigentlich Auszusagende vergegenwärtigen kann, nicht jedoch die anfängliche Daß-Aussage – „Ich bin" – bzw. kann sie das „Ich" nicht dementsprechend bedenken. Insofern ist die EE Lorenz' zurückzuweisen, bzw. lediglich insofern von Interesse, als sie auf die Bedeutung davon hinweist, Evolution mitbedenken zu müssen. Darüber hinausgehende Lorenzsche Aussagen sind aber notwendig ohne Belang. Evident ist hierbei, daß aus der Perspektive Lorenz' ebenso die Betonung des Ich diskreditiert werden muß – „Narzißmus" -, wie eine jegliche philosophische Anstrengung bezüglich der Thematisierung der Transzendentalität, also jegliche Thematisierung davon, zwar „eine Welt" aussagen zu müssen, dies aber auch dann zu vollbringen, wenn man hiermit „dialektische Differenz" verbindet, wie sie also nicht bereits „zwei Welten" bedeutet.

Es ist der Mühe nicht wert, hier nachzuzeichnen, daß daher auch Lorenz' Aussagen zu Platon und seiner Ideenlehre jeglicher Grundlage entbehren. Immerhin sei aber betont, daß Platon gar nicht die Ideenlehre im Zentrum seiner Lehre hat, sondern die Dialektik – was er in „Der Sophist" sogar explizit ausführt. Dieser Umstand wird von Platon-„Kommentatoren" – aber auch innerhalb der Philosophie! – mit „schöner" Regelmäßigkeit übersehen.

Damit sei nun von der Position Lorenz' übergegangen zu jenen Vertretern der EE, die in den vorangegangenen Ausführungen als der „biologische Ast" innerhalb der EE bezeichnet worden sind. Grundsätzlich kann dieser Teil der Arbeit kurz gehalten werden, ja es könnte bei der Aussage belassen bleiben, daß das nun zu Betrachtende aus eben dem Grund abzulehnen ist, der bereits zu dem negativen Urteil bezüglich Lorenz geführt hat, da alle die nun zu betrachtenden Positionen und Aussagen in der Falle stecken, in der Lorenz' Position gefangen ist. Sogleich aber gilt es, folgende Präzisierung dieses Urteils vorzunehmen: Insofern die nun zu beachtenden Positionen und Aussagen die im ersten Teil des Buches dargelegte Rationalisierung gegenüber Lorenz' Position bedeuten, bedeuten sie – wenn auch nicht in jedem Punkt so doch allgemein – einen Rückfall hinter die Position Lorenz'; zahlreiches, das Lorenz noch aussagt, da er das gemäß der noetischen Dialektik Festzuhaltende erahnt, tritt nun nicht mehr auf bzw. nur noch in wirkungslosen Worthülsen.

Es könnte nun damit begonnen werden, die Aussagen der betreffenden Autoren zur Philosophie zusammenzutragen und zu diskutieren. Es würde sich aber sogleich zeigen, daß diese Aussagen alleine von einem Nicht-Verstehen geprägt sind, dahingehend daß die philosophische Feststellung von dem Transzendieren-müssen als Ausweg in eine fiktive Welt (miß) verstanden wird, der es sich unterstellt, die reale Welt – die Welt des Vielen – zu leugnen; dies ist ja bereits in Lorenz' Aussage von der „zwei Welten"-Theorie Kants angeklungen. Uneingeschränkt dienen solche Angriffe auf die Philosophie dazu, – wiewohl implizit – davon abzulenken, selbst in der Falle zu sitzen bzw. sich eines Tricks zu bedienen.

Insbesondere ist es hierbei der „Ich"-Begriff, dessen adäquates Bedenken den Vertretern der EE – wie sie hier betrachtet sein sollen – Probleme bereitet. Grundsätzlich hat Erich Heintel das hierzu nötige bezüglich der Position von Ernst Mach bereits dargestellt[1042]. Aus einer anderen Arbeit Heintels sei folgende Aussage zitiert, um das in Zusammenhang mit dem „Ich" Wesentliche nochmals zu verdeutlichen: „Am kürzesten läßt sich darauf antworten durch den Hinweis auf die Problematik des »Subjektes, das zugleich Vermittlung ist« (Hegel), d.h. eines »Subjektes«, das in der ontisch-gegenständlichen (immer schon als »gegeben« vorausgesetzten) Realität nicht aufzugehen vermag, weil es als wirkliche (aktual seiende) Vermittlung immer schon konstitutiv mit dabei ist, wenn von bestimmter Gegenständlichkeit jeweils und wann immer die Rede ist. In der Philosophiegeschichte kommt diese Problemstellung erst mit Kant zu ihrer expliziten Formulierung und methodischen Bewältigung, nämlich in der Unterscheidung von »transzendentalem« Subjekt als der gegenstandkonstitutiven Voraussetzung jeder gegenständlich bestimmten Aussage – und »empirischen« Subjekt, das selber ein bestimmter Gegentand ist. »Ich« als aktuelle Vermittlung ist daher immer »mehr«, als es von sich selber gegenständlich aussagen kann, wenn auch dieses »Mehr« nicht substanziell abgetrennt zu einem für sich seienden metaphysischen »Subjekt« (Geist als hypostasiertes dinganaloges »Gespenst«) gemacht werden kann"[1043].

Angesichts hiervon sei daran erinnert, mit welch geradezu „lässiger" Argumentation Riedl in „Biologie der Erkenntnis" die Bedeutung von „Ich" im Lichte der noetischen Dialektik hinwegfegt, unter anderem zu dem Satz findend: „und sollte ich selbst nicht gewiß sein"! Riedl hält es aber auch für zielführend zu fragen: „wann aber kann ich meines Gewissesten gewiss sein?" Nun, der Aussage, „Ich bin" kann man sich sehr wohl auch unter dem Eindruck eines „Gläschens Rebensaft" *und* eines „hohlen Zahnes" – beides führt Riedl als Probleme für die philosophische Ich-Erkenntnis an – gewiß sein. Ein ernsthaftes Bemühen um die Geltungstheorie ist solchen Argumenten freilich nicht nachzusagen, wiewohl nicht bezweifelt werden soll, daß sie das Ergebnis eines als ernsthaft intendierten Versuches sind.

Wird aus dieser Argumentationsecke daher von den „eisigen Höhen der Metaphysik", dem „kindischen Rätselraten der Erkenntnislehre" und den „rein akademischen Disputen über eine Ethik, die jeglichen Einfluß auf die Menschheit verloren hat" gesprochen, und zudem festgehalten, die Naturwissenschaft nicht verlassen zu wollen, da alleine in ihr nur die an der Erfahrung bewährten Theorien überleben, so regt dies letztlich nicht zur Gegenkritik, da die gebrachte Kritik der Substanz entbehrt. Zur Verdeutlichung hiervon sei eine bereits zitierte Aussage Kaspars nochmals im Wortlaut wiedergegeben: „Die Tatsache, daß auf dem Spiegel meines Erkennens auch dessen Rückseite erscheinen kann, hört in dem Augenblick auf, ein unverständliches Problem zu sein, in dem ich die Möglichkeit berücksichtige, daß es auch andere, von mir unabhängige Spiegel gibt, die unter Umständen eine Anordnung aufweisen können, in der ich in einigen von ihnen die Rückseite meines eignen abgebildet bekomme. Wichtig dabei ist, daß es sich immer nur um Spiegelbilder handelt, daß kein einzelnes Spiegelbild alleine Seite Rückseite sehen kann, daß aber alle zusammen eine Situation schaffen können, in der jedes Spiegels Rückseite prinzipiell erkennbar wird"[1044]. Dies ergibt ein Spiegel-

[1042] Heintel E 1969
[1043] Heintel E 1960 [1988: S.277]; vgl. zudem Heintel E 1966
[1044] Kaspar R 1987b: S.192

kabinett, aber keine Erkenntnistheorie. Wovon dieser Gedankengang beseelt ist, das ist der Wunsch danach, in der Biologie einen Anfang nehmen zu können, der sich verobjektivieren läßt, angesichts der Begründungsthematik im Horizont des Bedenkens; es kann aber lediglich im Sinne der dargelegten Falle, in der sich die EE befindet -, etwas Entsprechendes angeboten werden.

Nicht also sei hier grundsätzlich das zu Betrachtende einer Kritik unterzogen, sondern lediglich einige Punkte herausgegriffen und kommentiert[1045]. Zunächst sei darauf geblickt, daß einheitlich in den hier zu betrachtenden Positionen vor einer Überbewertung der Sprache gewarnt wird; genauerhin wird Sprache in den Horizont pragmatischer bzw. „um willen von etwas"-Errungenschaften der Evolution angesehen und somit gar nicht im Lichte von „unthematisches Wort" gesehen; dies ist aber ein Teil des Unvermögens, das Ich hinreichend vergegenwärtigen zu können.

Im Lichte hiervon bietet es sich sogleich an, auf die Reflexionen besagter Vertreter der EE zur Theologie und Religion zu blicken. Wuketits meint hierzu unter anderem, daß die Theologie insofern von einer Fiktion ausgeht, als sie es nicht schafft, den Menschen als Teil der Natur zu begreifen, weshalb es ihr auch unterläuft, mit ihrer Normentafel – hiermit ist, auf die christliche Theologie bezogen, zweifellos der Dekalog gemeint - nichts anbieten zu können, das tatsächlich Orientierungsgrundlage ist, da es keine Werte vermittelt. Wuketits bietet hiermit einen geradezu oberflächlichen Umgang mit der (christlichen) Theologie, der völlig den Zusammenhang des Dekalogs mit der Seligpreisung ausblendet, wie auch die Struktur des Dekalogs mißachtet. Betrachtet man beides, wie nötig, im Zusammenhang und hinreichend genau, so zeigt sich, daß gar nicht eine simple Aufzählung von Normen vorliegt, sondern eine Konstruktion im Sinne der Beachtung der dialektischen Differenz[1046]; dies ist wiederum im Sinne von Universalität des Person-sein festgestellt. Angesichts hiervon sei aus den angeführten Aussagen Riedls nochmals folgende im Wortlauf wiederholt: „Gewiß, die Berichte von der Auferstehung [von Jesus Christus] lassen Zweifel offen. Aber was bedeutet das

---

[1045] Grundsätzlich lassen sich bei zumindest den meisten Vertretern der hier thematisierten Denkweise Ansätze an die Vergegenwärtigung von Inhalten finden, wie sie gemäß der noetischen Dialektik auszusagen sind. Hierher gehört unter anderem der Versuch der Erreichung einer Ebene der Entgrenzung werdeweltlicher Begrenztheit. Beispiele hierfür sind Wuketits' und Wagners Hinweis darauf, daß Anpassung auch im Lichte davon zu bedenken ist, daß Schlangen und Huftiere „Steppe" auf völlig unterschiedliche Weise in ihrer organismischen Organisation „abbilden", hierher gehört aber auch Wagner & Ackermanns Hinweis darauf, daß in der EE keine Aussagen über die Realität an sich gemacht werden; auch Kralls Argumentation bietet – wie gezeigt - hierher Gehörendes. Uneingeschränkt verbleiben diese Thematisierungen aber ohne jeglicher Vergegenwärtigung dessen, das mit der dialektischen Differenz positiv bezeichnet ist! Daher auch wird das Reden von „alle möglichen Welten" nicht auf seinen möglichen positiven Gehalt hin durchleuchtet, sondern besagte Entgrenzung naturalistisch alleine auf „limited set of natural conditions" bezogen.

[1046] Vgl. Senz W 2002a; siehe hierin insbesondere die Analyse der Enzyklika „Fides et ratio" von Papst Johannes Paul II. Hinzugefügt sei: Den Anschein zu erwecken, die christliche Lehre würde alleine eine Normentafel bieten und sich ansonst in Fiktionen ergehen, ergibt kein brauchbares philosophisches Urteil, ganz einfach, da es den Charakter dieser Lehre erst gar nicht erreicht; ein sehr wohl kritisches, zugleich aber ernsthaftes, da zum Beispiel das Zusammen von Gesetzes- und Prophetenreligion in der christlichen Lehre sehendes Dokument zu dem hier Thematisierten bietet Jaspers K 1963; der Vergleich dieser Schrift mit Ausführungen aus den Reihen der EE verdeutlicht, wie oberflächlich innerhalb der EE mit theologischem Bedenken umgegangen wird.

schon? Sind wir nicht alle, wie es heißt, gemacht nach Seinem Bild, mit Seiner Gnade versehen, nämlich von Ihm erhört, erleuchtet und beauftragt werden zu können? Prophet oder Gottessohn; ob wir Kinder Gottes sind oder Kinder einer ebenso kaum fasslichen Evolution, mögen wir Gottes Sohn oder Seine Propheten so begreifen, wie jene uns Menschenwürde und Humanität auferlegen“[1047]. Dieses „aber was bedeutet das schon“ ist geradezu aufreizend „lässig“; es ist einzig und allein Ausdruck davon, sich dem Person-sein nicht adäquat nähern zu können; hier ist nirgendwo die Rede davon, sich in der Person Jesus Christus dem eigenen Person-sein diskursiv – gemäß „Diskursivität“ als dialektisch zu Entfaltendes! – nähern zu können. Diese Oberflächlichkeit ist Ausdruck davon, Theologie und Religion biologistisch umdeuten zu wollen, um willen davon, sich dem Problem der adäquaten Vergegenwärtigung von „Ich“ nicht stellen zu brauchen[1048]. Theologie und Religion lassen sich aber nicht biologistisch umdeuten, sondern sind – wie gezeigt - im Sinne der dialektisch-analytischen Entfaltung von Diskursivität zu verstehen.

Selbige Umdeutungsversuche prägen auch Riedls Darlegungen zur Kunst, bzw. sind sie ebenfalls der Versuch davon, etwas im Lichte der dialektisch-analytischen von „Diskursivität“ – und somit von Wort bzw. Sprache – zu Verstehendes[1049], nicht im Lichte hiervon beachten zu wollen / können. Riedls Formulierungen bezüglich der Kunst, die dasjenige erreicht, das die Sprache nicht mehr erreicht bzw. noch nicht erreicht sind bestenfalls als Verzerrungen der dialektischen Entfaltung von „unthematisches Wort“ zu begreifen. Wenn daher Riedl ausführt, die Kunst im Lichte eben jenes Dranges zur Gestaltwahrnehmung verstehen zu müssen, wie er auch im kognitiven Bereich von Bedeutung ist, so ist dem insofern zuzustimmen, als sich Diskursivität an sich und das gemäß ihrer analytischen Entfaltung Festzuhaltende insofern auf eines beziehen, als in der Entfaltung nicht Anderes ausgesagt wird, doch gilt, daß das damit Bezeichnete zunächst positiv vergegenwärtigt werden muß, was erneut ein adäquates Bedenken des Person-sein zur Voraussetzung hat.

Abschließend sei auf Wuketits' Feststellungen zur Ethik geblickt. Wuketits sieht die Basis der Ethik in der Beachtung des Teils-seins der Natur des Menschen, woraus sich zwar nicht schon Normen für das Handeln ergeben – derartige Normen hält die Evolution nicht bereit, bzw. hält nichts im Kosmos derartige Normen bereit -, doch liegt in der Vergegenwärtigung besagten Teil-seins die Vergegenwärtigung einer Harmonie, die durch eine defizitäre Rationalität und eine auf dieser aufbauenden Zivilisation verloren gegangen ist. Die Frage, die sich hier stellt, ist, was mit dem Verweis auf die Natur gewonnen sein soll, ganz unabhängig davon, was mit „Natur“ eigentlich bezeichnet sein soll. Welche „Harmonie“ soll hier gemeint sein? Die Tötungshemmung, die Wuketits zum Beispiel erwähnt, erweist sich, so zeigen zumindest entsprechende Untersuchungen, dann als bei bestimmten Tierarten ausgebildet, wenn sie werdeweltlich teleonom ist, verschwindet aber sofort, wenn dies nicht mehr gegeben ist. Nicht nur provoziert diese Bezugnahme auf die Natur eine eigentümlich pragmatische Ethik, es gilt zudem selbiges, das bereits für Lorenz' Ausführungen zu der komplementären Bedeutung von Egoismus und Altruismus auszusagen war: Diese Komplementarität ist für den Bereich des Werdeweltlichen sicherlich zutreffend, doch was es bedeutet, sie an Lebewesen an-

---

[1047] Riedl R 1987f: S.235

[1048] In „De beryllo“ verweist der christliche Philosoph Nikolaus von Kues (vgl. zudem seine Schriften „Trialogus de possest“ und „De li non aliud“) auf Jesus Christus als „Rätselbild, das kein Rätselbild mehr ist“ – womit in gewisser Hinsicht ebenfalls Symbolik thematisiert ist -; im Vergleich mit dem Text Riedls fällt hierbei auf: der Text des Cusaners ist zwar wesentlich komplizierter zu lesen, letztlich aber, insofern er im Lichte der noetischen Dialektik verfaßt ist, in eben diesem Ausmaß gewinnbringender zu lesen.

[1049] Vgl. auch Senz W & Senz B 2002

zulegen, egal ob sie nun entfaltet oder unentfaltet Person sind, zeigt sich niemals anhand der Analyse der Werdewelt bzw. im Lichte der Evolutionslehre. Stattdessen ist hier an Platons Lehre von den Tugenden zu erinnern, die nicht an sich „gut" bzw. „schön" sind, sondern ihre jeweilige Wertigkeit erst im dialektischen Gesamt erhalten.

Es stimmt zwar, daß bezüglich dem Umgang mit den Gütern keine an sich gültigen Normen festlegbar sind, wie Wuketits dies thematisiert, doch gilt es zugleich zu beachten, daß dies gemäß dem Verhältnis der Güter zu dem Selbstand-besitzen zu verstehen ist: Inwiefern nämlich die Güter nicht an sich Selbstand aufweisen, sehr wohl aber in dialektischer Differenz zu „Selbstand an sich" stehen, sind sie gemäß dem *differentiellen* Verzicht-übenmüssen des Ich zu verstehen, muß also das den Umgang mit diesen Bedeutende als letztrechtfertigbar in dem hiermit bezeichneten Sinne verstanden werden und also dementsprechend das Letztrechtfertigung Bezeichnende positiv bedacht werden; gerade dies leistet die noetische Dialektik, nicht aber ein naturalistischer Verweis auf eine Ethik, die Altruismus nur insofern aussagen kann, als er aktuell „angemessen" ist bzw. Zuflucht nimmt bei einem Verweis auf die Natur, womit zwar erreicht wird, das Fehlen letztrechtfertigbarer Normen für den Umgang mit Gütern nicht aussagen zu können – wie dies also nötig ist –, zugleich aber auch jenes unausgesagt bleibt, das Thematisierung dieser Letztrechtfertigung ist.

11 Zur Möglichkeit einer evolutionären Erkenntnistheorie

Die Möglichkeiten einer evolutionären Erkenntnistheorie sollen in Auseinandersetzung mit der Position von Erhard Oeser beleuchtet werden, wie sie eine „andere Weise" der Rationalisierung des bei Konrad Lorenz Dargelegten bedeutet. Entsprechend den bisherigen Ausführungen bedeutet die folgende Suche nach den Möglichkeiten einer evolutionären Erkenntnistheorie zugleich auch nachzusehen, inwieweit das Unterfangen EE bzw. „Wiener" EE mit der Wahrnehmung aufzuzeigender Möglichkeiten aufgelöst wird.

Einleitend zu dem Folgenden sei daran erinnert, daß Oeser in seinem „Tractatus Neuro-Epistemologicus" die Sätze Wittgensteins zurück, wonach die Psychologie der Philosophie nicht näher steht als irgendeine Naturwissenschaft und die Theorie Darwins mit der Philosophie nicht mehr zu schaffen hat, als irgendeine andere Hypothese der Naturwissenschaft: „Die folgenden Ausführungen behaupten genau das Gegenteil"[1050]. Im vorliegenden Text soll wiederum gezeigt werden, daß die Oesersche Zurückweisung der genannten Inhalte nur auf sehr spezielle Weise zutrifft; gerade um willen einer adäquaten Beachtung der Evolutionstheorie – wie sie Oeser bietet – ist auf spezielle Weise die Anerkennung der Wittgensteinschen Sätze notwendig – und implizit in der Position von Oeser enthalten! -[1051].

Zur Verdeutlichung hiervon sei daran erinnert, daß oben von einer „Spannung" in der Position Oesers gesprochen worden ist: „Einerseits verweist Oeser auf die Notwendigkeit, die phylo- und ontogenetische Erforschung der Erkenntnisfähigkeit von einer evolutionären Betrachtung der Erkenntnistheorie unterscheiden zu müssen, wozu auch gehört, daß die Betrachtung der Naturgeschichte der Erkenntnisfähigkeit die Erkenntnistheorie nicht ersetzt; andererseits fordert Oeser eine Logik der Veränderung, die nicht neu erfunden zu werden braucht, da sie überall dort bereits vorliegt, wo an Erfahrung gelernt wird, was von den ratiomorphen Leistungen niederer Tiere bis hin zum wissenschaftlichen Denken des Menschen festgestellt wird". Wenn hier Oeser – im Lichte seiner Anerkennung der transzendentalen Methode Kants – die evolutionäre Betrachtung der Erkenntnistheorie von der Betrachtung von Phylo- und Ontogenese abgliedert, so stellt sich die Frage, inwieweit hierdurch nicht Raum geschaffen wird, das Reden von Evolution in der Position Oesers entsprechend der Thematisierung von dialektische Entfaltung im Sinne der noetischen Dialektik interpretieren zu dürfen, ohne die Position Oesers hierüber aus den Augen zu verlieren. Damit kann sogleich auf den zweiten entscheidenden Punkt hingewiesen werden: Wie auch Lorenz und die zuvor betrachteten Vertreter der EE, so nimmt auch Oeser seinen Anfang des Bedenkens nicht bei „Ich"; er nimmt ihn bei „System" und „Information". Die *diesbezüglich* zu klärende Frage ist somit, inwiefern dies der zuvor angesprochenen Interpretations-Möglichkeit entgegensteht bzw. wie hiermit aus der Perspektive der noetischen Dialektik umzugehen ist.

Auf diesen Umstand, die Ableitung nicht mit „Ich" zu beginnen, gilt es sogleich genauer zu blicken. Oeser nimmt seinen Anfang mit dem Systembegriff sensu Bertalanffy, wobei es die mit diesem Begriff verflochtene Komplementarität ist, die es insbesondere zu beachten gilt: dies insofern, als hierin – entsprechend Universalität des Person-sein – der Versuch gesehen werden kann, der dialektischen Differenz zwischen der werdeweltlichen Faktizität und

[1050] Oeser E 1992: S.21

[1051] An dieser Stelle sei hervorgekehrt: Die folgende Würdigung der Position Erhard Oesers enthält zugleich auch eine solche der Position von Franz Seitelberger, wie sich – ohne daß dies hier eigens dargelegt werden soll – den entsprechenden vorangegangenen Ausführungen entnehmen läßt.

dem hierzu in dialektischer Differenz Stehenden im Bedenken zu entsprechen. Hierher gehört zudem, daß Oeser diesen Anfang auch wählt, um seine „kein Anfang"-Konstruktion, wie sie aus einer Zurückweisung der Annahme exekutiver Kausalität im Horizont der Darlegung des Bedenken-könnens folgt, vertreten zu können, ohne hierbei auf Werdeweltliches als Letztrechtfertigendem zurückgreifen zu brauchen, wie auch nicht auf etwas, das in faktischer Getrenntheit bzw. in nicht-analytischem Verhältnis zu dem Werdeweltlichen steht. Indem Oeser dies unternimmt, und zugleich in seinem Systemmodell dazu gelangt, Systeme als in einer wiederum System seienden Umwelt zu verstehen, gelangt er zu einer Konstruktion von Systemen in Systemen, was sich dahingehend als Thematisierung der dialektischen Entfaltung des Eines Gegründetes in gegründete Eines verstehen läßt, als die aufgewendete Systemtheorie grundsätzlich die Möglichkeit einer Interpretation gemäß der dialektischen Differenz eröffnet; trifft diese Möglichkeit zu, so bedeutet sie, „Ausbildung von Systemen in einem System" entsprechend »Entfaltung« interpretieren zu können[1052].

Zugleich ist zu beachten, daß Oesers „kein Anfang"-Aussage, seine Feststellung zur Wissenschaft, die nicht über dem Zeitstrom steht, zu den Theorien, die eine stabilisierende Funktion in dem quasizirkulären Erkenntnisprozeß besitzen, zu dem Umstand, daß sich die Wissenschaft nicht auf „alle möglichen Welten" bezieht und zum Fehlen eines Experimentum crucis ohne jegliche Schwierigkeit in die Sprache der noetischen Dialektik transformiert werden können, wobei sie aber explizit auf die Fachwissenschaften, inwiefern sie auf die thematische Begriffpyramide abzielen, zu beziehen sind; in diesem Zusammenhang ist dann auch Oesers Aussage bezüglich der epistemischen Reduktion notwendig aufzugreifen.

Gerade letztere Aussage verweist aber auf eine tatsächlich vorliegende Schwierigkeit für die vorzunehmende Transformation. Sie ergibt sich aus der Oeserschen Feststellung zur Komplementarität innerhalb der Systemtheorie und der damit verflochtenen Aussage der Konstruktion systemtheoretischer Modelle aus dem empirischen Bereich. Faßt man hier nämlich die Thematisierung der empirischen Ebene entsprechend der Anerkennung der Aussage zur epistemischen Reduktion auf, so verfehlt man notwendig die dialektische Differenz, wie sie sich als Transzendierung des gesamten werdeweltlichen Bereichs darstellt, was aber – andererseits – gerade Anliegen Oesers ist, wie sich zum Beispiel aus dem Unterschied zwischen den Positionen Oesers und Riedls erhellt.

Damit läßt sich Oesers Position im Lichte des bisher Betrachteten dahingehend interpretieren, daß dem Versuch der Vergegenwärtigung der dialektischen Differenz anscheinend Inhalte entgegenstehen, die dieses Bemühen zumindest erschweren. Zur Verdeutlichung des damit zunächst noch recht vage Ausgemachten sei daran erinnert, daß Oeser das Selbstbewußtsein des Menschen als „dynamische Bühne" versteht, dahingehend daß spezielle Inhalte nicht auf dieser auf- und abtreten, sondern die Prozessualität, in der dies eingebettet ist, besagte Bühne ist; Oeser löst damit die Äußerlichkeit-Problematik, wie er auch mit „Bühne" von etwas spricht, das selbst nicht (ein weiterer) spezieller Inhalt ist, sondern dem möglichen Gesamt dieser Inhalte Basis, was erneut die Möglichkeit eröffnet im Sinne der Thematisierung der dialektischen Differenz interpretiert zu werden.

Entscheidend ist hierbei natürlich die Bedeutung, die dem Gehirn zuzuordnen ist. Dieses bezeichnet Oeser einerseits als „das fertige Organ", wie er andererseits die interessierende Bedeutung des Gehirns – naturalistisch – darin lokalisiert, daß seine Funktion, anders als dies

[1052] Grundsätzlich kann zum Beispiel auch Riedls Modell der Systeme, wie sie zwischen die Ober- und Unterschichten existierender Systeme hinein neu entstehen, als Thematisierung dieses Motives verstanden werden; zugleich ist diese Riedlsche Thematisierung aber *primär* als defizitär und reduktionistisch zu bewerten, da sie gar nicht dazu vordringt, eine ganzheitliche Emanzipation von der Werdewelt-Analyse in Betracht zu ziehen.

für alle anderen Organe des Körpers gilt, nicht in einer biologisch greifbaren Ebene erfüllt; hierin spiegelt sich die Aussage von der trägerinvarianten Information wieder, wie sie im Gehirn die materiale Basis hat, wobei diese Invarianz Ergebnis eines Abhebungsprozesses ist, der evolutiv verstanden werden kann, wobei aber in dem hiermit bezeichneten Prozeß die Kausalität, wie sie vor besagter Abhebung Bestand hatte, erhalten bleibt, woraus sich die Möglichkeit ergibt, das Bedenken-können der Welt bei gleichzeitiger Trägerinvarianz einsehen zu können, abseits von „Abbild“ und „Spiegelungen“.

Betrachtet man dies hinreichend genau, so zeigt sich, daß mit den Aussagen „fertiges Organ“ im Kontext mit „dynamische Bühne“, wie diese Feststellungen bezogen auf den Menschen ausgesagt sind, eine Inhomogenität zwischen „Mensch“ und den anderen Lebewesen, die (zumindest einige von ihnen) auch ein Nervensystem bzw. ein Zentralnervensystem mit Gehirn besitzen, signalisieren, wie sie also gemäß „Sonderstellung des Ich“ im Rahmen der noetischen Dialektik auszusagen ist. Zugleich verhindern aber die naturalistischen Elemente der Oeserschen Argumentation, hier ohne weiteres von der Thematisierung der Sonderstellung des Ich gemäß der noetischen Dialektik zu sprechen. Damit ist wieder die Spannung geortet, wie sie bereits erwähnt worden ist.

Sie läßt sich vertiefen, indem hervorgehoben wird, daß Oeser für das rationale Bedenken des Menschen einen internen Realismus festlegt – dieser ist von dem hypothetischen Realismus zu unterscheiden! –, und darlegt: dieses rationale Bedenken baut nicht auf einer festgelegten Anzahl an Aprioris auf; der Aufbau von Wertigkeit im Erkenntnisstrom ist internalistisch-netztheoretisch zu verstehen, abseits von abbildtheoretischen Überlegungen. „Intern“ verweist hierbei auf das Ich und das Fehlen einer festgelegten Anzahl von Aprioris des Bedenkens läßt sich als Thematisierung des an sich nirgendwo beendigbaren analytischen Entfaltungsprozesses der unthematische-Begriffpyramide verstehen, wie dies also in der noetischen Dialektik auszusagen ist. Wiederum gilt aber, daß dies von Oeser nicht uneingeschränkt festgehalten wird, wie sich zum Beispiel an Oesers Feststellung zeigt, daß besagtes Fehlen einer festen Anzahl aus der Entgrenzung der angeborenen mesokosmischen Denkanleitungen ergibt, wiewohl: Oeser versteht das rationale Bedenken zugleich in strikter Abgrenzung gegenüber dem phyletisch Vorangehenden; wiederum läßt sich also – zumindest besteht die Möglichkeit hierfür - das Bedenken des Inhomogenität-Motives bei Oeser lokalisieren.

Wichtig ist hierbei, daß Oeser das rationale Bedenken, wie es keine lineare Fortsetzung des ratiomorphen Denkens ist, keine Fortsetzung alleine überlebenstechnisch zu verstehender Problemlösungensstrategien ist, womit die Basis dafür gelegt ist, die Unterscheidung von Am-Werke-sein und Um-sich-bemüht-sein, wie sie in der noetischen Dialektik getroffen wird, bei Oeser wiederfinden zu können. Das hiermit bei Oeser Bezeichnete wird von diesem aber aus einer Betrachtung mesokosmisch-ratiomorpher Inhalte abgeleitet, die sich aus einer Betrachtung der Natur ergeben, wie sie gerade nicht als Vergegenwärtigung des „Ich“, als Anfang des Bedenkens, gelten können.

Überblickt man nun aber die bereits zusammengetragenen Aussagen Oesers, so zeigt sich: Oeser gelingt in beachtlichem Ausmaß die Vergegenwärtigung jener Inhomogenität, wie sie „Sonderstellung des Menschen“ im noetisch-dialektischen Sinn bezeichnet, so daß zu fragen ist, wieso Oeser grundsätzlich der Bezugnahmen auf die Evolution in jener Weise bedarf, die Basis für besagte Spannung in seiner Lehre ist. Hierzu ist zunächst zu beachten, daß die hier betrachteten Überlegungen Oesers ihren Anfang in der Analyse der empirischen Wissenschaften nehmen und auf diese lassen sich auch die gebrachten Oeserschen Argumente als solche, die auch im Horizont der noetischen Dialektik zu verwenden sind, verstehen. Demgegenüber erfährt die Ebene der unthematische-Begriffpyramide keine explizite Vergegenwärtigung, wiewohl überall die Möglichkeit besteht, das von Oeser Ausgesagte an ein

Bedenken dieser Begriffpyramide anzulegen. Oesers Position hält die Ausformulierung der Sätze zu dieser Begriffpyramide gleichsam in dem Sinne in Paranthese, wie sie durch den Anfang in der Systemtheorie einen solchen besitzt, der sich gegenüber einem Anfang im Bedenken des Werdeweltlichen emanzipiert – vgl. obige Ausführungen zum Unterschied zwischen der Position von Riedl und Oeser! -.

Somit gilt es aber wieder zu bedenken, daß Oesers Anfang nicht jener mit „Ich" ist und im Lichte hiervon ist *nun* festzuhalten: Oesers Bezugnahme auf die Evolutionstheorie erfährt insofern eine Überbetonung, als zwar in einer der noetischen Dialektik kompatiblen Weise auf die Fachwissenschaften und das damit verflochtene rationale Bedenken des Ich geblickt wird, die Basis hierfür aber *nicht hinreichend* thematisiert wird. Angesichts hiervon sei betont: Es bedeutet keineswegs eine Interpretation wider die Position Oesers, wenn der Oesersche Bezug auf die Evolutionstheorie bzw. naturalistische Argumente Oesers als Hilfskonstruktionen auf dem Wege zu dem Oeserschen Erkennen der Inhomogenität gemäß „Sonderstellung des Menschen" verstanden werden und dafür eingetreten wird, diese Hilfskonstruktionen nun, da die Theorie in ihrem der noetischen Dialektik kompatiblen Bereich so weit gediehen ist, abzutragen.

Dieser Vorgang dient *einerseits* dazu, die Oeserschen Argumente nicht mehr auch darauf hin hinterfragen zu müssen, wie es zum Beispiel konkret um die in ihnen gegebene Verflechtung mit der Synthetischen Evolutionstheorie einerseits und der Systemtheorie der Evolution andererseits bestellt ist – eine Problematik, die sich lediglich in Schwierigkeiten verstrickt, die letztlich völlig unerheblich sind -, und *andererseits* wäre hierdurch gewonnen, die Oesersche Lehre – wie sie Neuroepistemologie ist - explizit zur Analyse des Ich und seiner materialen Basis (gemäß noetische Dialektik) heranziehen zu können. Voraussetzung hierfür ist, die Oesersche Lehre im Lichte des Anfang des Bedenkens seienden „Ich" zu formulieren, wohingegen nicht Voraussetzung ist, Oesers Bezugnahme auf die Evolutionstheorie fallen zu lassen.

Letzteres verbietet sich schon insofern, als ja die noetische Dialektik ihrerseits von Evolution spricht, wie sie also aus der dialektischen Entfaltung des Eines „genealogische Ich-Kette" entgegentritt, ebenso wie ja auch von Ontogenese gesprochen wird, gemäß dialektische Entfaltung des Eines „Ich". Nicht also geht es darum, die Evolutionslehre zurückzuweisen, sondern sie im Bedenken adäquat zu positionieren. „Adäquat" gemäß der noetischen Dialektik bedeutet: ausgehend von der Sonderstellung des Menschen, also im Lichte von „Inversion der Betrachtungsrichtung", womit das rationale Bedenken des Ich – insofern hiermit die unthematische-Begriffpyramide bezeichnet sein muß - nicht gemäß „zweite Stufe" aus einer entgrenzten biologischen „erste Stufe" abgeleitet werden kann. In anderen Worten: Insofern Oeser auf besagte Inhomogenität verweist, verweist er mit Rationalität auf „unthematische Begriffpyramide", die also in der Oeserschen Position, wie sie in die noetische Dialektik einzugliedern ist, gemäß den bei ihm noch beibehaltenen Hilfskonstruktionen, in Form jener geforderten Sprache auftritt, die die Sprache der Neurobiologie und der reinen Erkenntnistheorie vereinen soll.

Wenn hier also von der Oeserschen Position als einer in die noetische Dialektik einzugliedernden Position gesprochen wird, so dahingehend, daß sie innerhalb des Konstruktes „noetische Dialektik" dahingehend ein Vakuum ausfüllt, daß die Neuroepistemologie insbesondere in der Lage ist, das allgemein-thematische Bedenken des Ich und die materiale Basis von Ich zu verstehen, wozu wesentlich auch die evolutive Dimension des Genannten gehört.

Insofern also die dialektisch-analytische Entfaltung von »Ich bin« auch zum Bedenken des Ich gemäß der in ihm als Person seienden dialektischen Differenz führt, kommt es der wie hier verstandenen Neuroepistemologie zu, das Bedenken des Ich im Horizont seines »im Gespräch sein mit sich« bezogen auf die materiale Basis von Ich zu analysieren. Die Neuroepistemologie wird somit also im Rahmen der noetisch-dialektischen Analyse von »Ich« erreicht, deren Anfang sie zwar nicht ist, von der sie aber ein Teil ist; sie ist dies (in transformierten Form) *ganzheitlich*: sie ist also nirgendwo auch Fachwissenschaft; Fachwissenschaft ist *ganzheitlich* in dialektischer Differenz zur Philosophie zu verstehen, so wie dies Wittgenstein in dem von Oeser kritisierten Satz zum Ausdruck bringt.

Oesers Position sei in diesem Sinne also als ein wesentlicher Teil der noetischen Dialektik, wie sie Platon grundgelegt hat, verstanden; insofern Oeser zumindest Anregungen von Konrad Lorenz erfahren hat, kann auch die Position Lorenz' demgemäß entsprechend gewürdigt werden.

Es muß zugleich aber evident sein, daß mit den gebrachten Ausführungen zu Oeser zugleich die EE, wie sie in diesem Buch abgrenzt ist, als überholt zu bezeichnen ist, denn die Würdigung der Oeserschen Position ergibt sich ja gerade daraus, sie von der biologischen EE abzugrenzen, bzw. sie in ein Denkgebäude einzugliedern, das – anstatt von einer EE erster Stufe - von „Ich" ausgeht.

Abschließend sei im Lichte hiervon auf Oesers Ausführungen zur Ethik geblickt. Die zentralen Aussagen Oesers zur Ethik beziehen sich auf die Bedeutung des spätpleistozänen Menschen für das ethische Vermögen des Menschen, darauf, daß mit dem hiermit bezeichneten ein Anfang für jegliches individuelle menschliche Leben gesetzt ist und auf die „Trick der kollektiven Vernunft"-Konstruktion. In dem Maße, wie diese Aussagen auch die hie so genannten Oeserschen Hilfskonstruktionen beinhalten, worin sich das Oesersche Anfang-Nehmen in der Systemtheorie widerspiegelt, erfährt das Ich, wie es – gemäß „beste aller Welten" verstanden – als ein Eines in seinem ethischen Vermögen um Letztrechtfertigung gemäß Um-sich-bemüht-sein Sorge zu tragen hat, keine hinreichende Vergegenwärtigung: „Trick der kollektiven Vernunft" trägt noch jene Spuren pragmatisch-überlebensstrategischen Denkens in sich – das Oeser eigentlich zurückweist -, das sich aus der Zwei Stufen-Konstruktion ergibt, wie sie das Eines „Ich" nicht explizit in dialektischer Differenz zu das Eines „Gründendes" bedenkt; das Eines „Ich" wird also noch relational zu der genealogischen Kette im naturalistischen Sinn verstanden, anstatt zunächst im Sinne des unthematisches Eines „genealogische Ich-Kette" bedacht zu werden, und aus der Vergegenwärtigung hiervon die – naturalistisch bedenkbare – materiale Basis hiervon analysiert. Zugleich aber bedeutet die Oesersche Ethik die Basis dafür, so wie dies auch schon für den kognitiven Bereich gegolten hat, innerhalb der noetischen Dialektik jene begrifflichen Eines zur Ermöglichung der Analyse des Am-Werke-sein erarbeiten zu können, wie sie aus der dialektisch-analytischen Entfaltung von Um-sich-bemüht-sein folgen müssen.

Literaturverzeichnis

Abrahman FD, Abraham RH, Shaw CD & Garfinkel A 1990: A visual introduction to dynamical systems theory for psychology – Santa Cruz.

Albert H 1968: Traktat über die kritische Vernunft – Tübingen.

Bar-Hillel Y & Carnap R 1954: Semantic Information – The British Journal for the Philosophy of Science.

Bar-Hillel Y & Carnap R 1964: Language and Information – Palo Alto, London & Jerusalem.

Basar E, Flohr H, Haken H & Mandell AJ (Hrsg.): Synergetics of the brain – Berlin.

Berger P & Luckmann T 1966: The social construction of reality – New York.

Bertalanffy L v 1937: Biologische Gesetzlichkeit im Lichte der organischen Auffassung – Trav. Ix[e] Congres Intern. De Philosophie, Paris.

Bertalanffy L v 1949: Das biologische Weltbild – Bern.

Bertalanffy L v 1960: Allgemeine Systemtheorie und die Einheit der Wissenschaften – Atti de XII Congresso Internazionale di Filosofia (Venezia 12. – 18. Settembre 1958), Firenze.

Bertalanffy L v 1973: General System Theory – Foundations, Development, Applications – Harmondsworth. (1. Auflage 1968)

Bogen HJ 1976: Mensch aus Materie – Werden und Wesen des Homo sapiens aus biologischer Sicht – München & Zürich.

Boltzmann L 1905: Populäre Schriften – Leipzig.

Brauer W 1986: Carl Adam Petri und die Informatik – Der GMD-Spiegel 3/4: 35-43.

Brentano F 1874: Psychologie vom empirischen Standpunkt – Hamburg (Leipzig 1924).

Brentano F 1968: Über die Zukunft der Philosophie - herausgegeben und mit Anmerkungen versehen von Kraus O; „Habilitationsthese“: S. 133-143; Hamburg.

Brillouin L 1962: Science and Information Theory – New York & London.

Brillouin L 1964: Scientific Uncertainty and Information – New York & London.

Brunner JS 1975: The ontogenesis of speech acts – Journal of Child Language 2: 1-19.

Brunswik E 1955: ‘Ratiomorphic’ models of perception and thinking – Acta psychologica 11: 108-109.

Bühler K 1922: Handbuch der Psychologie; 1. Teil: Die Struktur der Wahrnehmung – Jena.

Campbell DT 1959: Methodological suggestions from a comparative psychology of knowledge processes – Inquiry 2: 152-182.

Campbell DT 1966: Pattern matching as an essential in distal knowing – New York.

Campbell DT 1974: Evolutionary Epistemology – In Schilpp P (Hrsg.): The Philosophy of Karl Popper, Bd 1; Lasalle; S.413-463.

Claessens D 1976: Gruppe und Gruppenverbände. Systematische Einführung in die Folgen von Vergesellschaftung – Darmstadt.

DeLoache JS 1987: Rapid change in the symbolic functioning of very young children – Science 238: 1556-1557.

Descartes R 1641: Meditationen über die Erste Philosophie – Stuttgart (1971).

Diemer A 1967: Erkenntnistheorie – In. Diemer A & Frenzel I (Hrsg.): Philosophie – Das Fischer Lexikon, Band 11: S.32-43, Frankfurt a.M.

Diemer A 1968 (Hrsg.): System und Klassifikation in Wissenschaft und Dokumentation – Meisenheim a. Gl.

Diemer A & Frenzel I (Eds.) 1967: Philosophie – In: Das Fischer Lexikon, Band 11; Frankfurt a.M.

Dilthey W 1883: Einleitung in die Geisteswissenshaften – Neuauflage 1973 Bd. I-VII – Göttingen.
Droysen JG 1974: Grundriß der Historik – herausgegeben von Hübner R; Darmstadt.
Durant W 1953: The pleasures of philosophy – An attempt at a consistent philosophy of life – New York.
Eccles JC & Popper KR 1977: The Self and its Brain – Berlin.
Edelman GM 1993: Unser Gehirn – Ein dynamisches System – München & Zürich.
Edelman GM 1995: Göttliche Luft, vernichtendes Feuer – München & Zürich.
Eder G 1963: Quanten, Moleküle, Leben – Begriffe und Denkformen der heutigen Naturwissenschaft – Freiburg & München.
Eibl-Eibesfeldt I 1978: Grundriß der vergleichenden Verhaltensforschung – München & Zürich (5. Auflage; 1974: 4. Auflage).
Eigen M & Schuster 1979: The Hypercycle – A Principle of Natural Self-Organization – Berlin, Heidelberg & New York
Eigen M & Winkler R 1973/74: Ludus Vitalis – Mannheimer Forum 2: 53-140.
Eigen M & Winkler R 1975: Das Spiel – Naturgesetze steuern den Zufall – München & Zürich
Eigen M & Winkler R 1976: The Game of evolution – Interdisc. Science Revue 1: 19-30.
Einstein A 1921: Über die spezielle und allgemeine Relativitätstheorie – Braunschweig (13. Auflage).
Etienne AS 1984: The meaning of object permanence at different zoological levels – Hum. Dev. 27: 309-320.
Flamm D 1983: Ludwig Boltzmann and His Influence on Science – Studies on the History of Philosophy of Science 14(4): 255-278.
Flamm D 1987: Evolutionstheoretische Konzepte bei Boltzmann und Mach – In: Riedl R & Bonet EM (Hrsg.): Entwicklung der Evolutionären Erkenntnistheorie; Wien; 21-33.
Foppa K 1975: Lernen, Gedächtnis, Verhalten – Köln & Berlin (9. Auflage).
Freeman WJ 1995: Society of brains – A study in the neuroscience of love and hate – Hilsdale.
Frey G 1980: Möglichkeit und Bedeutung einer evolutionären Erkenntnistheorie – Zeitschrift für philosophische Forschung 34: 1-17.
Galbraith J 1968: Die moderne Industriegesellschaft – München & Zürich.
Gehlen A 1940: Der Mensch; seine Natur und seine Stellung in der Welt – Berlin.
Grünbaum A 1969: Can We Ascertain the Falsity of a Scientific Hypotheses – Studium Generale 22
Haken H 1978: Synergetics – Berlin, Heidelberg & New York.
Haller R 1979: Gibt es eine österreichische Philosophie? – Wissenschaft und Weltbild 3: 173-181.
Hassenstein B 1973: Verhaltensbiologie des Kindes – München & Zürich.
Hayek F v 1983: Die überschätzte Vernunft – In Riedl R & Kreuzer F (Hrsg.): Evolution und Menschenbild; Hamburg.
Hediger H 1947: Ist das tierische Bewußtsein unerforschbar? – Behaviour 1: 130-137.
Hediger H 1980: Tiere verstehen – München.
Heintel E 1960: Der Geist in der Ganzheit der Psyche bei Aristoteles – In: F. Weinhandl (Hrsg.): Festschrift zum 100jährigen Geburtstag von Christian v. Ehrenfels – Darmstadt; S. 187-195; zitiert nach: Erich Heintel – Gesammelte Abhandlungen - Band 1 Stuttgart – Bad Cannstatt; (1988a) S. 274-283.

Heintel E 1966: Naturzweck und Wesensbegriff – In: Subjektivität und Metaphysik; Festschrift für Wolfgang Cramer; Frankfurt a.M.; 163-187.
Heintel E 1969: Die Dialektik des Ich bei Ernst Mach – Jahrbuch der Österreichischen Pädagogischen Gesellschaft 1969/70 als Festschrift zum 70. Geburtstag von Ulrich Schöndorfer; Wien; 62-71.
Heintel E 1981: Österreichische Philosophie der Zwischenkriegszeit – In: Leser N (Hrsg.): Das geistige Leben Wiens in der Zwischenkriegszeit; Wien; S.46-56.
Heintel E 1995: Zum Begriff des Gewissens im Gesamtraum der Humanität mit besonderer Berücksichtigung seiner Ursprünge in der Antike und bei Kant – Wiener Jahrbuch für Philosophie XXVII: 6-44.
Heisenberg W 1955: Das Naturbild der heutigen Physik – Hamburg.
Hernegger R 1982: Psychologische Anthropologie. Von der Vorprogrammierung zur Selbststeuerung – Weinheim & Basel.
Herrnstein RJ 1980: Fish as a natural category for people and pigeons – The Psychology of learning and motivation 14: 59-95.
Herrnstein RJ 1984: Objects, categories, and discriminative stimuli – In: Roitblat HL, Bever TG & Terrace H (Hrsg.): Animal cognition; Hillsdale.
Herrnstein RJ 1985: Riddles of natural categorization – Transactions of the Royal Society London B 308: 129-144.
Heschl A 1992: Das Erwachen des Bewußtseins beim Kinde - In: Guttmann G & Langer G (Hrsg.): Das Bewußtsein – Multidimensionale Entwürfe; Wien & New York; S.353-374.
Hofstätter P 1962: Gruppendynamik – Kritik der Massenpsychologie – Hamburg; 5. Auflage.
Hofstätter P (Ed.) 1965: Psychologie – Frankfurt a.M. & Hamburg, 10. Auflage.
Holst E v & Mittelstedt H 1950: Das Reafferenz-Prinzip – Naturwissenschaft 37: 464-476.
Huber L 1995: On the biology of perceptual categorization – Evolution and Cognition, 1: 121-138.
Huber L 1999: Generic perception: Open-ended categorization of natural classes – Current Psychology of Cognition, 18: 845-888.
Huber L 2000a: Evolution und Kognition: Ein viertel Jahrhundert nach der „Rückseite des Spiegels" - in: Huber L (Hrsg.): Wie das Neue in die Welt kommt – Phasenübergänge in Natur und Kultur; Wien; S.167-179.
Huber L 2000b: Wie das Neue in die Gehirne kommt – Emergenz und Chaos in neuronalen Prozessen – in: Huber L (Hrsg.): Wie das Neue in die Welt kommt – Phasenübergänge in Natur und Kultur; Wien; S.157-174.
Hübner K 1971: Duhems historische Wissenschaftstheorie und ihre gegenwärtige Weiterentwicklung – Philosophia Naturalis 13
Irrgang B 1993: Lehrbuch der Evolutionären Erkenntnistheorie – München.
James W 1920: Psychologie – Leipzig (2. Auflage).
Jantsch E 1979: Die Selbstorganisation des Universums – Vom Urknall zum menschlichen Geist – München & Wien.
Jaspers K 1963: Der philosophische Glaube – München.
Kanitscheider B 1993: Von der mechanistischen Welt zum kreativen Universum – Darmstadt.
Kant I 1781: Kritik der reinen Vernunft – Riga.
Kant I 1798: Anthropologie in pragmatischer Hinsicht – Großherzog Wilhelm-Ernst-Ausgabe Bd 1 Leipzig (1922).
Kaspar R 1976: Ist der Mensch eine Sackgasse der Evolution? – Universum 31: 421-425
Kaspar R 1977: Der Typus – Idee und Realität – Acta Biotheoretica 26: 181-195.

Kaspar R 1978: Die Geschichtlichkeit lebendiger Ordnung – Biologie in unserer Zeit 8: 42-47.
Kaspar R 1980a: Die Evolution erkenntnisgewinnender Mechanismen – Biologie in unserer Zeit 10: 17-22.
Kaspar R 1980b: Naturgesetz, Kausalität und Induktion. Ein Beitrag zur theoretischen Biologie - Acta Biotheoretica 29: 129-149.
Kaspar R 1980c: Die Evolution des Lebendigen als Erkenntnisvorgang – Umschau 16: 493-498.
Kaspar R 1981a: Die Evolution des Erkennens. Geschichte, Grundlagen und Konsequenzen der evolutionären Erkenntnistheorie - in: Kaltenbrunner GK (Hrsg.): Wir sind Evolution – die kopernikanische Wende der Biologie –S. 57-77.
Kaspar R 1981b: Das Werden lebendiger Ordnung – Praxis der Naturwissenschaften (Biologie) 11: 321-331.
Kaspar R 1983: Die biologischen Grundlagen der evolutionären Erkenntnistheorie - In: Lorenz K & Wuketits FM (Hrsg.): Die Evolution des Denkens; München & Zürich; S.125-145.
Kaspar R 1987a: Materialismus, Idealismus und evolutionäre Erkenntnistheorie – In: Riedl R & Wuketits FM (Hrsg.): Die Evolutionäre Erkenntnistheorie; Berlin & Hamburg; S.167-177.
Kaspar R 1987b: Zur Kritik an der Evolutionären Erkenntnistheorie - In: Riedl R & Bonet EM (Hrsg.): Entwicklung der Evolutionären Erkenntnistheorie; Wien; S.181-194.
Kaspar R 1987c: Lorenz' Lehre vom Aposteriorischen im Lichte gegenwärtiger Naturwissenschaft – In Lütterfelds W (Hrsg.): Transzendentale oder evolutionäre Erkenntnistheorie?; Darmstadt; S.64-80.
Keidel WB 1963: Beispiele und Probleme einer kybernetischen Physiologie des ZNS und der Sinne – In: Lienert C (Hrg.): Berichte über den 23. Kongress der Deutschen Gesellschaft für Psychologie: Göttingen.
Klaus G 1965: Kybernetik und Erkenntnistheorie – Berlin.
Krall P 1992: A model for procedural representation as a basis for adaptive self-modification – Evolution and Cognition 2: 211-231.
Krauth L 1970: Die Philosophie Carnaps – Wien & München.
Kuhn TS 1973: Die Struktur wissenschaftlicher Revolutionen – Frankfurt a.M.
Lakatos I 1974: Falsifikation und die Methodologie wissenschaftlicher Forschungsprogramme – In: Lakatos I & Musgrave A (Hrsg.): Kritik und Erkenntnisfortschritt; Braunschweig.
Lenneberg E 1972: Biologische Grundlagen der Sprache – Frankfurt a.M.
Locke J 1690: Versuch über den menschlichen Verstand –Hamburg (1976).
Lorenz K 1932: Betrachtungen über das Erkennen der arteigenen Triebhandlungen der Vögel – Journal für Ornithologie 80/1: 50-98.
Lorenz K 1935: Der Kumpan in der Umwelt des Vogels – Journal für Ornithologie 83/2-3: 137-215 und 289-413.
Lorenz K 1937: Über die Bildung des Instinktbegriffes – Die Naturwissenschaften 25 (19-21): 289-300, 307-308 und 324-331.
Lorenz K 1938 (gemeinsam mit Tinbergen N): Taxis und Instinktbewegung in der Eirollbewegung der Graugans – Zeitschrift für Tierpsychologie 2/1: 1-29.
Lorenz K 1939: einige psychologische Gesichtspunkte zu den Ausführungen von Verluys – In Versluys J, Poetzl O & Lorenz K (Hrsg.): Hirngröße und hormonales Geschehen bei der Menschwerdung; Wien.

Lorenz K 1941: Kants Lehre vom Apriorischen im Lichte gegenwärtiger Biologie – Blätter für Deutsche Philosophie 15: 94-125.
Lorenz K 1943: Die angeborenen Formen möglicher Erfahrung – Zeitschrift für Tierpsychologie 5: 235-409.
Lorenz K 1944/48: Die Naturwissenschaft vom Menschen – Das „Russische Manuskript" – München & Zürich; aus dem Nachlaß herausgegeben von Agnes von Cranach (1992).
Lorenz K 1950: Ganzheit und Teil in der tierischen und menschlichen Gemeinschaft – Studium Generale 3/9: 455-499.
Lorenz K 1954: Psychologie und Stammesgeschichte – In G. Heberer (Hrsg.): Die Evolution der Organismen; 2. Aufl., Jena.; S.131-172.
Lorenz K 1955: Über das Töten von Artgenossen – Jahrbuch der Max-Planck-Gesellschaft Göttingen 1955: 105-140.
Lorenz K 1959: Gestaltwahrnehmung als Quelle wissenschaftlicher Erkenntnis – Zeitschrift für experimentelle und angewandte Psychologie 4: 118-165.
Lorenz K 1961: Phylogenetische Anpassung und adaptive Modifikation des Verhaltens – Zeitschrift für Tierpsychologie 18/2: 139-187.
Lorenz K 1962: Kant's doctrine of the Aprori in the light of contemporary biology – General Systems 7: 23-35.
Lorenz K 1963: Haben Tiere ein subjektives Erleben? – Jahrbuch der Technischen Hochschule München.
Lorenz K 1964: Über die Wahrheit der Abstammungslehre – „Medico" Europa-Ausgabe, 1: 9-22.
Lorenz K 1965: Über die Entstehung von Mannigfaltigkeit – Naturwissenschaft 52 (12): 319-329.
Lorenz K 1967: Die instinktiven Grundlagen menschlicher Kultur – Naturwissenschaft 54 (15/16): 377-388.
Lorenz K 1971: Knowledge, beliefs and freedom –In Weiss P (Ed.): Hierarchically organized systems in theory and practise – New York.
Lorenz K 1972: Wissenschaft, Ideologie und das Selbstverständnis unserer Gesellschaft – In: H v Dithfurth (Hrsg.): Mannheimer Forum, 9-27.
Lorenz K 1973a: Die Rückseite des Spiegels – Versuch einer Naturgeschichte menschlichen Erkennens – München.
Lorenz K 1973b: Die acht Todsünden der zivilisierten Menschheit – München.
Lorenz K 1974: Über tierisches und menschliches Verhalten – Aus dem Werdegang der Verhaltensforschung – Gesammelte Abhandlungen Band I – 17. Auflage, München & Zürich.
Lorenz K 1975: Evolution des Verhaltens – Nova Acta Leopoldina, NF 42: 271-290.
Lorenz K 1976a: Die Vorstellung einer zweckgerichteten Weltordnung – Anzeiger der philosophisch-historischen Klasse der Österreichischen Akademie der Wissenschaften 113: 39-51.
Lorenz K 1976b: Vom Weltbild des Verhaltensforscher. 3 Abhandlungen – München (9. Auflage).
Lorenz K 1977: Behind the Mirror – New York.
Lorenz K 1978: Vergleichende Verhaltensforschung – Grundlagen der Ethologie – Wien & New York.
Lorenz K 1981a: Über tierisches und menschliches Verhalten – Aus dem Werdegang der Verhaltensforschung – Gesammelte Abhandlungen Band II– 12. Auflage, München & Zürich.
Lorenz K (& Kreuzer F) 1981b: Leben ist Lernen – Von Immanuel Kant zu Konrad Lorenz – ein Gespräch über das Lebenswerk des Nobelpreisträgers – München.

Lorenz K 1983a: Das Wirkungsgefüge der Natur und das Schicksal des Menschen – Gesammelte Abhandlungen – München & Zürich.
Lorenz K 1983b: Der Abbau des Menschlichen – München & Zürich.
Lorenz K 1988: Hier bin ich – wo bist du? Ethologie der Graugans – München.
Lorenz K & Wuketits FM (Hrsg.) 1983: Die Evolution des Denkens – München.
Lötsch B 1998: Gibt es Kunstformen der Natur? Radiolarien, Haeckels biologische Ästhetik und ihre Überschreitung – Stapfia 131: 339-372.
Löw R 1980: Ethische Ziele und naturwissenschaftliche Entwicklung – Chemie in unserer Zeit 14: 168-175.
Löw R 1982: Neue Träume eines Geistersehers. Bemerkungen zu Hoimar von Ditfurth: „Wir sind nicht nur von dieser Welt" – Scheideweg 12: 685-697.
Mach E 1872: Die Geschichte und die Wurzel des Satzes von der Erhaltung der Arbeit – Prag.
Mach E 1883: Über Umbildung und Anpassung im naturwissenschaftlichen Denken – In: Mach E (Hrsg.): 1910, Johann Ambrosius Barth, Leipzig; Kapitel 14: 245-265.
Mach E 1900: Die Analyse der Empfindungen und das Verhältnis des Physischen zum Psychischen – Jena (Nachdruck 1985; Darmstadt).
Mach E 1905: Erkenntnis und Irrtum – Skizzen zur Psychologie der Erfahrung.
Mach E 1911: Prinzipien der Wärmelehre – Leipzig (3. Auflage).
Mac Lean PD 1970: Der paranoide Zug im Menschen – In Koestler A & Smythies JR (Hrsg.): Das neue Menschenbild; Wien, München & Zürich; S:254-271.
Maderthaner R 1992: Bewußtsein als psychologischer Begriff - In: Guttmann G & Langer G (Hrsg.): Das Bewußtsein – Multidimensionale Entwürfe; Wien & New York; S.119133.
Mandler G 1975: Aufbau und Grenzen des Bewußtseins – In: Sarris V & Parducci A (Hrsg.): Die Zukunft der experimentellen Psychologie - Weinheim
Markl P 1987: Evolutionäre Erkenntnistheorie bei Karl R. Popper - In: Riedl R & Bonet EM (Hrsg.): Entwicklung der Evolutionären Erkenntnistheorie; Wien; S.35-45.
Maturana HR 1982: Erkennen: Die Organisation und Verkörperung von Wirklichkeit – Braunschweig.
Maturana HR & Varela F 1980: Autopoiesis and Cognition – Dordrecht & Boston.
Maturana HR, Varela FJ & Uribe R 1974: Autopoiesis: The Organization of living Systems, its Charakterization and a Model – Biosystems 5(4): 187-196.
Medawar P 1965: A biological retrospect – Nature 207: 1327-1330
Medicus G 1985: Evolutionäre Psychologie - In: Ott JA, Wagner GP & Wuketits FM (Hrsg.): Evolution, Ordnung und Erkenntnis; Berlin & Hamburg; S.126-147.
Medicus G 1987: Psychologie und evolutionäre Theorie - In: Riedl R & Bonet EM (Hrsg.): Entwicklung der Evolutionären Erkenntnistheorie; Wien; S.99-111.
Medicus G 2000a: Stufen des Erkennens im Verlauf der Stammesgeschichte – In Huber L (Hrsg.): Wie das Neue in die Welt kommt – Phasenübergänge in Natur und Kultur; Wien; S.175-195.
Medicus G 2000b: Zur Entstehung psychischer Leistungen in der Evolution: Ein Beitrag zu den biologischen Grundlagen der Psychotherapie – Herausgegeben von M. Fasterding und W. Nellen im Rahmen der Ringvorlesung der Universität Kassel; Edition Archaea.
Meynert T 1892: Sammlung von populär-wissenschaftlichen Vorträgen übe den Bau und die Leistungen des Gehirns – Wien & Leipzig.
Mollenhauer D 1978: Systembegriff und Evolutionsvorstellung – Betrachtungsweisen, die einander ergänzen – In: Schäfer W (Hrsg.): Evoluierende Systeme III. S.138-154 – Frankfurt a.M.
Morgan Ll 1913: Instinkt und Erfahrung – Berlin.

Needham J 1979: Wissenschaftlicher Universalismus – Frankfurt a.M.
Novikoff AB 1945: The concept of integrative levels and biology – Science 101: 209-215.
Odum EP 1959: Fundamentals of Ecology – Philadelphia & London.
Oeser E 1976: Wissenschaft und Information – Systematische Grundlagen einer Theorie der Wissenschaftsentwicklung (3 Bände) – Wien & München.
Oeser E 1979: Wissenschaftstheorie als Rekonstruktion der Wissenschaftsgeschichte (2 Bände) – Wien & München.
Oeser E 1982: Kants Beitrag zur progressiven Begründung der komparativen Wissenschaftstheorie – Philosophia Naturalis 19: 201-250.
Oeser E 1983: Die Evolution der wissenschaftlichen Methode - In: Lorenz K & Wuketits FM (Hrsg.): Die Evolution des Denkens; München & Zürich; S.263-299.
Oeser E 1984: Wissenschaftlicher Universalismus – Felsefe Arkivi Sayi (Istanbul Üniversitesi) 25: 37-.61.
Oeser E 1984, 1987: Evolutionäre Wissenschaftstheorie: In: Lütterfelds (Hrsg.): Transzendentale oder evolutionäre Erkenntnistheorie – Darmstadt.
Oeser E 1985a: Kants Philosophie des Gehirns – In: Schmied-Kowarzik (Hrsg.): Die Objektivationen des Geistigen – Berlin.
Oeser E 1985b: Gehirnmodelle der Erkenntnisfunktion – In: Beran H & Picler F (Hrsg.): Beiträge zur Systemforschung – Festschrift für Adolf Adam – Wien & New York.
Oeser E 1985c: Informationsverdichtung als universelles Ökonomieprinzip der Evolution - In: Ott JA, Wagner GP & Wuketits FM (Hrsg.): Evolution, Ordnung und Erkenntnis; Berlin & Hamburg; S.112-125.
Oeser E 1987a: Psychozoikum – Evolution und Mechanismus der menschlichen Erkenntnisfähigkeit – Berlin & Hamburg.
Oeser E 1987b: Das Realitätsproblem – In: Riedl R & Wuketits FM (Hrsg.): Die Evolutionäre Erkenntnistheorie – Bedingungen, Lösungen & Kontroversen; Berlin & Hamburg; S.41-50.
Oeser E 1987c: Der evolutionäre Mechanismus in der Wissenschaftsdynamik – In: Riedl R & Bonet EM (Hrsg.): Entwicklung der Evolutionären Erkenntnistheorie; Wien; S.61-71.
Oeser E 1987d: Evolutionäre Wissenschaftstheorie – In: Lütterfelds W (Hrsg.): Transzendentale oder evolutionäre Erkenntnistheorie?
Oeser E 1987e: Historische Position und gegenwärtiger Anspruch der Evolutionären Erkenntnistheorie - In: Riedl R & Bonet EM (Hrsg.): Entwicklung der Evolutionären Erkenntnistheorie; Wien; S.240-249.
Oeser E 1987f: Zusammenfassender Kommentar - In: Riedl R & Wuketits FM (Hrsg.): Die Evolutionäre Erkenntnistheorie – Bedingungen, Lösungen & Kontroversen; Berlin & Hamburg; S.274-276.
Oeser E 1987g: Theorie der soziokulturellen Evolution - In: Riedl R & Bonet EM (Hrsg.): Entwicklung der Evolutionären Erkenntnistheorie; Wien; S.141-160.
Oeser E 1987h: Das Abenteuer kollektiver Vernunft; Evolution und Involution der Wissenschaft – Berlin.
Oeser E 1992: Tractatus Neuro-Epistemologicus - In: Guttmann G & Langer G (Hrsg.): Das Bewußtsein – Multidimensionale Entwürfe; Wien & New York; S.21-30.
Oeser E 1996: Evolutionary Epistemology as a Self-Referential Research Program of Natural Science – Evolution and Cognition 2(1): 16-21.
Oeser E & Peschl MF 1993: Knowledge representation – an evolutionary and computational neuroepistemology perspective – Evolution and Cognition 2:285-317.
Oeser E & Schubert-Soldern R 1974: Die Evolutionstheorie – Wien & Stuttgart.

Oeser E & Seitelberger F 1988: Gehirn, Bewußtsein und Erkenntnis – In: Nagl W & Wuketits FM (Hrsg.): Dimensionen der modernen Biologie; Band 2; Darmstadt.
Papst Johannes Paul II 1998: Enzyklika Fides et ratio an die Bischöfe der katholischen Kirche über das Verhältnis von Glaube und Vernunft; 14. September 1998; Verlautbarungen des Apostolischen Stuhls 135; Herausgeber: Sekretariat der deutschen Bischofskonferenz.
Pepperberg IM & Kozak FA 1986: Object permanence in the African Grey parriot (*Psittacus erithacus*) – Animal Learning and Behavior 14 (3): 322-330.
Restak RM 1981: Geist, Gehirn und Psyche. Psychobiologie – Die letzte Herausforderung – Frankfurt a.M.
Petri CA 1962: Kommunikation mit Automaten – Rheinisch-Westfälisches Institut für Instrumentelle Mathematik an der Universität Bonn, Schrift Nr. 2
Petri CA 1967: Grundsätzliches zur Beschreibung diskreter Prozesse – In: Händler W, Peschl E & Unger H (Hrsg.): 3. Colloquium über Automatentheorie; Basel & Stuttgart.
Petri CA 1975: Interpretations of Net Theory – Interner Bericht 75-07, GMD St. Augustin.
Petri CA 1982: State-Transition Structures in Physics and in Computation – International Journal of Theoretical Physics 21: Nr. 12
Piaget J 1967: Biologie et connaissacne – Paris.
Piaget J 1976: Die Äquilibration der Kognitiven Strukturen – Stuttgart.
Piaget J 1974a: Understanding Causality – New York (unter Mitarbeit von Garcia R).
Piaget J 1974b: Biologie und Erkenntnis – Frankfurt a.M.
Planck M 1915: Verhältnis der Theorien zueinander – In. Warburg E (Redaktion): Physik; Leipzig & Berlin.
Planck M 1942: Sinn und Grenzen der exakten Wissenschaft – Naturwissenschaft 30
Popper KR 1972: Objectiv Knowledge – Oxford.
Popper KR 1973a: Logik der Forschung – Tübingen – 5. Auflage
Popper KR 1973b: Objektive Erkenntnis – Hamburg.
Popper KR 1979: Die beiden Grundprobleme der Erkenntnistheorie – Tübingen.
Popper KR & Eccles JC 1982: Das Ich und sein Gehirn – München & Zürich.
Quine W v O 1961: From a Logical Point of View – New York (2. Auflage).
Quine W v O 1971: Ontologische Relativität und andere Essays – Stuttgart.
Quine W v O 1975: Ontologische Relativität und andere Schriften – Stuttgart.
Reisig W 1982: Petrinetze – Eine Einführung – Berlin & Heidelberg.
Remane A 1960: Das soziale Leben der Tiere – Reinbek bei Hamburg.
Rensch B 1961: Die Evolutionsgesetzte der Organismen in naturphilosophischer Sicht – Philosophia Naturalis 6(3): 288-362.
Riedl R 1975: Die Ordnung des Lebendigen – Systembedingungen der Evolution – Hamburg und Berlin.
Riedl R 1976: Strategie der Genesis – Naturgeschichte der realen Welt – München & Zürich; zitiert nach der 2. Auflage 1980.
Riedl R 1978/79: Über die Biologie des Ursachen-Denkens – Ein systemtheoretischer, evolutionistischer Versuch – Mannheimer Forum 7: 9-70.
Riedl R 1979 (unter Mitarbeit von Robert Kaspar): Biologie der Erkenntnis – Die stammesgeschichtlichen Grundlagen der Vernunft - Berlin & Hamburg; zitiert nach der 3. Auflage 1981.
Riedl R 1981: Die Folgen des Ursachendenkens – In Watzlawik P (Hrsg.): Die erfundene Wirklichkeit, Wie wissen wir, was wir zu wissen glauben. Beiträge zum Konstruktivismus; München; S.67-90.

Riedl R 1983: Evolution und evolutionäre Erkenntnis – Zur Übereinstimmung der Ordnung des Denkens und der Natur - In: Lorenz K & Wuketits FM (Hrsg.): Die Evolution des Denkens; München & Zürich; S.146-166.
Riedl R 1985a: Die Spaltung des Weltbildes – Biologische Grundlagen des Erklärens und Verstehens – Berlin & Hamburg.
Riedl R 1985b: Evolution und Erkenntnis. Antworten auf die Fragen aus unserer Zeit – München.
Riedl R 1987a: Leben als kenntnisgewinnender Prozeß bei Konrad Lorenz – In: Riedl R & Bonet EM (Hrsg.): Entwicklung der Evolutionären Erkenntnistheorie; Wien; S.47-57.
Riedl R 1987b: Begriff und Welt – Biologische Grundlagen des Erkennens und Begreifens – Berlin & Hamburg.
Riedl R 1987c: Grenzen der Adaptierung - In: Riedl R & Wuketits FM (Hrsg.): Die Evolutionäre Erkenntnistheorie – Bedingungen, Lösungen & Kontroversen; Berlin & Hamburg; S.93-104.
Riedl R 1987d: Natur- und Geisteswissenschaften, evolutionär betrachtet - In: Riedl R & Bonet EM (Hrsg.): Entwicklung der Evolutionären Erkenntnistheorie; Wien; S.127-139.
Riedl R 1987e: Alte Muster und neue Differenzierungen – In: Riedl R & Bonet EM (Hrsg.): Entwicklung der Evolutionären Erkenntnistheorie; Wien; S.73-83.
Riedl R 1987f: Kultur – Spätzündung der Evolution? Antworten auf Fragen an die Evolutions- und Erkenntnistheorie – München.
Riedl R 1992: Wahrheit und Wahrscheinlichkeit – Biologische Grundlagen des Für-Wahr-Nehmens – Berlin & Hamburg.
Riedl R 1996: Cognition of evolution: Can Causal Explanation Overrule Cognition? – Evolution and Cognition 2(2): 88-106.
Riedl R, Ackermann G & Huber L 1992: A ratiomorphic problem solving strategy – Evolution and Cognition 2: 23-61.
Riedl R & Kreuzer F (Hrsg.) 1983: Evolution und Menschenbild – München.
Riedl R, Huber L & Ackermann G 1991: Rational versus ratiomorphic strategies in human cognition – Evolution and Cognition 1: 71-88.
Rosnay J de 1977: Das Makroskop – Neues Weltverständnis durch Biologie, Ökologie und Kybernetik - Stuttgart.
Roth G 1986: Erkenntnis und Realität: Das reale Gehirn und seine Wirklichkeit – In: Schmidt SJ (Hrsg.): Der Diskurs des radikalen Konstruktivismus; Frankfurt a.M.
Roth G 1990a: Autopoiese und Kognition: Die Theorie HR Maturanas und die Notwendigkeit ihrer Weiterentwicklung – In: Schmidt JS (Hrg.): Der Diskurs des radikalen Konstruktivismus; Frankfurt a.M.; S.256-286.
Roth G 1990b: Erkenntnis und Realität: Das reale Gehirn und seine Umwelt - In: Schmidt JS (Hrg.): Der Diskurs des radikalen Konstruktivismus; Frankfurt a.M.; S.256-286
Roth G 1994: Das Gehirn und seine Wirklichkeit – Kognitive Neurobiologie und ihre philosophischen Konsequenzen – Frankfurt a.M.
Scheler M 1926: Mensch und Geist – Frankfurt a. M.
Schleidt WM 1985: Learning and the description of the environment – In: Johnston TD & Pietrowicz AT (Hrsg.): Issues in the Ecology of Learning; Hillsdale; S.305-325.
Schleidt WM 1992: Bewußtsein bei Tieren – Eine besondere Art der Wahrnehmung - In: Guttmann G & Langer G (Hrsg.): Das Bewußtsein – Multidimensionale Entwürfe; Wien & New York; S.309-328.
Schnädelbach H 1983: Philosophie in Deutschland 1831-1933 – Frankfurt a.M.
Schrödinger E 1951: Was ist Leben? – München; 2. Auflage.

Schulz W 1972: Philosophie in der veränderten Welt – Pfullingen.
Searle JR 1984: Geist, Hirn und Wissenschaft – Frankfurt a.M.
Seiler TB & Wannemacher W 1987: Begriffs- und Bedeutungsentwicklung – In Oerter R & Montada L (Hsrg.): Entwicklungspsychologie; München & Weinheim; S:463-505.
Seitelberger F 1980: Die Raum-Zeit-Struktur der menschlichen Erlebniswelt als Problem der Hirnforschung – Studien zur Klassifikation 9: 178-196.
Seitelberger F 1981: Die Rolle des Nervensystems im psychosomatischen Geschehen. Die Einheit von Struktur und Funktion im Aufbaue des menschlichen Gehirns – In Uexküll T v (Hrsg.): Lehrbuch der psychosomatischen Medizin; München, Wien & Baltimore; S.135-140; 2. Auflage.
Seitelberger F 1983a: Neurobiologische Aspekte der Intelligenz - In: Lorenz K & Wuketits FM (Hrsg.): Die Evolution des Denkens; München & Zürich; S.167-196.
Seitelberger F 1983b: Neurobiologische Aspekte der Personalität des Menschen – Nova acta Leopoldina NF 55, Nr. 253: 97-111.
Seitelberger F 1992: Das Menschengehirn - In: Guttmann G & Langer G (Hrsg.): Das Bewußtsein – Multidimensionale Entwürfe; Wien & New York; S.211-261.
Senz W 1996: Über die Gattung *Valencinura* BERGENDAL, 1902 (Heteronemertini; Nemertini) - nebst Überlegungen zur Bedeutung der phylogenetischen Systematik für die gegenwärtige Klassifikation der Nemertinen - Sitzungsberichte der Akademie der Wissenschaften, Wien, Naturwissenschaftlich-Mathematische Klasse 203: 29-49.
Senz W 1997a: Über die Organisation und Stammesgeschichte der Nemertinen - nebst theoretischen Anmerkungen zur Stammesgeschichtsforschung - Sitzungsberichte der Akademie der Wissenschaften, Wien, Naturwissenschaftlich-Mathematische Klasse, 204: 3-38.
Senz W 1997b: Privatheit des Ich - Entwurf einer transformiert naturalistischen Erkenntnistheorie - Frankfurt a.M.
Senz W 1999a: Zur Begründung der Evolutionstheorie durch Platon – Frankfurt a.M.
Senz W 1999b: Überlegungen zur Domäne der Philosophie - Wiener Jahrbuch für Philosophie, 31: 127-168.
Senz W 2000a: Über die Platonische Dialektik und Aristotelische Logik: Ein Vergleich - Zur Notwendigkeit der Konzentration auf das Platonische Denken - Frankfurt a.M.
Senz W. 2000b: Zur Theoriendynamik innerhalb der Philosophia perennis - Frankfurt a.M.
Senz W 2001a: Transzendentalphilosophische Überlegungen zum pragmatischen Charakter der biologischen Evolutionstheorie - eine Skizze - Wiener Jahrbuch für Philosophie 34: 139-165.
Senz W 2001b: Zur Bedeutung des "Ich bin" für die noetische Dialektik als Grundlage jeglichen philosophischen Bedenkens - In: Untersuchungen zu den theoriengeschichtlichen Wurzeln und der zentralen Aussage der noetischen Dialektik; S. 57-68; Frankfurt a.M
Senz W 2001c: Wesentliche Elemente der Entwicklung des Platon'schen Denkens - In: Untersuchungen zu den theoriengeschichtlichen Wurzeln und der zentralen Aussage der noetischen Dialektik; S. 39-55; Frankfurt a.M.
Senz W 2002a: Christliche Philosophie und Theologie im Lichte der Platonischen Dialektik und Lehre vom Ich - Frankfurt a.M.
Senz W 2002b: Platons Lehre vom Ich im Rahmen der Vergegenwärtigung der dialektischen Differenz - Frankfurt a.M.
Senz W 2003a: Die Grundlage jeglichen Bedenkens im Lichte der noetischen Dialektik - In: die Grundlage jeglichen Bedenkens im Lichte der noetischen Dialektik, Frankfurt a.M.
Senz W 2003b: Zur Bedeutung der Evolutionstheorie für das Verständnis vom Menschen - Frankfurt a.M.

Senz W 2003c: Konrad Lorenz und Johann G. Fichte: Ein Vergleich im Lichte des Entwicklungsgedankens - Frankfurt a.M.
Senz W (im Druck): Zur biologischen Evolutionstheorie - In. Klein H-D (Hrsg.): Organismus und Seele.
Senz W & Senz B 2002: Ein Beitrag zur Begründung der Theorie des Ethos in der Musik – Wiener Jahrbuch für Philosophie, 34: 67-73.
Sneed JD 1971: The logical Structure of Mathematical Physics – Dordrecht.
Stachowiak H 1965: Denken und Erkennen im kybernetischen Modell – Wien & New York.
Stadler F 1982: Vom Positivismus zur „wissenschaftlichen Weltauffassung“ - Am Beispiel der Wirkungsgeschichte von ernst Mach in Österreich von 1895 bis 1934 – Wien & München.
Stadler F 1997: Studien zum Wiener Kreis – Ursprung, Entwicklung und Wirkung des Logischen Empirismus im Kontext – Frankfurt a.M.
Stegmüller W 1969: Probleme und Resultate der Wissenschaftstheorie und Analytischen Philosophie – Band 1 – Berlin, Heidelberg & New York.
Stegmüller W 1974: Theorie und Erfahrung – 2. Halbband: Theorienstrukturen und Theoriendynamik – Berlin, Heidelberg & New York.
Stegmüller W 1979: Rationale Rekonstruktion von Wissenschaft und ihrem Wandel – Stuttgart.
Stegmüller W 1985: Thesen zur „Evolutionären Erkenntnistheorie“ – Inf. Philosophie 1985 (3): 26-32.
Steinbuch K: Automat und Mensch – Auf dem Wege zu einer kybernetischen Anthropologie – Berlin & Heidelberg.
Tannenbaum A, Kavcic B, Rosner M, Vianello M & Wieser G 1974: Hierarchy in organizations – An international comparison – San Francisco, Washington & London.
Tembrock G 1982: Informationswechsel und Evolution – In Wessel K-F (Hrsg.): Struktur und Prozeß; Berlin.
Tolman EC 1932: Purposive behavior in animals and man – New York.
Tolman EC 1948: Cognitive maps in animal and men – Psychol. Rev. 55: 189-209.
Topitsch E 1966: Phylogenetische und emotionale Grundlagen menschlicher Weltauffassung – In. Mühlmann WE & Müller EW (Hrsg.): Kulturanthropologie; S. 50-79; Köln & Berlin.
Topitsch E 1979: Erkenntnis und Illusion – Grundstrukturen unserer Weltauffassung – Hamburg.
Unsöld A 1978: Strukturen des Denkens – Naturwissenschaftliche Rundschau 31: 309-315.
Vaihinger H 1911: Die Philosophie des Als ob – Leipzig.
Varela F 1981: Der kreative Zirkel: Skizzen zur Naturgeschichte der Rückbezüglichkeit – In Watzlawick P (Hrsg.): Die erfundene Wirklichkeit; München & Zürich.
Varela F, Thompson E & Rosch E 1992: Der mittlere Weg der Erkenntnis – Der Brückenschlag zwischen wissenschaftlicher Erkenntnis und menschlicher Erfahrung – Bern, München & Wien.
Vollmer G 1975: Evolutionäre Erkenntnistheorie – Stuttgart
Vollmer G 1980: Evolutionäre Erkenntnistheorie und Leib-Seele-Problem – Heerenalber Texte 23: 11-40.
Vollmer G 1983: Mesokosmos und objektive Erkenntnis – Über Probleme, die von der evolutionären Erkenntnistheorie gelöst werden - In: Lorenz K & Wuketits FM (Hrsg.): Die Evolution des Denkens; München & Zürich; S.29-91.
Vollmer G 1984: Evolutionäre Erkenntnistheorie – Inf. Philosophie 1984 (5): 4-23.

Vollmer G 1985: Was können wir wissen? (2 Bände) – Stuttgart.
Vollmer G 1987: Eine Kopernikanische Wende? Zur Kritik an der Evolutionären Erkenntnistheorie – In: Lütterfelds W (Hrsg.): Transzendentale oder evolutionäre Erkenntnistheorie; Darmstadt; S.81-113.
Voss K, Genrich HJ & Rozenberg G (Hrsg.) 1987: Concurrency and Nets. Advances in Petri Nets – Berlin et al.
Waddington CH 1976: Evolution in the Sub-Human World – In Jantsch E & Waddington CH (Hrsg.): Evolution and Consciousness. Human Systems in Transition, S.11-15, Massachusetts.
Wagner GP 1983: Über die logischen Grundlagen der evolutionären Erkenntnistheorie - In: Lorenz K & Wuketits FM (Hrsg.): Die Evolution des Denkens; München & Zürich; S.199-214.
Wagner GP 1984: The logical basis of evolutionary epistemology – In: Wuketits FM (Ed.): Concepts and approaches in evolutionary epistemology – Dordrecht-Boston.
Wagner GP 1987: Der Passungsbegriff und die logische Struktur der evolutionären Erkenntnislehre - In: Riedl R & Wuketits FM (Hrsg.): Die Evolutionäre Erkenntnistheorie – Bedingungen, Lösungen & Kontroversen; Berlin & Hamburg; S.64-71.
Wagner GP 1988a: The influence of variation and of developmental constraints on the rate of multivariate phenotypic evolution – Journal of evolutionary Biology 1:45-66.
Wagner GP 1988b: Developmental constraints: the significance of developmental constraints for phenotypic evolution by natural selection. – In: deJong G (Hrsg.): Population genetics and evolution; S.222-229; Berlin.
Wagner GP 1996: Homologues as units of evolutionary transformation - American Zoologist 36:36-43
Wagner GP & Ackermann G 1987: Der Beitrag der Wahrscheinlichkeitstheorie zur Begründung der Evolutionären Erkenntnistheorie - In: Riedl R & Bonet EM (Hrsg.): Entwicklung der Evolutionären Erkenntnistheorie; Wien; 113-124.
Wagner GP & Kratky KW 1992: A probabilistic model for the discrimination between periodic and non-periodic series of events and its relevance for the problem of inductive support – Evolution and Cognition 2:1-21.
Weiss PA 1969: The Living System: Determinism Stratified – Stud. Gen. 22: 361-400.
Weizsäcker CF v 1977: Die Rückseite des Spiegels, gespiegelt – In Weizsäcker CF v (Hrsg.): Der Garten des Menschlichen – München.
Whewell W 1858: Novum Organon Renovatum – London.
Wieacker F 1981: Bemerkungen über Ihering und den Darwinismus – In Altner G (Hrsg.): Der Darwinismus – Darmstadt.
Wiener N 1968: Kybernetik – Regelung und Nachrichtenübermittlung in Lebewesen und Maschine – Reinbek.
Wieser W 1959: Gewebe des Lebens – Ein Leitfaden durch die zeitgenössische Biologie – Bremen.
Wittgenstein L 1963: Tractatus logico-philosophicus – Logisch-philosophische Abhandlungen – Frankfurt a.M.
Wright GH v 1951: A Treatise of Induction and Probability – London.
Wuketits FM 1977a: Die sieben Formen der biologischen Ähnlichkeit –Ein Beitrag zur vergleichenden Biologie – Biologie in unserer Zeit 7: 106-111.
Wuketits FM 1977b: Systematik, Morphologie und kausale Strukturforschung – Biologische Rundschau 15: 357-36.
Wuketits FM 1977c: Evolution und Kausalität – Zoologische Beiträge NF 23: 345-352

Wuketits FM 1978a: Wissenschaftstheoretische Probleme der modernen Biologie – Berlin.
Wuketits FM 1978b: Die Ordnung der Natur und die Natur der Ordnung – In Schäfer W (hrsg.): Evoluierende Systeme III: S.163-172; Frankfurt a.M.
Wuketits FM 1979a: Gesetz und Freiheit in der Evolution der Organismen – Umschau 79: 268-275.
Wuketits FM 1979b: Die Bedeutung des Systemdenkens in der Biologie – Biologie in unserer Zeit 9: 73-79.
Wuketits FM 1980: Kausalitätsbegriff und Evolutionstheorie – Die Entwicklung des Kausalitätsbegriffes im Rahmen des Evolutionsgedankens – Berlin.
Wuketits FM 1981a: Biologie und Kausalität – Biologische Ansätze zur Kausalität, Determination und Freiheit – Berlin & Hamburg.
Wuketits FM 1981b: Kybernetik, Gehirn und Bewußtsein – UMSCHAU 81: 77-79.
Wuketits FM 1981c: Evolution und Ethik – In Morscher E, Stranzinger R (Hrsg.): Ethik. Grundlagen, Probleme und Anwendungen; Wien; S.325-327.
Wuketits FM 1983a: Biologische Erkenntnis: Grundlagen und Probleme – Stuttgart.
Wuketits FM 1983b: Erkenntnis ohne Illusion. Über einige Grundlagen und Konsequenzen der evolutionären Erkenntnistheorie – Conceptus 17: 45-56.
Wuketits FM 1983c: Evolutionäre Erkenntnistheorie – Die neue Herausforderung – In: Lorenz K & Wuketits FM (Hrsg.): Die Evolution des Denkens; München & Zürich; S.11-28.
Wuketits FM 1983d: Epilog: Eine neue „realistische Philosophie"? - In: Lorenz K & Wuketits FM (Hrsg.): Die Evolution des Denkens; München & Zürich; S.361-367.
Wuketits FM 1984: Evolution, Erkenntnis, Ethik. Folgerungen aus der modernen Biologie – Darmstadt.
Wuketits FM 1985: Zustand und Bewußtsein: Leben als biophilosophische Synthese – Hamburg.
Wuketits FM 1987a: Evolutionsmodelle unserer Denkstrukturen bis zum 20. Jahrhundert - In: Riedl R & Bonet EM (Hrsg.): Entwicklung der Evolutionären Erkenntnistheorie; Wien; S.11-19.
Wuketits FM 1987b: Hat die Biologie Kant mißverstanden? Evolutionäre Erkenntnistheorie und „Kantianismus" – In: Lütterfelds W (Hrsg.): Transzendentale oder evolutionäre Erkenntnistheorie?; Darmstadt; S.33-50.
Wuketits FM 1987c: Der Positivismus im Lichte der Evolutionären Erkenntnistheorie - In: Riedl R & Bonet EM (Hrsg.): Entwicklung der Evolutionären Erkenntnistheorie; Wien; S.228-238.
Wuketits FM 1987d: Evolutionäre Ursprünge der Metaphysik - In: Riedl R & Wuketits FM (Hrsg.): Die Evolutionäre Erkenntnistheorie – Bedingungen, Lösungen & Kontroversen; Berlin & Hamburg; S.220-228.
Wuketits FM 1987e: Jenseits von Zufall und Notwendigkeit. Biologische und kulturelle Evolution des Menschen – Basel.
Wuketits FM 1992: Adaptation, representation, construction: an issue in evolutionary epistemology – Evolution and Cognition 2: 151-162.
Young JZ 1978: Programs of the brain – Oxford.
Ziegler H 1920: Der Begriff des Instinktes einst und jetzt – Jena.

Matthias Kaufmann (Hrsg.)

Wahn und Wirklichkeit – Multiple Realitäten

Der Streit um ein Fundament der Erkenntnis

Frankfurt am Main, Berlin, Bern, Bruxelles, New York, Oxford, Wien, 2003.
353 S., 16 Abb., 3 Tab.
Treffpunkt Philosophie. Herausgegeben von Matthias Kaufmann. Bd. 3
ISBN 3-631-50827-1 · br. € 49.80*

Nach wie vor formuliert der Hinweis darauf, wie „es in Wirklichkeit ist", einen Wahrheitsanspruch, und nach wie vor hat es eine disqualifizierende Wirkung, wenn wir jemandem „Realitätsverlust" bescheinigen, obgleich man in Philosophie und Kulturwissenschaften seit mindestens einem Jahrhundert und seit einiger Zeit auch in der Psychiatrie darüber diskutiert, ob es „die Wirklichkeit" überhaupt gibt, ob nicht viele – möglicherweise gleichberechtigte – Wirklichkeiten nebeneinander existieren. In dem Band befassen sich Wissenschaftlerinnen und Wissenschaftler aus Ethnologie, Jurisprudenz, Medizin, Philosophie, Psychologie und Soziologie u.a. mit der Frage, ob das Festhalten an einer Wirklichkeit unter bestimmten Umständen sinnvoll ist und was geschieht, wenn unterschiedliche Realitätsauffassungen miteinander konfligieren.

Aus dem Inhalt: Der Prestigeverlust der Wirklichkeit · Wahnbegriff und Wahnanalyse · Die Welt und die Wirklichkeiten · Die Wirklichkeit als Reflex der Lebensweise · „The clash of realities" · Wahn und Welt als Kulturprodukte

Kolibri 360 GmbH
Ferdinand-Jühlke-Straße 7
99095 Erfurt, Deutschland
produktsicherheit@kolibri360.de

Druck:
CPI Druckdienstleistungen GmbH
im Auftrag der
Kolibri 360 GmbH
Ferdinand-Jühlke-Str. 7
99095 Erfurt